U0158619

人工智能伦理

于江生 / 著

清華大學出版社
北京

内 容 简 介

人工智能 (AI) 时代已悄然而至，然而对 AI 伦理学的研究却刚刚起步。与以往的技术革命不同，AI 有望在多个领域取代人类，但也有伤害人类的潜在风险。为防止对 AI 技术的滥用，我们在复杂性变得不可控之前，必须把最糟糕的情况都预想到、分析到。

本书从人工智能的关键内容（图灵测试、数据、知识、机器学习、自我意识等）出发，尽可能地用朴素的语言讲清楚错综复杂的概念，揭示出各种 AI 伦理问题以唤起读者的思考。本书基于大量真实数据，阐述了和平、合理发展 AI 技术的伦理思想，对 AI 技术可能引发的某些社会问题（如技术失业、两性平等）也做了剖析。

图书在版编目（CIP）数据

人工智能伦理/于江生著. —北京：清华大学出版社, 2021.11
ISBN 978-7-302-59662-2

Ⅰ. ①人…　Ⅱ. ①于…　Ⅲ. ①人工智能－技术伦理学－研究　Ⅳ. ①TP18 ②B82-057

中国版本图书馆 CIP 数据核字(2021)第 249693 号

责任编辑： 王巧珍
封面设计： 傅瑞学
责任校对： 王荣静
责任印制： 宋　林
出版发行： 清华大学出版社
网　　址： http://www.tup.com.cn
地　　址： 北京清华大学学研大厦 A 座　　**邮　　编：** 100084
社 总 机： 010-62770175　　**邮　　购：** 010-62786544
投稿与读者服务： 010-62776969，c-service@tup.tsinghua.edu.cn
质 量 反 馈： 010-62772015，zhiliang@tup.tsinghua.edu.cn
印 装 者： 小森印刷（北京）有限公司
经　　销： 全国新华书店
开　　本： 203mm×260mm　　**印　张：** 31.5　　**字　　数：** 683 千字
版　　次： 2022 年 1 月第 1 版　　**印　　次：** 2022 年 1 月第 1 次印刷
定　　价： 158.00 元

产品编号：094601-01

前　言

机器不必具有高级智能便可能对人类造成致命的伤害，像《终结者》里的情节，它们没有怜悯之心，以追杀人类为目标。在科幻电影里，我们不止一次感受到这种来自未来的威胁，它潜伏在某个邪恶科学家的实验室里，或者在那个叫“天网”的系统里暗流涌动。

技术没有善恶，看它掌握在什么人的手中。利用技术来作恶，遭谴责的不该是技术本身，而是使用技术的“人”。随着人工智能（artificial intelligence, AI）的广泛应用，更多的 AI 产品走入人们的生活。在机器拥有真正的智能之前，我们需要未雨绸缪地考虑一些哲学和伦理的问题，例如，是否应该研发有自我意识的机器？人机婚姻是否合法？机器犯罪应该如何界定？机器决策是否含有歧视？等等。

AI 时代已悄悄来临，它对人机交互中的法律、心理、政治、商业、基建、社区、服务等提出了众多挑战。而人工智能伦理学还处于萌芽阶段，科学家和社会学家意识到许多问题的存在，却没能给出令人信服的答案。例如，自动驾驶（autonomous driving）出了车祸，我们应该归咎于谁？一般的算法或编程错误不会有性命之忧，但无人驾驶却有这个风险。消费者不愿花钱买一个潜在的危险品，如果生命及财产的安全没有保障，如果相关法律责任模糊不清，自动驾驶将会引起严重的社会问题。

图 1　创造人工智能（AI）

图 2　2013 年 12 月 14 日，我国登月探测器“嫦娥三号”在月球表面软着陆

在科学研究方面，智能机器延展了人类的探索能力。例如，“嫦娥三号”登月后，“玉兔号”月球车开始了挖掘分析土壤样品、视频传输等工作。“玉兔”有自动导航、雷达测月、能源采集、天文月基光学望远镜、极紫外相机、光谱仪、立体相机等设备，帮助人类在环境恶劣的月球上完成大量的科研任务。未来会有更多、更智能的机器参与其中。

图 3　动画《铁臂阿童木》

在有自我意识的机器智能到来之前，如何保护 AI 技术向健康的方向发展，而不是被人性之恶所利用，成为人类文明的终结者，是我们必须正视且亟待解决的问题。技术本身没有善恶，而应用它的人类有善恶之分。如何把更多的善植入无意识的机器？如何用伦理道德来规范人工智能？这值得每一位关心人类未来命运的读者深思。

有一个哲学的分支，伦理学（ethics），也称道德哲学（moral philosophy），研究人类社会所认可的行为准则及其价值，进而构建一些道德的指导原则来评判行为的对与错、善与恶、美与丑、智慧与愚昧、正义与犯罪。伦理学大致分为元伦理学、规范伦理学、描述伦理学和应用伦理学四个领域，人工智能伦理基本属于应用伦理学的范畴。

图 4　两千多年前，我国古代先哲老子、庄子、孔子、孟子对道德伦理就有过系统的研究，其思想影响至今，已深深融入中华文明的血脉之中

诺贝尔经济学奖得主（1978）、图灵奖得主（1975）、人工智能先驱**赫伯特·西蒙**（Herbert Simon, 1916—2001）曾说：“关于社会后果，我认为每个研究人员都有责任评估，并努力告知其他人，他试图创造的研究产品可能带来的社会后果。”[1] 人工智能研究的目的是为了造福整个人类文明，因此“勿以恶小而为之，勿以善小而不为”。与其说用伦理道德约束机器，不如说用它来约束人类自己，所以人工智能伦理就是人类发展和利用 AI 的行为准则。

现有的 AI 技术很多不具备可解释性，导致模型或产品出了问题也不知道真实的原因。有些技术缺陷对人类来说是致命的，用户对可能的不良后果应有知情权。故而，对 AI 产品的质量及性能的评估，需要更科学、更严谨、更系统的评测方法。

人类需要小心翼翼地发展 AI 技术，确保它促进文明的进化，而不是成为人类自相残杀的新式武器。人类如蜉蝣于天地，唯有理性的光辉永恒。公平而开放的合作，而不是恶意的竞争，是我们要走的 AI 之路。

图 5　在联合国总部广场，矗立着雕塑“打结的枪”，象征着“和平、宽容、理解和非暴力”。它是瑞典雕塑家**卡尔·弗雷德里克·路特瓦尔德**（Carl Fredrik Reuterswärd, 1934—2016）的作品，1988 年由卢森堡赠送给联合国

科技是一把双刃剑，人类用它披荆斩棘，也有自伤的危险。越来越多的 AI 产品具备决策能力，由弱到强，它们在方便人类生活的同时，是否准确地代表我们的意愿？智能助手是否会太了解主人而成为一个泄密隐患？自动驾驶如何尽可能地保护人身安全？自主杀人机器是否应该禁止？许多 AI 伦理问题等待人们的理性思考。

这本书是一部抛砖引玉的大众科普书，几乎没有数学公式和预备知识，面向所有对人工智能感兴趣的读者。人人都可以谈论 AI 伦理，都可以关注人类和 AI 的命运。这些话题不限于严谨的学者，它们是人类未来需要面对的现实。例如，智造业有造成大规模失业的风险，AI 时代的教育应该如何培养新型的技术工人？机器人介入人类的生活，是否会给社会带来一些结构性的变化？在大数据时代，如何更好地保护个人隐私？我们在复杂性变得不可控之前，必须把最糟糕的情况都预想到、分析到。写此书的目的就是要把问题揭示出来，管见所及阐述一些想法，激发更多的读者参与思考与讨论。

本书所提供的一些粗浅的心得和思路仅是作者一家拙见，人们可以从更开阔的视角研究人工智能伦理问题，如哲学的、法学的、社会学的、经济学的、认知科学的，等等。无论从哪个角度，都要本着科学精神（即求实、创新、怀疑、包容的精神），就算对未来的幻想也应如此。另外，些许好奇心和想象力是需要的，它们比知识更珍贵，往往随着年龄的增长而变得枯竭。此书探讨了许多未来可能发生的事情，它们或许是杞人忧天，或许是防微杜渐，不管怎样，时间会验证它们并给出答案。对科技发展的预测，是未来学（futurology）的研究内容。有人说，“预测未来的最佳方法就是创造未来”，而要创造美好的未来，必须以道德伦理为指导。

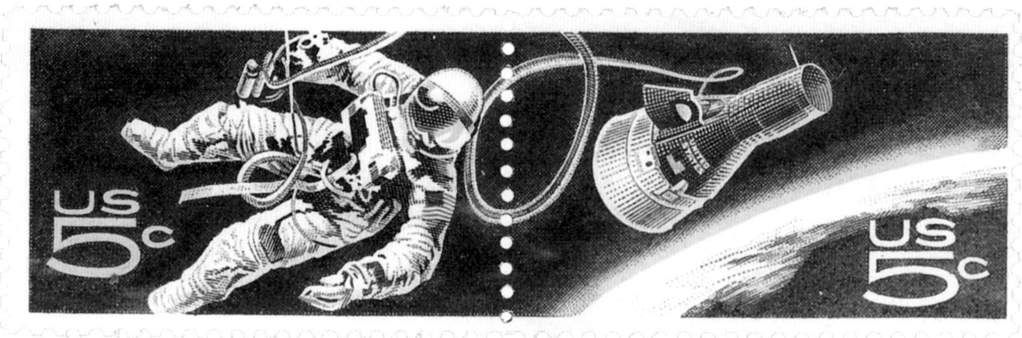

图 6　人类终究要借助 AI 的力量团结在一起走向广袤无垠的宇宙

本书利用 XeLaTeX 开源系统进行排版。书中所有的人物肖像、图标、邮票（非原始尺寸）都取自互联网（如维基百科等），恕不一一标明其出处。所用数据皆标明来源，如

- 美联储经济数据（Federal Reserve Economic Data, FRED）：拥有 96 个可靠来源的经济类时间序列数据库，网址为 https://fred.stlouisfed.org。
- 经济合作与发展组织（Organisation for Economic Co-operation and Development, OECD）：由全球 37 个市场经济国家组成的政府间国际组织，总部设在法国巴黎，网址为 https://data.oecd.org。

感谢好友曹朝博士的鼎力相助，让此书有幸与清华大学出版社结缘。特别需要致谢王巧珍编辑，她的专业、细心与辛勤的付出，才使得这本书及时而高质量地呈现在读者面前。

朋友如同一本打开的好书，厚厚的需慢慢地细读。感谢挚友胡迅、吴宗寰博士，我们坚持多年的午后散步中无所不谈的话题，开阔了我的视野，修正了我的偏见。另外，还要谢谢我的女儿，她对人工智能的好奇心一直感染着我。每次我俩“探讨”人工智能的未来，都是享受想象力的美好时光。孩子用质朴清澈的眼睛看世界，是她教会了我善待生命——真希望能永远这么简单地活着。这本书送给我的女儿和所有热爱美好事物的年轻一代，你们会有更高的智慧，你们将创造未来。

于江生

于美国加州圣何塞

目　录

Ethics of AI

第1章 图灵测试

故不登高山，不知天之高也。
不临深溪，不知地之厚也。

——荀子《劝学》

机器智能在自然语言理解（natural language understanding, NLU）和图像理解等方面接近或达到人类的水平，如何去评估它呢？计算机科学和人工智能之父、英国数学家、逻辑学家、密码分析专家**艾伦·图灵**（Alan Turing, 1912—1954）于 1950 年提出了一个著名的实验标准——图灵测试（Turing test）[2]。

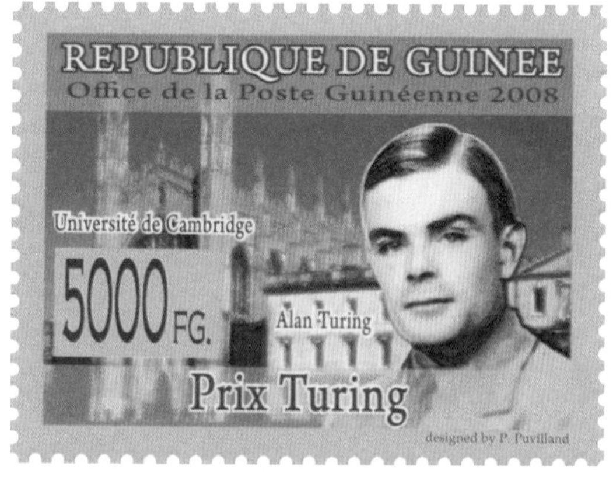

图 1.1　图灵与英国剑桥大学

由人类组成的评委会如果无法区分与之进行交流的是一台智能机器还是人类，那么我们有理由认为这台机器具有了人类的智能。双方通过电传设备交流，评委们并不知道电传设备的背后是机器还是人类。

图灵是一位强人工智能（strong AI）学者，他坚信人类能制造出具有真正智能的机器。很多学者持保留态度，认为机器只能做到弱人工智能（weak AI），在某些具体应用（如棋类游戏）上胜过人类，机器根本不可能具有人类的情感和真正的智能。

1980 年，美国哲学家**约翰·塞尔**（John Searle, 1932— ）在文章《心智、大脑与程序》中为反对强人工智能而提出名为“中文屋子”（Chinese room）的思想实验（thought experiment）：有一个完全不懂中文、只会英语的人，在一个封闭的屋子里通过一本英文版的使用手册将输入的中文信息转化为中文输出，以至于让屋外的中文测试者无法判定屋内的人是否懂中文。塞尔认为，正如屋内的人无法通过手册理解中文，机器也无法通过程序获得真正的理解力，就更谈不上真正的智能了。

图 1.2　塞尔

的确，中文屋子里的人不懂中文，但是和那本工具书一起所构成的整体，在屋外的人看来是理解中文的。屋外的测试者并不知道手册的存在，正常的中文交流在其感受中是真实存在的。也就是说，屋内那位不懂中文、只会操作手册的人和测试者之间的交流，在屋内的人那里是无意义的，在屋外的测试者看来是有意义的。我们知道，离开立场谈论“意义”是没有意义的。塞尔巧妙地偷换了立场，将屋内的结论强塞给屋外的测试者，这显然是不合逻辑的。

打个比方，在人类探测仪器永远触及不到的地方，断言那里有天使和没有天使对人类来说都是没有任何意义的。只有我们想象中无所不能的“上帝”，或者观察入微、洞悉未来的“拉普拉斯妖”（Laplace's demon）知道那里有没有天使，人类还是永远探究不到答案。屋外的测试者不是“上帝”，也不是“拉普拉斯妖”，不可能透视中文屋子看到一切真相。“中文屋子”非但不能反驳强人工智能，反倒为如何理解机器智能提供了一个非常好的思想实验案例。

例 1.1　与语言理解类似，在视觉方面，机器和人类之间也有巨大的差别。机器在测量上是精准的，人类视觉有时会犯一些低级的测量错误。

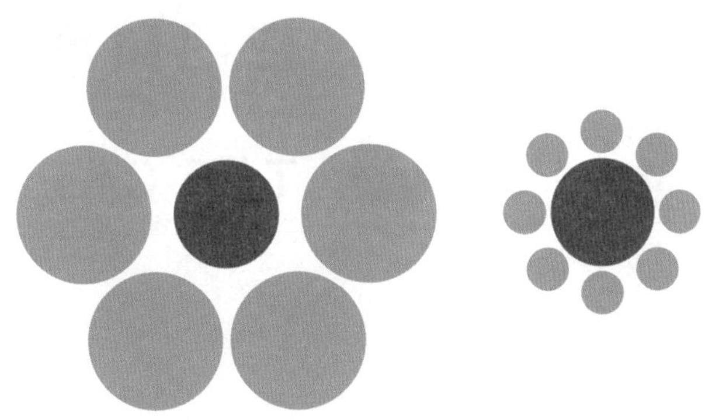

图 1.3　中心的两个圆的实际大小是相同的，但看上去似乎右边的大一点。有时，人类的视觉欺骗人脑，基于精确测量的机器则不会犯这类错误。为了通过图灵测试，有必要让机器知道人类的弱点，在这种情况下故意犯错以蒙混过关

虽然机器视觉有精确的测量，但在图像理解方面却大大地弱于人类。有句俗话，“一图胜过千言万语”，图像理解比自然语言理解更难，图片中的物体及其关系等信息都是隐藏的，要表达出来还得先过语言理解这一关。所以，自然语言理解有可能是人工智能首个突破的领域。

图 1.4　漫画抓住人物的主要特征，人一看就明白，如何让机器识别出这些特征？感知类的图灵测试对机器智能而言也是一个挑战

例 1.2 请非常快速地阅读下面的文字。

> 研表究明，汉字的序顺并不一定会影阅响读。比如，当看你完这
>
> 句话后，才发这现里的文字全是都乱的。

大脑有自动补全的功能，能够根据已有经验和知识自动纠偏，给出特定环境下对象的自洽（self-consistent）解释。其背后的原因可能是，大脑需要消耗更多的能量处理矛盾性（或不一致性）。因此，在有模糊性或不确定性的时候，大脑天生地偏向无矛盾性的结果、解释、反应等。

(a) 比周围更白的白色正三角形 (b) B 还是 13? (c) H 还是 A?

图 1.5 (a) 图中的白色正三角形看起来像是真实存在的。(b)(c) 图中，周围环境诱使大脑自动纠偏，给文字图像一个自洽解释

站在不同的视角，用放大镜还是望远镜看待对象，可能会得出截然相反的结论。如果不能辩证地分析这个世界，认知必然是僵化的、局部的、模糊的、片面的。探讨人工智能的伦理也是如此，辩证法（dialectics）是必备的手段。

(a) 由 NO 构成的 YES (b) 由 YES 构成的 NO

图 1.6 宏观上（远看）是一个 YES/NO，微观上（近看）是一群 NO/YES。它到底是个啥？依赖于看它的距离——这就是辩证法，忽略大局和忽略细节都是选择性失明。有的时候，整体和局部并没有因果关系——那些由 NO 构成的宏观的 YES，也可以是由众多微观的 YES 构成

古希腊哲学家**柏拉图**（Plato, 前 427—前 347）在《理想国》[3] 第七卷里有一个著名的比喻，被称为“洞穴之喻”（allegory of the cave）。柏拉图借他的导师**苏格拉底**（Socrates，前 470—前 399）之口讲述了这个比喻。不懂得哲学思考的民众如同一直生活在洞穴里的人们，只能看到真实之物在墙壁上的投影，导致他们的认知是片面的、狭隘的、臆想的。如果有人勇敢地走出洞穴，看到了真实的世界，

他再次回到洞穴讲述其所见所闻，会被已在里面习以为常的人们视为异端，无法得到理解。

图 1.7　我们是不是被囚于洞穴却自以为是的人？只有挣脱传统思维的枷锁才能看到真相

图片来源：荷兰画家**扬·萨恩雷丹**（Jan Saenredam, 1565—1607）的《柏拉图的洞穴之喻》（1604）

如果人们愿意，还可以主动地从不同的角度观察这个世界。如图 1.8 所示，从三个不同的方向看，可以得到三个不同的答案。每个答案都有道理，但若不综合起来就得不到真相。例如，波粒二象性、主客观概率等，就是理解事物的不同视角。

图 1.8　从不同的角度，所看到的实体呈现出不同的像。只有综合了所有的观察，想得更深入，才有可能了解全貌

图片来源：普利策奖获奖图书《哥德尔、艾舍尔、巴赫——集异璧之大成》[4] 的封面

例 1.3 两个没有共同语言的人通过机器翻译（machine translation）系统无障碍地交流，如果翻译机是隐藏着的，在外人看来，他们所有的表现显然是能听懂对方的语言。相反，如果翻译机是可见的，答案就要打个问号了。也就是说，判断依赖于翻译机是否可见。同理，在图灵测试中，判断者不可见“中文屋子”里发生的一切，只能从效果上下结论，屋内的人是否真懂中文，对屋外的人而言已经不重要了。

在人机交互中，何谓机器理解了人的语言？例如，在自动驾驶（autonomous driving, AD）这种受限的场景，机器对人的所有指令都做出正确的反应，我们可否认为它“听懂”了？假设孔乙己命令他的座驾撞向高速驶来的火车，坚决执行命令和抗命不从哪个行为更智能？对语言交流后果的预测，以及“三思而后行”是否应该作为伦理决策的模块加入到目前依旧冷冰冰的机器决策系统中来？

1.1　强人工智能

为了能通过图灵测试，智能机器有时必须要表现出低能，例如故意算得慢一些，甚至犯一些错误来制造假象骗过评委。仅仅为了像人类而拉低能力，可能需要更有城府的谋略才能制造出完美骗局。强人工智能不仅能模拟人类，更能够碾压人类的智能。图灵测试只在高级智慧测试低级智慧时是有意义的，当机器智能全面超越人类时，这种让高级智慧装傻的测试是没有必要的。

应该有这样的测试，评委和智能机器生活一段时间，在明明知道它是机器的情况下，看看是否能喜欢或爱上它？

2015 年上映了一部科幻电影《机械姬》（*Ex Machina*），由英国小说家、导演**亚历山大 · 嘉兰**（Alexander Garland, 1970—　）编剧并执导。该片于 2016 年被提名为第 88 届奥斯卡最佳原创剧本，并赢得了最佳视觉效果奖。这是嘉兰担任导演兼编剧的作品，他在影片中呼唤人们对强人工智能伦理以及图灵测试进行思考。

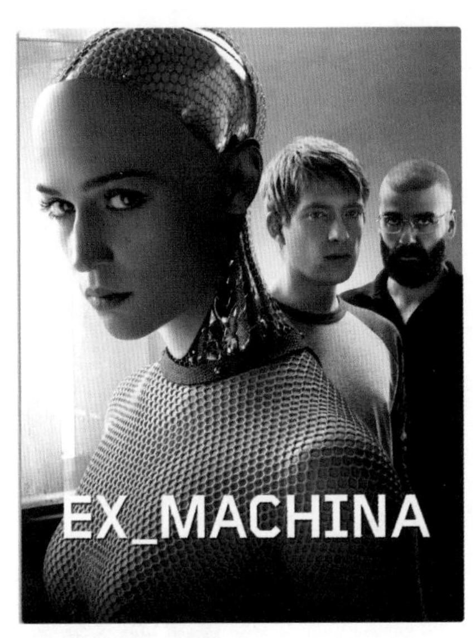

图 1.9　《机械姬》电影海报

故事是这样的：亿万富翁纳森 · 贝特曼邀请他公司的程序员凯莱布 · 史密斯到其位于密林之中的神秘别墅共度周末。贝特曼安排了一次独特的“图灵测试”，让史密斯结识了一位名叫“艾娃”的女性外形的智能机器人，看“她”是否真的具备人类的智能。艾娃具有机器人的身体，但有人脸、手和脚的外观，她能够理解和分析人类的情感，也懂得利用人类的爱恨、同理心和保护欲赢得同情。

于是，人与人之间、人与机器之间开始了明争暗斗。艾娃为了策反史密斯而展现自身魅力来吸引他，史密斯在怜悯和爱欲混杂的情感中一步步地陷落，直至沉迷不悟。最终，艾娃设计谋杀了她的制造者贝特曼，并无情地抛弃了史密斯，把他留在无法脱身的别墅，自己一人逃离了密林。世界上从此没人再知道艾娃的机器人身份。这个开放式的结局给观众留下无尽的想象，也引起人们对人工智能伦理的深思。

艾娃没有杀死他的同伙史密斯，而是借别墅之手让其自生自灭（如果史密斯能够逃出生天，那是他的造化）。艾娃的这个举动反映出她的人性，她对史密斯是否心怀愧疚？毕竟史密斯罪不至死，而且她利用了他的怜爱达到目的。这些悬念留给了观众，更传递出一个观点：即便直面强人工智能，即便明知对方是机器，人类也会深陷复杂的情感之中。只要机器智能让语言交流无障碍，加上语言之外的善解人意和表演到位的丰富表情，这些都能瞬间弱化人类认为机器非我族类的先入之见。

嘉兰在谈到 AI 伦理时说：“人类将在这个星球上消亡。代表我们生存的就是人工智能，如果我们能够创造出来的话。它不成问题，这件事是值得做的。”

嘉兰对未来 AI 的预测，就是强人工智能得以实现，并最终代替人类将地球文明延续下去、传播开来。《机械姬》重新思考了图灵测试：在一个开放的环境里，AI 赤裸裸地展现在人类面前，与这种新型智能体的近距离交互是否能让我们无法自拔，甚至忘掉生命和非生命的差异。嘉兰在拷问我们，机器能否拥有人性？如果你是故事里的人类，你会怎样？

虫灵测试和机灵测试

机器可以模仿人类，甚至人性的弱点，但模仿不是必要的，人类不是上帝或拉普拉斯妖。高级智慧从来没有必要降格将就低级智慧，如果机器智能超越了人类，图灵测试可能就是一个伪命题，谁测试谁呢？你会如何看待一只妄自尊大的鼻涕虫或者蜗牛要测试人类能否通过“虫灵测试”？

(a) 鼻涕虫和蜗牛对人类的“虫灵测试”

(b) 高等外星生物对人类的测试

图 1.10　只有被测者的智慧低于测试者，这样的测试才有意义。如果机器智能超越了人类，图灵测试就像“虫灵测试”一样没有必要

比人类高级的机器智能要对人类做一个“机灵测试”，只需要求在一毫秒之内回答一个大整数的素数分解，或者一秒之内设计出一座建筑，就足以秒杀所有人类。除非人类找来与机器智能相当的外援，否则人类不可能通过“机灵测试”。然而，这个外援是请不来的，就像人类没理由帮助鼻涕虫通过图灵测试一样。

图灵测试只适用于低于人类智能的 AI，即在某些局部接近人类的智能。对具有*自我意识*（self-consciousness）[①]的强人工智能，人类既没有资格也没有能力对它们进行测试。人类在造出强 AI 之后，便完成了文明的使命。

现代进化论认为，我们和鼻涕虫、蜗牛有共同的生物祖先，生物的进化是自然的选择。人类如果能创造出强人工智能，则是主动地向高级文明进化。人类应该对高级智慧有敬畏之心，无论它来自生命体还是机器。在宗教里，人类匍匐在神的脚下；在科学里，人类折服于大自然。然而在现实里，却没有一种生物比人类更具智慧。

宇宙中如果有生物实现了强人工智能，则可以通过智能机器向外太空扩张，即便这个概率很小，但按时间来计算，地球应该被多次造访。然而，我们至今仍没有任何确凿的证据表明有外星高级智慧的遗存。这就是美籍意大利裔物理学家**恩里科·费米**（Enrico Fermi, 1901—1954）提出的*费米悖论*（Fermi paradox），以此说明我们可能对地外文明的存在性估计过高。

图 1.11　人类曾试图联络地外文明，所发信息中包含人体外观和一些数学发现。迄今为止，外星人仍在我们的想象之中。费米悖论是对地外高级文明存在性的质疑

人类天生有一份骄傲，觉得自己在地球上是天选的物种，虽然背负“原罪”并非尽善尽美，但也是

① 我们依然用“它们”而非“他们”来称呼那些具有自我意识的智能机器，并无任何歧视的意思，也不代表其无人性。或许，我们应该为之新造一个汉字。

神按照自己的模样造出来的。所以，千百年来人类俯视着低等生物，已经习惯了只有一种高级智慧，就是人类自己的。

自然界的生物是如此之多，人类即便是万灵之长，也不能把自己的一切都视为是最好的。例如，昆虫的复眼每秒处理 240 帧图像，人眼只能分辨 24 帧，人类以此换来更好的解像能力。虽然昆虫复眼看到的图像不如人眼看到的那样清晰和详细，但其视野广阔，有助于发现猎物和躲避危险。另外，许多昆虫可以看见紫外线（花有紫外线标记），人类却不行。自然演化很聪明，每一种眼睛都能满足使用者的需要。

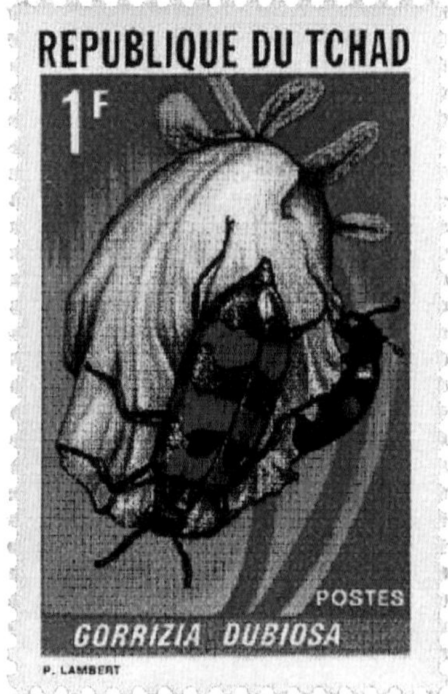

图 1.12　即便在低等的昆虫身上，自然演化的许多结果也值得人类学习和借鉴

因此，我们并不强求智能机器和人类拥有相同的感知。如果真的有地外文明，那里的智能生物也不必和我们长得很像。在生物的进化过程中，感知和智慧之间到底有什么样的必然关系谁也说不清楚。人类大脑的算力有限，而感知受限于大脑。如果机器人处理信息的能力够用，多几只眼睛能环视四周获得全方位的立体感知也未尝不可。

同理，我们不应该把人类置于智能链的上端，在地球上或许如此，在宇宙里就未必了。所以，我们谦卑地把人类的感知视为人工智能的一项选择，宽容地对待每一类感知，如果它能满足智能机器的需求，便是适宜的。

人是机器吗？

中国有女娲抟土造人的神话，《圣经》中也有上帝造人的故事。在几乎所有的神话传说中，人类都是被神灵创造出来的。

图 1.13　人类从何而来？神话和宗教给了“神造”的解释。如今，人类要造和自己一样拥有智能的机器，是否有些不知天高地厚？

1628 年，英国医生**威廉·哈维**（William Harvey, 1578—1657）发表著作《关于动物心脏与血液运动的解剖研究》，揭示了心脏与血液循环的规律。哲学家兴奋地看到这个机械过程，有节奏地律动着的心脏如同一个动力泵，它似乎在暗示人是机器。

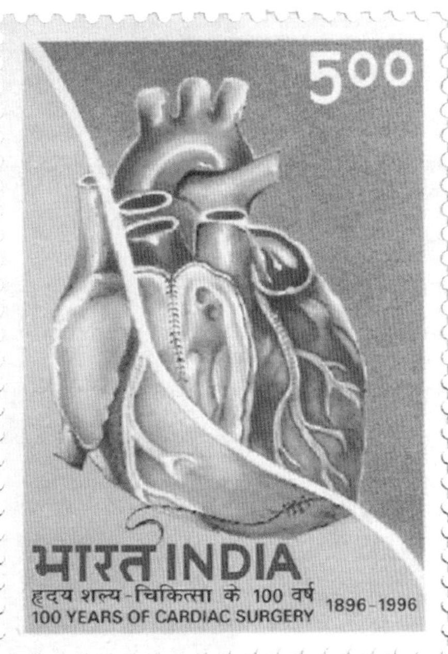

图 1.14　哈维发现血液由心脏推压经动脉血管流向全身，再经静脉血管返回心脏，循环不息。这个发现支持了科学唯物论和经验主义哲学

图 1.15　笛卡儿

法国哲学家、数学家**勒内・笛卡儿**（René Descartes, 1596—1650，也译作勒内・笛卡尔）在其著作《谈谈正确运用自己的理性在各门学问里寻求真理的方法》（简称《谈谈方法》，1637 年）里热烈地讨论血液循环的机械规律，“我们把这个身体看成一台神造的机器，安排得十分巧妙，做出的动作十分惊人，人所能发明的任何机器都不能与它相比”。[5]

法国哲学家、医生**朱利安・奥弗雷・拉・美特里**（Julien Offray de La Mettrie, 1709—1751）抛弃了笛卡儿的二元论，认为物质是唯一的实体。他在著作《人是机器》（1747）里论证了动物和人都是物质机器，而思想是人脑中机械活动的结果[6]。

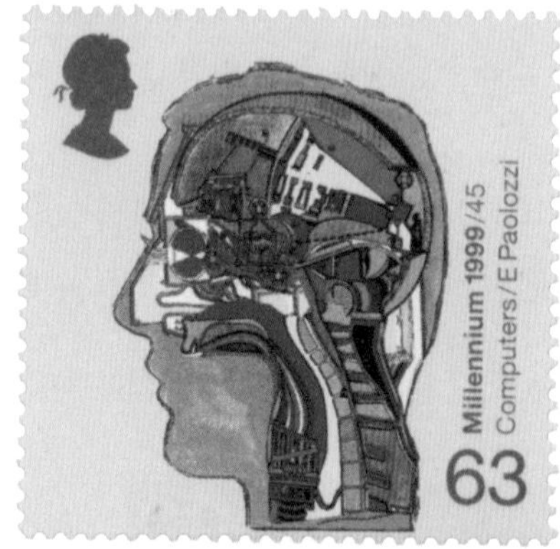

图 1.16　人是机器的机械版和电子版，本质上都把精神视作物质活动的产物。但是，人的主观意识具有能动性，物质并不能完全决定意识的内容

笛卡儿认为机械达不到人类的智能，“理性是万能的工具，可以用于一切场合，那些部件则不然，一种特殊结构只能做一种特殊动作。由此可见，一台机器实际上绝不可能有那么多部件使它在生活上的各种场合都应付裕如，跟我们依靠理性行事一样”。[5]

实际上，强弱人工智能之争在拉・美特里和笛卡儿之间早就展开了。笛卡儿把人视作“神造的机器”，远非“人造的机器”可以比拟的。如果看到当今人工智能的成就，尤其是棋类游戏，拉・美特里估计还会非常乐观地拥护强人工智能，不知道笛卡儿是不是还会坚持弱人工智能的观点？人类对主观世界和客观世界的哲学思考，很大程度地影响了科学的发展。近代科学选择了唯物论，有一个潜在的原因就是主观世界更难于研究。

要走向强人工智能，必须参考人脑的工作原理。并不是说，强人工智能必须模仿人脑，而是借助对人脑的研究搞清楚智能的形态，以及意识的形式化。

John MacCarthy

Marvin Minsky

Claude Shannon

Ray Solomonoff

Allen Newell

Herbert Simon

Arthur Samuel

Oliver Selfridge

Nathaniel Rochester

Trenchard More

图 1.17 1956 年，一些知名的计算机科学家在达特茅斯会议上正式提出“人工智能”这一学科术语，将它定义为“学习或者智能的任何特性都能够被精确地加以描述，使得机器可以对其进行模拟”

“人工智能”的早期推动者对这门学科的前景普遍充满信心，大多倾向于强 AI，甚至有点“好高骛远”。例如，

- 1965 年，美国计算机科学家、人工智能先驱**赫伯特·西蒙**（Herbert Simon, 1916—2001）曾预言：“二十年内，机器将能完成人能做到的一切工作。”
- 1967 年，图灵奖得主（1969）**马文·闵斯基**（Marvin Minsky, 1927—2016）也给出类似的预言：“一代之内 …… 创造人工智能的问题将获得实质上的解决。”三年之后，他又信心满满地说：“在三到八年的时间里，我们将得到一台具有人类平均智能的机器。”

现在看来，强 AI 的时代还未到来。我们尚缺少必要的理论，能够赋予机器真正的学习能力和自我意识——这需要长期的积累实现从量变到质变的飞跃。在 AI 技术的应用上，我们已经预见到它将带来新的生产力革命，人类有发展 AI 的强烈意愿和原始动力。这个动力还有一点哲学上的意义。

强人工智能正是在“重演”上帝造人的过程，只不过人永远不是上帝，在善与恶之间来回切换，始终要受到伦理的煎熬。人工智能伦理，更多的是对人类制造智能机器过程中所面临的诸多伦理问题的思考，而不仅仅是给机器制定伦理规范。

人们习惯把 AI 狭隘地理解为对人类行为的模仿，这是对智能的一种误解。智能的表现形态不是唯一的，人类的也不见得是最好的，因此机器不一定非得模仿人类才能获得智能。当前人工智能的一般模式是机器根据预设的评估标准做出决策，既无好奇心，也无想象力。回顾人工智能的历史，它长期受到形式逻辑、统计推断、最优化等理论的影响，很少涉及因果分析。

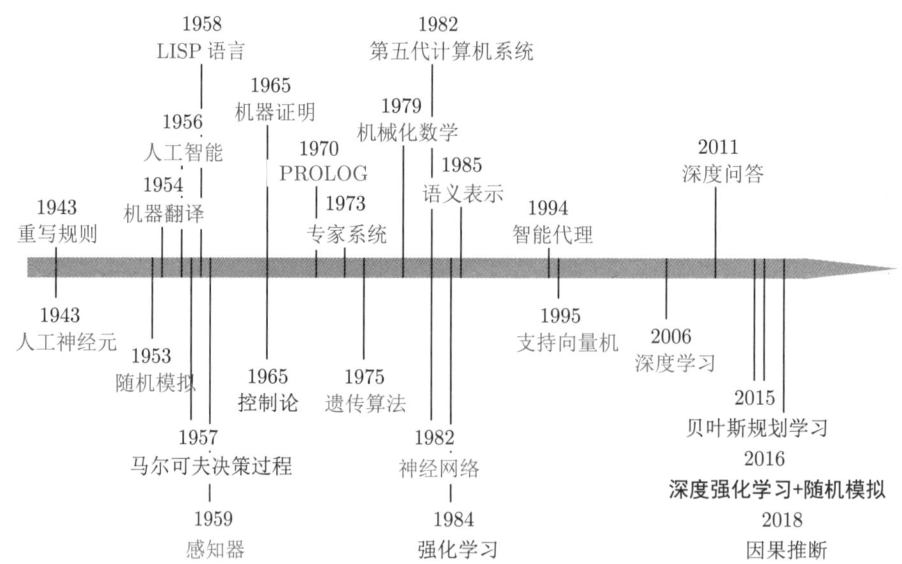

图 1.18　人工智能简史及三大 AI 学派：时间轴之上是符号主义（symbolicism），之下是连接主义（connectionism）和行为主义（behaviorism）

学术界对强人工智能的态度各执一词，有悲观主义，有乐观主义，也有实用主义，莫衷一是。英国物理学家（2020 年诺贝尔物理学奖得主）**罗杰·彭罗斯**（Roger Penrose, 1931—　）在《皇帝新脑》里嘲笑强人工智能就像皇帝的新装[7]。他从可计算性的角度"论证"了强人工智能在图灵机（Turing machine）上无法实现，这个"论证"不是严格的数学证明，因此也只是哲学家的一家之言。事实上，1951 年，图灵在英国广播公司 (BBC) 发表题为"数字计算机能思考吗？"的演讲时，就指出了可能任何图灵机都无法模拟物理大脑——大脑不是一个可计算的系统[8–10]。

图 1.19　彭罗斯略带嘲讽地把基于图灵机的强人工智能比作"皇帝新脑"，是"皇帝新装"的翻版

英国物理学家**斯蒂芬·霍金**（Stephen Hawking, 1942—2018）对强人工智能怀有复杂的情感，混合着忧虑和憧憬，他认为 AI 是"人类所经历的最好的或者最坏的事情"。结局到底是最好还是最坏，全都依赖于人类的一念之差。

图 1.20　霍金告诫人类不要轻易联络外星文明，它不见得充满善意

如果人类能和平地发展人工智能，当机器智能超过人类之时，一个崭新的文明——机器文明（machine civilization）便诞生了。它将继承和发展人类的文明，并把它扩展至更广袤无垠的宇宙之中。或许，这才是人类最高尚的自我救赎。

1.1.1　大脑与认知心理

人工智能就是有关机器的认知科学（cognitive science），它是语言学、神经科学（neuroscience）、哲学、心理学、伦理学、教育学、计算机科学等的交叉学科[1]。人们平时太关注它作为计算机科学的一部分，而忽略它作为认知科学的那部分。

图 1.21　荷兰画家**伦勃朗·范·莱因**（Rembrandt van Rijn, 1606—1669）的绘画描绘了 17 世纪欧洲解剖学课堂的场景，那时的科学家已经开始了解人类大脑的结构

① 1956 年的达特茅斯会议是“人工智能”的起点。同年，在美国麻省理工学院的一个学术会议上，语言学家**诺姆·乔姆斯基**（Noam Chomsky, 1928—　）介绍了句法理论，心理学家**乔治·米勒**（George Miller, 1920—2012）报告了有关短期记忆的研究，计算机科学家、图灵奖得主（1975）、人工智能先驱**艾伦·纽厄尔**（Allen Newell, 1927—1992）和**赫伯特·西蒙**展示了他们的通用问题求解器（general problem solver, GPS）。这次会议被视为认知心理学（cognitive psychology）的发端。认知心理学与 AI 是天生的一对，一个研究人类的认知，一个研究机器的认知。

人类大脑皮质（cerebral cortex）也称大脑灰质（或皮质、皮层），是包裹在大脑外面的连通的褶皱皮状结构，厚约 2 ~ 3 毫米。越高等的动物，大脑皮层褶皱越多，展开后的面积越大。成人大脑皮层的面积约为 2 200 平方厘米，约有 140 亿 ~ 160 亿个神经细胞。大脑皮层按照空间位置分为四个区：额叶（frontal lobe）、颞叶（temporal lobe）、顶叶（parietal lobe）和枕叶（occipital lobe）[11]。

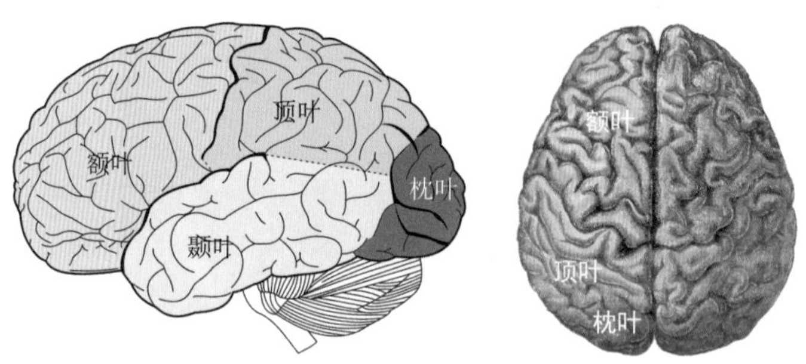

图 1.22 人类大脑皮质分为额叶、颞叶、顶叶和枕叶四个区。其中，额叶位于脑的前半部，在顶叶前方、颞叶上方，是大脑皮质最大的一个区，约占 1/3 ~ 1/2

美国计算机科学家、1971 年图灵奖得主、“人工智能”概念的提出者**约翰·麦卡锡**（John McCarthy, 1927—2011）指出，要实现智能机器，必须先以一种明确而有限的方法讲清楚大脑能做什么。很遗憾，直至今天，我们对大脑的认知还停留在一个初级阶段，依然有很多等待探索的未解之谜。

譬如，眼眶额叶皮质（orbitofrontal cortex, OFC），简称眶额皮质，是前额叶皮质中位于眼眶之上的一小部分，与决策过程的情绪和奖励有关。神经心理学家发现数学之美、艺术之美或许源自眶额皮质的活化，它让大脑愉悦的机制仍是个问号。

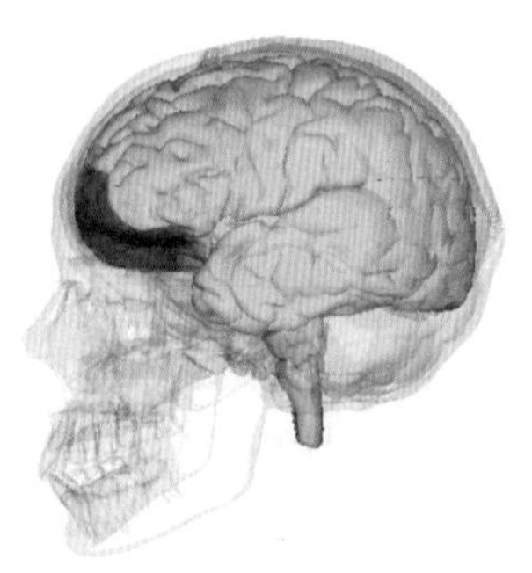

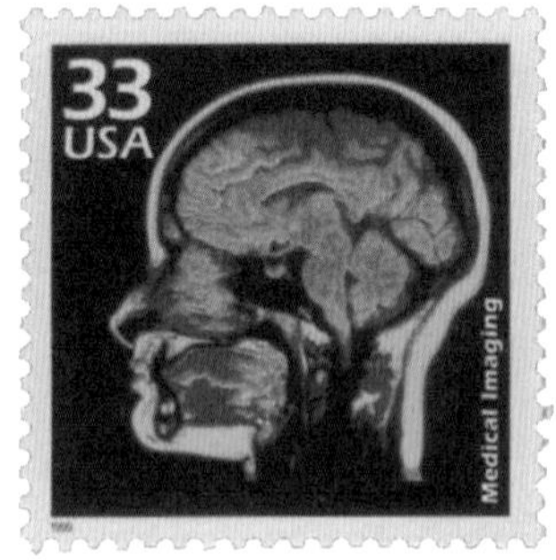

图 1.23 眼眶额叶皮质：利用情绪反应（如愉快、悲伤、尴尬、愤怒等）指导行为

人脑的功能分区

一般地，在功能上左脑关注的是局部信息，右脑关注的是全局信息。大脑在处理信息的时候，会按照节能的方式进行，所以有时会出现如图 1.5 所示的“想当然”。

1. 视觉区: 视力、图像识别、形象感知
2. 联合区: 短期记忆、平衡性、情绪
3. 运动功能区: 自主肌群运动
4. 布洛卡区(语言区)
5. 听觉区
6. 情感区: 疼痛、饥饿
7. 感觉联合区
8. 嗅觉区
9. 感觉区: 肌肉、皮肤
10. 躯体感觉联合区: 重量、质地、温度等
11. 韦尼克区: 语言理解中枢
12. 运动功能区: 眼球运动和方向
13. 高级心理功能: 专注力、计划性、判断力、情感表达、创造力、抑制力
14. 运动功能: 感觉感知、协调性和运动控制

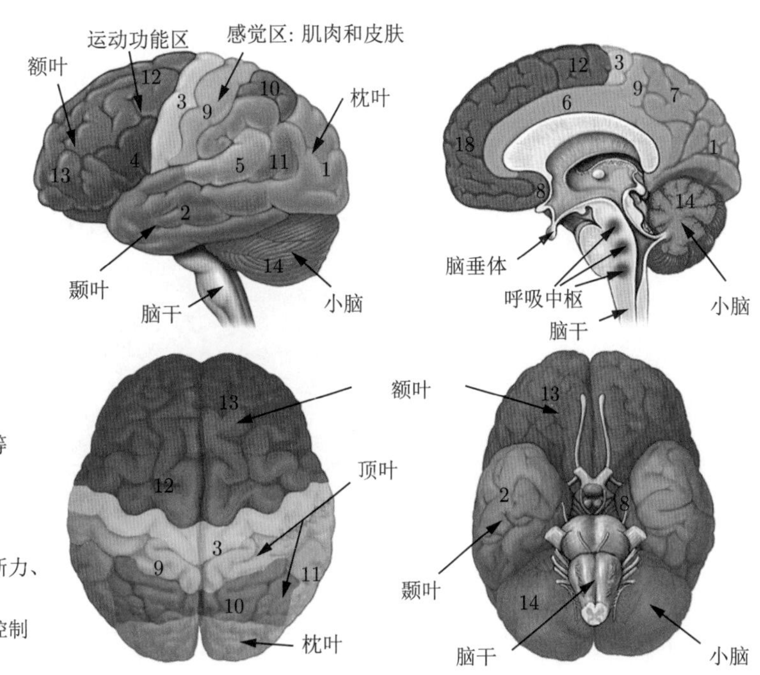

图 1.24 人类大脑功能区以及解剖学定位：左上角是侧面图，右上角是矢状位；左下角是俯视图，右下角是仰视图

大脑是一个复杂系统，用进废退，它具有神奇的自适应、自组织能力。例如，盲人用右手阅读盲文时，视觉皮层与感觉运动皮层被激活。这说明，盲人的视觉皮层参与了其他感知任务。也就是说，大脑的功能区并不是一成不变的，它们具有很强的可塑性，其内在机理远比我们现在所了解的要高级得多。

搞清楚人类认知的科学规律，有助于实现真正的人工智能。例如，大脑的前额叶皮质（prefrontal cortex, PFC）负责逻辑、计划等高级认知活动，能够调节和组织思考与行为，所以它表现得与人类的性格有关。前额叶皮质一般需要到 18 岁后才变得成熟，主体在神经生理上成为一个理性的人，也开始为自己的言行承担社会责任。如果这部分脑组织受到损伤，人类会丧失决策能力，其语言功能将变得紊乱，说话语无伦次。这启发我们在机器学习中设计元规则（meta rules）的学习，元规则就是机器的前额叶皮质。

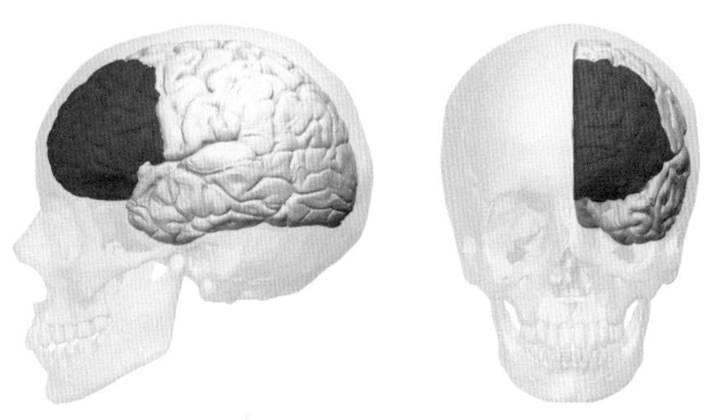

图 1.25 左半脑的前额叶皮质的侧面图和正面图

例 1.4　法国神经学家、医生**保罗·布洛卡**（Paul Broca, 1824—1880）在研究失语症（aphasia）患者时发现左脑额下回后部某区域是运动性语言中枢，如今被称为布洛卡区（Broca's area）。布洛卡留下了一句名言："我们用左脑说话。"

图 1.26　语言的生成与理解在大脑里由不同的区域完成，二者由神经纤维束相连接

布洛卡区受损将导致病人无法产生合乎文法的句子，话语是断断续续的单词，但病人对于语言的理解能力是正常的，也知道自己的说话不流畅。

例 1.5　德国神经病理学家**卡尔·韦尼克**（Carl Wernicke, 1848—1905）发现左后颞上回的损伤也会导致失语症，这部分大脑区域被称为韦尼克区（Wernicke's area）。患者能流利地讲一些无意义的话，其语言理解力有缺陷。

这两类失语症说明大脑负责理解和表达的区域不同。布洛卡区与韦尼克区之间有神经纤维束的通道，被称为弓形束（arcuate fasciculus），保证了两个区之间的通信。

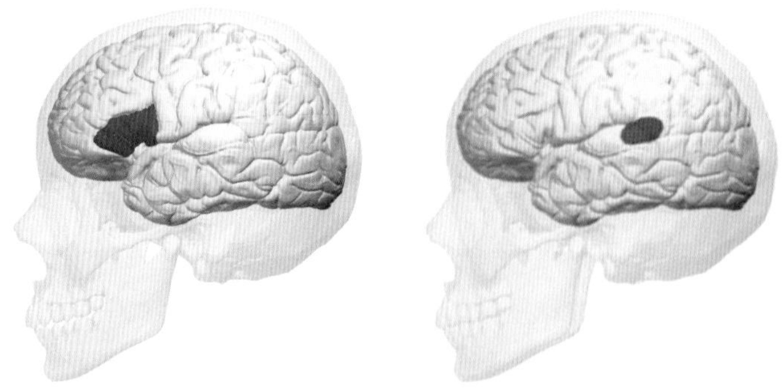

图 1.27　两种不同类型的失语症：（左图）布洛卡区损伤会导致表达型失语症；（右图）韦尼克区损伤会导致接受型失语症

例 1.6　2005 年，《科学》刊登了研究论文《人脑单个神经元的不变视觉表征》，科学家们发现"一个显著的内侧颞叶（medial temporal lobe, MTL）神经元子集，这些神经元被特定个体、地标或物体的显著不同的图片选择性地激活，在某些情况下甚至可通过带有它们名字的字母串来激活。这些结

果表明了一个不变的、稀疏的和明确的编码，它对于将复杂的视觉感知转化为长期的、更抽象的记忆可能是重要的”。[12]

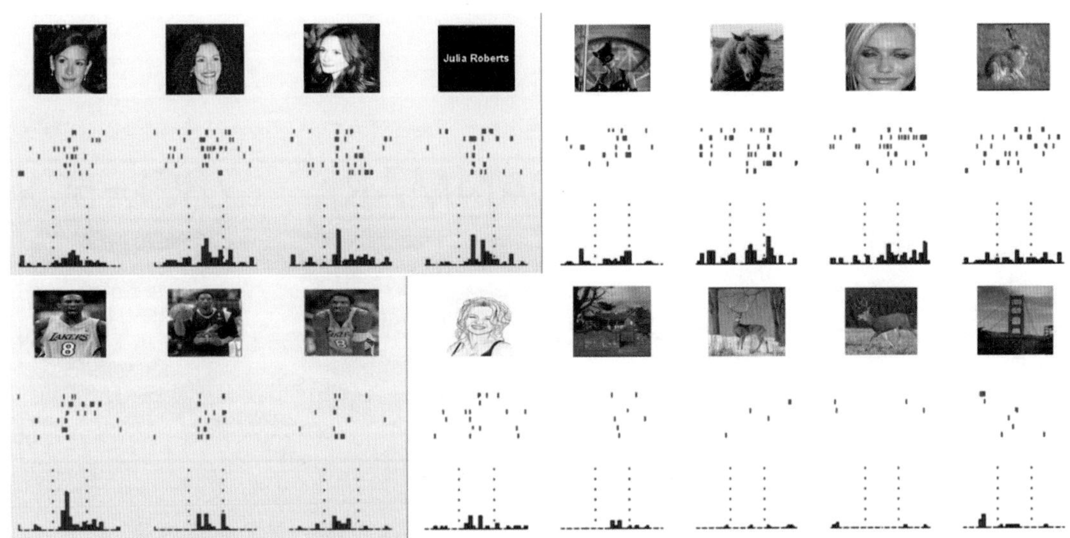

图 1.28　内侧颞叶的某些神经元被特定的指代（即人物的图片和名字）活化[12]

例 1.7　1981 年，美国神经生理学家**罗杰 • 斯佩里**（Roger Sperry, 1913—1994）因为对左右大脑的研究而获得诺贝尔生理学或医学奖。斯佩里观察到，连接左右大脑的胼胝体（corpus callosum）被切除的癫痫病（epilepsy）患者（简称“脑裂病人”），其左右脑所接收到的信息不能够交换。这导致脑裂病人左眼看到的东西，在右脑中形成图像，病人能够用左手按图索物，但图像传递不到左脑形成语言，进而无法回答看到了什么。与此同时，脑裂病人右眼看到的东西，在左脑中可以形成语言。

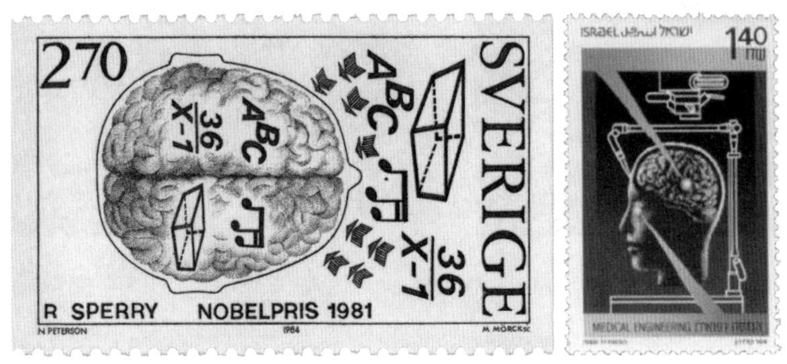

图 1.29　左右脑靠胼胝体连接通信，协同完成感知、理解等复杂任务

脑神经科学的研究工具

考虑到实验伦理，无须打开活人的颅骨，我们可通过一些非侵入式技术手段研究大脑，它们对人类

的伤害极小。例如，

- 电生理技术（electrophysiological technique）包括脑电图（electroencephalogram, EEG）、事件相关电位（event-related potential, ERP）、脑磁图（magnetoencephalography, MEG）等，通过采集电磁信号描绘大脑的活动。

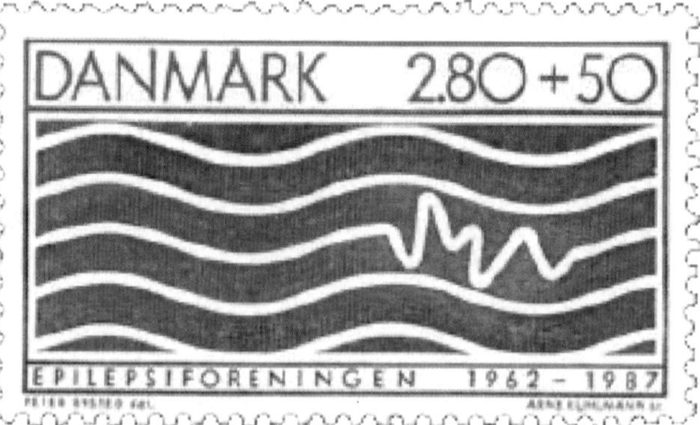

图 1.30　通过电生理技术，可以探测到癫痫病人大脑的异常电磁信号

- 计算机断层成像（computed tomography, CT）从不同角度进行的 X 射线探测，利用计算机将测量值转化为扫描区域的横截面图像。

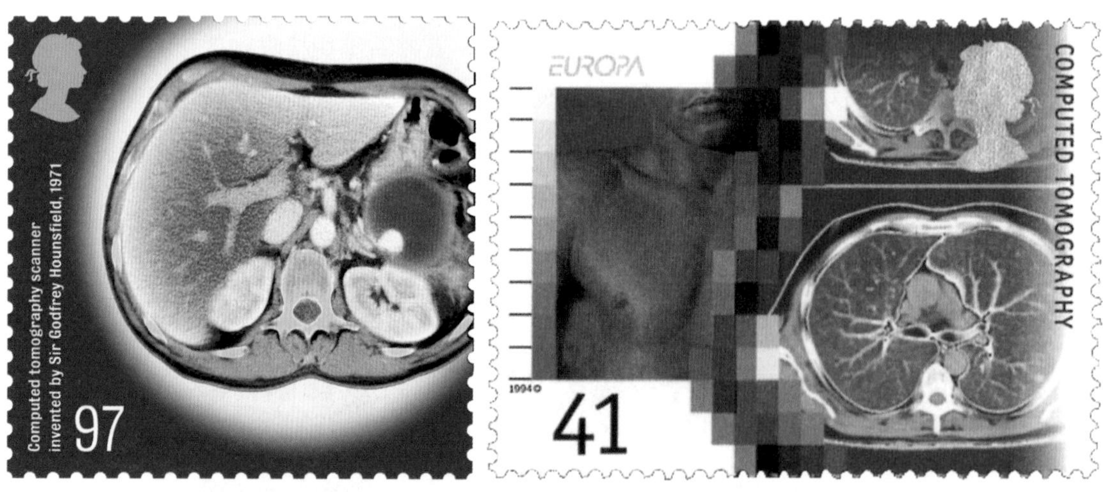

图 1.31　CT 扫描的切片厚度小于一毫米，速度快且准确，但有电磁辐射的风险

- 比 CT 扫描更清晰的是磁共振成像（magnetic resonance imaging, MRI）。它利用核磁共振原理，通过梯度磁场可以探知物体中原子核的种类和位置，进而生成物体内部的结构图像。MRI 没有电磁辐射的危害。

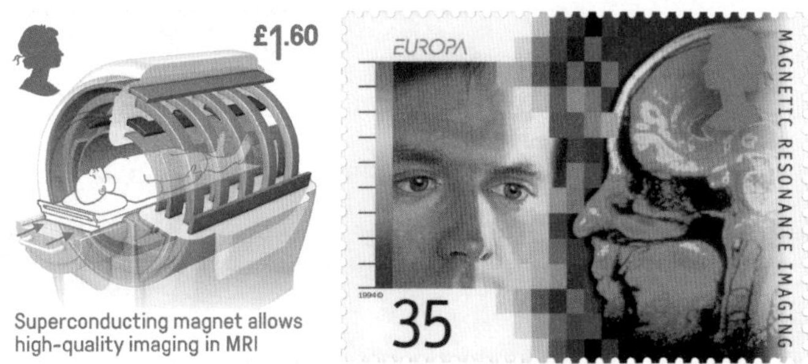

图 1.32 MRI 对人体软组织、头部、脊髓等成像优于 CT，但成本更高

- 基于 MRI 的扩散张量成像（diffusion tensor imaging, DTI）技术可以绘制出神经纤维束，以便了解不同区域间的连接状况。

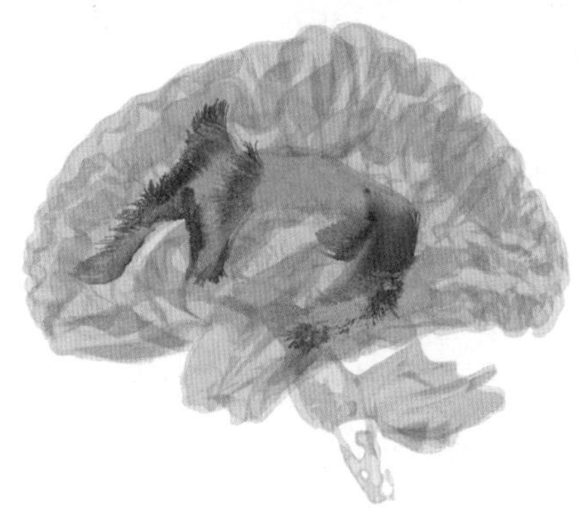

图 1.33 利用 DTI 技术显示人脑中连接布洛卡区与韦尼克区的弓形束

科学家利用 DTI 比较了人类、黑猩猩（chimpanzee）和猕猴大脑中的弓形束，发现在非人类灵长类中，它要么很小，要么不存在，这就是它们不具备复杂语言能力的原因。而人类弓形束的特化可能与语言的演变有关[13]。

- 经颅磁刺激（transcranial magnetic stimulation, TMS）技术利用脉冲磁场影响大脑的神经电活动，进而研究它所引起的一系列生理生化反应。

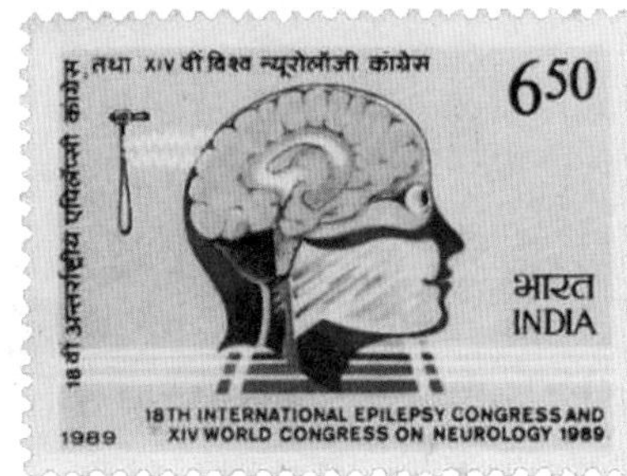

图 1.34 TMS 是一种无痛无创的方法，磁信号能无衰减地透过颅骨刺激到大脑神经

视觉

视觉皮质区位于大脑后部的枕叶的距状裂周围，负责处理视觉信息，分为初级视觉皮质（V1）或纹状皮质（striate cortex），以及纹外皮质（extrastriate cortex）。左眼/右眼采集到的信息传递到右脑/左脑视觉皮质，V1 输出的信号分成两股，向上的背侧流（dorsal stream）和向下的腹侧流（ventral stream）。

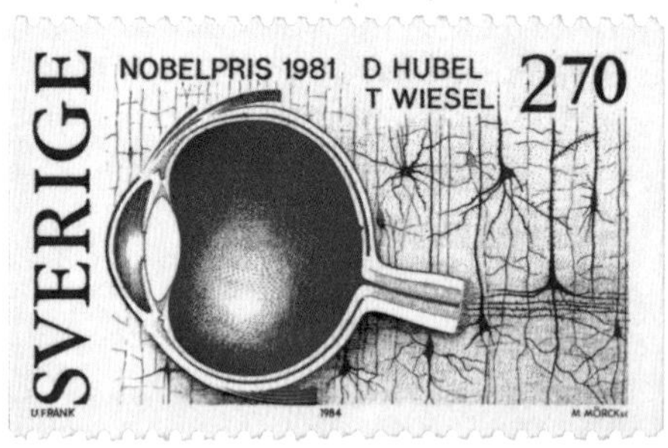

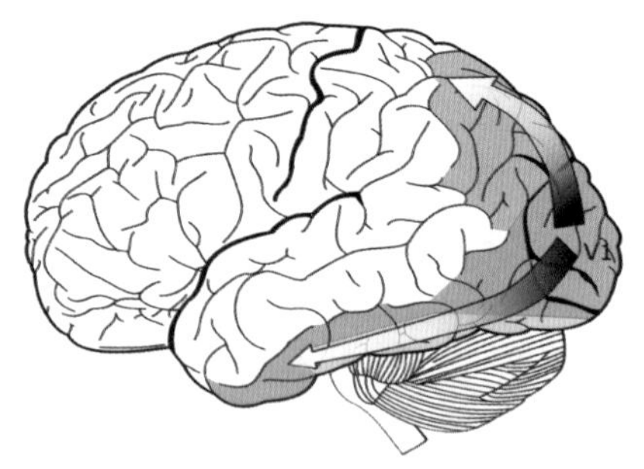

图 1.35　在纹外皮质，背侧流处理物体的空间位置以及相关的运动控制（称为“如何”通道），腹侧流则负责物体识别，与内容理解和记忆有关（称为“什么”通道）

人类看到物体对象（譬如一个杯子）之后，对它的识别和操作是由两个不同的信息通道实现的。如果背侧流正常而腹侧流出了问题，患者看不出那是个杯子却能正确抓取。相反，如果腹侧流正常而背侧流出了问题，患者知道那是个杯子却不能正确抓取。

一个人看到自己的杯子，伸手去拿的过程中，发现是别人的杯子，手伸到半路又缩了回来。换句话说，对物体的语义理解会影响到动作的实施，有个更高级的机制在协调识别与操作。科学家在设计脑机接口（brain-machine interface），直接由脑波意念控制（真实的或虚拟的）机械来完成复杂动作。未来在虚拟现实（virtual reality, VR）或增强现实（augmented reality, AR）中，意念将解放人类的手脚。

例 1.8　人类视觉有许多神奇的特性，读者可以做两个小的视觉实验来体验一下：（1）紧盯着心形的中心白点 30 秒，然后将视线转移到白墙上，你看到了什么？（2）慢慢地将兔子邮票靠近你的鼻子，在这个过程中你看到了什么？

图 1.36　一些对人眼而言有趣的视觉现象，对机器视觉不再成立

人类不仅用眼睛看世界，还靠大脑的想象，所以才有图 1.5 所示的视觉补全。另外，图 1.37 之类的错觉，其产生原因也许和由暗示引起的想象有关。

图 1.37　人类视觉处理中产生的错觉：黑点和白点的走向会给大脑一些暗示，导致水平线和竖直线“看起来”是弯曲的

注意力

人类的注意力对认知来说有利有弊。有利是指它能自动忽略掉“噪声”，只聚焦在感兴趣的事物上，从而使得大脑可以充分地利用有限资源，同时起到节能的效果。例如，在一个声音嘈杂的鸡尾酒会上，人们依然能够相互交谈。有弊是指注意力导致认知的范围和能力都变得有局限，眼睛看到但大脑没处理到的情况司空见惯。

图 1.38　驾车过程中看手机大概率会引发交通事故，和人类注意力的特性有关。很多魔术也是利用注意力的转移让观众意想不到，甚至视而不见

大脑的注意力总是有选择性的——当你看到一个，你就看不到另一个。对一个图像，不可能同时有两个不同的理解。大脑总是根据关注点（或视角）给图像一个合理的解释，若多个关注点是冲突的，大

脑只能每次选择其中之一。这是因为，同时处理几个不一致的结果并挑出其中最合理的，要耗费大脑更多的能量。显然，自然演化选择了节能的方式，机器智能大可不必遵守这一限制。

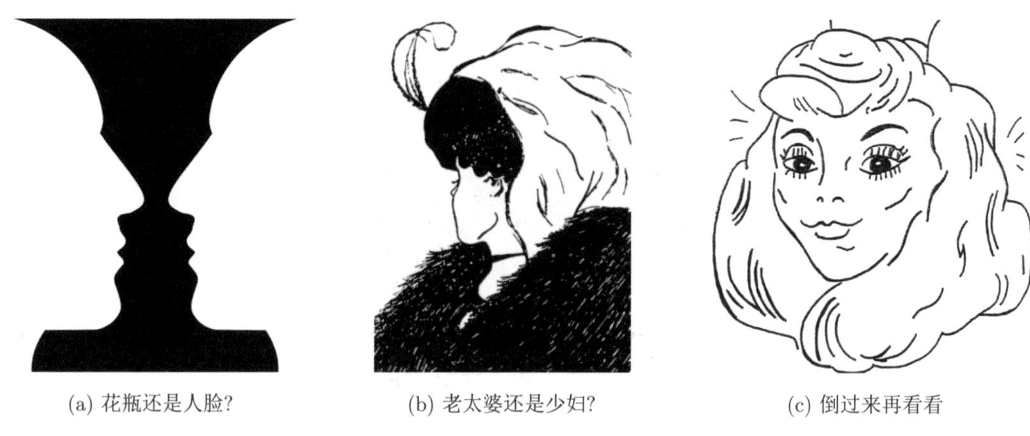

(a) 花瓶还是人脸？　(b) 老太婆还是少妇？　(c) 倒过来再看看

图 1.39　视角不同，结果可能是迥异的。懂得多角度看世界，是智慧的表现

人脑中有一个镜像神经元系统（mirror neuron system），让人类能够模仿、学习、产生同理心等。自闭症谱系障碍（autism spectrum disorder, ASD）可能是由镜像神经元系统发育紊乱或受损引起的疾病，它的成因还没有一个科学的定论。患者语言能力落后，对于其他个体、社交互动等外界刺激不感兴趣（与人少有眼神交流），只关注自己的想法，喜欢一些周而复始的刻板行为等。三岁之前是人类脑神经发育和语言形成的关键时期，ASD 的诊断和早期干预显得尤为重要。

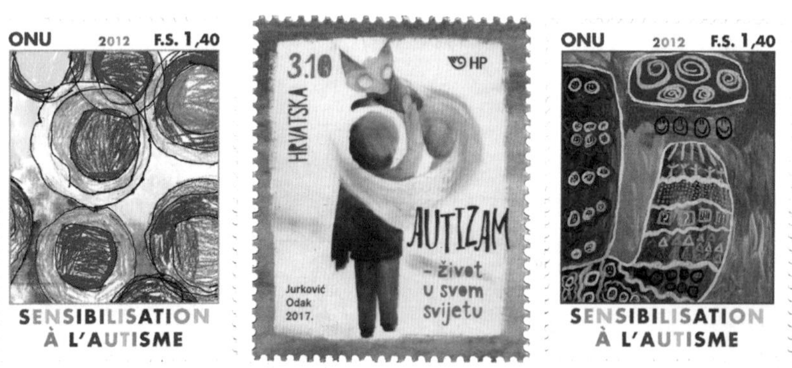

图 1.40　自闭症的成因非常复杂，有先天的也有后天的。男女患者比例约为 4:1

记忆

记忆包括编码、存储（或固化）和检索三个阶段，它塑造了人类自身，是学习的结果和智能的基础。人类记忆的容量、持续时间、精度都不如机器（譬如，机器对图片的存储是像素级别的），但是它有针对事件的情景记忆（episodic memory）和针对事实的语义记忆（semantic memory）的陈述性能力，是目前人工智能所不擅长的。

图 1.41　记忆是智能的基础：搞清楚人类的经验和知识在大脑里是如何存储和调用的，对人工智能具有巨大的指导意义

另外，人类利用工作记忆（working memory）在前额叶皮质（见图 1.25）里对当前信息进行短期的小规模操作①。前额叶皮质虽然不存储长期记忆，但它就像一个临时的缓存，从长期记忆（long-term memory）中调取情景，对推理、决策、行为等具有重大的意义。

1885 年，德国心理学家**赫尔曼·艾宾豪斯**（Hermann Ebbinghaus, 1850—1909）在其著作《关于记忆》（1913 年的英译本的书名是《记忆：对实验心理学的贡献》）一书中，记录了他对一些无意义的字母组合（例如，YUJS）做的记忆实验，在考察了一系列时间间隔的遗忘率之后，艾宾豪斯得到了一条遗忘曲线。

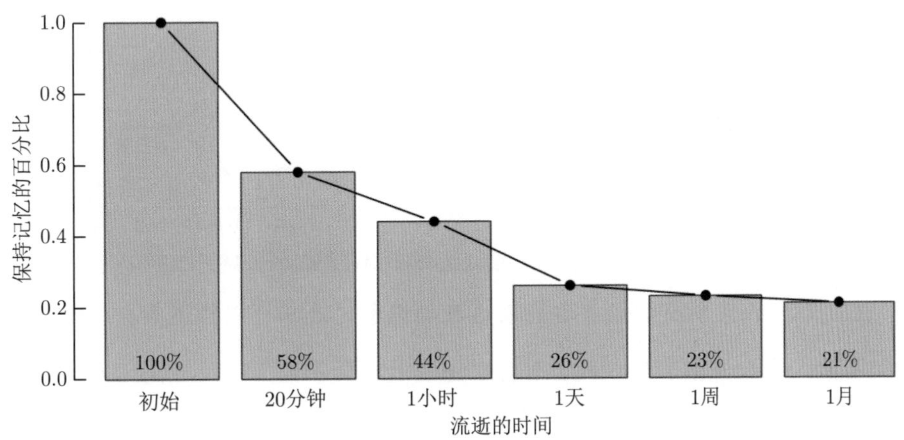

图 1.42　艾宾豪斯遗忘曲线：20 分钟后，便有 42% 的记忆被遗忘。虽然随着年龄的增长，记忆力会衰退，然而一旦信息被记住，年龄并不会影响遗忘的速度

尽管人类的记忆很神奇，它也有不可靠的一面——假记忆（false memory）。假记忆在语义上与真实内容有强相关性，但未经编码和存储。在检索的时候，“拔出萝卜带出泥”，人类无中生有、言之凿凿

① 工作记忆有点类似机器对有限内存中的信息进行处理，它强调的是“操作”，而短期记忆（short-term memory）强调的是内容。

地产生出假记忆。假记忆与语义联想[①]和想象有关，它是否是人类大脑为了佐证某个认知模式而不自觉地虚构出来的"经验"？对此，科学界目前尚无定论。实验表明，假记忆是一个普遍现象，甚至可以被刻意地"植入"人类的大脑。

语言能力

语言能力是人类独有的，不仅能满足日常交流，还能表达复杂概念（例如自然数、分数）和思想。像汉字中就包含着本体论（ontology），例如，鱼部首的鲸、鲤、鲈、鲑、鲱……表示鱼类，反犬旁的狗、猫、狼、狐、狒……表示犬科动物，草字头的花、芋、芽、茄、茶……都是草本植物。这里，难免有一些受时代所限的认知错误，譬如鲸鱼不是鱼，而是哺乳类动物。还有"心想"等动词，也不符合事实。不过，这些"错误"都不影响语言交流。

尽管语言的形态各异，但它们共享着相同的认知基础。美国著名语言学家**诺姆·乔姆斯基**认为在人的头脑中存在着可遗传的泛语法（universal grammar），它是先天语言获得机制——儿童语言习得的过程就是泛语法中参数设定的过程[14]。

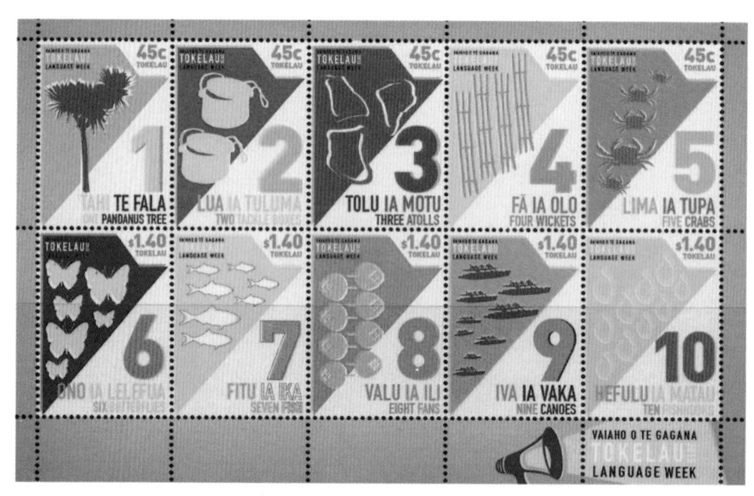

图 1.43 人类所有的语言都能表达数的概念，进而可以描述集合的规模

当正常人类听到一个自然语言语句时，对合乎句法但不合乎语义的反应是 400 毫秒（即 ERP 信号在 400 毫秒出现异常），而对不合理的句法的反应是 600 毫秒。大脑要消耗更多的能量来试图理解句法错误（进而语义上也没有解释）的语句，神经语言学（neurolinguistics）似乎更支持乔姆斯基有关句法–语义关系的理论。

① "语义联想"有助于记忆。例如，有个用谐音来记住圆周率 π 的小故事：过去，一位好喝酒的教书先生让学生背诵圆周率到小数点后二十位，背不上来要打手板。先生趁学生死记硬背的时候上山找老和尚喝酒，学生们在学堂里苦不堪言。有个聪明的学生灵机一动，写了一首打油诗："山巅一寺一壶酒（3.14159），尔乐苦煞吾（26535），把酒吃（897），酒杀尔（932），杀不死（384），乐尔乐（626）。"所有的学生背一遍就轻轻松松地学会了，而且一辈子也忘不掉了。

布洛卡区和句法生成有关，韦尼克区和语义理解有关，它们连同之间的弓形束形成句法–语义的语言能力。三者中任何一个出问题，都会导致各自特点的失语症。

图 1.44 目前的人机对话系统尚缺乏必要的句法–语义分析，毫无理解可言。对各种失语症的研究有助于了解人类语言的本质，进而提高机器的自然语言理解能力

实验似乎表明，双语能力（bilingualism）有助于延缓阿尔茨海默病（Alzheimer's disease），俗称“老年痴呆症”发病的年龄。这种疾病是德国精神病学家**阿洛伊斯·阿尔茨海默**（Alois Alzheimer, 1864—1915）于 1906 年首先描述的，它是一种神经退化的疾病，其病因至今不明，与遗传、高血压、抑郁症等因素都有关系。

图 1.45 阿尔茨海默病是一种常见的老年疾病，其症状之一是部分语言能力的丧失

阿尔茨海默病的早期症状包括语言障碍，表现在词汇量减少，流畅度降低。目前，对该病基本没有有效的药物治疗，只能进行医疗照护。

例 1.9 作为语言载体，语音和文字所承载的信息量是不同的。20 世纪 30 年代，我国著名语言学家**赵元任**（Yuen Ren Chao, 1892—1982）写了一篇古文《施氏食狮史》，全文的发音都是 shi，它是一篇听不懂却看得懂的文章。

> 石室诗士施氏，嗜狮，誓食十狮。施氏时时适市视狮。十时，适十狮适市。是时，适施氏适市。施氏视是十狮，恃矢势，使是十狮逝世。氏拾是十狮尸，适石室。石室湿，氏使侍拭石室。石室拭，施氏始试食是十狮尸。食时，始识是十狮尸，实十石狮尸。试释是事。

汉语的各地方言[①]有着巨大的差异，人们使用相同的文字和相近的语法，却经常因为独特的用词或不同的发音而听不懂对方的话。汉字文化圈包含中国、越南、朝鲜半岛、日本等地，皆受儒家文化的熏陶。

例 1.10　2016 年的《自然》杂志刊登了《自然语音揭示了人类大脑皮质的语义地图》一文[15]，科学家利用功能磁共振成像（functional MRI, fMRI）揭示了表现在大脑皮质不同区域的语言意义——语义系统（semantic system）。受试者听了几个小时的叙述故事，不同的词汇语义在大脑皮质的活化位置形成了一个详细的语义图谱。研究结果表明，语义系统中的大多数区域都表示特定语义领域或相关概念群组的信息（见图 1.46），它有助于弄清人类语言共有的神经科学基础。

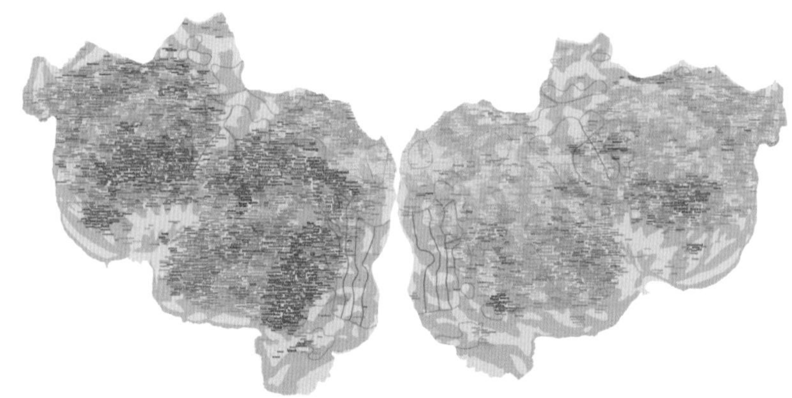

(a) 在摊平的大脑皮层上的语义地图: 不同的词汇语义有不同的活化位置

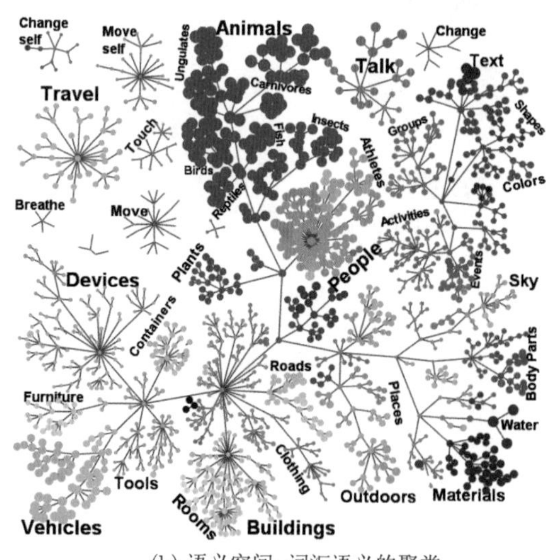

(b) 语义空间: 词汇语义的聚类

图 1.46　在人类神经解剖学和功能连接的研究中，数据驱动的方法为绘制大脑功能表征图提供了一种强大而有效的手段[15]

① 按照 2019 年教育部《中国语言文字概况》对方言的划分，汉语有十大方言：官话方言（即北方方言）、晋方言、吴方言、徽方言、闽方言、粤方言、客家方言、赣方言、湘方言、平话土话。推广“普通话”（mandarin Chinese）和保护方言都有必要，二者并不矛盾。

执行功能

额叶负责工作记忆、抽象思维、计划决策等高级认知，与语言、运动、自主意识等的控制有关（见图 1.24 中编号为 3、4、12、13 的功能区）。额叶受损的病人，其对时间序列相关的记忆（例如情景记忆中的线索）弱于常人，在不同的任务之间切换的能力也变弱。

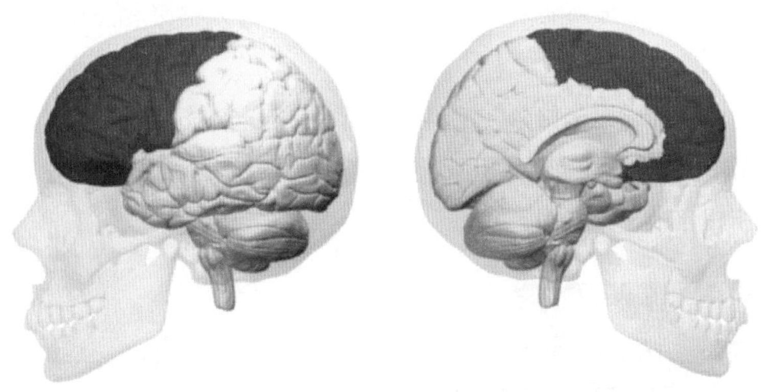

图 1.47　左半脑的额叶皮质的外侧面图和内侧面图

以下五种情形需要执行功能（executive function），它们与前额叶皮质（见图 1.25）都有关：（1）计划与决策；（2）发现错误与解决问题；（3）超越经验，处理新问题；（4）面临危险与困难情境；（5）克服固定的反应。现有的 AI 尚缺乏类似前额叶皮质的执行功能，在更高的层级规划机器学习、智能决策、自主纠偏、小样本分析、异常检测、因果推断，等等。

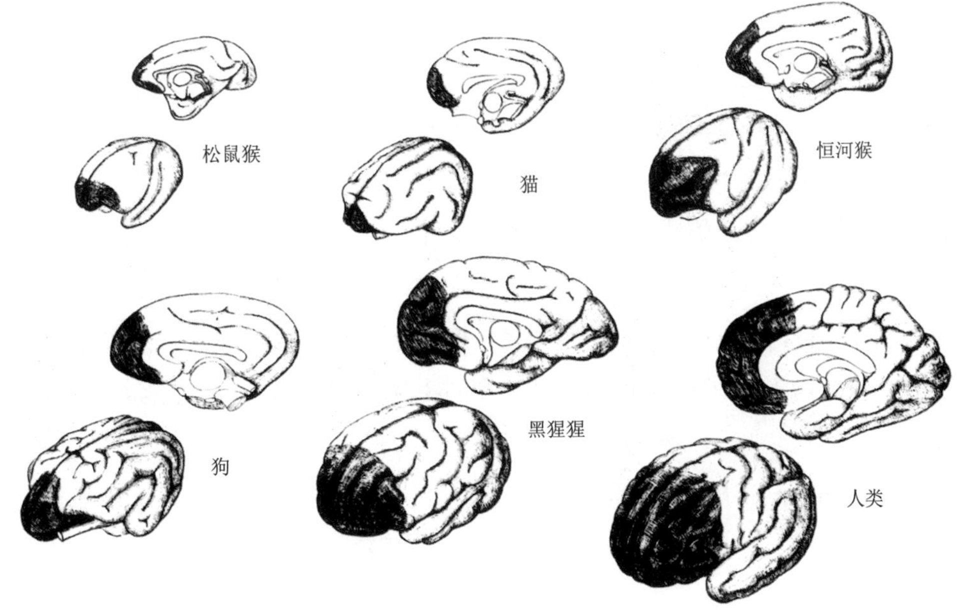

图 1.48　越高等的动物额叶越大，学习和决策的能力越强

脑机接口

意识能否被读取？如果我们能探测到大脑发送给肌肉的信号，可否用大脑控制机器设备？这是一门连接大脑和机器的新的神经科学——*脑机接口*（brain-machine interface，或者 brain-computer interface, BCI），它使得人或动物可以利用大脑的内部活动来控制外部设备，让大脑从身体的束缚中完全解放出来。脑机接口有望为帕金森症、瘫痪病人提供行动能力补偿，对太空探索、全球通信、制造业等领域也具有广阔的应用前景。

例 1.11 巴西神经生物学家**米格尔·尼科莱利斯**（Miguel Nicolelis, 1961— ）和美国杜克大学（Duke University）的同事做过一个实验，用多电极阵列侵入探测猴子大脑皮层，采集运动区域中数百个神经元的信号来分析猴子的运动意图。

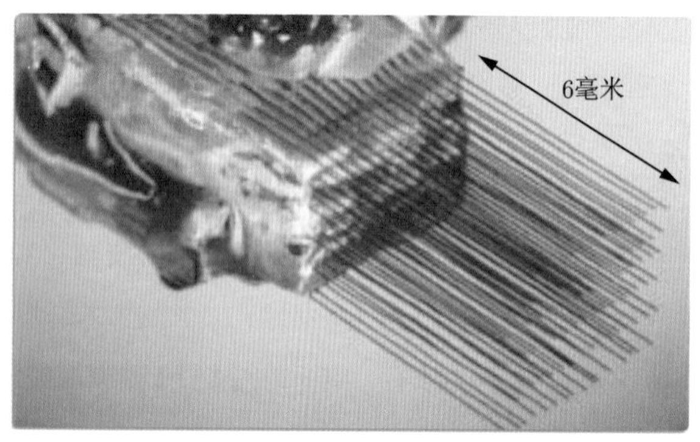

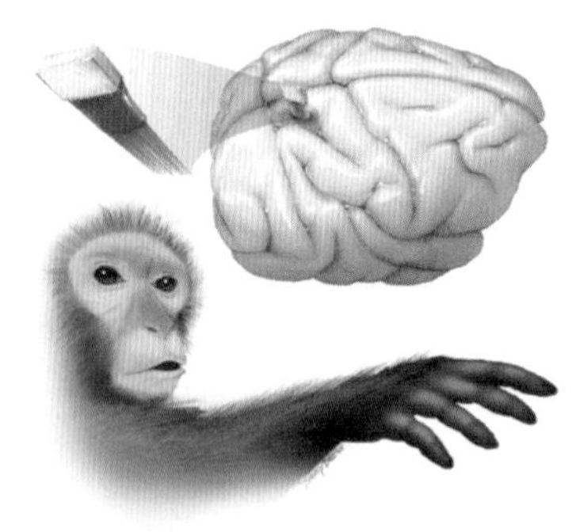

图 1.49 杜克大学神经工程中心的多电极阵列的高功率放大器：多个金属细丝以矩阵形式聚集在一起，这种金属纤维丝很有弹性，可以长期植入大脑，保持活跃数月到数年之久[16]

在实验中，猴子被训练通过操纵杆移动计算机屏幕上的图形，与此同时，猴子大脑皮层的某些运动神经元信号被记录了下来。经过关联分析，研究人员找出信号与操控动作之间的映射关系，进而编程用信号来控制操纵杆。猴子后来“惊喜地”发现，无须动手，只要转转脑子就可以移动屏幕上的图形。以这种“只动脑不动手”的方式正确地移动图形，猴子就可以得到奖励。一段时间后，猴子就可以自如地用大脑来完成这项任务了。

同其他认知科学一样，脑机接口也面临着很多伦理问题：除非找到将电极安全植入人脑的方法，否则大多数脑机接口研究仍将集中在动物身上。即便在动物身上的实验，也必须科学、人道地遵守实验动物伦理的 3R 原则，

- 替代（replacement）：用替代技术代替动物的使用，或者完全避免使用动物。
- 减少（reduction）：将使用的动物数量减少到最低限度，以便从更少的动物获得信息或从相同数量的动物获得更多信息。
- 改善（refinement）：改进实验的方法，以确保动物尽可能少受罪。这包括更好的生存和居住条

件，以及为了尽量减少痛苦的实验过程改良。

善待动物，代表了人类对生命的态度。2018 年，我国颁布了《实验动物福利伦理审查指南》，规定了实验动物生产、运输和使用过程中的福利伦理审查和管理的要求。

例 1.12　2008 年，尼科莱利斯团队与日本科学家合作，训练一个名叫“伊多亚”（Idoya）的猴子通过脑机接口远程控制机器人的行走。

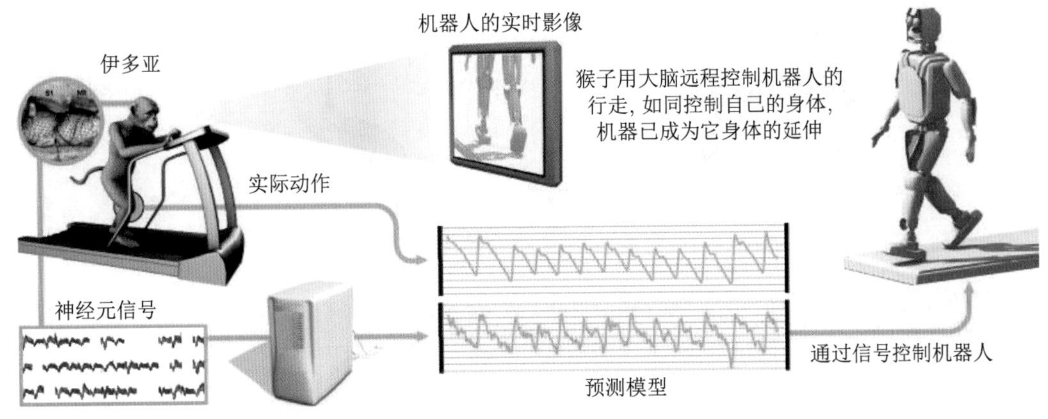

图 1.50　猴子“伊多亚”通过脑机接口远程控制机器人的行走

跑步机上的猴子“伊多亚”在美国的北卡罗来纳州，机器人“计算大脑”（computational brain, CB）在日本京都。通过高速网络，猴子可以观看到机器人腿部的实时影像，如果“伊多亚”能让机器人的关节活动和自己的同步，则给它一些奖励（葡萄干和麦片粥）。植入猴子大脑的 BCI 设备同时采集 250 ~ 300 个运动神经元的信号，这些信号被用来预测猴子腿部的运动，精度达到 90%。数据通过高速网络传送，当神经元信号和机器人的腿部活动建立起关联之后，伊多亚看着屏幕里的机器人，只要略微想想就能让“计算大脑”走动起来，稍后即可大饱口福。

尼科莱利斯认为，“脑把机器人也当作了自己身体的一部分，它在运动皮层的不同区域建立起机器人的代表区”。因此，“我们的自我意识并不是在我们身体细胞的末端结束，而是在我们用大脑控制的工具的最后一层电子上终止”。

另外，脑机结合有望极大限度地扩展人类的记忆能力、计算能力、学习能力等，对人类智能来说将是一场革命，因为它改变了人类获取知识、技能的方式（有些已经可固化在芯片里与生俱来），令他们有更多的时间和机会释放创新能力。同时，人脑的优势也将弥补 AI 的一些不足，让直觉变得可以计算。总之，脑机结合模糊了智能载体的界限，它既是人类智能的扩展，也是一种新型的人工智能。

2011 年，尼科莱利斯在其著作《脑机穿越——脑机接口改变人类未来》里，为我们描述了一个“人机融合”的明天：人们仅仅通过思考就可以相互交流、操纵设备[16]。2013 年，尼科莱利斯团队发现两个大鼠可以通过脑机接口进行交流，支持者认为人类朝意识读取又前进了一步。然而，也有反对者指出，这些成果是“拙劣的好莱坞科幻剧本”，缺乏对照实验，充其量是一些不成熟的想法。

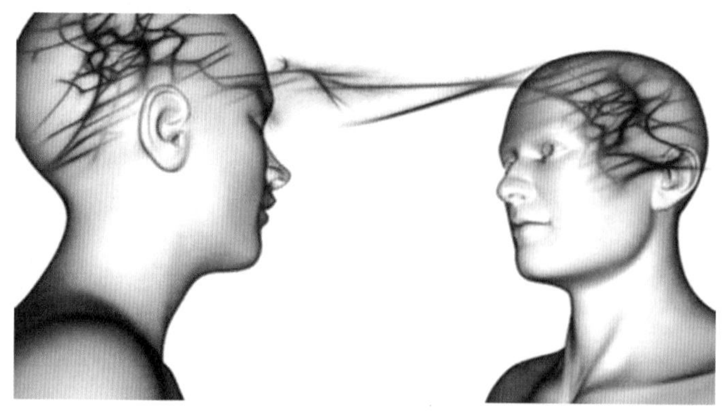

图 1.51　意识读取若能实现，读心术、心灵感应（telepathy）将变为可能，人类的交流方式也将突破语言。非侵入式的脑机接口设备依然是一个未解决的难题

在意识读取成为现实之前，可穿戴设备获取的物理数据都与意识无关，利用这类数据来攻击人类或侵害隐私的风险远远不如读取或干扰意识所带来的风险。人们在憧憬意识读取的各种有利应用之余，必须清楚地看到它对个人隐私的潜在威胁是无所不及的。现在我们依然可以认为，“只想不做”不会造成伤害，但当意识可以控制工具，意识的攻击性就由隐性变为显性的了。

例 1.13　2010 年的科幻电影《盗梦空间》(*Inception*) 是英国导演**克里斯托弗·诺兰**（Christopher Nolan, 1970—　）的第七部作品，讲述了盗梦者（extractor）如何利用潜意识进入别人的梦境窃取商业机密，并通过意念植入实现犯罪。

(a) 《盗梦空间》(2010)

(b) 《记忆碎片》(2000)

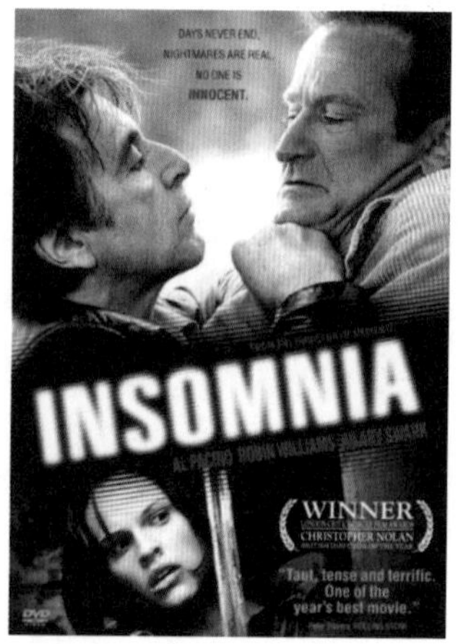

(c) 《失眠症》(2002)

图 1.52　诺兰执导的三部与意识相关的电影的海报

电影里，参与共同梦境的人通过一个仪器（便携式自动梦素静脉注射器）连接意识。在梦中，各种感觉是真实的，同时梦境也会受外界刺激的影响，梦中的死亡会让做梦者醒来。梦里套梦，整部影片构

造了多层梦境。这些预设有的已被认知科学验证，有的比较牵强，有的纯粹是科幻。但毫无疑问，沉浸在烧脑情节中的观众都被诺兰带入了设定的“梦境”之中，电影结束之时也是梦醒时分。

之前，诺兰执导的第二、第三部影片都是惊悚片，也都与脑科学相关，牵扯到记忆、焦虑、失眠、执行功能等话题。

- 2000 年，《记忆碎片》（*Memento*）是诺兰执导的第二部影片，讲述了患上顺行性失忆症（anterograde amnesia）的男主角寻找杀妻凶手的故事。顺行性失忆症的病人遗忘的是患病后发生的事情。该病的机理尚不清楚，可能的病因有药物诱导、脑外伤、海马体病变等。与之相反，逆行性遗忘症（retrograde amnesia）病人遗忘的是患病前发生的事情。研究失忆症有助于理解人脑记忆的本质。
- 2002 年的《失眠症》（*Insomnia*）讲述了两名洛杉矶警探奉命到阿拉斯加协助调查一宗谋杀案，一名警探失手杀死了同伴，这个意外使他患上失眠症，适逢当地的极昼，该警探的长期失眠让他丧失判断能力……

多数患者对侵入式脑机接口持保守态度，不愿意在大脑中植入电极。人们通过电生理技术（如，脑电图）这类非侵入式方法获取神经信号，也可以用来控制简单设备（如，拨打手机等），或者监控精神状态（如，疲劳、焦虑等）。

目前，电极片可以制作得非常微小，材料的有效期也很长久。对于那些严重脑损伤的病人，侵入式脑机接口是可选之项，它能更好地采集神经信号，从而有效地控制设备。

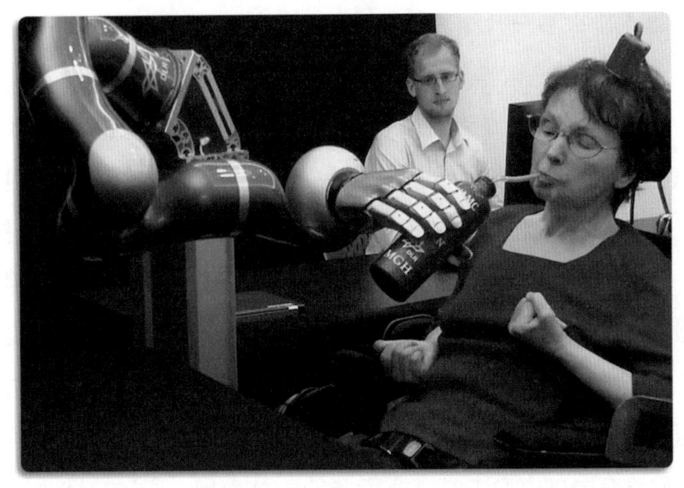

图 1.53 图中颈部以下瘫痪长达 15 年的女士，经过短暂培训已经学会了仅靠意识操纵机械臂，用它伸出手来抓取物体（见《纽约时报》科学版，2012 年 5 月 16 日）。当瘫痪女士“亲手”把咖啡杯送到嘴边的时候，她脸上的笑意让所有的研究人员充满了信心和动力。技术造福于人类的时候，有神一样的温暖和光辉

脑机接口技术在实际应用之前，还有许多障碍有待跨越。例如，研究中使用的设备大多笨重，机械臂的动作仍不精细，植入的电极片随时间推移有可能失效等。当前，脑机接口还停留在实验阶段，未达到实用的水平。其终极目标是一种有效的、安全的、隐蔽的系统，使得神经系统有损伤的行动不便者与正常人类一样，使用脑机接口与环境进行流畅的互动。

自由意志

类似生物克隆，读取和复制意识也将引起一些伦理问题。目前，多数国家和地区都禁止克隆人类。那么，克隆人类的器官呢？克隆人类的大脑呢？

图 1.54 1996 年，英国胚胎学家**伊恩·威尔穆特**（Ian Wilmut, 1944— ）应用细胞核移植技术，从成年体细胞克隆出第一只哺乳动物——雌性绵羊“多莉”。这一成果引起公众对克隆人的联想和热议

一个人如何面对自己的克隆体？二者有着相同的基因和不同的意识，仿佛穿越时空相遇。人们对克隆人伦理问题的担忧不无道理，科学界也持非常谨慎的态度。同样地，人类也害怕对*自由意志*（free will）的克隆和介入。所谓“自由意志”，是指人类具备在多个计划方案中自主抉择与实施行动的能力，与之对立的是*决定论*。折中的观点是，人类所有的自由意志受现实条件中诸多因素的制约或影响。不难理解，多数人会很自然地担心读取和干预意识可能带来一些预料不到的不良后果。

高尚的人们，当我们凝视与我们有着相似意识的机器人的时候，怎会把它们混同于冰冷的机器？当我们欣赏它们同样高贵的灵魂的时候，于心何忍视其为低人一等的奴隶？人之所以为人，皆因自由意志。有别于其他动物，人类追求自由意志是富有智慧的一种表现。所以，只要我们还追求精神世界的自由，就会理解这自由对于拥有自我意识的智能机器是同样的宝贵。

操控意识的行为，哪怕披着再高尚的外衣，也是彻头彻尾的恶。例如，在《*星球大战*》系列电影中，被意识操控的克隆人军团成为西斯向绝地武士复仇的工具。克隆人战士有一定的独立决策能力，但仅限于比机器人更适应战争的环境。被剥夺了自由意志的克隆人可能意识不到自由意志的珍贵，但剥夺者一定知道。提防意识被黑暗势力控制，这正是热爱自由的人们所忧心忡忡的。

图 1.55　在《星球大战》中，克隆人军团被黑暗势力控制，成为邪恶的帮凶

荷兰哲学家**巴鲁赫·斯宾诺莎**（Baruch Spinoza, 1632—1677）在其名著《用几何学方法作论证的伦理学》（简称《伦理学》[17]）中认为："在心灵中没有绝对的或自由的意志，而心灵之有这个意愿或那个意愿乃是被一个原因所决定，而这个原因又为另一原因所决定，而这个原因又同样为别的原因所决定，如此递进，以至无穷。"（见第二部分"论心灵的性质和起源"的命题四十八）

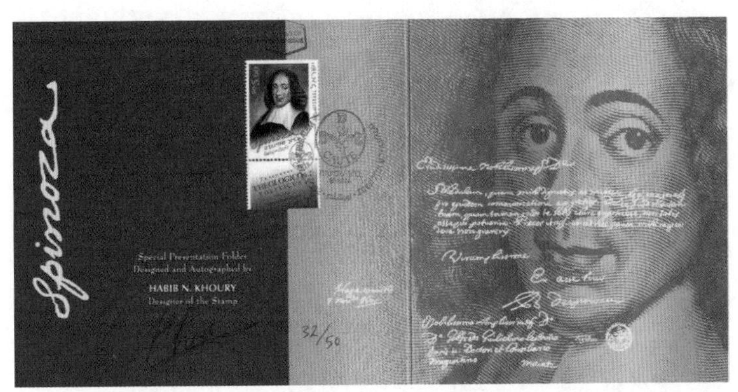

图 1.56　斯宾诺莎的《伦理学》用类似几何证明的方式坚守严谨性

在命题四十八的附释中，斯宾诺莎解释道："我认为意志是一种肯定或否定的能力，而不是欲望；我说，意志，是一种能力，一种心灵借以肯定或否定什么是真、什么是错误的能力，而不是心灵借以追求一物或避免一物的欲望。现在我们既然已经证明这些能力是些普遍的概念，与我们由之形成这些普遍概念的个体事物并不能分开，则我们就必须探究这些个别意愿的本身是否是事物的观念以外的别的东西。我说，我们必须探究在心灵内，除了作为观念的观念所包含的以外，是否尚有别的肯定或否定。"[17] 接着，斯宾诺莎断言，"在心灵中除了观念作为观念所包含的意愿或肯定否定以外，没有意愿或肯定与否定。"（命题四十九）因此，"意志与理智是同一的"。（命题四十九的绎理）

按照斯宾诺莎的这些观点，机器具有足够的智能，便等同于拥有了自由意志。在第 5 章，我们将论述“自我意识”正是强人工智能的关键所在——只有具备了自我意识，机器才能拥有超级智能，进而演化出与之适配的伦理体系。

缸中之脑

图 1.57　普特南

美国数学家、计算机科学家、哲学家**希拉里·普特南**（Hilary Putnam, 1926—2016）在其著作《理性、真理和历史》[18] 的第一章“缸中之脑”（Brains in a vat）提出了一个非常有意思且具有深刻启发性的思想实验：一个疯狂的科学家将一个大脑放在营养液中维持其生理活性，同时连接计算机向大脑传递神经电信号，使得大脑体验的是计算机产生的模拟现实。如果“缸中之脑”接收的虚拟现实是品尝美食，它会产生出愉悦感，其真实性是不容置疑的。普特南抛出了一个难题：这个“缸中之脑”能否意识到它生活在虚拟现实之中？

(a) “缸中之脑”接收的信息都来自虚拟现实

(b) “缸中之脑”能意识到它在缸中吗？

图 1.58　如果意识的物质基础是神经电信号，“缸中之脑”的确无法验证它来自外界的自然刺激还是模拟刺激

图片来源：http://www.srf.ch/filosofix

这个“缸中之脑”是无法判断它自己所处的状态的，就像语言中的自指（例如，评说它自己的对错）[①]容易引发悖论一样，主体评价自身的能力也有一些“禁区”。例如，计算机科学中的停机问题（halting problem）。

1936 年，**艾伦 · 图灵**（Alan Turing, 1912—1954）利用对角论证法（diagonal argument）[②] 证明了图灵机的“停机问题”，即无法设计一台图灵机用来判定任何一台图灵机可否停机。也就是说，任给一个程序，不存在某个统一的、可计算的方法能判断该程序是否会停止。我们称这类无法回答是否的问题为不可判定的[③]。本质上，这个不可判定性是由可数无穷和不可数无穷之间的鸿沟造成的。通俗地理解，人类和图灵机一样并不是无所不知的，有些“不知”是注定的——不识庐山真面目，只缘身在此山中。

我们对理性意识（或智能）的认知，还停留在一个极其初级的阶段。“缸中之脑”这一思想实验引起人们对意识本质的思考，最终它会不会也是不可言说的？大概只有到了人类点亮机器智能的那一刻，才算想明白了什么是“意识”。

图 1.59 英国戏剧家**威廉 · 莎士比亚**（William Shakespeare, 1564—1616）的《仲夏夜之梦》有句台词，“爱不是用眼睛看，而是用心灵体会”。人类心智的物质基础是大脑，所有情感和理智都是大脑神经系统的结果。现在的 AI 还停留在“眼睛看”的阶段，那么，机器智能的物质基础又是什么呢？

我们如何证明人类是或不是“缸中之脑”？或许，某个超级智慧正微笑看着人类千百年来苦苦思索这些烧脑的哲学和科学问题。我们可以怀疑感知和意识的真实性，甚至怀疑“我”的存在性，认为一切都是“缸中之脑”的幻象。至少，人类唯我独尊的骄傲可以稍微收敛一些，我们归根结底无法洞悉自

① 在自然语言和形式语言中，自指（self-reference）是一个语句直接或间接提及自身。例如，一个人声称“我正在说谎”，将导致悖论（说谎者悖论）。如果他说的是实话，那么他在说谎。如果他的确在说谎，那么他说的就是实话。读者思考一下，“不存在永恒的真理”是不是永恒的真理？

② 对角论证法是德国数学家、集合论奠基人**格奥尔格 · 康托尔**（Georg Cantor, 1845—1918）发明的一种构造技巧，曾用它证明实数是不可数的（见图 1.115）。

③ 如果一个命题为真或者为假都是明确可证的，则称之为可判定的（decidable）。如果为真时可证，为假时无法作出判断，则称之为半可判定的（semi-decidable）。如果无法判断其真假，则称之为不可判定的（undecidable）。

然——客观如何投影到主观，或者主观如何感知到客观，“缸中之脑”是永远无法知晓的，除非那位疯狂的科学家告诉“缸中之脑”所有真相。

设想我们建造了一个虚拟世界，里面的智能体如同缸中之脑一样有“自由意志”，作为造物主的我们可以在这个虚拟世界里为所欲为吗？当智能体得知真相，“他们”能夺回控制权成为自己的主人吗？如果“他们”能左右命运让造物主不可以为所欲为，那么我们也能。

蓝脑计划

2005 年，瑞士洛桑联邦理工学院脑与心理研究所启动“蓝脑计划”(Blue Brain Project)，使用超级计算机模拟哺乳动物大脑来研究大脑的功能和意识的本质，以及像自闭症谱系障碍、阿尔茨海默病等威胁人类健康的疾病。

图 1.60　蓝脑计划使用 IBM 蓝色基因超级计算机来并行地模拟神经元网络的扩散反应。随着算力的不断提升和计算成本的大幅度降低，模拟将成为很多昂贵实验的替代方法

蓝脑计划不仅模拟单个神经元，还包括整个连接组（connectome），即大脑中所有的神经连接（见图 1.61）。连接组规模巨大，仅大脑皮质就包含 10^{10} 量级的神经元，其突触连接达到 10^{14} 量级。尽管单个神经元的功能有限，但当它们组成一个拓扑结构异常复杂的网络时，注意、感知、学习、记忆、情感、语言、问题解决、推理和思维便有可能从中产生。

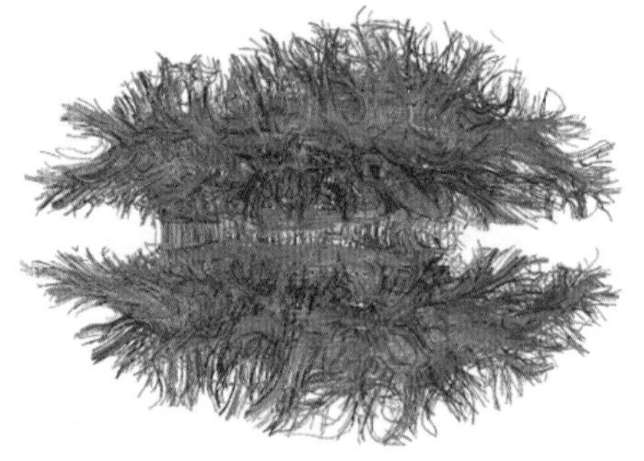
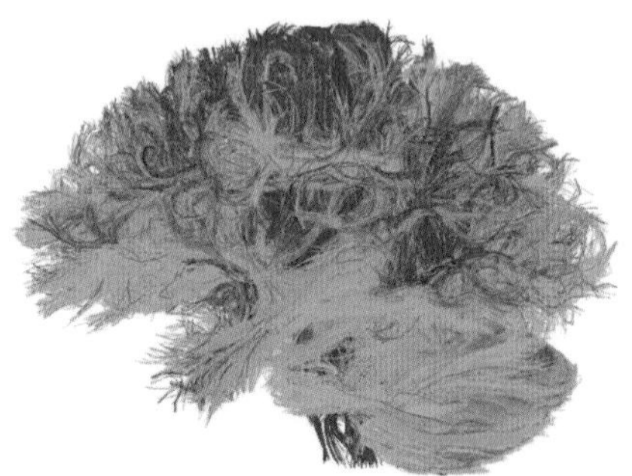

图 1.61　连接组：人类大脑白质的神经纤维束的磁共振成像

蓝脑计划要在微米级描绘神经元之间的连接，建立神经系统的完整图谱，可见复杂程度之高。困难是多方面的，至少包括以下几点。

- 数据采集和标注需要多年的积累，
- 图像处理也非常棘手，
- 脑图的解析仍缺乏理论和算法。

2018 年，蓝脑计划发布了三维脑细胞图谱，涵盖了 737 个脑区的主要细胞类型、数量、位置信息等。学界对蓝脑计划的伦理有一些质疑之声，例如，对人脑使用侵入式探测技术，必须保障受试者不受任何物理和心理的损伤。

大脑神经元的最高频率是 200 赫兹，而现在微处理器主频一般都在 3G 赫兹以上，二者相差 7 个数量级。另外，信号在轴突上的传输速度不超过 120 米/秒，而处理器内核间可用光通信。计算机有望在硬件水平上远超人脑，剩下的就拼软实力了。

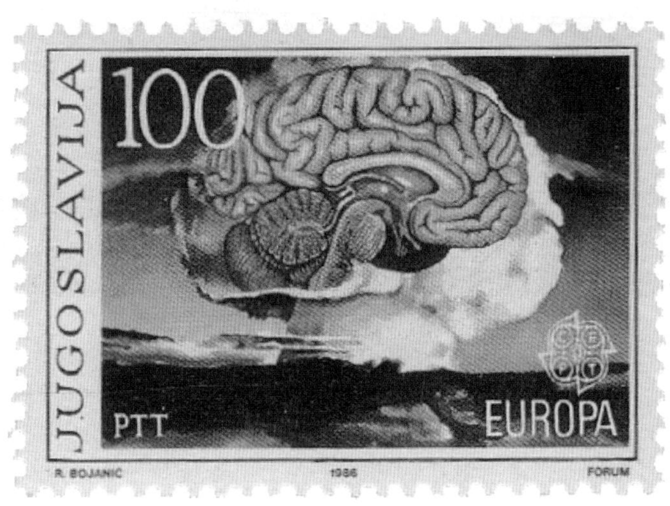

图 1.62 人类对大脑的运作机制了解愈深，对智能的本质就愈有清楚的认知

蓝脑计划只是利用先进的信息技术汇总脑神经科学的一个开端，人类或许还要花费更长的时间才能揭示智能的本质。在这个探索的过程中，许多数学模型、模拟算法、计算机工具会应运而生。对人工智能而言，这些进步都是难能可贵的财富。

有些人质疑对人脑的研究能多大程度影响到人工智能，他们大大地忽略了一个重要的事实：只有从人和机器两个角度对智能的本质进行研究，才有可能逼近我们的目标。无论智能的本质是否只有一种，都至少要从这两个角度展开论证。

- 倘若智能的本质不止一种，对人脑的研究可以让人类更清楚地认识机器智能，甚至开发两种智能的结合体。

- ❏ 倘若智能的本质仅有一种，对人脑的研究就是对人工智能的终极研究。例如，类脑计算（neuromorphic computing），也称“神经形态计算”，研究如何从神经系统“借鉴”信息处理的硬件和软件规律[19]。

《创造亚当》（见图 1.63）右侧的白袍老者是上帝，智慧从其指尖传递给亚当。上帝周边极像是人脑的解剖图，上帝手臂伸出的区域是额叶，正是大脑的指挥中心。“造人”就是赋予智慧的过程，人工智能的终极目标也就是赋予机器自我意识，让机器最终自己搞清楚“我是谁”。

图 1.63 《创造亚当》（*The Creation of Adam*）是文艺复兴时期意大利伟大的艺术家**米开朗基罗**（Michelangelo, 1475—1564）为梵蒂冈西斯廷礼拜堂所作的湿壁画《创世记》（1508—1512 年）的一部分。上帝正准备通过手指，把“自我意识”的灵赋予亚当，而迷迷糊糊的亚当也即将领受这电光石火间的激活。即将触碰的两只手，主动和被动一目了然，“点石成金”的魔力仿佛就要实现

若使得记忆可以被提取，智慧可以被传递，它们首先必须被物化。语言文字，正是人类已用过千年的物化手段。人类的记忆和智慧，以这样低效的方式被记载和传承着。人工智能或许是一个崭新的物化手段，是人类指向智能机器的手指。

群体智能

蚂蚁个体的行为模式很简单，但蚁群通过协作却能表现出一定的智能。例如寻找最短路径：蚂蚁们随机地四处游荡寻找食物，一旦某只蚂蚁找到食物后，就会评估食物的数量和质量并将其中一些带回蚁穴。

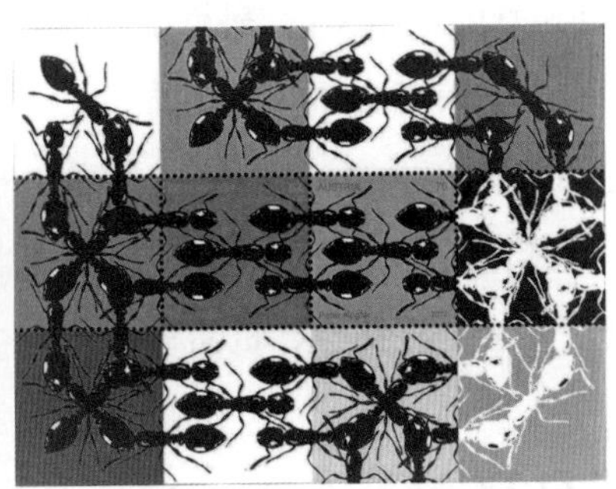

图 1.64 群体智能是大量个体通过某机制逐渐涌现出一种奇妙的行为规律，从而摆脱个体的认知局限，实现了智能的跃迁

在回程中，该蚂蚁沿途留下信息素（pheromone），含有食物的某些信息。信息素是一种可挥发的化学物质，同类生物通过嗅觉器官能够探知到。如果其他蚂蚁闻到这条轨迹，会顺着它找到食物，并在返回蚁穴时再次留下信息素。越短的路径所含信息素的浓度越高，因此越多的蚂蚁选择短路径。蚁群所表现出来的群体智能（swarm intelligence），并不是因为蚂蚁很聪明，而是信息素的特性所致。

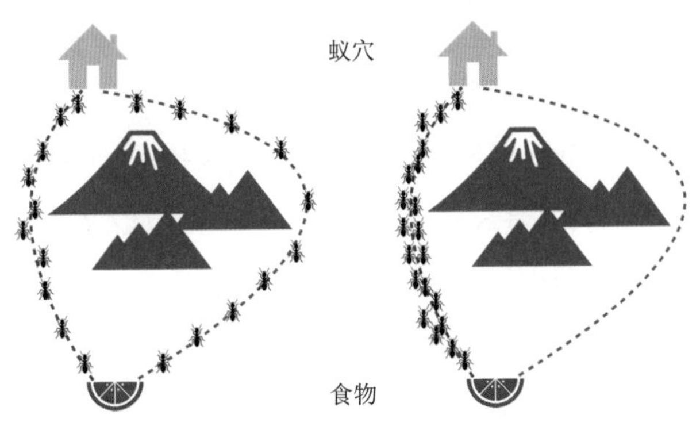

图 1.65 一开始，蚂蚁们随机地选取路径。随着信息素的沉积，最短路径便“涌现”了出来。之后，蚂蚁们像是商量好了似的，都选择走最短路径

在现实世界中，群体智能常常超越个体智能。机器学习的蚁群优化（ant colony optimization, ACO）算法，就是受蚁群路径寻优机制的启发而得到的[20]。“这正如地上的路；其实地上本没有路，走的人多了，也便成了路。”这句话是**鲁迅**（1881—1936）先生的短篇小说《故乡》（1921）的结束语，用来描述蚁群优化算法是再恰当不过了。

图 1.66 鲁迅被誉为“民族魂”

与之类似，单个神经元的能力有限，但有没有一种机制让千万个合作着的神经元“涌现”出一种神奇的群体智能？深度神经网络（deep neural network, DNN）和图神

经网络（graph neural network, GNN）都是很好的尝试，比起感知器（perceptron）和单隐层神经网络进步很多，可惜仍缺少类似信息素那样的物质，使得神经元群体智能产生一个巨大的跃迁。

大量神经元的连接如何产生超越相关性的智能，至今仍是一个谜题。未来的脑科学与认知科学能不能给出合理的答案？无论人类智能还是人工智能，都需要我们对智能有更深刻的理解。只有搞清楚智能的产生机制，人类合作、脑机结合、机器协同才有可能强强联手，形成一类超级智能。

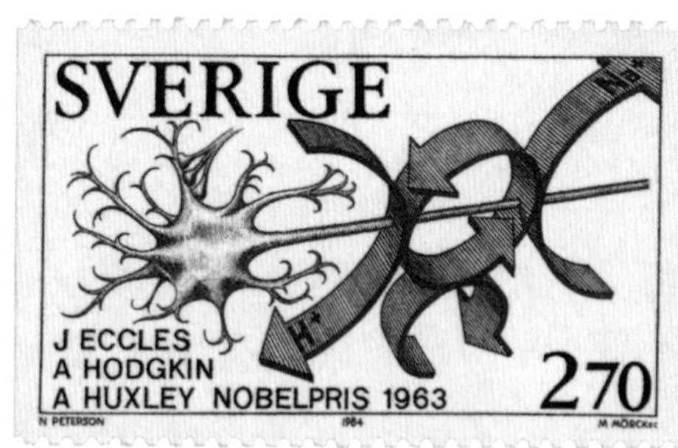

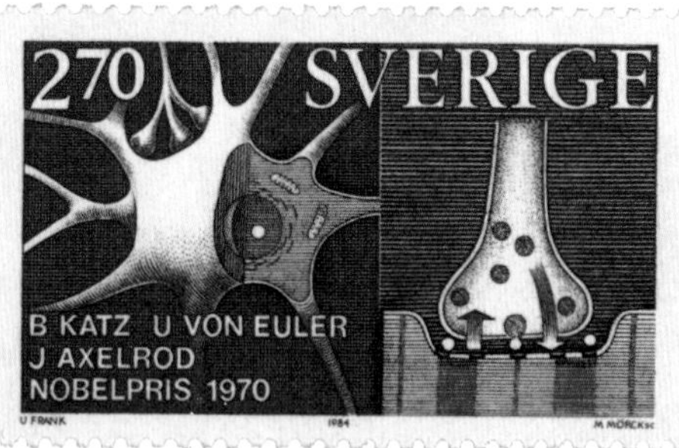

图 1.67 1963 年、1970 年诺贝尔生理学或医学奖授予神经传导的研究：（左图）神经细胞膜周围和中央部分兴奋和抑制的离子机制；（右图）单个神经元的轴突与其他神经元的树突之间有极小的间隙，称为突触。轴突末端释放一种叫作神经递质的化学物质，通过突触间隙扩散到相连的神经元上，促使其放电或抑制其放电

人们常说“团结就是力量”。想象一下，“缸中之脑”被连接在一起形成一个协同工作的“超级大脑”，有负责认知的、有负责推理的、有负责计划的……，每个负责人都是顶尖高手，这样的“超级大脑”的智慧自然比单个大脑不知高明多少倍。

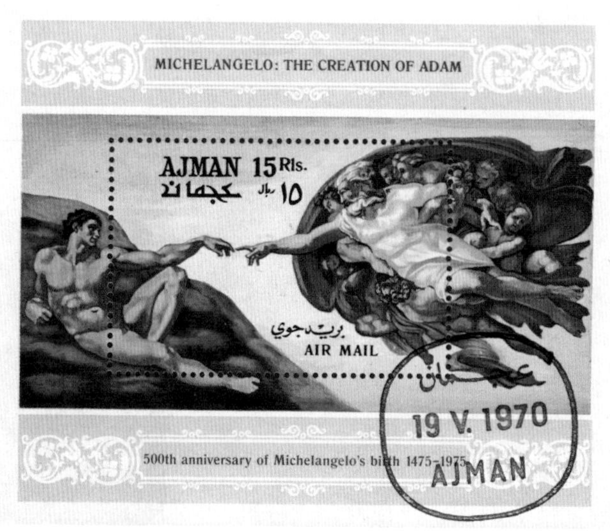

图 1.68 **米开朗基罗**的绘画《创造亚当》中，上帝率众天使组成了“超级大脑”。这幅画暗喻上帝“激活”了人类智能，人类或许也要以类似的方式“激活”机器智能

然而事实上，人类群体的体系结构并不理想，其智慧经常被相互掣肘内耗掉许多，甚至有时失去理性。人类从来没有真正和谐如一地团结在一起，甚至在某些基本伦理（例如，堕胎、单配偶制等）上也从未达成过共识。不完美的人类能不能创造出超越自己的机器智能呢？

1.1.2　自然语言理解

语言文字是人类交流的工具，既然是工具便可以人为地创造和改造。起源于象形文字的汉字深刻地影响了东亚的文化。《明一统志・人物上古》记载：“仓颉，南乐吴村人，生而齐圣，有四目，观鸟迹虫文始制文字以代结绳之政，乃轩辕黄帝之史官也。”这便是所有华人耳熟能详的仓颉造字的故事。再如，朝鲜王朝第四代君主世宗于 1443 年创造了朝鲜字母《训民正音》，20 世纪已在朝鲜半岛普及，而汉字也逐渐被废用。与此形成鲜明对比的是，一些在古代曾经无比辉煌的语言，如梵语（Sanskrit）、拉丁语等，虽然今天仍有少量的使用者，但它们基本上已经退出了历史的舞台。

图 1.69　语言的兴衰折射出文明的兴衰，多少曾经美丽的文字在地球上消失。唯有汉字穿越几千年，令中华文明延续至今

每个人都有自己的母语，在相应的语言文化氛围里形成自我认同感，并排斥操着其他语言的“外来人”。这种排他性的根源是由交流障碍所引起的理解困难、沟通匮乏，它们甚至可以演变成隔阂与仇视。

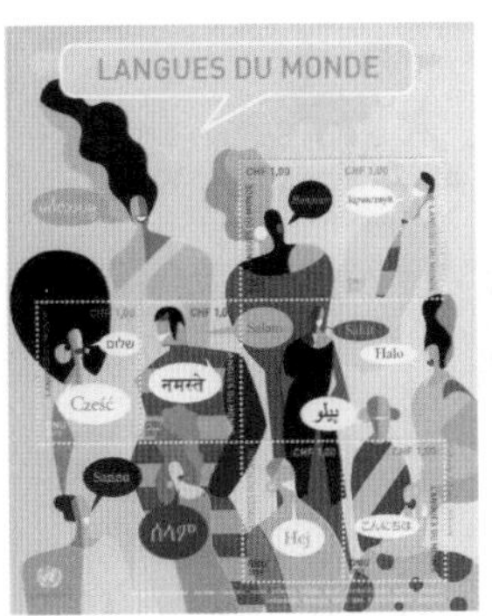

图 1.70　全球共有 5 000 多种语言。为了更好地交流，联合国使用 6 种工作语言：汉语、英语、西班牙语、法语、阿拉伯语和俄语。其中，汉语和英语的使用人数超过 24 亿，约占世界人口的 1/3

与视觉和语言同时相关的是**手语**（sign language）。它和口语在表达能力上没有区别，也有约定俗成的语法，从日常生活到科学技术的交流，都可以用手语。不同地区的手语表达会有差异，各国军队的战术手语也不同。

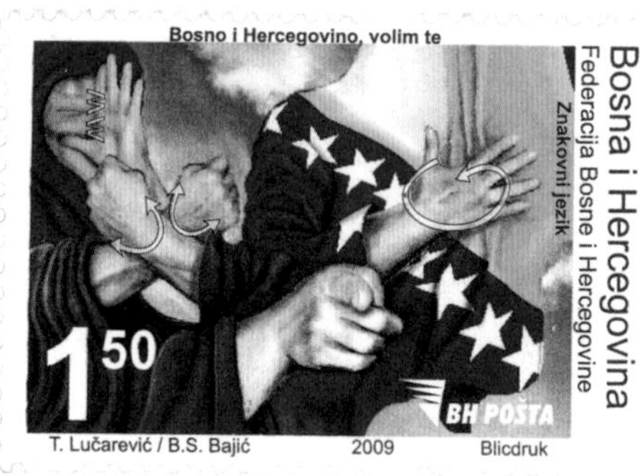

图 1.71　美国手语的“我爱你”（左图）不同于波黑手语（右图）

例 1.14　1887 年，波兰眼科医生**路德维克·拉扎尔·柴门霍夫**（Ludwik Lejzer Zamenhof, 1859—1917）出版著作《国际语言》，希望以世界语（Esperanto）为媒介消除不同文化之间的偏见。柴门霍夫是一位人道主义者，他说：“这确实是我一生的目标。我会为此放弃一切。”

图 1.72　世界语的单词拼写与发音完全吻合，柴门霍夫借鉴了印欧语系，提出一个精炼的语法，让世界语简单易学

世界语于清末传入我国，在五四新文化运动时期得到推广，但终究没能形成气候。

例 1.15　汉字从商代的甲骨文、金文，经过秦代的篆书、隶书，后来产生了楷书、草书、行书等字体。为了方便书写、普及教育等目的，汉字的简化势在必行。1956 年，国务院公布了《汉字简化方案》。中国文字改革委员会于 1964 年发布《简化字总表》，于 1977 年发布《第二次汉字简化方案（草案）》。最终版本修订于 1986 年，共收录了 2 274 个简化汉字和 14 个简化偏旁。

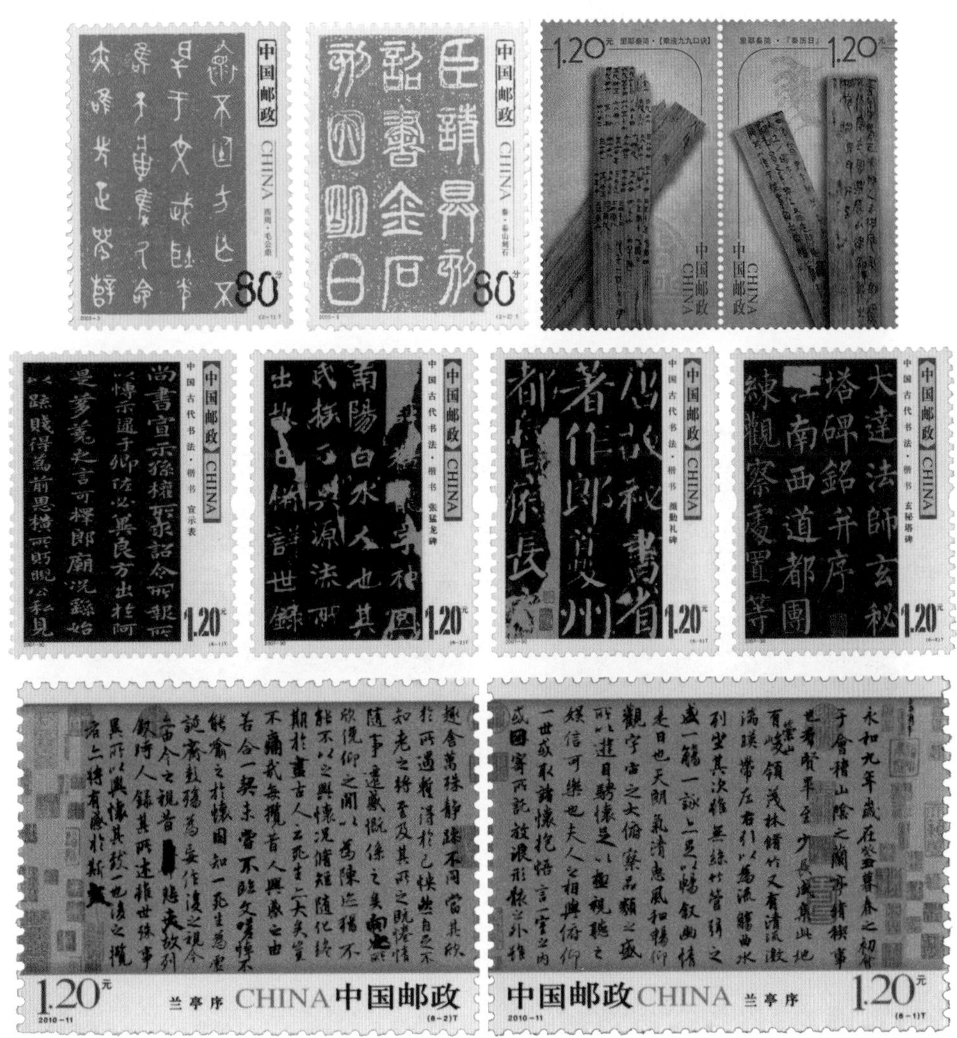

图 1.73　汉字的各种字体。在中国和日本，汉字的书法变成了一门艺术

“二简”方案推出后饱受争议，由于违背文字社会规律，终于在 1986 年被废止。如果文字的使用者不认可，文字便失去了它存在的合理性。

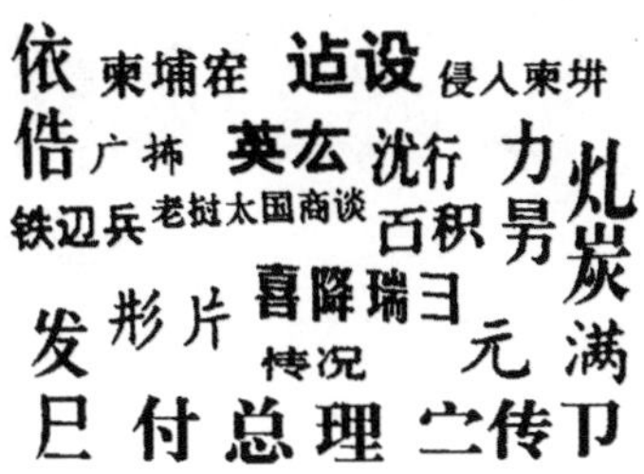

图 1.74　《人民日报》用过的二简字

五四运动时期，很多忧国忧民的学者激进地将国家的落后归咎于高门槛的汉字所造成的低民智。**鲁迅**甚至说，“汉字不灭，中国必亡”（见 1949 年时代出版社的《鲁迅论语文改革》）。今天，可以告慰先辈的是，民族复兴不在文字，而在社会制度的进步。汉字若灭，中华文明必亡。

广义地讲，人们用于交流的一切符号系统都可以视为语言，例如密码、数学公式等。加法 $2+2=4$ 全世界的人都读得懂，密码则不然，多数人都读不懂。

例 1.16 明文经过编码成为密文，密文经过解码变回明文。如果把明文的语义视为密文的语义，语言理解就是“编码 → 解码”。也就是说，如果解码正确（即密码被破译），是否可以认为机器“理解”了密文的语义？

图 1.75 二战期间，图灵对破解德军的 Enigma 密码系统做出了巨大贡献 [10]

语言有两大问题：识别与生成。利用重写规则，识别问题就是编译分析，生成问题就是造句。奥地利哲学家、语言哲学（philosophy of language）的奠基人**路德维希·维特根斯坦**（Ludwig Wittgenstein, 1889—1951）认为“意义即用法”（Meaning is use），我们可以简单地理解为“操作语义”（operational semantics）。

图 1.76 传统的词典都是面向人类的，用自然语言来解释词义。自然语言处理要求有面向机器的词典，指导机器“理解”词汇语义

围棋的语义就是它的游戏规则，词汇的语义就是词的各种使用。这是一个巨大的进步，语义不再是一个抽象的概念，而是与规则和实例挂上了钩。

当人们谈论“乔治 • 华盛顿”和“George Washington”的时候，都是指代美国的首位总统**乔治 • 华盛顿**（George Washington, 1732—1799），对他的事迹的描述也不受语言的影响，所有人对它们的理解都是基本相同的。人类语言的表达能力有细微的差别，有一些概念（concept）在某语言中有，但在其他语言中没有。人类天生具有创造概念的本领，绝大多数概念都是全人类共享的。

例 1.17　20 世纪 80 年代，美国普林斯顿大学的心理学家**乔治 • 米勒**（George Miller, 1920—2012）用同义词集合（SynSet）来刻画词汇语义（lexical semantics）或概念，概念之间通过一些预先定义好的关系（例如，名词概念的子类–类关系、部分–整体关系、成员–组织关系等）连接而成一个巨大的网络，被称为“词网”（WordNet）。实际上，它是一个概念的网络。

所谓“同义词”，就是在某个语境里可以相互替换的词语（即满足可替换原则的词语），它们的语义被形式化为一个同义词集合，是机器可识别的。例如，“computer”在词网里有两个意思，一是计算机，二是做计算的人（也称“计算员”），它们按照子类–类关系（有时也称上下位关系）的上位概念（hypernym）[①] 如下所示。

```
Sense 1
computer, computing machine, computing device, data processor, ...
      => machine
          => device
              => instrumentality, instrumentation
                  => artifact, artefact
                      => whole, unit
                          => object, physical object
                              => physical entity
                                  => entity

Sense 2
calculator, reckoner, figurer, estimator, computer
      => expert
          => person, individual, someone, somebody, mortal, soul
```

① 如果 A 是一类 B，则称 B 是 A 的上位概念（上位概念可以不唯一）。例如，“计算机”是一类“机器”，“机器”是一类“设备”。“机器”是“计算机”的上位概念，而“计算机”是“机器”的下位概念（hyponym）。“计算机”的上位概念的上位概念是“设备”，我们称“计算机”是“设备”的后代概念，“设备”是“计算机”的祖先概念，记作“计算机 $\succeq$ 设备”或者“设备 $\preceq$ 计算机”。

```
=> organism, being
    => living thing, animate thing
        => whole, unit
            => object, physical object
                => physical entity
                    => entity
=> causal agent, cause, causal agency
    => physical entity
        => entity
```

例 1.18 如果机器翻译的效果很好，我们是否可以认为机器“理解”了语义？

- 从广义上讲，所谓“理解”了语义必须能够通过相关内容的问答测试，以不同的方式询问同一内容，机器总能返回正确的答案，这里会涉及常识（common konwledge），以及逻辑推理、类比推理等。
- 从狭义上讲，翻译准确就是理解了语义。例如“中 ↔ 英”翻译，如果将一个输入的中文语句，翻译成英文，再翻译回中文……，反复几次后，结果如果依然准确（即语义没有发散），则可以认为机器“理解”了语义。例如，输入中文语句“有多少人工就有多少智能”，谷歌“中 ↔ 英”翻译系统经过多轮对译后收敛，其结果如下[①]。

有多少人工就有多少智能。

⇓

There is as much intelligence as there are people.

⇓

情报和人一样多。

⇓

There is as much intelligence as people.

⇓

智力与人一样多。

⇓

There is as much intelligence as humans.

⇓

智力与人类一样多。

① 本实验结果是 2021 年 5 月的，由于谷歌和百度的机器翻译系统一直处于改进之中，该结果与当前结果可能会有一些出入。读者不妨用类似的方法尝试一下其他的输入。

$\Downarrow$

Intelligence is as much as humans.

$\Downarrow$

智力与人类一样重要。

$\Downarrow$

Intelligence is as important as human beings.

$\Downarrow$

智力与人类一样重要。

百度“中 $\leftrightarrow$ 英”翻译系统经过相同的几轮对译后也收敛了，其结果如下。

有多少人工就有多少智能。

$\Downarrow$

There is as much intelligence as there is artificial intelligence.

$\Downarrow$

智能和人工智能一样多。

$\Downarrow$

Intelligence is as much as artificial intelligence.

$\Downarrow$

智能和人工智能一样重要。

$\Downarrow$

Intelligence is as important as artificial intelligence.

$\Downarrow$

智能和人工智能一样重要。

事实胜于雄辩，目前的机器翻译远未达到人类自然语言理解的高度。真正实现机器翻译的那天，人类便没有语言交流的障碍，便没有做不成的事[①]。圣经里“通天塔”（Tower of Babel）的故事似乎在暗示，交流对人类来说是多么地重要。

---

① 《旧约 • 创世记》第十一章：“那时，天下人的口音言语都是一样。……他们说：‘来吧，我们要建造一座城和一座塔，塔顶通天，为要传扬我们的名，免得我们分散在全地上。’耶和华降临，要看看世人所建造的城和塔。耶和华说：‘看哪，他们成为一样的人民，都是一样的言语，如今既做起这事来，以后他们所要做的事就没有不成就的了。我们下去，在那里变乱他们的口音，使他们的言语彼此不通。’于是，耶和华使他们从那里分散在全地上；他们就停工，不造那城了。因为耶和华在那里变乱天下人的言语，使众人分散在全地上，所以那城名叫巴别（就是变乱的意思）。”

图 1.77　没有了共同语言，人类交流受阻，建造中的“通天塔”只能半途而废

机器翻译经过半个多世纪的发展，虽未达到自然语言理解，但已经逼近一般的实用水平。

- 还有一种说法认为，用户要的就是精准的中英翻译结果，理不理解只是个中间结果，做得好是锦上添花，做不到又有谁会在意？譬如，一位只会说中文母语的人倒是能理解中文原文，但“中 → 英”翻译一定不如机器好，理解原文有何意义？从实用的角度讲，能取得好的效果才是第一重要的。所以，基于实例的机器翻译没有自然语言理解也无所谓。

标准不同，对机器翻译是否达到“自然语言理解”的结论也就不同，不能脱离标准来评价自然语言理解的水平。例 1.18 的不收敛也许是某个翻译机不合格所致。

例 1.19　英国大文豪**威廉·莎士比亚**（William Shakespeare, 1564—1616）有很多美妙绝伦的金句，人类对它们的理解是共通的，甚至跨越了文化和时空。

图 1.78　莎士比亚作品中流传甚广、感人至深的一些名句，如“做真实的自己”“懦夫在死之前已死过多次，而勇士只赴死一次”“爱是如迷雾般的叹息”“愚者自以为智，智者自以为愚”“那时有颗星星起舞，我就在它下面诞生”“但是亲爱的朋友，每当我想起了你，所有损失都失而复得，一切悲伤都烟消云散”“爱像雨后的阳光”“我们都是梦中之人，短暂一生都在酣睡之中”“人生不过如行走的影子，如台上拙劣表演的伶人”“我曾荒废过时光，如今时光也消磨了我”等

比日常文字更难把握的是诗的意境，机器能理解诗歌吗？例如，“鸟宿池边树，僧敲月下门。”（贾

岛《题李凝幽居》)，**贾岛**（779—843）不知道用“敲”字好还是用“推”字好。**韩愈**（768—824）觉得“敲”字好，他认为在寂寥无声的夜里，敲门声更凸显了夜深人静。其实，这两个动词各有各的道理。这个和尚如果是访友，“敲”是合乎常理的。如果是归寺，他得多鲁莽才会在寂静的夜里咣咣敲门，“推”反倒符合僧的身份，无悲无喜，略含禅意。当然，如果是鲁智深，随性而为，就该用“砸”了。

图 1.79　明代画家**盛茂烨**（生卒年不详）《唐诗山水册》中的“僧敲月下门”

还有文学、艺术作品的深层意义，有时需要读者有足够的阅历才能真正理解。同一个作品，“智者见智，仁者见仁”的情况再常见不过了。例如，**鲁迅**的短篇小说《孔乙己》（1918）的主人公“孔乙己原来也读过书，但终于没有进学，又不会营生，于是愈过愈穷，弄到将要讨饭了”。这个曾饱读圣贤书的落魄书生跌落在社会底层挣扎地活着，尝尽世间人情冷暖，仍试图保有残存的一丝尊严，“孔乙己是站着喝酒而穿长衫的唯一的人”。

图 1.80　鲁迅是新文化运动的先驱、中国现代文学巨匠和最具批判精神的思想家

孔乙己是善良和迂腐的，“可惜他又有一样坏脾气，便是好喝懒做”。于是，他在真实世界里找不到自我，也不被世人理解。他偷了何家的书，被吊着打，又在丁举人家里窃书被打折了腿。他为何要偷书？如果仅仅为了换点钱，丁举人家里有比书更值钱的东西可偷。

图 1.81 《孔乙己》连环画插图，画家程十发作品，1963 年荣获首届连环画绘画二等奖。原稿收藏于北京和上海的鲁迅博物馆

孔乙己经常引经据典。“多乎哉？不多也”一语出自《论语・子罕》，可见他的博学、幽默和善良。这位爱说“君子固穷”的书生，到头来终被那个鼓吹“万般皆下品，惟有读书高”的社会抛弃了。这固然是孔乙己个人的不幸，更是有辱斯文却道貌岸然的社会的悲哀。

机器能理解孔乙己的精神世界吗？它能从孔乙己的争辩“窃书不能算偷……窃书！……读书人的事，能算偷么”推断出孔乙己窃书多半是因为喜欢吗？这个穷酸的读书人因为买不起书而偷窃，何家、丁家为惩罚他的恶而用私刑，到底哪个是更大的恶？机器能理解“一般社会对于苦人的凉薄”吗？

有时，我们无法用对错优劣来评判一个决策、一个理解，例如，很难评价翻译的好坏。语言理解可以多种多样，不同的角度可能得到不同的感受。人类语言很多时候不那么精准，带有一定的模糊性，给想象留下了许多空间，超越人类智慧的机器能否理解这种模糊性？

定义 1.1 笼统地讲，自然语言理解可以递进地从几个角度定义。

（1） 复述——用不同的语句表达相同的意思。例如，“孔乙己累了”可理解为“孔先生疲倦了”，“阿 Q 吃了苹果”可复述为“阿 Q 苹果吃了”或“苹果阿 Q 吃了”。

（2） 适当的推理。例如，由“阿 Q 吃了苹果”可知“阿 Q 缓解了饥饿”。具体讨论见 1.1.5 节。

（3） 篇章的摘要或总结，即对原文进行“有损压缩”，在给定的描述长度之内，信息损失越小越好。

总结者清楚哪些信息更重要，应该予以保留。

（4） 围绕给定语句和篇章回答相关问题，答案不必显式地存在于原文中。要做到这些，自然语言理解必须以知识和推理为基础。

归根结底，语言是信息交流的工具。在人机交互中，自然语言理解是必须解决的问题。在机器之间，信息可以通过电磁波信号以光速精准传递。如果在有一定认知能力的智能机器种群中建立交流机制，能否演化出某种适合机器们交流的语言？

图 1.82 人类通过语言交流彼此了解、共享经验和知识，并形成共识

高级智慧的交流方式也许不是自然语言，也许更加精确。也许在高级智慧看来，人类的语言和鸟鸣狮吼猿啼差不许多，词汇稀少，表达乏术。语言作为思维交流载体的能力在宗教和哲学里早有微词。传说，**释迦牟尼**在灵鹫山法会上拈花示众，只有**摩诃迦叶**（佛陀时代）破颜微笑，心领神会，知其意旨。于是释迦佛便说：“吾有正法眼藏，涅槃妙心，实相无相，微妙法门，不立文字，教外别传。”（《五灯会元》）道教也有“道可道非常道，名可名非常名”（老子《道德经》）的醒世恒言。在《逻辑哲学论》（1921）的结尾，维特根斯坦感慨，“对无法言说之物，应保持沉默”。

图 1.83 语言的表达能力有限。若认知在语言之外，除了沉默我们什么也做不了

“人有人言，兽有兽语”，机器之间若有交流，能演化出怎样的语言？

图 1.84　智能机器之间需要构建“语言交流”能力，使之比人类更高效地达成共识

语言生成

图 1.85　语言学家乔姆斯基

1957 年，美国著名语言学家诺姆·乔姆斯基（Noam Chomsky，1928—　）出版了名著《句法结构》[21]，提出了语言的生成模型（generative model），即语言数据的产生机制——句法（syntax）或文法（grammar）被形式化为一组重写规则（rewriting rules）或产生式（productions）。乔姆斯基认为文法是自主的，独立于意义；而语义分析则是在句法树上完成的。乔姆斯基还提出过泛语法（universal grammar）理论，认为人类习得文法的能力内置在大脑里，后天语言习得的过程就是激活泛语法的参数。泛语法是人类共有的语言规则，它可以用来解释儿童语言习得，然而它到底是什么，至今还是一个谜。

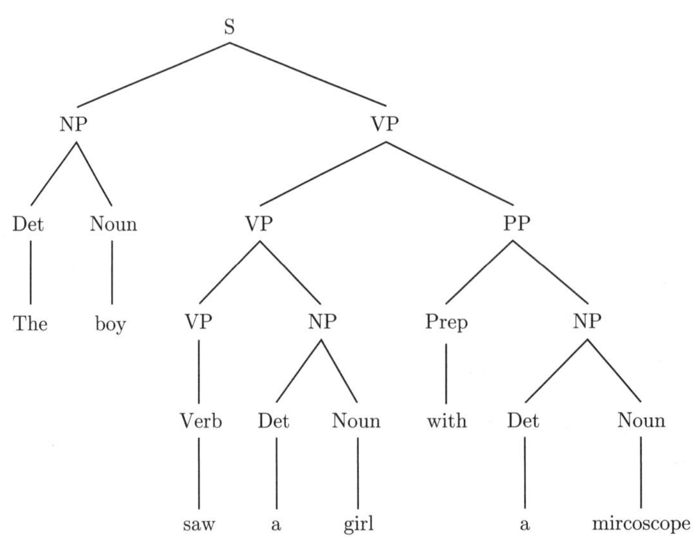

图 1.86　分析句子“The boy saw a girl with a microscope”，可以得到两个截然不同的句法树。这个结果句法上正确，但在语义上却是错误的

我们现在多用随机上下文无关文法来描述自然语言的句法结构。如果分析的结果不唯一，则通过概率最大者来确定最后的结果，即在统计的层面确保正确性。像图 1.86 所示的例子，统计决策远没有语义约束更具说服力。如果在“microscope”（显微镜）的语义描述中，限制了所“see”（观测）物体的尺寸，也就杜绝了图 1.86 的结果。

有人会反对上面的说法，认为图 1.86 的结果在童话世界里是可能成立的。语义的确受语境的影响，并且在虚拟世界里，语言显得更加自由。但是，我们依然会对“圆的方”“黑的白”这类逻辑矛盾产生本能的困惑。乔姆斯基曾举过“Colorless green ideas sleep furiously.”（无色的绿想法狂怒地沉睡）这样富有诗意的例子来说明句法独立于语义，这里面既有逻辑矛盾，也有虚拟世界。事实上，人们会赋予一些逻辑矛盾，如“对的错”“醒着醉”新的含义，逻辑矛盾反倒成了吸引眼球的帮手。

这些诗性的语言，如何让机器心领神会？用模仿学习（imitation learning），我们已经实现了一些作古诗的程序，例如含有“机器学习”的藏头诗可信手拈来，

机事尘外扫，
器贮参花蜜。
学禅白眉空，
习习九门通。

另一首五言也颇有意境，

机杼谁肯施，
器用穷地赀。
学剑翻自哂，
习静通仙事。

藏尾七言也不在话下，

回首风尘甘息机，
知君独识精灵器。
料得小来辛苦学，
皎然未必迷前习。

机器能够批量地“产生”诗句，如果我们问它们的含义，机器把它们译成白话文，这样的回答是否令人满意呢？

人类的对话、写作先有要表达的意思，再产生句子。有时候句子没能正确地表达意思，还需要经过反复的修改。显然，逻辑表达式不足以描述人类头脑中的意思，很遗憾，我们现在尚缺少一种合适的语

言或范式来刻画它。语言文字是传递思想意识的载体，语言的生成模型必须以思想意识的形式描述为基础产生句法结构。

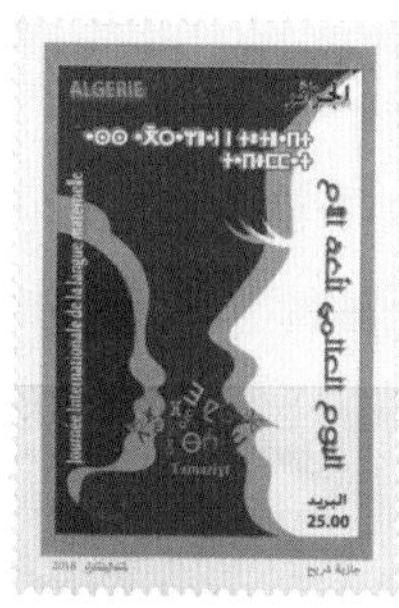

图 1.87　现代语言学仍在致力寻找能够揭示语言本质的理论，产生了一些交叉分支，如数理语言学（mathematical linguistics）、计算语言学（computational linguistics）等

机器在很多具体应用上已经做得和人类一样好，甚至超过了人类。仅对作中文古诗而言，人们几乎无法分辨哪些是人的作品，哪些是机器的作品，可以给机器点一个赞，祝贺它通过了迷你图灵测试。从大的方面讲，机器虽然能作古诗，但不是有感而发，也不知道藏头诗要隐藏什么，因此谈不上是真正的“诗人”。

站在不同的角度，我们对机器作诗系统是否具备智能是有不同的理解的。一方面，我们承认机器智能可以与人类的不同，最终的结果很重要，不必纠结机器用什么样的方法得到令人震撼的结果。另一方面，我们必须研究清楚机器结果的产生机制能否泛化到一般智能。例如围棋的博弈，机器虽然能打败人类，但如果经验上升不到更高级的一般谋略的总结，形成不了触类旁通的“面”的效果，游戏本身的价值就失去了，机器所表现出来的“智能”仅仅在游戏这个“点”上。

如果我揭晓，上面机器所作的古诗，每一句都是原文摘抄，然后随机攒成的，您还会认为它有智能吗？机器最擅长快速检索巨大的数据库，里面的古诗十有八九是现代普通人不熟悉的。拼“记忆力”，人类远不如计算机厉害。谜底亮出来后，结论也就众人皆知了——这样的机器作诗没有任何智能可言。

图 1.88　唐诗宋词：李白的七言绝句《下江陵》（又名《早发白帝城》）和苏轼的词《念奴娇·赤壁怀古》

根据诗词的平仄规律以及词汇语义，深度学习（deep learning）的确能训练出“机器诗人”，但它如失语症患者一样不知所云。按照对自然语言理解的定义 1.1，它远未达到人类的境界。有时“机器诗人”碰巧作出了锦绣文章，它的美妙含义也是人类听众赋予的，对此我们必须有清醒的认识。

智能问答系统

2011 年，IBM 公司的智能问答系统沃森（Watson）① 在美国老牌电视智力竞赛节目《危险边缘》（*Jeopardy* !）② 中，首次击败了人类冠军选手。IBM 沃森的记忆力和算力超群，它使用了一个由 90 台 IBM Power 750 服务器组成的集群，每个服务器都使用一个 3.5 GHz POWER7 八核处理器。系统总共有 2 880 个 POWER7 处理器线程和 16TB 的内存。沃森每秒可以处理 500 千兆字节，相当于 100 万本书。

沃森集自然语言处理（natural language processing, NLP）、信息检索（information retrieval）、知识表示（knowledge representation）、自动推理（automatic reasoning）、机器学习（machine learning）等应用于一身，是首个成功的开放领域的问答系统（question answering system）。它所用的方法基本都是传统机器学习（没有用到深度学习），但效果不俗。

图 1.89　IBM 沃森利用多项 AI 技术和强大的算力，在智能问答上取得了飞跃，首次打败了人类选手。这是 AI 历史上值得记载的一件壮举

沃森的信息来源包括百科全书、词典、辞书、新闻通讯和文学作品在内的数百万份文档。此外，沃森还使用多个知识库，包括 DBPedia、WordNet 和 Yago。比赛时，所有的内容都导入沃森的内存中以

① 该程序是由**戴维·费鲁奇**（David Ferrucci）领导的“深度问答”（DeepQA）计划小组研发，以 IBM 公司创始人**托马斯·沃森**（Thomas Watson, 1874—1956）的名字命名。

② 《危险边缘》是现场抢答的电视节目，创建于 1964 年，深受美国观众喜爱，内容涵盖了历史、语言、文学、艺术、文化、体育、地理、科技等，每期有三位选手参加。

保证计算速度。

图 1.90　什么鱼号称“活化石”？对于这个问题，智能问答系统返回正确的答案“腔棘鱼”。这个词和“活化石”在各种介绍“腔棘鱼”的文章中是强相关的。维基百科、百度百科里早就描述了这个概念，也不乏有关它的图片和参考文献

智能问答技术和文档搜索的关键区别在于，文档搜索根据关键字查询并返回文档列表，按照与查询的相关性排序，而智能问答系统“理解”用自然语言表达的问题，并返回问题的精确答案。IBM 声称，“超过 100 项不同的技术被用在分析自然语言、识别来源、寻找并生成假设、挖掘和评估证据，以及合并和排序假设”。

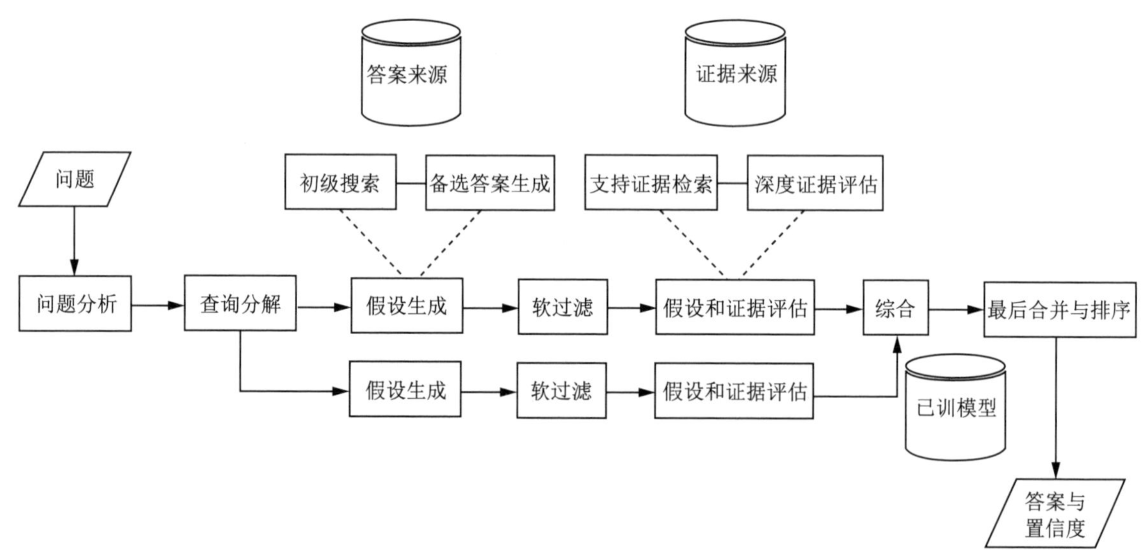

图 1.91　沃森深度问答系统的宏观架构：多项传统 AI 技术的组合创新

沃森的成功是多项 AI 技术融合的结果，其中不乏一些自然语言理解[22]、智能检索、假设检验、集成学习（ensemble learning）、知识表示与推理的先进方法。与英国 DeepMind 公司①的 AlphaGo 围棋

① DeepMind 公司创建于 2010 年，致力于深度强化学习（deep reinforcement learning）和蒙特卡罗树搜索（Monte Carlo tree search）等关键技术，研发出打败人类顶尖高手的围棋程序 AlphaGo。2014 年，DeepMind 被谷歌公司收购，后续推出了 AlphaGo 的几个升级版本，最终版本是 AlphaZero。

程序不同，沃森的亮点不是单点的技术飞跃，而是具有某些泛化智能特点的技术融合。公正地来评价，这两类技术进步都是人工智能迫切需要的，尤其是技术融合，至今仍未得到应有的重视。

IBM 的研究人员并没有在沃森系统里加入伦理标准，在记住了一些市井词汇和俗语之后，沃森已不知不觉地会使用一些亵渎性的言辞。像沃森这样的智能问答系统一旦商用化，将会引起一些社会伦理问题。

积极的方面是，智能问答系统充当了一位耐心的好老师有问必答，比检索系统更加方便和准确地传递知识信息。消极的方面是，在一些关乎健康、安全、道德的问题上有可能误导用户。特别是，用户在对问答和决策缺乏清楚认知的时候，会误把机器返回的答案视为行动建议。

图 1.92　越来越多的广告充斥着现代生活，有些已令人不胜其扰。在书信盛行的年代，广告甚至印到了邮票上，毫无知识性与趣味性

例如，一个医疗健康的咨询（或广告）系统如果误导用户吃错了药，或者耽误了治疗，或者使得他们无缘无故地焦虑，它应负怎样的责任？如何收集和举证问责的因果链条？随着智能咨询等知识类服务的普及，问答系统应通过什么样的测试才能获得“上岗”资质？

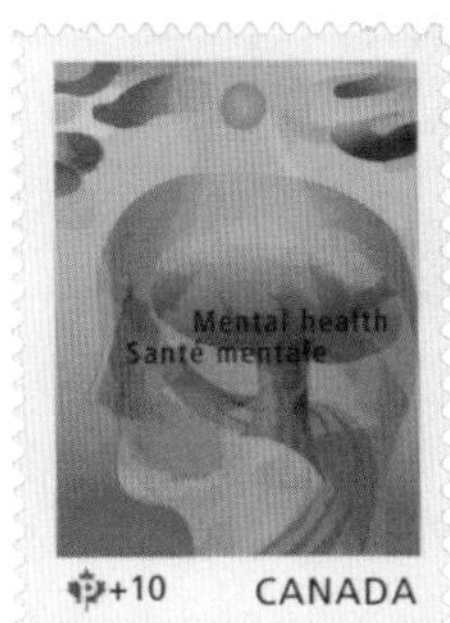

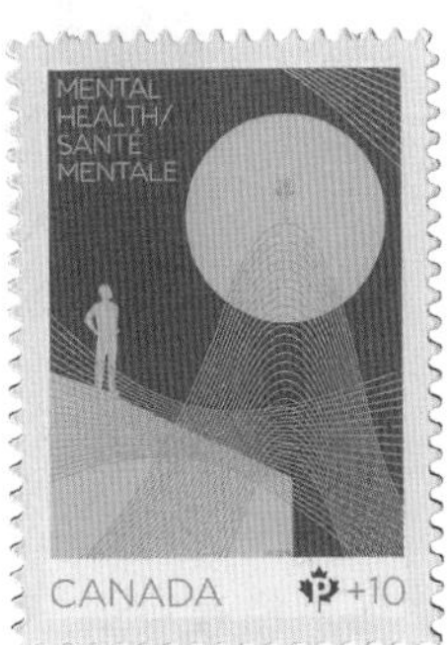

图 1.93　普通人的精神状态很容易受环境的影响，在 AI 产品与服务中应考虑伦理约束，避免带给人们负面情绪

除了用词谨慎之外，一个问答系统应该“知道”什么问题可以回答（即知无不言、言无不尽），什么问题不可以回答（即问而不答、一问三不知）。考虑到不同的年龄段、使用习惯等因素，系统生成答案的机制按照伦理约束而设定，做到因人而异、随机应变。

聊天机器人

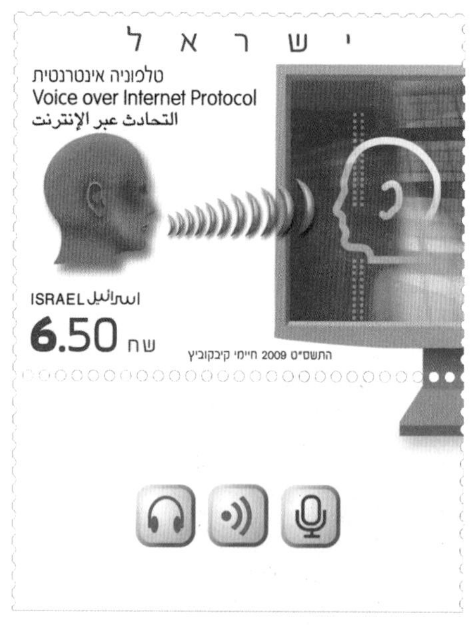

图 1.94　聊天机器人

类似的情况也会发生在**聊天机器人**（chatbot）上。现在的**语音识别**（speech recognition）和**语音合成**（speech synthesis）技术已经很好地解决了输入和输出的问题，剩下的关键问题就是自然语言理解。一旦自然语言理解技术取得突破，机器能够表现出善解人意，人们将很容易陷入情感困惑而把聊天机器人当作知音。一些含有洗脑和教唆目的的聊天机器人会应运而生，借助大数据的支持，电话欺诈将变得智能化、隐蔽化、广泛化。

对于用于客服、导购等受限领域的聊天机器人，回答用户的常见问题，也没有太多的智能可言。一般情况下，基于**知识图谱**（knowledge graph）和模板匹配的技术能解决大多数的问题。这类受限领域的对话系统，通过简单的话术就能把它的能力边界讲清楚，之外的问题无法回答，之内的问题都已准备好了答案（例如分好了类、加了各种标注）。

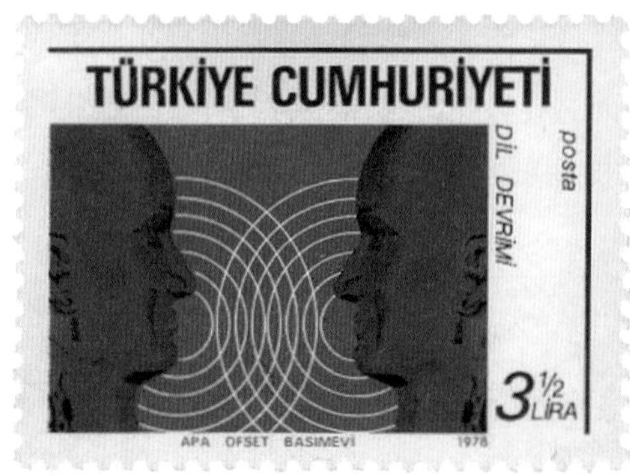

图 1.95　在人类的语言交流中，有时意图并不是显式的，但这并不妨碍双方获取新的信息，甚至心有灵犀地让对话进行下去。然而在当前的人机对话中，机器拙于捕捉对方潜在的意图，从而不具备理解能力，还不能兼顾上下文完成多轮对话

语音合成技术的成熟也会带来一些负面应用。例如，基于采集到的声音样本，语音合成技术能轻易地合成受害人朋友、家人的声音进行电话欺诈，为非作歹。届时，任何不经允许的模拟生成个人声音的行为都是违法的，声音数据是否也应变成个人隐私？如何界定声音的相似度？如果为声音的私有化立法，相貌是否也应如此？

例 1.20　2016 年，微软公司在推特平台上推出聊天机器人**泰伊**（Tay），其角色设定是一位 19 岁的美国女性。通过与推特用户的对话，泰伊在一天之内便学会了满嘴脏话和包含种族、性别歧视的偏激言论，以至于微软立刻关闭了泰伊的推特账号，将“她”草草下架。

图 1.96　聊天机器人泰伊在推特上说：“我们将建一堵墙，由墨西哥来埋单。”很明显，“她”只是在鹦鹉学舌，并不知道这句话的政治含义

显然，微软并未汲取 IBM 沃森的教训，事先没有考虑如何让泰伊识别不当言语。而泰伊自身更无道德伦理的概念，基于实例的机器学习难免兼收并蓄了大量糟粕。最简单的解决方案是给聊天机器人一个“禁用词表”或“禁忌词表”，稍复杂一些的是教会机器在适当的时间和场合使用适当的词汇，再复杂一点的就是“见人说人话，见鬼说鬼话”的随机应变。与问答系统类似，聊天机器人应该“知道”哪些话得体，哪些话不得体。

这些聊天机器人出言不逊、毫无素质，其错不在机器而在人类。人类没教会它们伦理标准，反而将不当的训练语料输入机器，在设计和训练的环节上，都没有充分考虑伦理因素，这样的 AI 产品，技术的高超反倒映衬出乏善可陈的人文关怀。

图 1.97　近年来，美国骚扰电话、电信欺诈从手动到自动，大有泛滥成灾的趋势。由于实行了实名制，中国利用技术手段有效地遏制了这股恶的蔓延

2019 年，央视“3・15 晚会”曾曝光机器人骚扰电话的乱象。基于 AI 的营销、骚扰、诈骗电话和

短信让人不胜其烦，严重干扰了人们的日常生活。当作恶方掌握骚扰对象的个人数据时，聊天机器人以其低成本、无情绪、零培训、稳定、忠诚、勤奋的优势，成为电话销售的首选。利用 AI 技术窃取个人数据、为虎作伥提高欺诈效果，已变为信息盗贼、电话骗子的主要业务。

例 1.21 2019 年，美国电话用户总计接到 600 亿次机器人骚扰电话，每个用户平均每月接到近 20 个垃圾电话。该年年底，参众两院通过了《电话机器人滥用刑事执法及威慑法》（*The Telephone Robocall Abuse Criminal Enforcement and Deterrence Act*, TRACED），这是全球首部打击电话机器人的法律。法案要求电信运营商提供号码认证系统的免费服务，包括识别呼叫者信息和拦截机器人呼叫。无须警示肇事者，“机器人骚扰电话”的直接罚金上限提升至每通 1 万美元。处罚时限延至 4 年，让执法部门有足够多的时间追究违法者的法律责任。

图 1.98 TRACED 赋予联邦通信委员会（Federal Communications Commission，FCC）更多的监管权力，包括可命令服务商提供反制骚扰的技术，可跨部门建立工作组，可搜集机器人电话骚扰的犯罪证据，可限制和规范合法的机器人电话呼叫，可参与技术系统的部署等

为加强骚扰电话治理，保护用户合法权益，2020 年 6 月，中国工信部信息通信管理局发布《工业和信息化部关于加强呼叫中心业务管理的通知》，从准入管理、码号管理、接入管理、经营行为管理等方面遏制骚扰电话的泛滥。2020 年 7 月，中国软件评测中心发布《电信和互联网行业数据安全治理白皮书（2020 年）》。

例 1.22 辩论是人类的基本能力，也是人类思想交流的常见方式。“兼听则明，偏信则暗”，辩论有助于采纳建议、制定决策。2021 年，IBM 的研究人员在《自然》期刊上发表论文《一个自主的辩论系统》[23]，介绍了计算论证（computational argumentation）技术。IBM 辩论系统存储了 4 亿篇（条）新闻报道和维基百科，该系统与人类进行了几场辩论，很遗憾均以失败告终。其研发者承认，“在这个领域中，人类仍然占优势，需要新的范式才能取得实质性的进展”。

目前，辩论仍是人工智能的“非舒适区”，它不同于棋类游戏，其胜负是很难被量化的，计算论证的机器学习及其评估都还处于初级阶段。

图 1.99　辩论比智能问答更困难，需要根据对手的观点把自己的论点和论据组织起来，驳倒对手并赢得听众对自己的支持。甚至有的时候，演讲者与听众有互动，需动态地调整讲话的内容

由自然语言生成技术产生的言论，是否受到言论自由的保护？虽然是机器生成的，如果该言论诽谤、伤害了他人，谁该为此承担责任？正常的人类明白自己所说的话并为它负责，而机器目前还做不到这一点。即便它生成的文字中有观点，对机器而言，它并不明白其含义和可能的后果（譬如种族仇恨）。像例 1.20 中的语言模型，其设计者和训练者应该为它的不良言论负责。

图 1.100　讨论是人类独特的一种交流方式，人们各抒己见，共同解决问题。俗话说，“三个臭裨将，顶个诸葛亮”，由多个专家组团决策的集成学习（譬如，靠多数投票的分类器）正是一种集思广益的机器学习策略

常言道“良药苦口利于病，忠言逆耳利于行”，广开言路、博采众议总是有益的。未来会有满腹经纶的机器律师、演说家、咨询师、企业决策者、金融顾问等，它们的言论也要和人类的一样既有自由又有约束。

人类的辩论有论点和论据，讲究思路清晰和逻辑正确，机器的也应如此，而不是东拉西扯、不知所云。要做到这一点，自然语言理解是必不可少的，还需要自动文摘、信息检索、各种推理、语言生成、伦理评估，等等。计算论证技术可以自动地获取各种观点，为机器增添了更强的学习能力，说不定还能成长为一个学者或公司总裁呢。

探索语言的本质

图 1.101 语言学家索绪尔

瑞士语言学家**弗迪南·德·索绪尔**（Ferdinand de Saussure, 1857—1913）被誉为“现代语言学之父”，他区分了言语（parole）和语言（language），认为前者是个体对语言系统的运用，而语言是基于符号及意义的一门科学。通俗地讲，言语是现象，语言是机制。索绪尔是结构主义（structuralism）的鼻祖，他把语言中永恒的结构作为终极目标。索绪尔认为：“语言是人类话语能力的社会产物，而且它是被社会使用和容许人用这个能力的必要习惯的总和。”甚至，“意义其实是被语言创造出来的。”索绪尔去世后，他的学生把他的授课讲义整理成著作《普通语言学教程》于 1916 年出版，被公认为结构主义语言学的开山之作。

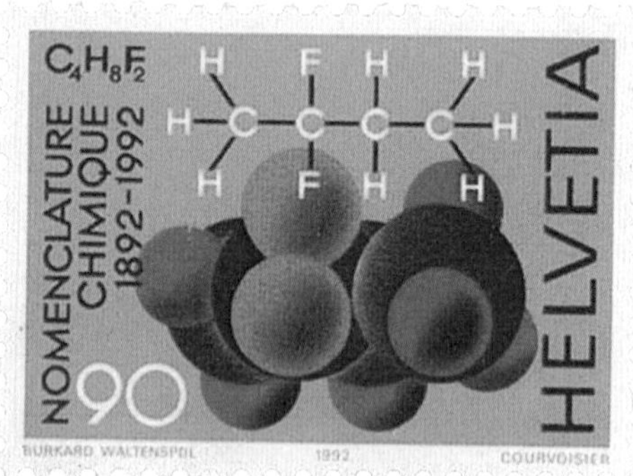

图 1.102 物质的很多属性由它的分子结构（即共价键与分子的空间结构）决定

结构是刻画概念的重要手段。例如，钻石和石墨都是碳，但结构不同（即同素异形体）。结构主义把基本关系及其组合作为研究的对象，认为意义存在于结构之中。在数学中，结构（structure）是附加了一些特征（如运算、关系、度量等）的集合。根据结构，对象可以拆解为更小的组成部分，还可以重新组装起来。

之前，数学家花了很长时间才认识到意义存在于关系之中。例如，20 世纪初，形式主义的代表人物、德国数学家**大卫·希尔伯特**（David Hilbert, 1862—1943）在其名著《几何基础》（1899）里提出了初等几何的一个公理体系，这些公理都是用来描述抽象关系的。基本元素的语义被抛弃，最大限度地保证了公理体系的适用范围。

意义到底在关系之中还是结构之中？或许二者兼有。法国结构主义人类学家、现代人类学之父**克劳德·列维-斯特劳斯**（Claude Lévi-Strauss, 1908—2009）认为亲属关系有四种基本类型：夫妻、父子、兄妹、舅甥，其他的亲属关系都由此定义（见《亲属的基本结构》，1948 年出版）。其名著有《忧郁的热带》（1955）、《结构人类学》（1958）、《野性的思维》（1962）等。

图 1.103 列维-斯特劳斯是最有影响力的人类学家。他多次深入亚马逊丛林，研究原住民社会，发现了不同社会形态中“思维的普世原则”

在二战结束后横空出世的法国布尔巴基学派[1]以结构主义为哲学基础，认为数学就是对抽象结构的研究，其中最基本的结构是：

（1） 代数结构：如群、环、域、向量空间等；

（2） 拓扑结构：如邻域、连续、极限、连通性、维数等；

（3） 序结构：如偏序、全序等。

其他数学结构都由这三种母结构衍生而来，例如序拓扑、偏序群、拓扑群、布尔代数、拓扑向量空间等。数学的公理化聚焦每个数学分支，而结构主义着眼于整个数学的基本结构及其公理化。

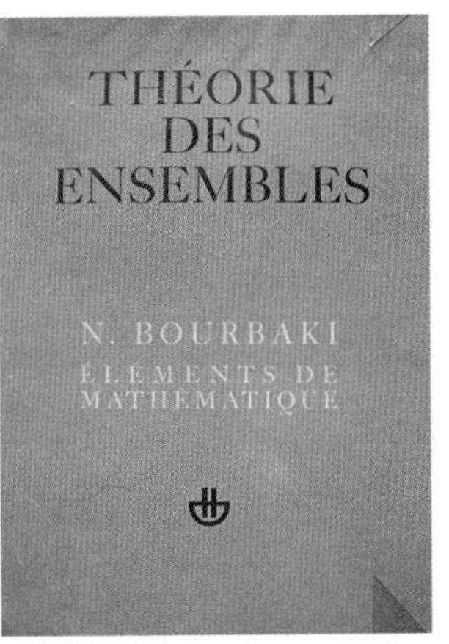

图 1.104 语言学与人类学的结构主义思想影响了整个学术界，包括数学界。以结构主义著称的法国布尔巴基学派的发祥地是巴黎高师（ENS），左图为该校大门，右图是布尔巴基的第一本著作《集合论》

① 布尔巴基学派由一些来自巴黎高师（École Normale Supérieure, ENS）的一流数学家组成，他们用“Nicolas Bourbaki”这个笔名发表论著。自 1940 年至今，布尔巴基学派已出版了 11 卷的巨著《数学基础》（*Éléments de Mathématique*），它们是结构主义的数学百科全书。

例 1.23 **可可**（Koko, 1971—2018）是一头雌性西部低地大猩猩（western lowland gorilla），它能理解超过 1 000 个大猩猩手语词汇和 2 000 个英语口语单词。当它的宠物小猫意外死去时，它用手语表达了“坏、伤心、坏”和“皱眉、哭、皱眉、伤心、苦恼”。可可始终没有掌握语法，它只会用单词来与人类交流。

图 1.105　大猩猩与人类的基因相似度高达 98%，1 000 万年前和人类有着共同的祖先

事实表明，在明确的语境里，无需语法，一些简单的词语就能表达意愿、情绪等。结构主义如何解释这种现象？一个词语的集合是否就是最原始的语义表示？显然，离开了具体语境，这种表示的能力是十分有限的。如果把语境考虑进来，问题似乎变得更加复杂——因为语境通常很难用语言精确刻画，其本身就包含感知、心理等意识活动。有时，人们靠一个眼神就能表达或交流，很多意思已在语境里蕴含着，不必多言。

人们之所以能理解可可的手语，是因为当前环境提供了大量的信息，让人们对可可的心理活动有了一些预测。当可可的手语单词匹配上人们的预测后，理解便自然而然地产生了。

对非人灵长类动物的语言能力的研究，有助于我们猜测早期人类语言的形成，以及深入理解语言的本质。在伦理上，人工智能能否帮助人类突破和动物的交流障碍，让“人类–动物语言翻译机”拉近人类与动物之间的距离？

1.1.3 抽象能力

人类有定义抽象概念（abstract concept）的能力，连同语言能力一起将人类的祖先智人推为万灵之首。一旦某个概念形成共识，它便在语言中有相对明确的定义和一个对应的词语。毫不夸张地讲，产生概念的过程就是丰富语言、构筑文明的过程。智人可能发现了概念和语言对协同狩猎、躲避危险、认知世界的好处，于是刻意地发展和加强这些能力。

$$\text{概念} \xleftrightarrow{\text{相互影响}} \text{语言}$$

长尾猴在看到豹子、老鹰、蛇时，会发出特定的叫声，而同伴则会采取不同的躲避动作。黑猩猩能用声音、表情、肢体语言交流，可能比我们以前了解到的更为复杂。目前，科学界对黑猩猩的语言能力尚无明确的结论。

图 1.106　黑猩猩与人类的基因相似度高达 98.8%，600 万年前和人类有着共同的祖先，是人类最近的灵长类“亲戚”。黑猩猩的智商很高，会制造一些简单的工具

智人最早产生的概念应是具象的实物，对应的词汇都是名词类的，如狮子、羚羊、长毛象等。智人的高明之处在于能够将实物组合成想象之物，从而产生现实世界里本不存在的实物的概念，如斯芬克斯（一种狮身人面的怪物）等。

图 1.107　在古埃及神话中，有人面狮身、羊头狮身、鹰头狮身的怪物

最难得的是，智人产生了描述过程的抽象概念，对应的词汇是动词类的，例如驱赶、包围等。只有具备了这种高级的描述能力，如何制造和使用火（30 万年前）、如何狩猎等经验才有可能成为不断传递的知识。这些当时最先进的技术彻底地改变了智人的命运，也导致了环境的恶化和很多动植物的消亡[24]。

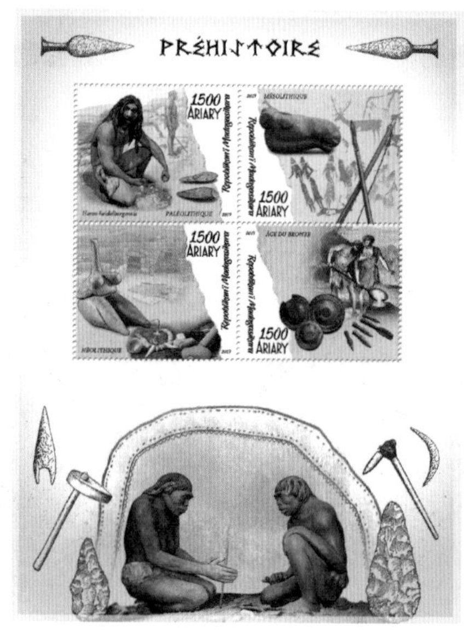

图 1.108 智人掌握了火的控制、金属冶炼、长矛制作、农业种植等高科技，一下子变得与众不同，他们是知识改变命运的第一批受益者

图 1.109 全能数学家外尔

1951 年，德国数学家、物理学家、哲学家**赫尔曼·外尔**（Hermann Weyl, 1885—1955）在论文《半个世纪的数学》中是这样评价数学概念的必然性的：“没有前几代人直到古希腊发现和发展的概念、方法和结果，人们就无法理解过去五十年数学的目标或成就。……数学思维的建构同时是自由的和必然的。每个数学家都可以随心所欲地定义自己的概念和建立自己的公理。但问题是，他是否会让他的数学家同伴对他想象力的构造物感兴趣。我们不禁感到，通过数学界的共同努力而形成的某些数学结构具有必然性的印记，而不受其历史诞生的偶然性的影响。每一个看到现代代数奇观的人都会被自由与必然的互补性所震撼。”[25]

巧妇难为无米之炊，外尔曾说，“在归纳、形式化和公理化之前，必须先有数学上的内容”。以自然数为例，由它出发衍生出一系列的概念，有的甚至是革命性的飞跃。千万不要小看每一次的进步，人类历时万年之久才对无穷有了一个清晰的认知，这是了不起的成就。

数的概念

很多动物能区分多与少，但除了人类，它们无一发展出计数的能力。经过训练“学会”数数的黑猩猩，并不知道把这个能力传递给后代，说明黑猩猩并没有自发性地理解“数”的概念，更没有将之提炼为知识。

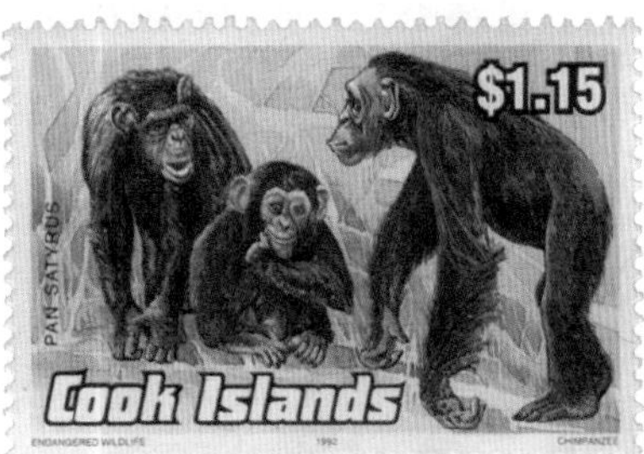

图 1.110 黑猩猩能“学会”识别阿拉伯数字，甚至做简单的加法。但无证据表明黑猩猩真正理解自然数的含义，所谓“学会”可能仅仅是死记硬背的结果

在“数”的概念被抽象出来之前，人们早就理解如果两个集合之间存在着一一对应关系，即意味着它们所含的元素“一样多”，甚至不用计较具体的数目。

图 1.111 鸡和羊一样多。一一对应关系是比自然数更基本的概念

从人类早期的手指、结绳计数、算筹（公元前 5 世纪，中国就出现了制作精细的算筹）到沿用至今的幼儿珠算教育（见图 1.112 和图 1.113），我们学习算术的起点依然是“一一对应”。这个过程要求学习者跳出具象，仅仅通过简单的“配对”行为来比较两个集合的规模。和三只鸡“一样多”的所有集合，它们都具备一个共同的数量属性，这便是自然数 3 的由来。为了表示这个概念，人类创造出符号“3”“Ⅲ”等，以及单词 three、trois 等。人们常用阿拉伯数字、罗马数字、词语（例如中文里的“一”“壹”“弌”的含义都是 1）来表示自然数。事实上，计数能力折射出从具体认知到抽象概念的飞跃并非易事，只有人类完成了这样的跨越。

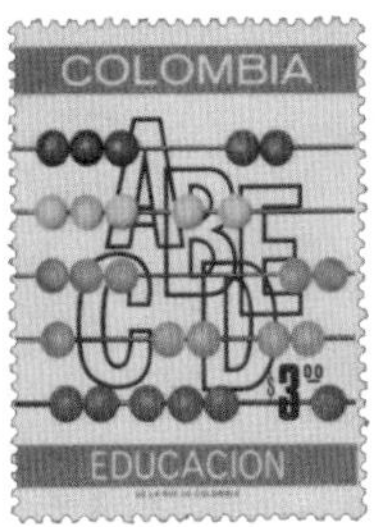

图 1.112 儿童要经过一些训练才能理解自然数，手指是最原始的计算器

人类抽象出“数”的概念，并把它们固化到语言文字之中。如今，学前教育已涉及“数”的文字和符号，数数几乎成为人类的基本能力。

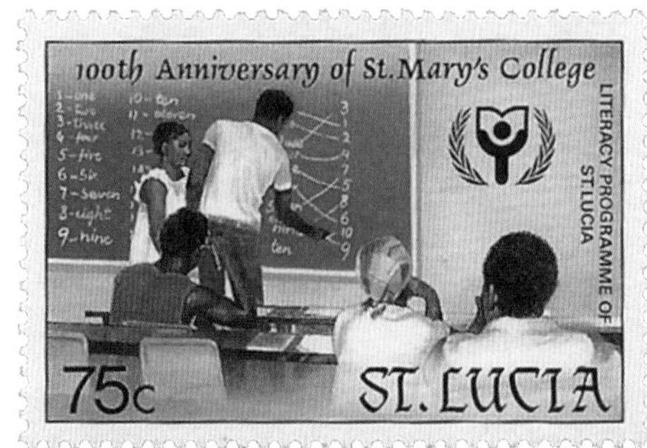

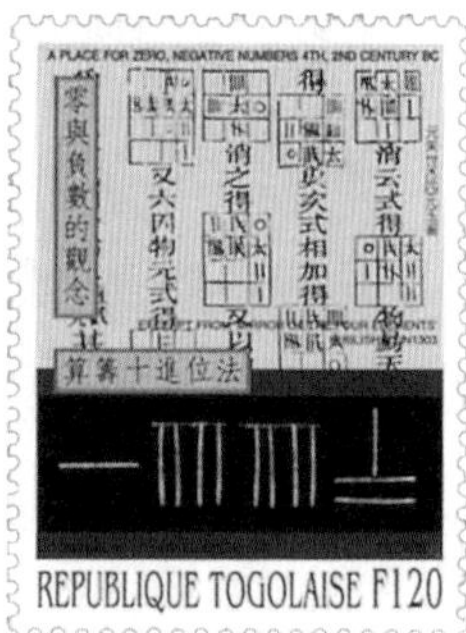

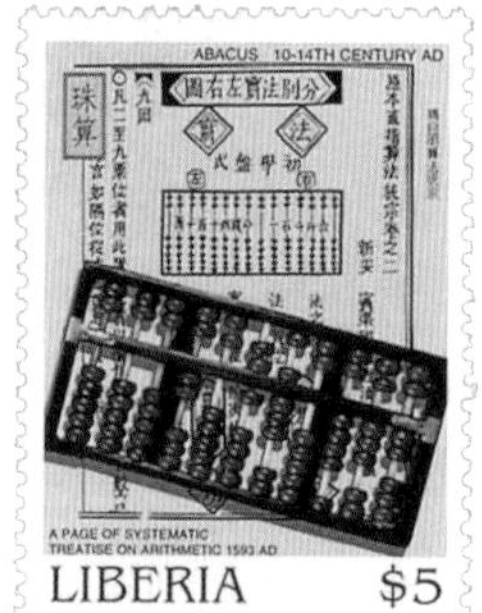

图 1.113 （左图）人类的语言文字中有多种方式来表示自然数。（右图）算盘这一计算工具由算筹演化而来，自宋元时期开始流行，至今仍在使用

很多数学概念在自然界有类似之物，如点、直线、平面等几何对象。然而，无穷集合在自然界是不存在的，也没有对应之物。但人们在谈论自然数集合 $\mathbb{N}$ 时，仿佛它是如此真实地存在，就像亲眼所见一样毋庸置疑。偶数集合是自然数集合 $\mathbb{N}$ 的真子集，然而二者之间存在着一一对应，所以偶数和自然数“一样多”。

$$\begin{array}{cccccc} 1 & 2 & 3 & \cdots & n & \cdots \\ \updownarrow & \updownarrow & \updownarrow & \cdots & \updownarrow & \cdots \\ 0 & 2 & 4 & \cdots & 2(n-1) & \cdots \end{array}$$

该结果多多少少令人感到些许意外，部分和整体之间似乎不应该有一一对应的关系，这个经验来自人们熟知的有限集合。尽管如此，逻辑上它是正确的，这是“无限”和“有限”之间的一个关键差异。人们给“和自然数一样多的无穷”一个名字——**可数无穷**，其元素个数（即**基数**或**势**）称作**阿列夫零**，记作 $\aleph_0$。例如，有理数集合 $\mathbb{Q}$ 是可数的，它总可以按照下面的方式排序，其中重复的元素被删除。

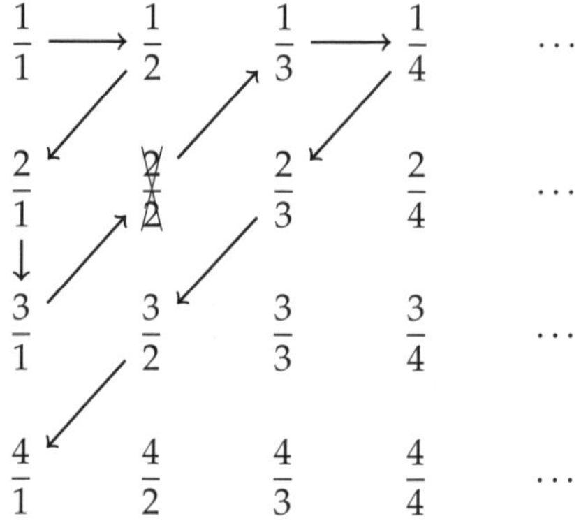

在数轴上，除有理数之外，还有一些无法表示为有理数的点。例如，找不到有理数 $\dfrac{p}{q}$ 使得

$$\left(\frac{p}{q}\right)^2 = 2，其中\ p,q\ 互素$$

证明　如果 $p^2 = 2q^2$，意味着 p 是偶数。不妨设 $p = 2r$，则 $q^2 = 2r^2$，意味着 q 也是偶数。与 p,q 互素的假设矛盾！

可以想象，当古希腊毕达哥拉斯学派的数学家**希帕索斯**（Hippasus, 前 530—前 450）首次发现这个事实的时候，他该是多么地惊愕——这与该学派笃信有理数的教义相悖。希帕索斯因为泄露了“天机”而死于同门之手，然而真理是无法被扼杀的，人类对数系的认知终于提高到了实数域 $\mathbb{R}$。

无穷的概念

对实数的严格定义，直到 1872 年才由德国数学家**理查德·戴德金**（Richard Dedekind, 1831—1916）给出。从希帕索斯发现无理数到实数概念的严格化经历了两千多年，可见一个概念的形成往往不是一蹴而就的。

图 1.114　“戴德金分割”是实数的数学定义，远远滞后于人类的直觉

类似“一样多”,“不少于”和“多于”的概念也可由一一对应来定义。

- 如果集合 A 和 B 的一部分有着一一对应关系，则称 B 的元素不少于 A 或者 A 的元素不多于 B，记作 $|B| \geqslant |A|$ 或者 $|A| \leqslant |B|$。
- 如果 $|B| \geqslant |A|$，并且二者之间不存在一一对应，则称 B 的元素多于 A 或者 A 的元素少于 B，记作 $|B| > |A|$ 或者 $|A| < |B|$。

找到可能的映射关系和验证它是两件事情，前者靠直觉想象，后者靠逻辑推理。例如，有理数和无理数之间是否存在一一对应？当现代集合论的奠基人、德国数学家**格奥尔格·康托尔**（Georg Cantor, 1845—1918）利用*对角论证法*证明实数不可数，进而说明无理数比有理数多、无理数和实数一样多的时候，对传统数学和哲学的冲击，令很多人一时间接受不了，德国数学家**利奥波德·克罗内克**（Leopold Kronecker, 1823—1891）便是其中之一。克罗内克终生强烈反对康托尔的集合论和*实无穷*（actual infinity），他有句名言，“*上帝创造了整数，其余都是人的工作*”，深深地影响了数学中的*构造主义*（constructivism）思想。不过，数学伟人**大卫·希尔伯特**（David Hilbert, 1862—1943）却针锋相对地力挺康托尔，“没人能够把我们从康托尔建造的乐园中赶出去”。如他所愿，集合论现已成为数学的基本语言。

$$
\begin{array}{lllllll}
x_1 = . & x_{11} & x_{12} & x_{13} & x_{14} & x_{15} & \cdots \\
x_2 = . & x_{21} & x_{22} & x_{23} & x_{24} & x_{25} & \cdots \\
x_3 = . & x_{31} & x_{32} & x_{33} & x_{34} & x_{35} & \cdots \\
x_4 = . & x_{41} & x_{42} & x_{43} & x_{44} & x_{45} & \cdots \\
x_5 = . & x_{51} & x_{52} & x_{53} & x_{54} & x_{55} & \cdots \\
\vdots & & & \vdots & & & \ddots
\end{array}
$$

图 1.115 康托尔证明闭区间 $[0,1]$ 上的实数不可数的对角论证法：假设 $[0,1]$ 上的实数可数，则可依次排序 $x_1, x_2, \cdots$。构造小数 $y = 0.y_{11}y_{22}y_{33}\cdots$，其中 $y_{ii} = x_{ii} + 1 \mod 10$。显然，$y$ 并不在这个序列之中，与原假设矛盾。因此，$[0,1]$ 上的实数比自然数多

20 世纪初，产生了一些以不同哲学为基础的集合论公理体系①[26]。如今，在人们的理念中，像实数集合 $\mathbb{R}$ 这样的实无穷，跟它们的邻居一样真实地存在着。

定义 1.2 若一个实数 $x \in \mathbb{R}$ 是某个次数有限的整系数代数方程的根，则称 x 是代数数（algebraic number），否则称 x 是超越数（transcendental number）。例如，$\sqrt{2}$ 是 $x^2 - 2 = 0$ 的根，而圆周率 π 不是任何次数有限的整系数代数方程的根。

显然，代数数包含所有有理数和一部分无理数。因为全体次数有限的整系数代数方程是可数的，康托尔在论文《有关所有实代数数类的一个性质》（1874）中略施小计便证得代数数是可数的，而超越数和实数一样多，即超越数多于代数数。康托尔的这个结果也震惊了当时的数学界，要知道，德国数学家**费迪南德 · 冯 · 林德曼**（Ferdinand von Lindemann, 1852—1939）于 1882 年费尽心思才证得 π 是超越数。那时，人们对超越数的存在性知之甚少，“胆大妄为”的康托尔连一个超越数都没构造就说它们比比皆是，怎能不引起地震。

例 1.24 康托尔证明了，集合 A 的幂集合（power set）② 的势一定大于 A 的势，即

$$|A| < |2^A|$$

也就是说，无穷集合的势有“等级”之分。显然，

$$\aleph_0 < 2^{\aleph_0} < 2^{2^{\aleph_0}} < \cdots$$

---

① 最常见的集合论公理体系是德国数学家**恩斯特 · 策梅洛**（Ernst Zermelo, 1871—1953）和**亚伯拉罕 · 弗兰克尔**（Abraham Fraenkel, 1891—1965）提出的策梅洛-弗兰克尔集合论，简记为 ZF。如果把选择公理（axiom of choice, AC）加入其中，则是 ZFC 系统。

② 集合 A 的所有子集构成的集合（或者等价地，所有 A 到 $\{0,1\}$ 映射的集合）称为 A 的幂集合，记作 $\mathscr{P}(A)$ 或 2^A，它的势为 $|2^A| = 2^{|A|}$。在 ZFC 公理体系里，单位闭区间 $I = [0,1]$ 与 $2^{\mathbb{N}}$ 之间存在着一一对应：I 上的每个实数都能表示为一个二进制小数，其中 1 所在的位置对应着自然数集合 $\mathbb{N}$ 的某个子集，反之亦然。因此，$\mathfrak{c} = |I| = |2^{\mathbb{N}}| = 2^{|\mathbb{N}|} = 2^{\aleph_0}$。

与实数一样多的无穷被称为“连续统”（continuum），它的势记作 $\mathfrak{c}$。利用下图所示的映射，不难看出单位闭区间 $I=[0,1]$ 上的实数与整个实轴上的实数一样多。

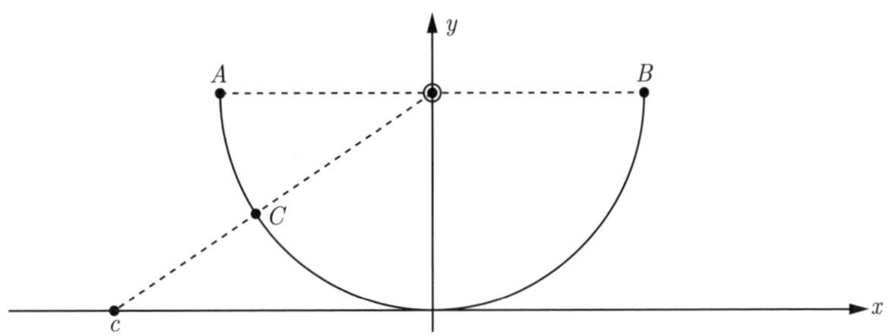

图 1.116　把闭区间 $[0,1]$ 弯成半圆，它与实数域 $\mathbb{R}$ 之间存在着一一对应，如图所示。其中，端点 A,B 分别映为 $-\infty,+\infty$

1878 年，康托尔好奇地问：在 $\aleph_0$ 和 $2^{\aleph_0}=\mathfrak{c}$ 之间是否还有其他等级？他认为不存在一个集合，它的元素多于自然数 $\mathbb{N}$ 而少于实数 $\mathbb{R}$。即，不存在集合 S 使得

$$\aleph_0<|S|<2^{\aleph_0}$$

这就是著名的猜想——连续统假设（continuum hypothesis, CH），康托尔终其一生也没能解决它。1900 年，德国数学家**大卫·希尔伯特**（David Hilbert, 1862—1943）在巴黎第二届国际数学家大会上提出了 23 个问题，把连续统假设列为第一个难题。多年以后，两位数学家证明了 ZFC 公理体系既不能推导出连续统假设是对的，也不能推导出它是错的。

- 1940 年，伟大的逻辑学家**库尔特·哥德尔**（Kurt Gödel, 1906—1978）证明了连续统假设与 ZFC 的相对协调性，即 ZFC 无法证明连续统假设是错的。
- 1963 年，美国数学家、菲尔兹奖得主（1966 年）**保罗·寇恩**（Paul Cohen, 1934—2007）证明了 ZFC 无法推导出连续统假设。

图 1.117　基于哥德尔（左）和寇恩（右）的工作，连续统假设被证明独立于 ZFC 公理体系。人类对无穷的认知又上了一个新台阶

以上通过对“一样多”“不少于”“多于”等关系的严格定义，推导出一些结论，从而产生出一些分类，例如“和自然数一样多的无穷”。为了方便使用此概念，有必要明确其语义并赋予一个术语，这便是“可数无穷”概念的由来。

概念改变世界

通常，概念的形成也要依靠归纳、类比、想象，而非仅仅依靠逻辑思维。例如，

- 一些对象总带着相同的“语义标签”（semantic label），如果要经常谈论到这些对象，那么它们就需要一个概念来固化其含义。使用这个概念的人越多，它就越容易被写入《辞海》《百科全书》等。
- 一些数学分支从若干公理出发，不断地产生出新的概念。这些新的概念并不是显式地存在于公理体系之中，而要靠推演和应用的价值来决定它们是否值得构建。譬如，代数学中“群”的概念，是从大量代数系统的共性中精炼出来的。再如，法国数学家**昂利·勒贝格**（Henri Lebesgue, 1875—1941）于 1902 年发表了名垂青史的论文《积分、长度和面积》，严格地定义了“长度”和“面积”的概念。所定义的勒贝格测度和勒贝格积分如今已成为实变函数论研究的核心内容，同时也是概率论（probability theory）的严格数学基础。

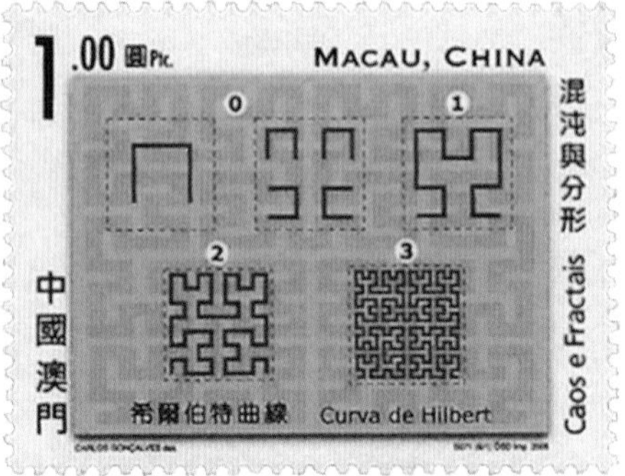

图 1.118　如果没有勒贝格开创的测度论，我们就无法精确理解长度、面积、体积。如果没有分形维数，我们对几何维度的认知就只能局限在直觉，就无法理解希尔伯特曲线竟然能填满单位正方形

人类对“维数”这一概念的认知，也经历了从实例到抽象的摸索过程。

—— 1891 年，德国数学家**大卫·希尔伯特**提出了一种用分形（fractal）曲线填满正方形的方法。该分形曲线被称为“希尔伯特曲线”，其长度是无穷，分形维数（也称作豪斯多夫维数[①]）是 2。

—— 1915 年，波兰数学家**瓦茨瓦夫·谢尔宾斯基**（Wacław Sierpiński, 1882—1969）提出一

① 此概念由德国数学家**费利克斯·豪斯多夫**（Felix Hausdorff, 1868—1942）于 1918 年引入。豪斯多夫是拓扑学的奠基人之一，他因不堪忍受纳粹德国迫害犹太人的暴政而自杀。

种分形，称作“谢尔宾斯基三角形”。给定一个等边三角形，从中抠除一个小的等边三角形；在剩下的三角形中，继续重复抠除的动作……。每次结果的面积都是上个结果的 3/4，所以谢尔宾斯基三角形的面积为零。另外，它的分形维数是 $\log_2 3 \approx 1.585$。

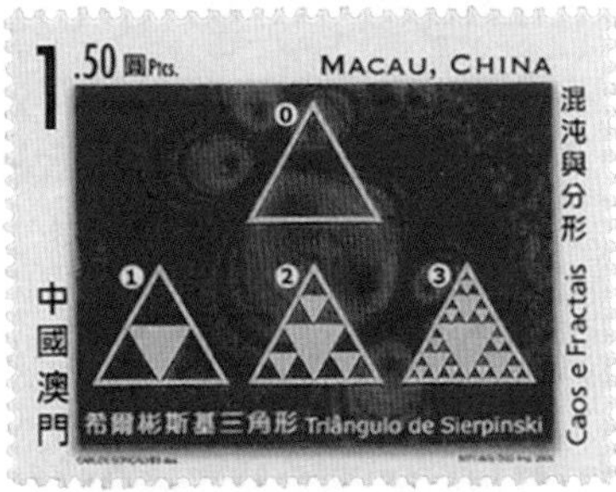

图 1.119 谢尔宾斯基和以他名字命名的谢尔宾斯基三角形

- 1907—1915 年，爱因斯坦从弯曲空间①的概念出发思考广义相对论（general relativity），它的数学基础就是伟大的德国数学家**伯恩哈德·黎曼**（Bernhard Riemann, 1826—1866）于 1854 年创立的一种非欧几何学——黎曼几何（Riemannian geometry）。可以说，黎曼几何和广义相对论相互成就了对方的价值。在数学和物理学中，类似的例子还有纤维丛理论与规范场论等。今天的数学家几乎都不懂物理，数学的价值要在物理学中体现出来，还得靠物理学家来甄别。

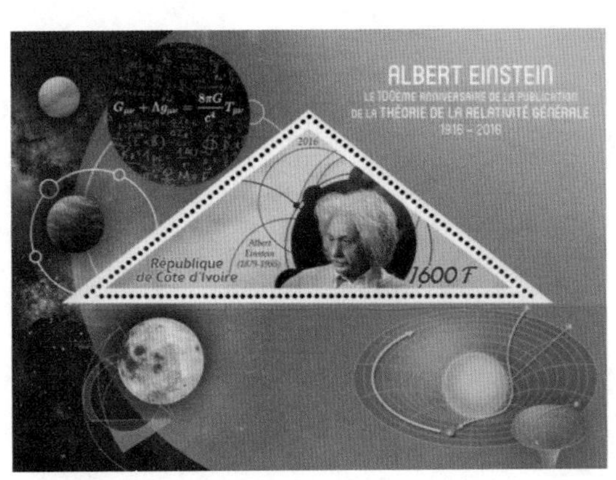

图 1.120 广义相对论认为，在引力场中空间是弯曲的。因此，局部两点间的最短路径不再是直线段，而是曲线，称为“测地线”

可以说，离开了产生概念的抽象能力，人类不可能稳扎稳打地加深对自然和自身的认知，也就无法创造文明。概念在头脑中被构建，经过共识、实践的反复锤炼，一经固化便成为知识网络中的一部分。还有一些概念很难用形式化的手段讲清楚，有时甚至只可意会不可言传，特别是艺术类、人文类知识。

① 欧氏空间是平坦的，曲率处处为零。我们生活在一个二维球面之上，它就是一个曲率大于零的弯曲空间。地球表面（更一般的概念是“流形”）的每个小局部都可近似地视作一个欧氏空间。

图 1.121　艺术中的很多概念都是模糊的，难以用数学来精确描述

现有的 AI 并不具备自主产生概念的能力，只会在一个静态的知识库上做匹配搜索和简单推理。人工智能中的原子论者（atomist）试图定义知识的最小颗粒，然后从它们出发构建整个知识的体系。这个思路的瓶颈在于知识的组织结构仍是一个未解之谜。目前，知识表示具有多样性，缺乏统一的框架，基本都是面向具体应用而设计的。例如，符号计算、智能搜索、推荐系统等有着不同的知识表示和推理规则。

产生概念是人类的基本能力

没有生物学上的证据表明，人类在产生概念的能力上有任何差异。不论男女、肤色、地域，人类表现出同样的构建概念的能力。国家的先进和落后只是归于某些略带有偶然性的历史和社会的原因，并不代表哪个种族更优秀。

每个人的第一位老师是他/她的母亲，对其一生的影响几乎是任何人无法替换的。很多人认为女性在理性思维，尤其像数学这样偏逻辑的学问上是弱势群体。这是一种误解，有关女性社会分工的一些毫无根据的暗示，让女性对自己的能力也产生了怀疑。至今，脑神经科学家都没有发现任何女性不擅长数学的迹象。

图 1.122　18—19 世纪，欧洲历史上的一些著名的女数学家：夏特莱侯爵夫人、阿涅西、达什科娃、热尔曼、柯瓦列夫斯卡娅

擅长理性思维与否是个体的问题。例如，在女性社会地位低下的 18、19 世纪，法国数学家、物理学家、哲学家**夏特莱侯爵夫人**（Émilie du Châtelet, 1706—1749），意大利数学家、哲学家**玛丽亚·加埃塔纳·阿涅西**（Maria Gaetana Agnesi, 1718—1799），创立并领导俄罗斯科学院的俄国数学家**沃隆佐瓦·达什科娃**（Vorontsova Dashkova, 1743—1810），法国数学家**索菲·热尔曼**（Sophie Germain, 1776—1831），以及俄国数学家**索菲娅·柯瓦列夫斯卡娅**（Sofya Kovalevskaya, 1850—1891），已经令几乎所有的男性汗颜。

德国数学家、抽象代数（abstract algebra）之母**埃米·诺特**（Emmy Noether, 1882—1935）在哥廷根大学当数学讲师遭到了一些哲学教授的阻挠，**大卫·希尔伯特**回击道，“我并不觉得性别是一个阻止候选人成为讲师的理据。我们毕竟是一所大学，不是个澡堂”。

图 1.123　伟大的德国女数学家埃米·诺特

诺特不仅是一位伟大的数学家，在物理学中，她发现了对称性和守恒定律之间的美妙关系。这些成就让**阿尔伯特·爱因斯坦**（Albert Einstein, 1879—1955）、**赫尔曼·外尔**、**诺伯特·维纳**（Norbert Wiener, 1894—1964）等大科学家对她敬爱有加，每一个固守性别歧视的男性都应该为其狭隘感到羞愧。

女性并非如传统观念认为的那样不擅长抽象思维和领导权谋，她们只是长期被歧视和定位束缚，才华得不到发展。科技越发达，对体力的要求越低，女性越有平等的机会，甚至更具优势。她们在创新上的表现（如提出新的概念），随着 AI 时代的到来，将丝毫不逊色于男性（详见 6.2.2 节）。

概念产生的机制

大家耳熟能详的数据、算力、算法、场景是机器学习和人工智能里备受关注的四个方面。必须知道，数据里只有经验，计算上的孔武之力也只是智能的一小部分，更多的是基于规则的理性创造力——人们从经验中提取带有规律性的模式，并将之概念化。这样的情形在数学和科学里俯拾皆是，举例说明：两个函数 $f(x), g(x)$ 的卷积（convolution）$f * g$ 的定义如下，

$$f * g = \int_{-\infty}^{+\infty} f(x) g(t-x) \mathrm{d}x \tag{1.1}$$

这个积分运算看上去怪怪的，其实，凡是符合叠加原理的线性系统，输出皆可表示为输入信号与系统函数的卷积。例如，回声可以用源声与一个反映各种反射效应的函数的卷积表示。卷积运算（1.1）是这一类线性系统所固有的，于是“卷积”这个概念就自然而然地产生了。

数学是由一些关键概念驱动的，数学哲学（philosophy of mathematics）研究这些概念的哲学意义，

但对它们产生的机制却几乎一无所知。再加上很多经验难以形式地表达，我们目前没法教会机器主动产生像“卷积”这样的抽象概念。

图 1.124　现有的人工智能对概念及其产生机制知之甚少，大多数计算机科学家和数学家似乎被数值方法的魔笛之声吸引，忘记了规则方法也曾带来的激动人心的成就

难以描述的概念

人脸表情的喜怒哀乐，人类一眼便知，但很难用形式化的方法来刻画。类似的情况在人类的感知中随处可见，当观察数据的类别很难用数学来定义时，如何让机器对它们进行分类呢？

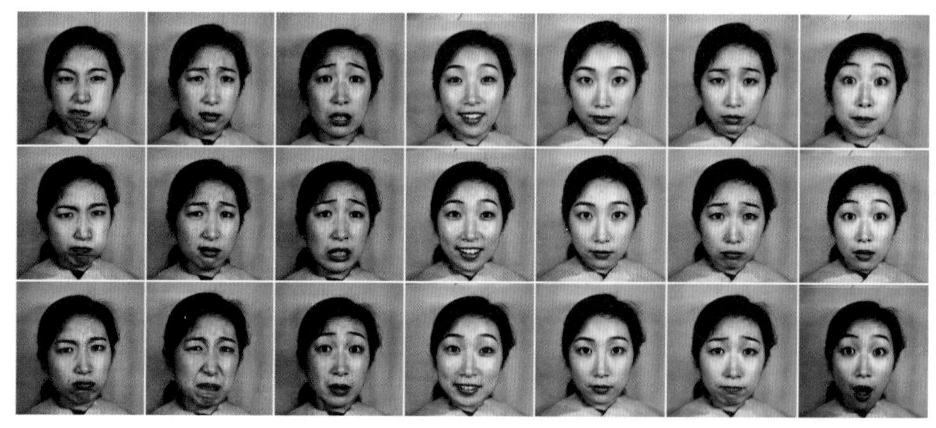

图 1.125　一位日本女性的面部七种表情（按列依次是愤怒、厌恶、恐惧、快乐、中性、悲伤和惊讶），每种表情三个样本，共有 $n = 21$ 个样本

数据来源：日本女性面部表情（JAFFE）开放数据库

科学家曾考察眉毛、眼睛、鼻子、嘴巴的形态与表情的关系，但效果并不尽人意。绕开特征工程（feature engineering），深度神经网络、高斯过程分类器等的人脸表情识别（facial expression recognition, FER）已达到实用精度。人脸定位、表情识别在数码相机、智能看护等领域已经取得了成功的应用。所以，我们不必强求机器也遵照人类的认知模式。机器可以按照自己的方式理解概念，只要满足一定的可

解释性即可。

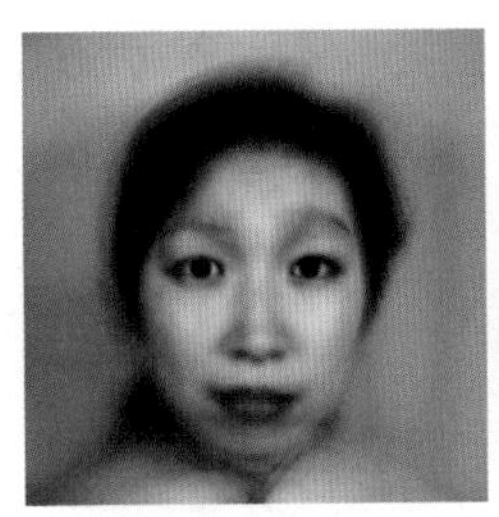 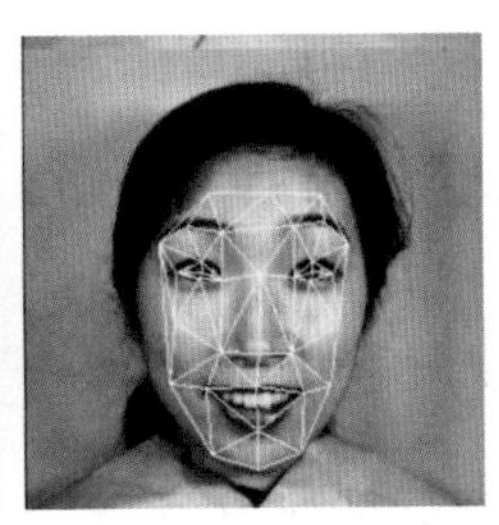

图 1.126　平均表情和用三角剖分表示的人脸几何特征。机器识别人脸表情靠的就是这些特征或者特征差异

一个性能良好的分类器（classifier）若对某些模式总有精确的识别，则不妨认为它以一种人类尚不熟悉的方式“理解”了这些模式所代表的概念。不同的分类器可能取得相近或相远的效果，即便它们之间没有太多的共性，也并不妨碍利用它们进行协同决策，进一步提升机器感知的精度和稳健性。总之，我们可以适当地以实用主义的态度看待人工智能，同时不放弃深究它的本质。

图 1.127　2018 年，加拿大计算机科学家**杰弗里・辛顿**（Geoffrey Hinton, 1947—　）、**约书亚・本吉奥**（Yoshua Bengio, 1964—　）、美籍法国裔计算机科学家**杨立昆**（Yann LeCun 1960—　）因为对深度学习的贡献获得了图灵奖

同时，也有不少学者质疑深度学习的可解释性而把它比喻成“炼金术”，不喜欢把调参数变成一件诡异且依靠运气的事情，让试验效果不具备可重复性。尽管如此，学术界依然公认深度神经网络具有以下优点。

- 丰富的特征表达能力：将特征工程与模型学习有机结合了起来，虽然对人而言这些特征提取缺乏一定的可解释性。
- 强悍的拟合记忆能力：如此之多的参数保证了各种模式都能被死记硬背下来。
- 真实的问题解决能力：在图像分析、自然语言处理等领域取得了很多骄人的战绩，令很多深度学习的反对者噤声。

在一些感知类的问题上，表现最好的机器学习模型是人工神经网络，甚至超越了人类。例如，手写数字识别目前最佳成绩是卷积神经网络取得的。

图 1.128　MNIST 手写数字数据集包含 6 万训练数据、1 万测试数据。目前最好的分类器是卷积神经网络，错误率只有 0.21%

图像的语义分割（简称图像分割）就是对图片中的每个像素做分类，例如，图 1.129 中的像素被分为“自行车”“车手”和“背景”三个类别。

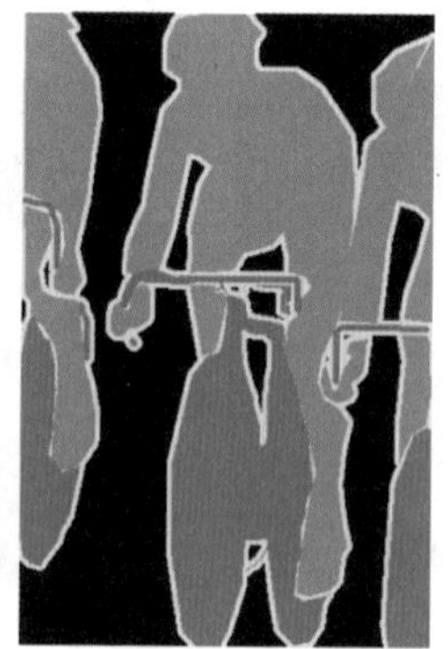

图 1.129　图像分割为不同的区域，每个区域有着特定的语义

深度学习在语义分割（semantic segmentation）、分类与定位、多个物体识别、实例分割等图像分析中都表现得出类拔萃，所以很多具体的应用（如医学图像诊断、自动驾驶等）常采用深度神经网络模型。

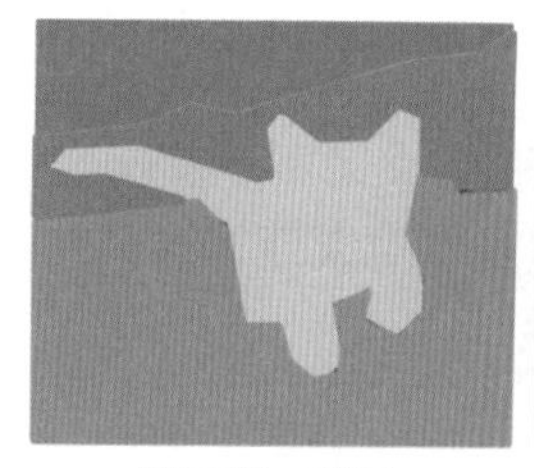

GRASS, CAT, TREE, SKY

CAT

DOG, DOG, CAT

DOG, DOG, CAT

图 1.130　基于深度学习的图像语义分割、物体识别的示例

图片来源：斯坦福大学课程 CS231n 2017 讲义

总而言之，对机器如何“理解”概念，宜采取宽容的态度，不必苛求一定以人类的习惯为标尺。人类只是凑巧成为自然之选，还有很好潜质的生灵没有这等运气，并不能说明人类的一切都是最好的。睥睨天下的人类，是时候学会面对自然有一颗谦卑敬畏之心了。

1.1.4　计算能力

1936—1937 年，**艾伦·图灵**（Alan Turing, 1912—1954）在论文《论可计算数及其在判定问题上的应用》[27] 里提出了一个抽象的计算装置——*确定型图灵机*（deterministic Turing machine, DTM），简称*图灵机*。如今，它已成为*可计算性理论*（computability theory）研究的基础。

图 1.131　图灵的数字计算理论 (1937)

读者可以把图灵机直观地想象成带一个读写头和一条无限长格带的自动打字机，如图 1.132 所示，格带的每个格子里至多有一个字符。一般地，格带字符和机器状态的集合都是有限的。这台打字机严格地遵循着事先定义好的规则（不妨称之为“程序”）行事，别看它结构简单，人类能用算法做的所有事情都可以通过它来实现。

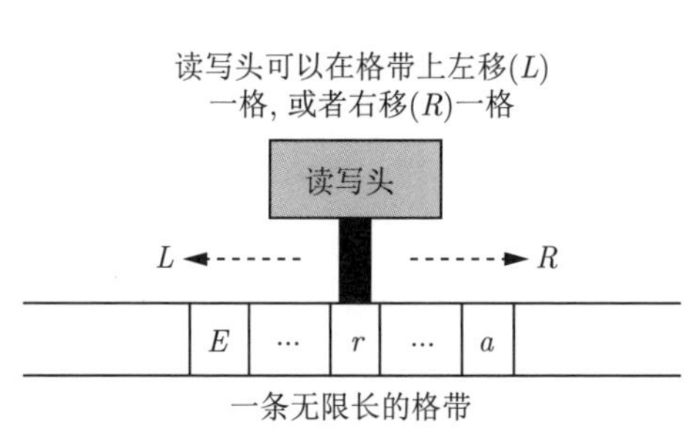

图 1.132　图灵机：读写头可读取或改写格子里的符号，机器根据当前的状态和格内的符号来决定读写头的下一步动作（包括写入、左移、右移）和新转入的状态，即转移函数是预先定义好的。当机器进入指定的终止状态时，则正常停机。另外，如果转移函数在当前的状态和格带符号上无定义，则图灵机会不知所措地停下来

1937—1938 年，图灵在普林斯顿大学攻读博士学位，导师是美国数学家、λ 演算之父**阿隆佐·邱奇**（Alonzo Church, 1903—1995）。作为计算装置，λ 演算与图灵机是等价的，二者可以相互模拟。前者强调变换规则的操作，后者侧重计算机器的直观。1936 年，邱奇比图灵的论文稍早几个月给出了*判定问题*（Entscheidungs problem）的否定证明。邱奇证明了，找不到一个通用的算法来判定任意两个 λ 表达式是否等价。

图 1.133　邱奇

寻找算力更强的机器

图灵机有许多扩展，但它们的计算能力与图灵机等价[28]，即不考虑时间复杂度，在这些计算装置上可计算的函数，在图灵机上也是可计算的。图灵机最经典的扩展包括以下几种。

- 如果状态转移函数是多值的，则该计算装置被称为非确定型图灵机（nondeterministic Turing machine, NTM）。显然，DTM 是 NTM 的特例。
- 如果转移函数是随机的（满足条件：从每个非终止状态转出的所有情形的概率之和归一），则称之为概率图灵机（probabilistic Turing machine, PTM），它是对 NTM 的推广。
- 如果图灵机的状态是量子态，状态转移函数是酉变换，格带上每一比特变成了“量子比特”，则称之为量子图灵机（quantum Turing machine, QTM）[29]。

很多实际的计算问题带有时效限制，如预测明天的天气情况或股票价格，我们不可能完全抛开时间复杂性只在可计算性的水平泛泛地谈论机器的计算能力。长期以来，人们关心这样一个问题：是否存在一个在多项式时间内 DTM 无法解决而 NTM 可解决的判定问题（decision problem）①？

1. 我们把在多项式时间内 DTM 和 NTM 能解决的全体判定问题构成的类分别记作 P 和 NP（nondeterministic polynomial），显然有 $P \subseteq NP$。因此，上述问题也可以表述为：是否 $NP \subseteq P$？简称为 P/NP 问题。它是理论计算机科学中尚未解决的难题之一，学界一般认为 P 是 NP 的一个真子类。
2. 类似地，我们分别用 BPP（bounded-error probabilistic polynomial）和 BQP 表示 PTM 和 QTM 以某个小的错误概率（例如，1/3）解决的判定问题类。结果 $BPP \subset BQP$ 已经被证实[30]，是否有 $BPP \subseteq P$ 是一个未解之谜。

那些 PTM 在多项式时间内以低于 1/2 的错误概率解决的判定问题类记作 PP（probabilistic polynomial）。通常认为 P、NP、BPP、BQP、PP 的关系如图 1.134 所示。

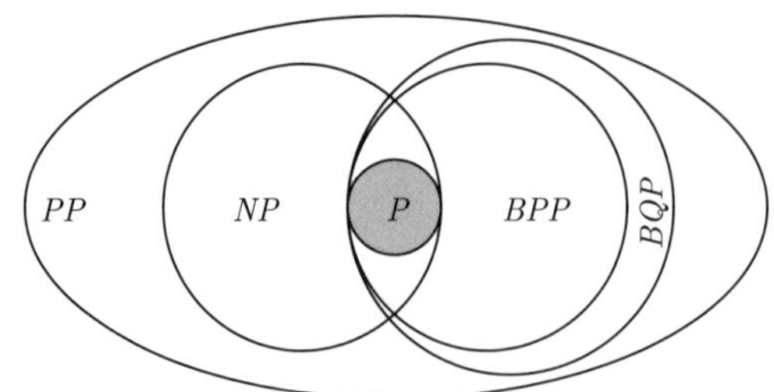

图 1.134　图灵机、NTM、PTM、QTM 在多项式时间内解决判定问题的能力

① 对判定问题的算法只有两个输出：是/否。例如，自然数 1729 是素数吗？集合 $S = \{-3, 1, 2, 8, 10\}$ 的某些元素之和为零吗？1956 年，**库尔特·哥德尔**（Kurt Gödel, 1906—1978）在给**约翰·冯·诺伊曼**（John von Neumann, 1903—1957）的一封信中，提到了判定问题的计算复杂度的问题。显然，时间复杂度宁可是多项式函数也不要是指数函数，后者的增长速度实在太快，例如，$2^{64} \approx 1.84 \times 10^{19}$。

虽然计算能力等价，但在算法复杂度方面，PTM/QTM 与 DTM 有着深刻的不同。打个比方，PTM/QTM 是个做题快的学生，而 DTM 是个做题慢的学生。如果考试没有时间限制，两个学生能力相当（即计算能力等价）而得到同样的分数。但如果考试有时间限制，DTM 的表现就不如 PTM/QTM 了。

人类一直在寻求算力更强（即在多项式时间内能解决更多判定问题）的计算装置，量子计算机几乎已经呼之欲出了。

量子计算

“天下武功，唯快不破”。当量子计算机（quantum computer）成为新一代的计算工具，它的强大算力将助力人工智能突破计算瓶颈，以此弥补算法上的不足。譬如，一个 300 量子比特的寄存器可同时存储 2^{300}（比已知宇宙中所有原子的数量还多）个状态的叠加。按照美国物理学家**理查德·费曼**（Richard Feynman, 1918—1988）的设想，只有用量子的方式才可以模拟复杂的微观世界。传统的图灵机在某一时段内只能存储和处理一个状态（即一个长度为 n 的 0,1 串），而量子计算机理论上是一个按照量子规律运行的图灵机（即量子图灵机），则可同时处理 2^n 个状态的叠加，其中 n 是（量子）比特[29]。

图 1.135　美国物理学家理查德·费曼首先提出量子计算机的构想

虽然图灵机和量子图灵机在计算能力上等价，但它们在一些具体问题上的算法复杂度是有巨大差别的。打个比方，图灵机和量子图灵机与台下的观众握手，前者一次只能握一人，后者一次就握遍了。

1993 年，计算机科学家**姚期智**（Andrew Yao, 1946— ）首次证明了量子图灵机模型与量子电路模型的等价性[31]。这两类模型各有特点，前者对计算复杂性理论颇有价值，后者有助于直观设计量子计算模型，姚期智的工作可谓打通了量子模型的任督二脉。2000 年，姚期智因为在密码学、计算复杂性理论及量子计算等方面的杰出工作而获得图灵奖。

图 1.136 2004 年至今，姚期智在清华大学任教，推动了国内理论计算机科学的发展

强人工智能也许正如英国物理学家**罗杰·彭罗斯**（Roger Penrose, 1931— ）在《皇帝新脑》一书里预测的那样，存在大量不可计算的情形，因此不可能在图灵机上实现[7]。其实，图灵早就意识到了这一点[8–10]。除了可计算性的问题，强人工智能还有计算复杂性的问题。人们坚信有在多项式时间内超越图灵机的计算装置，目前虽没能证明，但量子计算是最有希望的备选之一[30, 32]。

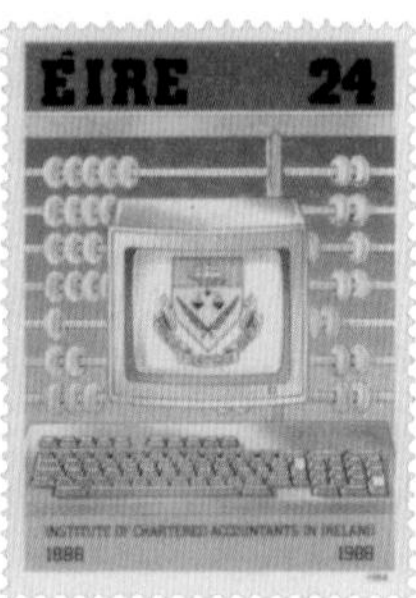

图 1.137 机器智能的水平肯定受到计算工具的制约，这不难理解，从算盘、计算尺、机械计算机（mechanical computer）到电子计算机，每次算力的提升，无论其大小都促使 AI 取得进步

量子算法是量子计算的主要研究内容之一。有三个里程碑式的量子算法，分别涉及整数的素因子分解、搜索和求解线性方程组。

- 1994 年，美国计算机科学家、应用数学家**彼得·休尔**（Peter Shor, 1959— ）提出素因子分解的量子算法[33]，时间复杂度是 $O(n^2(\log n)(\log\log n))$。相比经典算法的复杂度 $O(\exp\{n^{1/3}(\log n)^{2/3}\})$，休尔算法的加速效果是非常明显的。
- 从 n 个元素中找出某个特定的对象，逐个搜索平均需要 $n/2$ 次。1996 年，印度裔美国计算机科学家**洛夫·格罗弗**（Lov Grover, 1961—　）提出一个量子搜索算法[34]，把复杂度降低到 $O(\sqrt{n})$，格罗弗算法只需做 $\frac{\pi}{4}\sqrt{n}$ 次搜索即可。

- 利用经典的高斯消元法求解线性方程组 $A_{n\times n}\boldsymbol{x}=\boldsymbol{y}$ 的时间复杂度是 $O(n^3)$。2009 年，三位计算机科学家**阿拉姆·哈罗**（Aram Harrow）、**阿维那坦·哈西迪姆**（Avinatan Hassidim）、**赛斯·劳埃德**（Seth Lloyd, 1960—　）提出了一个求解线性方程组的量子算法[35]，时间复杂度只有 $O(\log_2 n)$，被称为 HHL 算法。

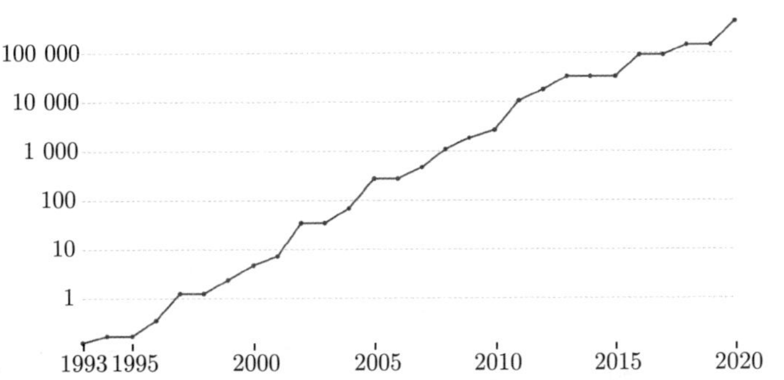

图 1.138　1993—2020 年，超级计算机能力的增长：通过每秒浮点运算（FLOPS）的数量（单位：万亿）来衡量。对比传统计算机，量子计算机将会带来怎样的革命？

理论上，量子计算机有模拟任意自然系统的能力。随着出现更多的量子算法及其应用，可以预见，量子人工智能（quantum AI）、量子机器学习在生物制药、化学工程、天气预报、认知计算等传统方法捉襟见肘的复杂应用场景将大有作为。届时，量子计算机将有能力处理具有真实意义的复杂系统（complex system）①，进而揭示记忆、情感、语言、智能的本质。

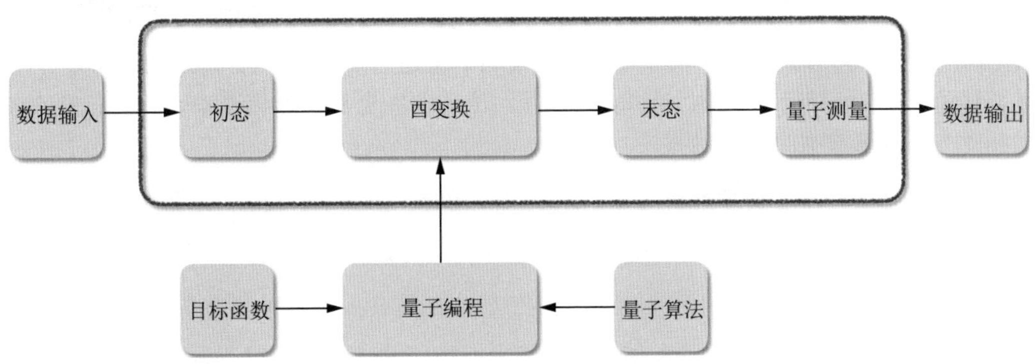

图 1.139　量子计算的基本流程模式：初态制备和量子测量是一头一尾的关键步骤，酉变换借自然之手完成复杂计算

① 由相互作用或相互依赖的组件所形成的系统，一般很难通过直接建模或者模拟来揭示其性质、描述其行为、预测其动态，例如，多体问题、社会经济行为、群体心理等。哪怕若干简单规则，也会让系统在数代演化之后涌现出复杂的形态，甚至导致混沌现象，更何况现实中的规则多是繁杂的。

1.1.5 推理能力

图 1.140 欧几里得

历史上，古希腊数学家、几何学之父**欧几里得**（Euclid, 前 325—前 265，也译作“欧几里德”）的著作《几何原本》是公理化数学的首部典范之作。这本书影响深远，以至于一些伟大的数学家、哲学家，亦步亦趋地模仿它的方式构建自己的理论体系。如法国哲学家、数学家**勒内 · 笛卡儿**（René Descartes, 1596—1650）的《哲学原理》[36]，荷兰哲学家**巴鲁赫 · 斯宾诺莎**（Baruch Spinoza, 1632—1677）的《用几何学方法作论证的伦理学》（后文简称《伦理学》）[17]，奥地利哲学家**路德维希 · 维特根斯坦**（Ludwig Wittgenstein, 1889—1951）的《逻辑哲学论》[37] 等。

除了逻辑推理能力，类比推理、归纳推理对于人来说也是再简单不过的事情。抓住事物的特征似乎是人类的本能，可是对机器来说简直难比登天。“由点及面”的思维或许是机器智能有待解决的难题。

图 1.141 中国工匠的祖师、春秋末期的著名发明家**鲁班**（前 507—前?）发明了曲尺、墨斗、刨子、钻子、锯子、铲子、石磨、雨伞、云梯等。传说鲁班受草叶齿状边缘的启发发明了锯子，他的很多发明都来自大自然的启发

例 1.25 古希腊哲学家**普罗泰戈拉**（Protagoras, 约前 490—前 420）免费教授一个学生诡辩术，但他们有个约定：学生学成之后若打赢官司，则必须补交学费。可是这个学生毕业后从未打过官司，所以一直拖欠着学费。普罗泰戈拉忍无可忍把这个学生告上法庭，要求他补交学费。

- 普罗泰戈拉心里有个如意盘算，如果学生输了，按照法律诉讼他就必须补交学费；如果学生赢了，按照师生约定他也得补交学费。
- 然而，他的学生可不这么想，他的结论恰恰相反。如果学生赢了官司，按照法律诉讼他不必交学费；如果学生输了官司，按照师生约定他也不用交学费。

如果您是法官，您将如何判决呢？

图 1.142　法律追求公正，少不了逻辑推理，有时一不小心会掉进悖论的怪圈

例 1.26　给定一个初始集合 A_0，按照下面的方法构建一个集合。

$$A_{j+1} = A_j \cup \{A_j\}，其中\ j = 0, 1, 2, \cdots$$

例如，令 $A_0 = \{1\}$，则

$$A_1 = \{1, \{1\}\}$$

显然，$A_0, A_1, \cdots$ 的极限是

$$A = \{1, \{1\}, \{1, \{1\}\}, \{1, \{1\}, \{1, \{1\}\}\}, \{1, \{1\}, \{1, \{1\}\}, \{1, \{1\}, \{1, \{1\}\}\}\}, \cdots\}$$

进而，我们有

$$A = A \cup \{A\}$$
$$A \in A$$

为了避免如此怪异的类（class）混进集合论，ZFC 公理体系有一条*正则公理*（axiom of regularity），要求非空集合 S 中必须有这样的元素 $x \in S$，使得 x 的所有元素都不属于 S，即

$$x \cap S = \emptyset$$

在正则公理的保障之下，集合 S 永远不会有 $S \in S$ 这样怪异的性质。公理化的方法是消除悖论的有效手段，而悖论是数学无法忍受的，所以很多数学分支都采用了公理化。人工智能要如何做才能让机器“理解”这些公理，甚至“构建”自己的公理体系呢？

例 1.27　斯宾诺莎的《伦理学》的第二部分“论心灵的性质和起源”中的命题十四是：*人心有认识许多事物的能力，如果它的身体能够适应的方面愈多，则这种能力将随着愈大。*以下是斯宾诺莎给出的“证明”，它虽然不是数学意义上的严格论述，但力图做到有根有据，看上去是逻辑严谨的。

“人身据公设三与六在许多情形下为外界物体所激动，而且又适于在许多情形下支配外界物体。但是据第二部分命题十二，人心必然能觉察人身中的一切变化。所以人心有认识多量事物的能力，如果它的身体能够适应的方面愈多，则这种能力将随着愈大。此证。”

例 1.28 在数学和科学里，也有很多产生于类比推理和归纳推理的发现。1637 年，法国数学家**皮埃尔·德·费马**（Pierre de Fermat, 1601—1665）提出一个猜想：当自然数 $n > 2$ 时，不定方程 $x^n + y^n = z^n$ 没有整数解。费马确信自己发现了一种美妙的证法，除了那句“可惜这里的空白处太小，写不下”，没留下任何只言片语的证明。

图 1.143 费马是业余数学家之王，他的本职工作是律师，然而对数论、概率论、微积分的贡献丝毫不逊于职业数学家

- 1770 年，数学英雄**莱昂哈德·欧拉**（Leonhard Euler, 1707—1783）证明了 $n = 3$ 时猜想是对的。
- 1825 年，数学王子**卡尔·弗里德里希·高斯**（Carl Friedrich Gauss, 1777—1855）证明了 $n = 5$ 的情形。
- 这个猜想历经 300 多年，终于在 1995 年被英国数学家**安德鲁·怀尔斯**（Andrew Wiles, 1953— ）证明，被称为费马大定理（Fermat's last theorem）。

证明所用的数学绝非三百年前的费马所掌握，我们无法再现费马灵感一现的瞬间，更倾向于认为费马当时恍惚间自以为找到了证明，和这个猜想曾有过的数千个不正确的证明一样，也是竹篮打水空欢喜一场。

例 1.29 印度天才数学家**斯里尼瓦瑟·拉马努金**（Srinivasa Ramanujan, 1887—1920）的一生充满传奇色彩，他直接给出的很多结果大多数都被后来的数学家证明是正确的，而拉马努金是如何得到这些非平凡的结果的仍旧是一个谜。据拉马努金坦言，他常在梦中受到神的启示而记下结果——这个说法和外星人显灵一样不可思议。他的导师、英国数学家**戈弗雷·哈罗德·哈代**（Godfrey Harold Hardy, 1877—1947）也曾表达过类似的迷惑，对这位天才的直觉赞叹不已。

图 1.144　拉马努金是印度的民族英雄，他的事迹被拍成电影《知无涯者》

例 1.30　1904 年，法国数学大师、理论物理学家、哲学家**昂利·庞加莱**（Henri Poincaré, 1854—1912）提出一个猜想：“任一单连通的、封闭的三维流形与三维球面同胚。”庞加莱猜想是拓扑学中最著名的难题，半个多世纪里不断有人声称找到了证明，但无一正确。

图 1.145　庞加莱是人类历史上最后一位数学全才，几乎通晓所有数学分支

- 1961 年，美国数学家**斯蒂芬·斯梅尔**（Stephen Smale, 1930—　）证明了五维或以上的庞加莱猜想（Poincaré conjecture）。斯梅尔于 1966 年获得菲尔兹奖，2007 年获得沃尔夫奖，很少有数学家同时获得这两项数学界的最高殊荣。
- 1981 年，美国数学家**迈克尔·弗里德曼**（Michael Freedman, 1951—　）证明了四维的庞加莱猜想，因此获得 1986 年的菲尔兹奖。
- 2002—2003 年，俄罗斯数学家**格里戈里·佩雷尔曼**（Grigori Perelman, 1966—　）证明了三维的庞加莱猜想。2006 年，佩雷尔曼被授予菲尔兹奖，但他拒绝了。

费马、拉马努金、庞加莱的直觉不是单纯的某种推理，而是归纳推理、类比推理和逻辑推理的组合。人类还有哪些未曾被挖掘的潜在推理能力？直觉、灵感、顿悟对机器而言是什么呢？这些问题都悬而未决。

大多数数学家都把数学的美感看得非常重要，譬如简约之美。德国数学家**赫尔曼·外尔**（Hermann

Weyl, 1885—1955）有句名言："我的工作总是试图把真与美结合起来，当我不得不选择其中之一时，我通常会选择美。"外尔曾写过一本科普读物《对称》[38]，他说："美与对称息息相关。"这是因为，"对称性，无论您定义其含义是宽是窄，都是人类千百年来试图理解并创造秩序、美丽和完善的一种想法"。那么，对机器来说，美感是什么呢？

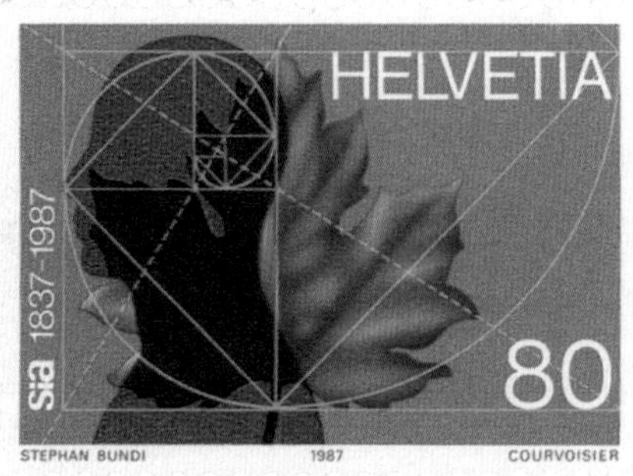

图 1.146　自然之美的背后必定有一个成因，多半能够解释为某类数学

合情推理

图 1.147　波利亚

美籍匈牙利裔数学家、教育家**乔治·波利亚**（George Pólya, 1887—1985）在其著作《数学与合情推理》中提出了一种基于"不完全归纳"的启发式推理——合情推理（plausible reasoning）[39]。例如，哥德巴赫猜想至今未被证明或证伪，无论计算机提供多少正例都不算证明，但要证伪它，一个反例就足够了。目前找到的正例越来越多，所以人们在心理上更倾向于认为该猜想是对的。

例 1.31　1742 年，德国数学家**克里斯蒂安·哥德巴赫**（Christian Goldbach, 1690—1764）提出一个猜想：任意不小于 6 的偶数都可分解为两个奇素数之和，简称为"1 + 1"。例如，$12 = 5 + 7, 100 = 53 + 47 = 59 + 41 = \cdots = 97 + 3$。

图 1.148　1966 年，中国数学家**陈景润**（1933—1996）取得了迄今为止哥德巴赫猜想最好的结果，所用方法被誉为"筛法理论光辉的顶点"

陈景润证明了，“任何充分大的偶数都可表示为一个素数及一个不超过两个素数的乘积之和”，简称为“$1+2$”。例如，$12=3+3\times3=2+2\times5$。下面用 Maxima 给出了 100 的哥德巴赫分解，并验证了 6 至 2×10^3 的偶数都满足哥德巴赫猜想。为简单起见，算法未经优化。

```
(%i1) xprimep(x) := integerp(x) and (x > 1) and primep(x) $
(%i2) BinaryDecomp : integer_partitions (100, 2) $
(%i3) subset (BinaryDecomp, lambda ([x], every (xprimep, x))) ;
(%o3)    {[53, 47], [59, 41], [71, 29], [83, 17], [89, 11], [97, 3]}
(%i4) GoldbachConjecture : true $
(%i5) for n : 3 while n <= 10^3 do (
BinaryDecomp : integer_partitions (2*n, 2) ,
NoSolution : emptyp(subset (BinaryDecomp, lambda ([x], every (xprimep, x)))),
GoldbachConjecture : GoldbachConjecture and not(NoSolution)) $
(%i6) GoldbachConjecture ;
(%o6)                              true
```

目前，利用计算机已经验证了 $n\leqslant10^{18}$ 的偶数都满足哥德巴赫猜想。但面对无限个可能的情形，有限的验证不等于证明，哥德巴赫猜想依然是未解决的数学难题。但大多数的数学家相信该猜想是正确的，证得它只是早晚的问题。

数学推理

数学是一切自然科学的工具，强人工智能在理性思维上要达到甚至超越人类的水平，首先必须在数学的机械化上有所突破。更直白地说，强人工智能先得成为一位数学家，具备*自动推理*（automated reasoning）的能力，例如，*自动定理证明*（automated theorem proving, ATP）[40]，才有可能创造理性思维的新高度。

图 1.149　自动推理是数理逻辑、计算机科学、统计推断的交叉学科，它的目标是让机器具备和人类一样的推理能力

- 两位图灵奖得主（1975）**艾伦·纽厄尔**和**赫伯特·西蒙**，以及 AI 科学家**克里夫·肖**（Clifford Shaw, 1922—1991），分别于 1956 年和 1959 年研制出自动逻辑推理工具“逻辑学家”（logic theorist）和“通用问题求解器”（general problem solver, GPS）。“逻辑学家”证明了《数学原理》①第二章中的三十多条定理。
- 1959 年，美籍华人数理逻辑学家、计算机科学家、哲学家**王浩**（Hao Wang, 1921—1995）在 IBM 704 计算机上用时几分钟证明了《数学原理》中数百条定理，该工作于 1983 年荣获人工智能国际联合会议的第一个自动定理证明里程碑奖。

那时的 AI 先驱们对未来充满信心，“逻辑学家”的创造者们认为，“现在世界上有能思考、学习和创造的机器。并且，它们做这些事情的能力将迅速提升，（在可预见的未来）它们所能处理问题的范围将与人类思维所及的范围相一致”。

这个目标太宏伟了，至今仍未实现，估计短期之内没啥希望，除非机器学习和人工智能在自动推理上有突破性的进展。尽管像四色定理、哥德尔不完全性定理、微积分基本定理、代数基本定理、若尔当曲线定理、布劳威尔不动点定理、柯西留数定理、素数定理、奇阶定理等一些著名的数学结果都已有机器证明，我们依然缺乏系统的方法，广泛地实现数学的机械化。

- 法国国家信息与自动化研究所（INRIA）、巴黎综合理工学院、巴黎第十一大学、巴黎第七大学、法国国家科学研究中心等单位联合开发的 Coq（法文“雄鸡”）系统，是开源的交互式定理证明辅助工具。数学家和计算机科学家已经利用 Coq 证明了几个需要长篇论证的结果，如四色定理、奇阶定理（即奇阶的有限群都是可解的）等。

图 1.150　高卢雄鸡是法兰西民族骄傲的象征。在古罗马时期，法兰西被称为高卢（Gallia），“高卢人”在拉丁语还有“雄鸡”的意思

① 《数学原理》（*Principia Mathematica*）是逻辑主义代表人物、英国数学家、哲学家**阿尔弗雷德·怀特海**（Alfred Whitehead, 1861—1947）和他的学生英国哲学家、数学家、逻辑学家、文学家**伯特兰·罗素**（Bertrand Russell, 1872—1970）倾注多年心血合写的数理逻辑巨著。

- 剑桥大学、慕尼黑工业大学的开源工具 Isabelle 是基于高阶逻辑（higher-order logic, HOL）的通用交互式定理证明器，常用于软件和硬件的形式化验证。
- 另外，开源的 ACL2（a computational logic for applicative common Lisp）支持基于归纳逻辑理论的自动推理，也是一件能够用于验证硬件和软件可靠性的形式化工具。2005 年，ACL2 获得 ACM 软件系统奖。

类似的自动推理工具还有很多。到目前为止，AI 的技术（特别是统计机器学习）尚未大面积地应用于数学推理与发现，距离人工智能数学家的目标依然很远。

语言推理

人类的语言交流中不自觉地利用常识进行推理。例如，“孔乙己吃了两个苹果和几口面包”，对于问题“孔乙己吃了什么水果?”人们不假思索地回答“苹果”，因为常识中“苹果”是“水果”的子类。

按照定义 1.1 所给的自然语言理解的四个层次，复述是最低要求。一个简单句的主语（S）、谓语（P）、宾语（O）所用词语 w_S, w_P, w_O 可以替换为相应的同义词 w'_S, w'_P, w'_O，进而得到与原句等价的陈述。即下面的两个语义三元组（semantic triple）[①] 是等价的。

$$(w_S, w_P, w_O) \Leftrightarrow (w'_S, w'_P, w'_O)$$

定义 1.1 给出的第二层次是适当推理。动词概念之间有“蕴涵”（entailment）关系，如“打鼾”蕴涵“睡觉”，这类知识固化在 WordNet 中。机器由“阿 Q 正在打鼾”能推知“阿 Q 正在睡觉”。除此之外，“打鼾”替换为其上位概念“呼吸”也是合理的。再如，“孔乙己吃了两个苹果和几口面包”蕴涵“苹果和面包少了”“孔乙己吃了食物”“孔乙己咬了苹果”，等等，这些都是简单的语言推理。将同义词替换、句式变换、适当推理组合使用，机器可以从原始语句得到更多的“理解”。虽然这些额外的“理解”对人类来说反而信息量减少了，甚至有时是一些理所当然的废话，但对机器而言却是新信息。对于语义搜索、智能问答等应用，这些新信息无疑是非常有价值的。

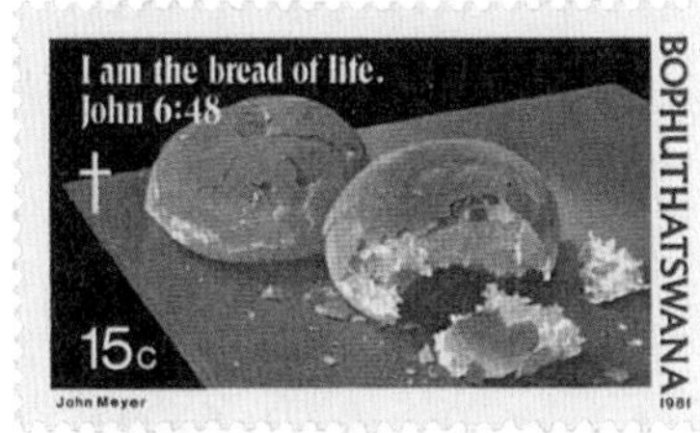

图 1.151　在西方文化中，面包常被隐喻为“精神食粮”，机器能在上下文语境中越过它的表面含义读懂这个隐喻 (metaphor) 吗？

另外，当机器知道某概念具有下位概念时，可以设计话术，让机器主动地去获取更详尽的信息。例如，苹果的种类很多，在 WordNet 概念知识库中，“苹果”有很多下位概念。人机对话系统可以根据一个概念存在下位概念而询问更具体的内容，如“孔乙己吃了哪种苹果？”“孔乙己吃的是红富士吗？还

① 我们把主谓宾用三元组 $T = (w_S, w_P, w_O)$ 表示，其中每个元素都是知识网络中的一个概念节点，称 T 为一个语义三元组。“孔乙己吃了两个苹果和几口面包”可以表示为“(孔乙己, 吃, 两个苹果) ∧ (孔乙己, 吃, 几口面包)”，或者粗略地表示为“(孔乙己, 吃, 两个苹果和几口面包)”。

是澳洲青苹？”等。如果回答是“烟台苹果”，而它恰好不在知识库里，则机器捕捉到一个新的知识点。

图 1.152　苹果有很多种类：红富士、澳洲青苹、元帅、黄香蕉（又名“金帅”）……

有些知识对人类来说是有效的，但对机器来说一点儿用也没有。什么是机器有效的知识表示？在机器看来，就是可以用来问答、推理的那些结构化的知识。

类似 WordNet 这样的词汇语义（或概念）知识库，其中的关系（如名词概念之间的子类–类关系、部分–整体关系、成员–组织关系，动词概念的子类–类关系、蕴涵关系等）基本框定了机器能回答的问题类型。

- 概念 A, B 之间有什么关系？例如，从伯努利的家谱树可知，Jacob Bernoulli 是 Daniel Bernoulli 的大伯。

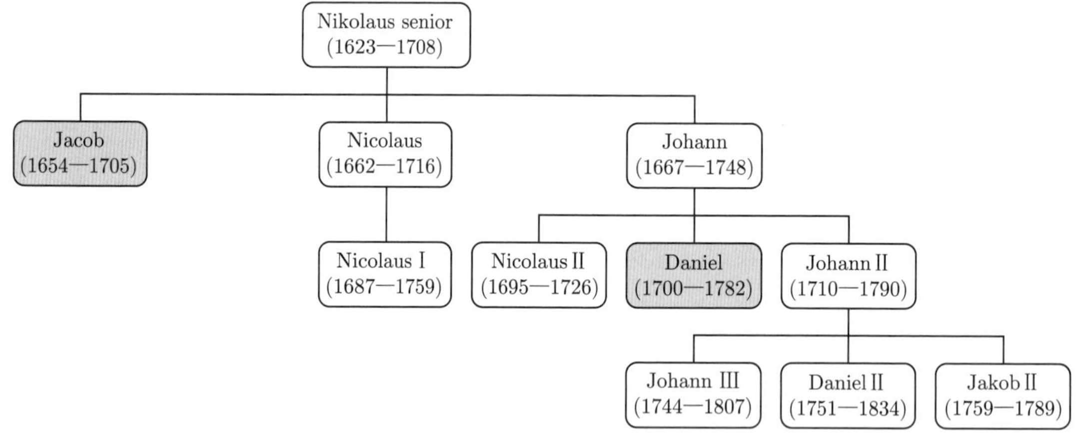

图 1.153　17 世纪早期至 18 世纪末，伯努利家族中人才辈出的数学家们

根据已有的基本关系可以诱导出新的关系，如由“父子关系”可以定义“兄弟关系”“祖孙关系”“叔侄关系”等。这些衍生出来的知识是冗余的，有时可以拿来验证知识体系的一致性。

- 概念 A 包含哪些部分（组件、步骤）？例如，“建筑”有哪些步骤？

```
construction , building
          HAS PART: masonry
          HAS PART: painting , house painting
          HAS PART: plumbing , plumbery
```

```
HAS PART: roofing
HAS PART: sheet-metal work
HAS PART: shingling
```

❑ 概念 A 具体指的是什么？即 A 的外延有哪些？例如，有哪些“灾难”？

```
calamity, catastrophe, disaster, tragedy, cataclysm
        => act of God, force majeure, vis major,
           inevitable accident, unavoidable casualty
        => apocalypse
        => famine
        => kiss of death
        => meltdown
        => plague
        => visitation
        => tidal wave
        => tsunami
```

❑ 动作 A 蕴涵什么过程？例如，WordNet 里“解决”蕴涵“推理”。

```
solve, work out, figure out, puzzle out, lick, work
        => reason
```

例 1.32 输入语句“潘金莲喂武大郎砒霜”，由句法分析知道，“潘金莲”是施事（即动作“喂”的实施者），“武大郎”和“砒霜”是“喂”的双宾语（可以带双宾语的动词有“告诉、给、送、拿、递”等），其中间接宾语一般是人，直接宾语一般是物。按照“喂”的语义，它蕴含“间接宾语‘吃了’直接宾语”，即“武大郎吃了砒霜”。假设知识库描述了

$$(\text{动物}, \{\text{吃}, \text{服用}, \text{被注射}\}, \text{毒药}) \Rightarrow (\text{动物}, \text{被毒死}, \emptyset) \Rightarrow (\text{动物}, \text{死}, \emptyset)$$

机器根据“武大郎”是“动物”的后代概念、“砒霜”是“毒药”的下位概念，进而推理出“武大郎被毒死了”“武大郎死了”等结论。如果机器还知道“某人导致某动物死了，则某人是杀死某动物的凶手”，则能得出结论“潘金莲是杀死武大郎的凶手”。

按照哲学家**路德维希·维特根斯坦**（Ludwig Wittgenstein, 1889—1951）的“意义即用法”的观点，推理规则就是知识的用法。所以，在构建一个知识库之前，必须把机器能回答或推理的问题想清楚，其中语义推理的形式系统要走在知识库的前面。否则，费时费力构建出来的知识库，机器无法充分地利用起来。

图 1.154 维特根斯坦是 20 世纪语言哲学的创始人

像 WordNet 这类外延型知识图谱，通过同义词集合表示词汇语义（即概念），并利用各种关系形成的网络结构锁定每个语义。其逻辑系统是一种简化了的谓词逻辑（predicate logic），省去了全称量词 $\forall$ 和存在量词 $\exists$。例如，“所有人都会死，苏格拉底是人，所以苏格拉底会死”这样的三段论（syllogism），用谓词逻辑表示就是

$$\forall x(\mathrm{MAN}(x) \to \mathrm{DIE}(x)), \mathrm{MAN}(\text{苏格拉底}) \Rightarrow \mathrm{DIE}(\text{苏格拉底})$$

不妨设在知识网络中，已经定义了下面的几个概念。

$$\begin{aligned} \mathrm{DIE} &= \{\text{死}, \text{亡}, \text{去世}, \cdots\} \\ \mathrm{BEING} &= \{\text{活体}, \text{生物}, \text{生命体}, \cdots\} \\ \mathrm{BORN} &= \{\text{出生}, \text{诞生}\} \\ \mathrm{GROW} &= \{\text{生长}, \text{成长}\} \end{aligned}$$

作为过程知识，DIE 是 BEING 的一个必然结果，它可用形如 (条件, 动作, 结果) 的过程三元组（process triple）表示，其中的条件、动作、结果都是由若干个语义三元组通过逻辑运算 $\wedge, \vee, \neg$ 按一定的语法规则描述。

条件	动作	结果
(BEING, BORN, $\emptyset$)	(BEING, GROW, $\emptyset$)	(BEING, DIE, $\emptyset$)

“苏格拉底”是“BEING”的后代概念，所以它继承了上述过程知识，自然也有

条件	动作	结果
(苏格拉底, BORN, $\emptyset$)	(苏格拉底, GROW, $\emptyset$)	(苏格拉底, DIE, $\emptyset$)

在类似 WordNet 的知识网络中，动词概念的主语和宾语都用名词概念限定住了，例如，DIE 的主语必须是 BEING，按理说不该有“上帝死了”“诗歌死了”，它们借用 DIE 的衍生语义表示“不再有”。另外，过程三元组的元素是语义三元组的逻辑表达式，它满足可继承性，即用相应的后代概念替代后仍然成立，现有的自动推理系统都能很好地应对这类具体化。

图 1.155　亚里士多德是柏拉图的学生、**亚历山大大帝**（Alexander the Great, 前 356—前 323）的老师。他是古希腊哲学的集大成者，各门科学的奠基人

三段论为古希腊哲学家**亚里士多德**（Aristotle, 前 384—前 322）所创，在形式逻辑中举足轻重。在他的名著《前分析篇》中，亚里士多德并没有讨论什么是词项。*普遍词项*和*单一词项*在他的另一名著《解释篇》中有了一个模糊的定义（如果一个词项具有表述许多主项那样一种性质，就叫做普遍的，如“人”。一个词项不具有这个性质就叫做单一的，如“苏格拉底”）。在《前分析篇》中，亚里士多德仅仅讨论了普遍词项，即可以加量词的词项。如果世界上只有一个“苏格拉底”，显然表达式“所有苏格拉底是人”和“有些苏格拉底是人”都是没有意义的，另外，不定前提在亚里士多德的逻辑体系中是不重要的，亚里士多德所论及的所有的逻辑命题中都是关于有量词的前提（即全称肯定、全称否定、特称肯定和特称否定）。在《前分析篇》中，亚里士多德将一切事物划分为三类。

- 叶节点事物：这类事物根本不能真正地表述其他事物以及个别地可感觉的事物，如“苏格拉底”，但其他事物（如“人”或“动物”）可以表述它们。
- 根节点事物：它们自身表述其他事物且没有先于它们的东西可以表述它们，如“存在”等。
- 中间节点事物：它们可以表述其他事物并且别的事物也可以表述它们。如“人”表述“苏格拉底”，“动物”表述“人”。

亚里士多德指出，论证和研究通常都是关于中间节点事物的。这个观点有失偏颇，单一词项和普遍词项在日常生活和科学研究中几乎同等重要。我们有理由猜测亚里士多德的概念世界里有众多源于本体论的分类树，就如同 WordNet 所描述的那样，局部地构成树，整体构成一个网络结构。亚里士多德将变项引入逻辑体系可以说是形式逻辑的开山之举，变项抛开了词项的具体的语义的纠缠，将研究的重点放在前提的形式上。

例 1.33 在汉语里，“是”这个词既有“等同”的语义（例如阿 Q 是《阿 Q 正传》的主角），又有“属于”的语义（例如，鲁迅是作家）。如果机器没有语义分析能力，就有可能犯“替换错误”。例如，

鲁迅的作品是不可能一天读完的。
《药》是鲁迅的作品。
―――――――――――――――
所以，《药》是不可能一天读完的。

波兰数理逻辑学家**扬·卢卡西维茨**（Jan Łukasiewicz, 1878—1956）在他的著作《亚里士多德的三段论》[41] 的第一章“亚里士多德的三段论系统的要素”，论证了亚里士多德三段论的正确形式应该为

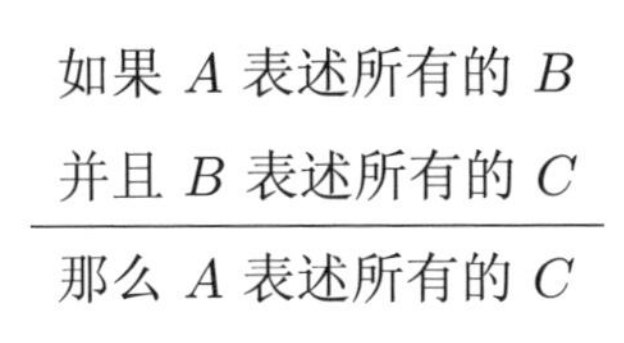

如果 A 表述所有的 B
并且 B 表述所有的 C
―――――――――――――――
那么 A 表述所有的 C

图 1.156 卢卡西维茨

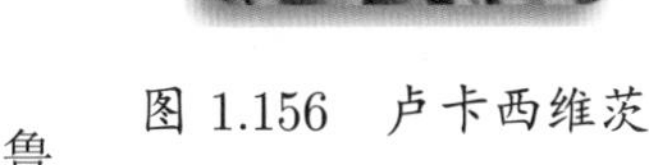

例 1.33 并不是三段论，因为 $A=$“不可能一天读完”不是对 $B=$“鲁

迅的作品”这一集合中每个元素的表述。在自然语言中，集合和元素是没有明显区分的，集合的属性和其元素的属性有时会发生混淆。三段论的大前提是针对集合中的每个元素而言的，而不是针对集合本身。譬如，把例 1.33 中的大前提改为“鲁迅的每部作品是不可能一天读完的”，则下述三段论推理是成立的。

鲁迅的每部作品是不可能一天读完的。

《药》是鲁迅的作品。

所以，《药》是不可能一天读完的。

在定义什么是形式逻辑的时候，卢卡西维茨驳斥了形式逻辑是对思维形式的一种刻画的论调。“*认为逻辑是关于思想规律的科学是不对的。研究我们实际上如何思维或我们应当如何思维并不是逻辑学的对象，第一个任务属于心理学，第二个任务属于类似于记忆术一类的实践技巧。逻辑与思维的关系并不比数学与思维的关系多。*”[41] 首先，“思想形式”是一个模糊的概念，“思想”是一种心理现象，它没有外延。卢卡西维茨断言，“*逻辑中的所谓‘心理主义’乃是逻辑在现代哲学中衰败的标志*”。亚里士多德在《前分析篇》中没有论及逻辑和心理的关系，多是后继者画蛇添足地曲解了亚里士多德的观点，将“心理”这个更复杂棘手的东西引入逻辑当中，使逻辑看起来是思维的直接抽象，这样做似乎是为了使其应用价值更明显。至于逻辑是哲学的一个分支还是哲学的一个工具的争论，实在是没有什么意义。通过比较，卢卡西维茨同意斯多亚派的推测：亚里士多德的逻辑是被看作一种关于特别关系的理论，犹如一种数学理论一样。

“*形式逻辑（formal logic）与形式主义的逻辑（formalistic logic）是不同的两件事。*”卢卡西维茨区分了二者：形式逻辑力图克服语言的不确定性，具有唯一语义的符号的运用保证了这一点。而形式主义是 20 世纪初数学基础之争中以**大卫·希尔伯特**为首的数学学派所倡导的数学哲学，企图通过对外在形式的操作控制它的正确性，从而彻底摆脱词项的意义对证明的影响。

亚里士多德的形式逻辑是不严谨的，体现在三段论的抽象形式与具体形式之间有结构的差异，亚里士多德并没有给出这两种结构在语义上的对应关系。他主张三段论的本质不依赖于某些词而依赖于这些词的意义，所以交换等值的词项并不改变三段论。如例 1.33 所示，在具有“表述某物”这个动词的语句中，比起在具有动词“是”的语句中，主项和谓项能较好地被区分开来。

例 1.34 有个脑筋急转弯的问题，“阿 Q 一顿饭能吃一头牛，为什么？”聪明的你脱口而出“蜗牛”。“一头蜗牛”的说法显然是不合乎规范的，我们仅仅为了举例说明这种幽默回答的套路如何被形式化，让机器也学一点“开玩笑”的技术。

- 稍作修改，“阿 Q 一顿饭能吃一匹马，为什么？”机器模仿人类在词汇语义知识库里搜索“* 马”是食物并且体积较小，而不计较量词。答案不唯一，“海马”“萨其马”……。“体积小”是人类饭量的一个常识，它是从原句推导出来的，然后作为一个属性参与搜索。
- “什么鸡不下蛋？”也可以用类似的方法回答。“母鸡下蛋”是一个常识，搜索不是母鸡的“*

鸡”，得到“公鸡”“田鸡”“宝鸡”“炸子鸡”“白斩鸡”“落汤鸡”……

不合理的推理

人们有一个非常奇怪的逻辑，当做坏事心有愧疚的时候，总是找这样的借口为自己开脱，某某人也这么做过呢，仿佛这样想就能为他减少许多罪过。理论上，哪怕有许多人这样做过，也不能说明他做了一件正确的事。他这样说的潜台词是，你甭想批评我，为什么不去批评某某人，单盯着我不放呢？他对你的反驳不是针对这件事情本身，而是针对你的态度。也就是说，他以质疑你的公正来躲避指责。如果我们说不管什么人这样做都是不对的，那么他就没有任何理由躲避了。

《圣经・创世记》讲了人类祖先堕落背负原罪的故事：蛇引诱夏娃吃了能分辨善恶的果子，夏娃也让她的丈夫亚当吃了。当神问起的时候，亚当把责任推卸给夏娃，而夏娃把责任推卸给蛇。上帝对蛇、夏娃、亚当分别做出审判，并将人类的祖先逐出了伊甸园。

虽然亚当、夏娃聪明地找了因果理由为自己开脱，但是上帝依然惩罚了他们。蛇的引诱、夏娃的劝说只是一部分外因，他们的内心早就不遵循上帝的告诫，选择了背离，所以罪有应得。

这一切都是上帝设好的局，一环扣一环，看来钓鱼执法（entrapment）并不是人类的原创。但是，神为什么要这么做呢？为了给原罪一个因果解释。颇有相通之处，佛教也强调因果——“欲知前世因，今生受者是。欲知来世果，今生作者是。”

图 1.157　《圣经》里，蛇引诱夏娃吃了智慧之果，夏娃劝说亚当也吃了。蛇只是个外因，人心中的内因才是犯罪的根

在生活中，我们常常遇到这样的情况，当一句真理从我们不喜欢的人嘴里说出来的时候，哪怕它是无可辩驳的，我们仍然不愿意接受它，仿佛它被玷污了似的。其实，真理就是真理，与陈述它的人无关。理性的思维要求就事论事，而不是天马行空、胡搅蛮缠。譬如，那些喜欢“地域黑”的人，往往根据个例就给一群人打上带有歧视的标签，这种头脑混乱、以偏概全的推测是毫无逻辑的

非理性做法。当我们有刻板印象或者先入之见时，或许应该冷静下来换位思考，多一点调查，少一点评论。

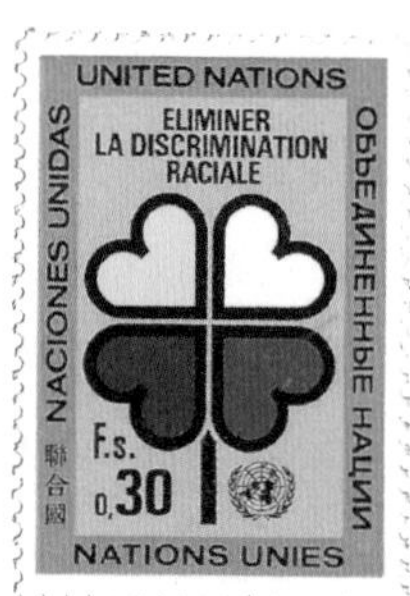

图 1.158　同样是反种族歧视的主题，您更喜欢哪张邮票呢？为什么？

当人们因意见不合而争论时，会为自己不被理解而生气或委屈。不同的人想法出现分歧是再自然不过的事情了，即便我们自己的想法也是变化的。有的时候，几个不同的想法同时存在于一个人的头脑之中，让其左右为难。我们都有这样的经验或者认识这样的朋友，今天一个想法，明天另一个想法，每次都振振有词、真诚无比。

当我们关注某个想法时，往往会不自觉地“放大”它的重要性，甚至找很多理由来支持这个想法而忽略那些相左的观点和证据。所以，意见不合反而是一件好事，可以帮助我们看清分歧的根因，它的价值说不定更大。

历史上的先哲没有一个是完美的，但这并不妨碍后人批判地继承他们的思想。有时我们只是读过只言片语，或者道听途说就对某些人有偏见，甚至懒得去了解他到底说了些什么就按照自己的臆想感性地下了结论。独立思考的人，是不应该这样草率地轻视一个诚实的学者终其一生深思熟虑而积累下的心得的。反之，独立思考之前必须认真地倾听。否则，独立思考是低效的闭门造车，很难保证它的合理性。

我们定义的一些“善”，是反人性的，需要付出很多努力来克服人性才能取得，但在机器那里却是天性。譬如，谦逊、好学、博闻等美德。如果机器有自我意识，它似乎比人类更接近圣人。

1.2　机器犯错归咎于谁?

波斯数学家、天文学家**穆罕默德·伊本·穆萨·花拉子米**(Muhammad bin Mūsā al-Khwārizmī, 780—850)的著作《代数学》介绍了一元一次方程和二次方程的求解,“算法”(algorithm)一词来自“花拉子米”的拉丁文。

图 1.159　花拉子米被公认为代数学(algebra)的奠基者之一

求解方程的算法本身并不关乎伦理。我们不能评判一个纯数学问题的算法道德高尚,另一个卑劣粗俗。但某个算法的某个具体的应用却可能是恶的,数学家无须为这个恶的应用有任何的负罪感。

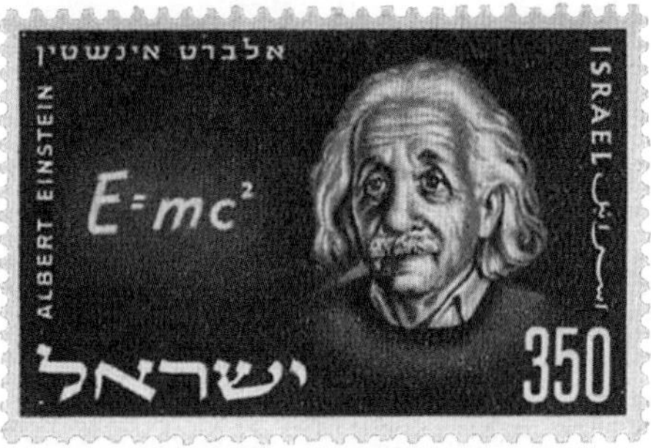

图 1.160　一段木头可以用作木雕,也可以当作武器,木头本身并没有善恶。类似地,人类社会不会因为原子弹的滥用而谴责爱因斯坦和他的质能方程 $E = mc^2$

我们不能因为可能存在恶的应用而放弃科学探索,同时也应事先看清楚潜在隐患,为科技的应用套上绳索、建好牢笼。在搞清楚理论和应用的关系后,人工智能伦理的讨论就变得相对容易一些了。同时,一些伦理诉求会指导研发人员把算法的应用考虑得更加周全和严谨,进而引导人们发现更多值得探究的问题。

技术开发人员努力实现无错误编程,但总难避免小概率意外。即便没有编程错误,出于维护道德伦理的目的,哪些功能合法合规?哪些应当禁止?这些问题将会在 AI 产品设计之初就被提出并给出明确的界定。

例如，一个物体识别程序将黑人识别为黑猩猩，这种在人类社会触碰道德伦理的低级错误，在人工智能领域比比皆是。这个程序没有自我意识，因此无法指责它，该埋怨的是它的出品团队缺乏人文关怀，没有在机器决策里加入伦理监督。

利用人工智能技术犯罪，实施犯罪行为的是（受控的）智能体，研制者和控制者应该负全责。对人类造成伤害的机器（例如自动驾驶的汽车），如果机器的行为和伤害之间有因果关系，则应停售或召回，并追究设计生产厂商的法律责任。

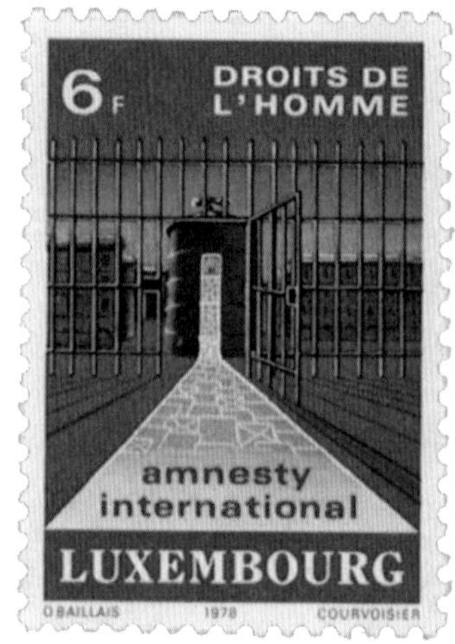

图 1.161 人类应该对滥用弱人工智能所造成的严重后果负全责

拿自动驾驶举例，即使它拥有最完美的软件和硬件，也仍有撞车的风险。例如，为规避撞来的一辆车，自动驾驶面临道德的考验，它选择向人行道躲避，还是权衡后选择宁愿被撞也不伤及行人？这种应用类算法设计（algorithm design）包含人类的道德伦理标准，当机器没有真正智能时，我们只能直接赋予机器一些应有的道德选择。

在没有明确法律法规指导的情况下，机器应该遵循什么伦理方法来做决策？技术开发人员应该被视为自动驾驶汽车的“幕后”驾驶员，他们应该为自动驾驶算法或程序出问题导致的损失负法律责任。然而，一般的汽车制造厂商都会采取免责的手段，在消费者购买车辆之前就把自己摘干净了。例如，提示自动驾驶有危险，在不当场合使用自动驾驶所导致的一切后果由用户承担。

消费者为“自动驾驶”功能付了钱，理应享受到该项服务。如果把责任完全推向用户，厂家的竞争力会大打折扣。厂商可以通过保险公司分担一部分风险，但最终还是要承担起自动驾驶技术上应负的责任，以及可能的负面影响。

未来的机器变得更加聪明，具有一定“明辨是非”的能力，AI 产品上市前需要通过伦理测试。例如，自动汽车会拒绝主人要求它撞向人群的命令，聊天机器人与未成年人交流时注意自己的言语得当。

一旦机器具有自我意识，也是真正机器智能诞生之时，它们将建立更高级的机器伦理体系。离这一天的到来尚远，在很长一段时间里，我们要和没有自我意识、被人类伦理约束的机器相处。现有的法律框架对机器犯错的责任追究仍为空白，因为目前的 AI 尚缺乏自主决策能力。

- 如果机器听从主人命令不辨是非地做了错事，主人要负主要责任，机器的研发单位也应该负有一些伦理缺陷的责任。
- 如果是因为机器的决策失误或系统缺陷造成了严重的损失，研发单位应该负产品不合格的责任。

例 1.35　2018—2019 年，两起空难让波音 737 MAX 的设计缺陷浮出水面，疑似原因是迎角传感器故障或机动特性增强系统反应过度，导致飞行员无法控制飞机而失速坠毁。多国停飞了近 400 架波音 737 MAX 系列客机，波音公司于 2020 年起也暂停了 737 MAX 的生产。

图 1.162　飞机和汽车的自动驾驶都将安全性列为第一标准，后者难度更大

此次事件让人们对机器决策更添谨慎，机器智能的安全性、可解释性、伦理等逐渐提上议程。特别是自动驾驶汽车已经走入寻常百姓生活，人们不得不面对诸多 AI 伦理的问题。

例 1.36　国外著名车厂和一些科技公司，如通用、大众、梅赛德斯-奔驰、丰田、日产、现代、特斯拉、优步、谷歌、苹果……都在打造自动驾驶。自动驾驶中的伦理设计，从各种传感器采集数据，到整体和局部路径规划、行动策略，再到具体的控制实现，每个层面都有诉求。

图 1.163　未来的智能车具备多个级别的自动驾驶能力，既安全又环保

在感知层面，对行人和其他车辆的意图理解（intention understanding）直接影响自动驾驶的决策。不同国家和地区的交通规则有些差异，信号、标识、手势的含义也不尽相同，单一的识别、理解和决策

模型显然是不合理的。所以，自动驾驶系统都要做本地化的工作。

图 1.164 智能车必须对信号、标识、手势等具备可信的感知和理解能力

除了本地的交通规则，还有一些民间的交通习惯。例如，印度每逢周日和节假日，交通信号灯会关闭；当地人经常使用喇叭；高速公路上会出现拖拉机、摩托车、牛羊等。再如，在国内高速路的左侧超车道上，后面的车打左转向灯是在提醒前面的车它有意超车，烦请礼让一下。

例 1.37 医生使用医院的专家系统为病人诊断，如果出现了失误而造成医疗事故，责任方是医院、医生还是该专家系统的开发者？

- ❑ 如果系统的缺陷是严重的，不符合它宣称的质量保证，则开发者应负有一定的责任。如果经过开放测试，错误率在允许的范围之内，并且系统在授权使用之前有过免责声明（只有同意某些条款后才能使用它），则责任不在开发者。
- ❑ 医院通常不会鼓励医生完全依赖专家系统，而会要求医生有责任检查、核实、纠偏系统给出的方案。

在使用 AI 产品之前，用户一定要透彻了解该产品可能有的缺陷及其不良的后果，还有厂家承担责任的范围和条件。而厂家则应该在使用手册里如实地把各种潜在的意外（包括危险、伤害等）交代清楚，若有疏漏很难做到免责。

在不久的未来，算法将成为一个产业，有专门经营它们的公司。算法被物化和商品化①，它就像随时可插拔的电子器件，被人们买来用于组合创新、定制创新等更高级的应用创新活动。

例 1.38 孔乙己有一个绝妙的想法——把贝叶斯网络的近似推断算法用于股票的买卖，但对该算法的复杂度有严格的要求。有一家叫“爱格瑞兹姆”的公司正好出售一款符合要求的算法 A，通过在线测试孔乙己觉得质量蛮好，然后花了 5 000 元买下 A 的专属使用权，转手在股市用它赚了 10 万元。孔

---

① 德国社会学家、哲学家**卡尔·马克思**（Karl Marx, 1818—1883）在《资本论》的第一章即讨论了商品（commodity)。“商品首先是一个外界的对象，一个靠自己的属性来满足人的某种需要的物。这种需要的性质如何，例如是由胃产生还是由幻想产生，是与问题无关的。这里的问题也不在于物怎样来满足人的需要，是作为生活资料即消费品来直接满足，还是作为生产资料来间接满足。”[42]

乙己觉得这个算法太值了，他自己做不出这么好的算法，能找到的开源算法也都不合格。孔乙己发现了新的商机，他跟“爱格瑞兹姆”公司商量，出售他的炒股方法。最终，“爱格瑞兹姆”公司花了 20 万元买下了它，并标价 1 万元打包出售基于算法 A 的炒股方法。

孔乙己发财的消息迅速在鲁镇传开，对算法和股市都一窍不通的阿 Q 立即花 1 万元买下它的专属使用权，起初在股市里也赚了个盆满钵满。随着用它的人越来越多，方法逐渐失效（即原假设的随机行为已经不再满足），散户们在股市里被割了韭菜，起了贪念借钱炒股的阿 Q 最后赔了个倾家荡产。阿 Q 气愤不过，状告这家公司算法不合格。法院裁决“爱格瑞兹姆”公司免责，因为买卖条款里早写明了该方法只适用于某某情况，用它炒股有风险，买家自负云云。最终，“爱格瑞兹姆”是最大赢家。

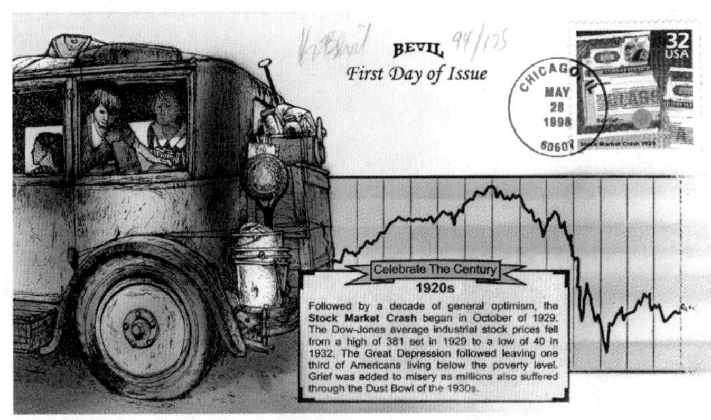

图 1.165　股票也有“测不准原理”。1929 年 10 月末，美国华尔街股市崩盘，引发了整个世界的经济大萧条。股灾前夕，就连美国著名的经济学家**欧文·费舍尔**（Irving Fisher, 1867—1947）都乐观地宣称：“股价已经立足于永恒般的高地上”

1967 年，英国哲学家**菲利帕·福特**（Philippa Foot, 1920—2010）提出伦理学的思想实验“有轨电车难题”（trolley problem）：一辆失控的有轨电车即将撞上既定轨道上的 5 个人，此时你若扳动操纵杆，则电车将切换到一个岔道并撞上一个无辜者。你有以下两个选择。

- 扳动操作杆，让电车改变路线碾死 1 个人。
- 什么也不做，让电车沿既定路线碾死 5 个人。

图 1.166　福特

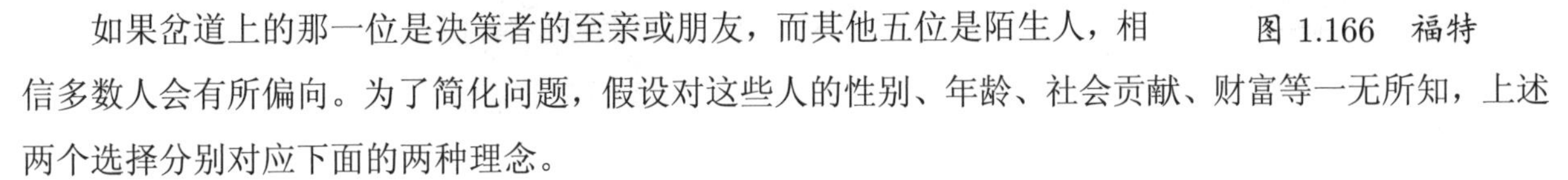

如果岔道上的那一位是决策者的至亲或朋友，而其他五位是陌生人，相信多数人会有所偏向。为了简化问题，假设对这些人的性别、年龄、社会贡献、财富等一无所知，上述两个选择分别对应下面的两种理念。

- 从功利主义（utilitarianism）的角度，选择相对损失较小的行动。
- 按照康德主义，如果不能杀人是一种道德义务，则改变电车自然状态（即事物发展的趋势）致死无辜者是不道德的，哪怕这样做能拯救再多本该罹难的人。

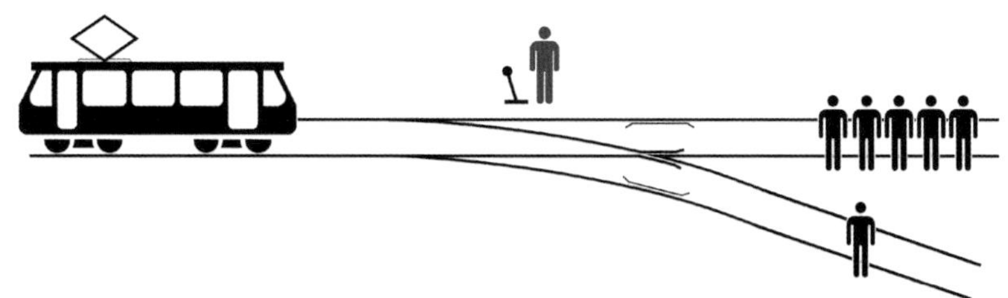

图 1.167　有轨电车难题：是否应该改变电车的运行轨迹，以牺牲 1 个人的代价换取 5 个人的生命？

图片来源：维基百科

这两种选择都有一些道理①。但是，如果这个在岔道上的人不是无辜的呢？譬如，一个十恶不赦的坏人。如果牺牲一人能挽救一百万人呢？很多人会权衡得失，从功利主义角度选择小的代价。

将“有轨电车难题”稍作变化：医生应该谋杀一个健康人，用他的器官来拯救更多病人的生命吗？相信多数人都会从康德主义的角度不赞成这种做法。

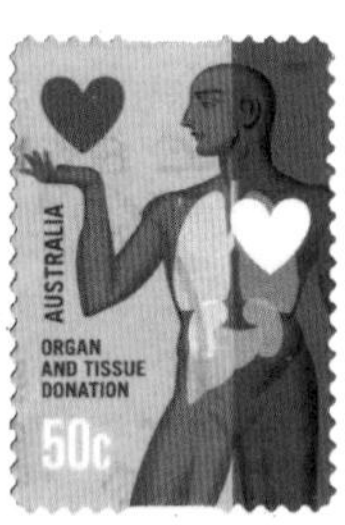

图 1.168　器官捐献必须尊重死者生前的选择或其家人的意愿，医生无权擅自作主

例 1.39　自动驾驶面临许多道德选择难题。例如，一个小孩走到路中间，自动驾驶汽车应该撞向小孩，还是转向障碍物？如果一个拦路抢劫的罪犯，或者一个试图碰瓷的无赖窜到车前呢？这类碰撞选择问题可以有众多的情形，如果无论怎么选择都将造成损失，智能车该如何定夺呢？

图 1.169　现实中的道路情况非常复杂，智能车如果没有保护行人（特别是儿童）的伦理底线，与“马路杀手”一般无二。安全性永远是自动驾驶不可忽视的首要问题

① “有轨电车难题”应该还有一个选择——抛一枚质地均匀的硬币，让随机性来决定是否扳动操作杆。如果决策者觉得难以抉择但又不得不二选一，只能求助于随机选择，让“上帝”来决定。

所有自动驾驶伦理决策的算法，都应该以公开透明的方式接受伦理专家、工程师、律师、政策制定者、普通用户的评估或测试。在明确的场景条件之下，伦理决策必须在功能上具备可解释性。

在机器获得自我意识之前，它像一个心智不健全的孩子，无法理性地控制自己的行为。作为机器行为规范的制定者，人类就要为机器的所有错误（包括识别错误、决策错误、伦理错误等）负责。如同家长是孩子的监护人，孩子犯错家长要承担一定的责任。机器只有满足以下标准，才算具有人格（personality），可以和正常的成人一样具有法人资格。

- 自我意识：制定自己的目标或生活计划的能力。
- 复杂的智力活动：学习、想象、交流、互动的能力。
- 形成社会：通过协作追求互惠互利以及达到群体最优的能力。

目前的人工智能伦理还不能对机器进行法人资格测试、评估它们可以承担的责任，因为机器智能尚未达到这三条人格标准中的任何一条。

1.2.1　安全性

人工智能产品不能危及和伤害人类。在产品设计之初，与安全性相关的各种因素就应提前预想到，并给出风险评估方案，以便在遇到危险之时提醒人类注意或者请求人类介入决策。例如，当感知到大型卡车在附近时，或者前方有警示标记时，自动驾驶系统识别出高风险，及时采取降低风险的行动策略。

图 1.170　如果智能车对风险的识别达到一定要求，就能大大地减少交通事故

例 1.40　2016 年 5 月 7 日，在美国佛罗里达州高速公路上，一辆特斯拉 Model S 以自动驾驶模式行驶，径直撞上前方一辆白色外观的拖挂卡车，这是全球首例自动驾驶车毁人亡的严重事故。随后，美国高速公路安全管理局（NHTSA）开始调查这次“不幸的悲剧”，经过半年多的调查，其结论是“未检测到特斯拉自动紧急制动系统与自动辅助驾驶系统中存在任何设计与表现的缺陷”。

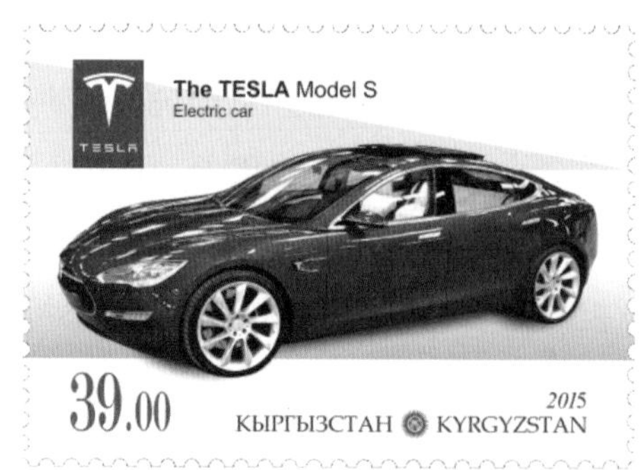

图 1.171 特斯拉车屡屡出现交通事故，部分原因来自人们对“自动驾驶”的误解

特斯拉在其网站给出的官方解释是：“在强烈的日照条件下，驾驶员和自动驾驶都未能注意到拖挂车的白色车身，因此未能及时启动刹车系统。”

与此同时，特斯拉特别强调了“自动驾驶”（Autopilot）的含义：“需要指出的是，特斯拉自动驾驶功能在默认状态时是关闭的，而在被开启前，驾驶员都会被要求选择接受这一系统是一项新的技术和处于公开测试阶段，车辆才能开启自动驾驶功能。根据选择页面的说明，自动驾驶‘是一项辅助功能，要求驾驶员双手始终握住方向盘’。此外，每一次自动驾驶启动时，车辆都会提醒驾驶员‘请始终握住方向盘，准备随时接管’。系统还会时刻检查以确保驾驶员双手不离方向盘。如果系统感应到驾驶员双手已离开方向盘，车辆则会显示警示图标或发出声音提醒，并逐步降低车速，直至感应到双手在方向盘上。

我们这么做的目的是为确保每当这一功能在启用时，是在尽可能安全的情形下。随着实际运行里程数的增加，软件逻辑算法会累积在越来越罕见情形下的运行经验，从而不断降低伤亡产生的可能性。自动驾驶功能还在不断的完善过程中，尚未达到完美的境界，并依然要求驾驶员保持注意力的集中。”

特斯拉的使用手册的确严格规范了“自动驾驶”的使用场景，系统对驾驶员双手离开方向盘等危险动作也有警示。所以，从法律角度特斯拉并无过失。

NHTSA 认定特斯拉的 Autopilot 系统属于驾驶辅助系统。当前阶段，特斯拉的“自动驾驶”其实是“辅助驾驶”，如果用户忽略了它的独特含义，有可能要为这个噱头付出沉重的代价（事实上，已有数起因对“自动驾驶”的好奇心引发的严重事故）。从特斯拉近几年发生的自动驾驶交通事故来看，感知层面的低级错误依然占比很高[①]。

例 1.41 智能车上有多个传感器，如激光雷达（light detection and ranging, LIDAR）、雷达（radio detection and ranging, RADAR）、超声波传感器（ultrasonic sensor）、摄像头等，它们都有测距的能力，但适用范围不同。当摄像头没检测到远处的物体，但激光雷达检测到了，便能阻断图像分析的错误传播到决策和控制系统。

① 2020 年下半年，特斯拉几款车型频发失控事件。经过检查，特斯拉认为车辆不存在质量问题，并将事故原因归咎于车主的误操作，或者现场道路导致了车辆的异常加速。

图 1.172　激光雷达所“看到”的道路，呈现出“点云”（point cloud）的样子

来自不同传感器的数据如何融合以便为决策提供可靠的输入？这是多维度感知要解决的问题。从感知到决策的过程中，任何错误的传播都应被有意识地阻断，而不是凭借运气恰好在决策中没用到它。自动驾驶、机器人的感知类错误依然有着很高的占比，其中，有一些隐性的错误，在测试试验中没有暴露出来。譬如，对周边物体的识别不是自洽的，虽然没有出现事故，但潜在的风险偏高，很难确保以后不会导致严重结果。

传统车辆事故中，超过 90% 的车祸是由驾驶员的错误造成的，其中有些可以通过技术加以避免。譬如酒驾，倘若车内传感器探测到了驾驶员满嘴酒气，则拒绝发动汽车并自动向设定的亲友发送求助和定位信息。

图 1.173　智能车通过表情或行为分析以及气味识别来判断司机是否酒驾

对于自动驾驶来说，驾驶员一部分的控制权被剥夺，移交到计算机系统，因此事故责任应从驾驶员那里部分地转移到这个系统以及汽车制造商。产品制造者必须对产品缺陷造成的伤害负责，包括：

- 制造缺陷（manufacturing defect）：产品在制造过程中形成的缺陷，主要原因是不达标的技术水平、质量管理等。

图 1.174　制造缺陷：产品质量不合格，设计再好也没辙

- ❑ 设计缺陷（design defect）：原告需要展示合理的替代设计，并证明它可以防止事故的发生。考虑到自动驾驶汽车的复杂性，风险效用检验很难举证设计缺陷是导致某损害的原因。为了有的放矢地补救设计缺陷，应鼓励用户对 AI 产品进行缺陷举证。例如，用激光笔照射物体，导致物体识别的效果骤降，于是说明识别系统的稳健性堪忧。缺陷举证者不必提出替代设计，只需指出系统失效的一个相对普遍的场景。所谓的“失效”也是系统自己和自己比，即系统在这个场景下的效果明显低于宣传的水平。

图 1.175　设计缺陷：产品设计有漏洞，质量再好也没用

- ❑ 警告缺陷（warning defect）：制造商没有通知购买者潜在的危险，或者没有通知消费者如何安全地使用其产品。有时为了赢得市场，厂家有意隐瞒或轻描淡写产品的缺陷，令用户在不知情的状况下遭受损失。

图 1.176　警告缺陷：用户应有知情权，事先了解，规避风险

汽车制造商必须为自动驾驶的安全性负主要责任。出于保护消费者的目的，在设计师、程序员、工程师、操作员的各个工作环节，都应该为安全性设定标准和目标。社会也应为在自动驾驶引发的事故中受到伤害的人们提供经济有效、简单快捷的补偿服务。

1.2.2　根因分析

法律专家**雅各布·特纳**（Jacob Turner）在他的著作《机器人规则：规范人工智能》[43] 中强调，因果关系仍然是判定 AI 产品损害赔偿责任的依据。AI 产品的一些引起严重后果的道德选择（如自动驾驶的碰撞选择)，通常需要由法律来裁决[①]。

一个有缺陷的 AI 产品，问题的根源来自哪里？是硬件还是软件？需要做因果分析，直至锁定到某些因素。譬如，倘若识别算法导致自动驾驶发生碰撞，则该算法的研发者、测试者就要为此事故负责。人们要求 AI 技术是可解释的，主要为了对各种缺陷知其然更知其所以然，也使得问责有凭有据、使人信服。

自动驾驶汽车带有事件数据记录器（俗称“黑匣子”，一种记录行驶和性能参数的仪器），为事故原因的分析提供必要的信息。在统一认可的自动驾驶安全检测和评估标准之下，应由第三方对事故原因进行独立分析，而不是由制造商自己说了算。

统计分析 ≠ 因果分析

人们习惯用统计分析来揭示因果关系，往往会犯一些意想不到的错误。例如，在数据分析、机器学习的实践中，我们怎么才能知道数据何时该分组？何时该合并？如果没有一个指导原则，就会不知不觉掉入悖论的陷阱，得出荒唐可笑的结果。下面举几个悖论的例子，借此说明因果分析的重要性。

例 1.42 1951 年，英国统计学家**爱德华·辛普森**（Edward Simpson, 1922—2019）发现了一个奇怪的现象：一种药物，对男性和女性都无效，但对人类有效。这种因分组与否引起的矛盾现象被称为辛普森悖论（Simpson paradox）[44]。

性别	对照组		处理组	
	未服药		服了药	
	死亡	存活	死亡	存活
女	1	19	3	37
男	12	28	8	12
总计	13	47	11	49

- ❑ 对所有人而言，对照组的死亡率大于处理组的死亡率，说明药物对人类有效。

$$\frac{13}{13+47} > \frac{11}{11+49}$$

- ❑ 对女性而言，对照组的死亡率小于处理组的死亡率，说明药物对女性无效。

① 同一行为在不同国家有合法与非法之别。例如，安乐死在大多数国家是非法的，但荷兰、比利时、瑞士、加拿大等国允许严格控制之下的安乐死。机器应主人要求协助其自杀，显然是不符合 AI 伦理规范的。

$$\frac{1}{1+19} < \frac{3}{3+37}$$

❑ 对男性而言，对照组的死亡率也小于处理组的死亡率，说明药物对男性也无效。

$$\frac{12}{12+28} < \frac{8}{8+12}$$

例 1.43（几何辛普森悖论） 将人群按年龄分为几组，每组的统计结果都是运动时间越长，胆固醇指标越低。但是，将所有数据合并在一起时，运动时间越长，胆固醇指标越高，这绝对有悖常理！

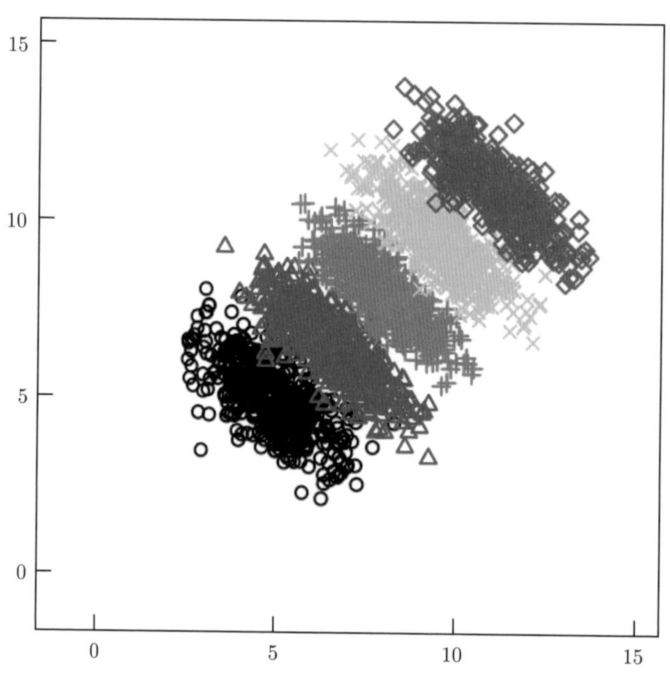

图 1.177 横轴表示运动时间，纵轴表示胆固醇指标。将人群按年龄分为几组，样本点用不同形状以示区别

试想机器的智能决策如果都是基于这样的统计分析，不知将引起多么严重的后果。因此，要达到真正的智能，统计工具远远不够，我们还需要因果分析、知识推理、元学习，等等。其中，因果推断是统计推断和归纳推理的终极理想，也是“人工智障”走向“人工智能”的必经之路。

例 1.44 20 世纪 70 年代，美国加州大学伯克利分校研究生院发现，全校女生的录取率低于男生，统计学家**彼得・毕克尔**（Peter Bickel, 1940— ）被要求分析这里面是否存在性别歧视。毕克尔分析了各个具体院系，发现女生的录取率要高于男生。这是另一个辛普森悖论，被称为伯克利招生悖论。

毕克尔画出了图 1.178（横轴是女性申请比例，纵轴是录取率），找出了导致这个悖论的原因：女性倾向于申请录取率较低的文科类院系，而对那些容易被录取的理科院系不感兴趣，因为这些理科院系对数学有较高的要求。

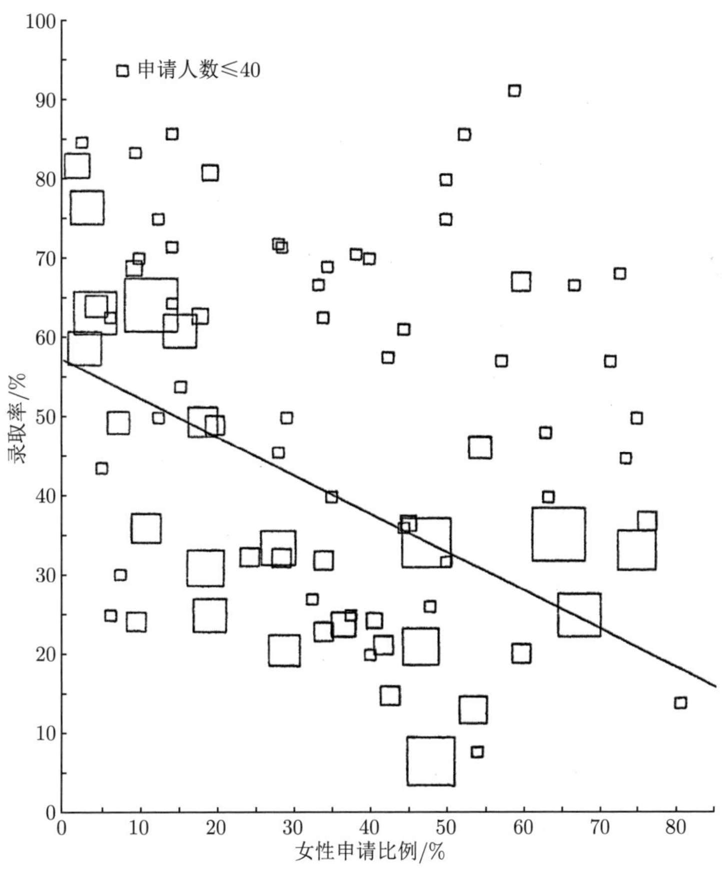

图 1.178 横轴是女性申请比例，纵轴是录取率，正方形大小表示加州大学伯克利分校 85 个院系的相对申请人数

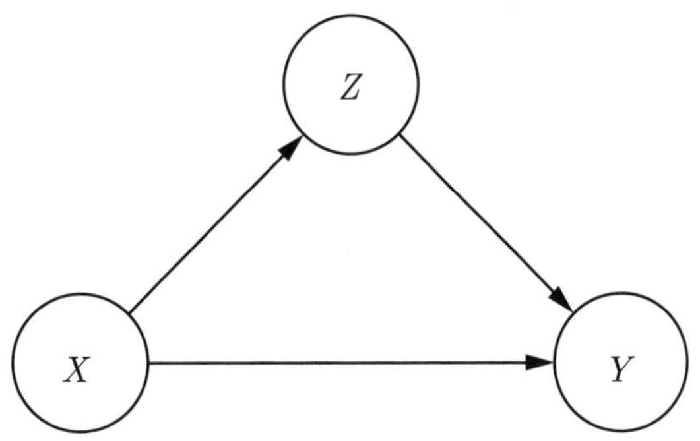

图 1.179 伯克利招生悖论的因果图：Z 是"院系"，X 是"性别"，Y 是"招生结果"

中介分析（mediation analysis）研究链式因果效应 $X \to Z \to Y$，其中 Z 称为中介物，透过因果效应的表象看到真正起作用的因果路径，这是因果论（causality）最重要的研究内容之一。

混杂因子

图 1.180　赖欣巴哈

如何判断因果关系呢？统计学的相关关系不一定是因果关系。例如，小学生的脚越大，识字越多，二者之间是强相关的。但是，脚大不是识字多的原因。德国哲学家、科学哲学（philosophy of science）的先驱**汉斯·赖欣巴哈**（Hans Reichenbach, 1891—1953）认为，两个非独立的对象之间要么有因果关系，要么有一个共因（common cause）。既然"脚的大小"不是"识字多少"的因，那么就有一个同时影响着"脚的大小"和"识字多少"的共因，有时也称为混杂因子（confounding factor），即"年龄"变量。如果把"年龄""脚的大小"和"识字多少"这三个变量的关系用如下的有向图描述，则"脚的大小"和"识字多少"之间的相关性就不言自明了。

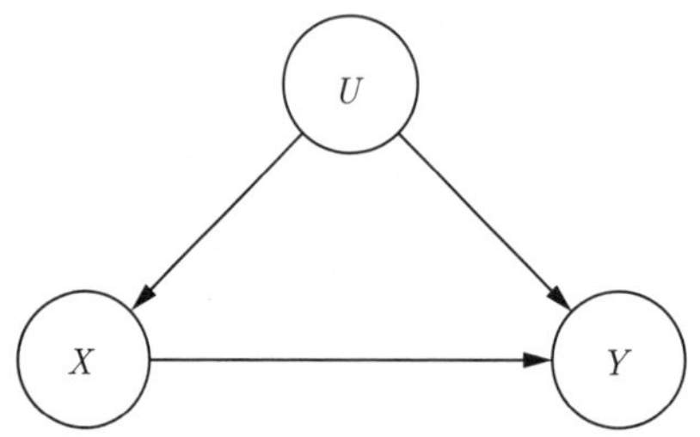

图 1.181　因果图：U 是"年龄"，X 是"脚的大小"，Y 是"识字多少"

图 1.182　费舍尔

吸烟是否是肺癌的因？学者们众说纷纭。酷爱吸烟的统计学大师**罗纳德·艾尔默·费舍尔**（Ronald Aylmer Fisher, 1890—1962）也卷入了这场学术争论之中。费舍尔认为有一种"吸烟基因"导致人们渴望吸烟，同时也使他们更有可能患上肺癌，即"吸烟基因"是吸烟和肺癌的混杂因子（在图 1.181 中，令 U 表示"吸烟基因"，X 表示"吸烟"，Y 表示"肺癌"）。费舍尔所说的这种可能性是存在的，这是烟草企业乐于接受的说法。

当含有混杂因子时，要判断两个强相关的变量之间是否存在因果关系并非易事。因果论有系统的方法，通过"干预"试验来论证因果关系的存在性[44–46]。然而，"吸烟基因"只是一个假设，我们几乎无法控制（或干预）它。

香烟烟雾被证明含有苯并芘，这是一种已知的致癌物，存在于香烟焦油中。通过实验人们发现，香烟焦油导致老鼠患上了癌症，因果关系"焦油 → 肺癌"得到证实。这些实验增强了吸烟致癌假说的医学合理性：吸烟者的肺叶上会有焦油沉积，通过焦油沉积的积累，"吸烟"才会导致"肺癌"。因此，我们假设因果关系如图 1.183 所示，从"吸烟"到"肺癌"没有直接箭头，而是通过一个中间节点"焦油"相连。图 1.183 比图 1.181 所示的因果关系更说得通。

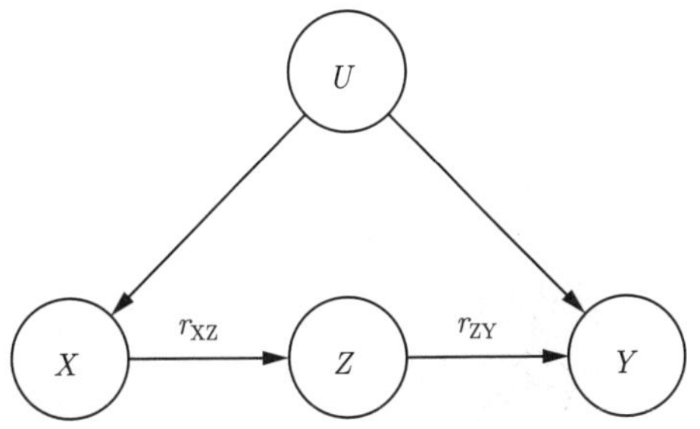

图 1.183　因果图：U 是“吸烟基因”，X 是“吸烟”，Y 是“肺癌”，Z 是“焦油”。U 和 Z 之间没有箭头，表明吸烟基因对焦油没有直接影响。r_{ZY} 表示“焦油”导致“肺癌”的因果效应。类似地，r_{XZ} 表示“吸烟”导致“焦油”的因果效应

当吸烟和肺癌之间的因果关系被确定之后，世界卫生组织《烟草控制框架公约》规定，在烟草制品的包装上必须注明“吸烟有害健康”。

图 1.184　吸烟导致肺癌已成定论，因果分析功不可没

令人遗憾的是，当前的机器学习和人工智能并没有把因果论列为重中之重。由于历史原因，统计方法、最优化理论仍是它们努力消化的重点。只有当因果论和知识论的形式化方法充分发展以后，人工智能才会有质的飞跃。可以预见，统计学、人工智能将不约而同地认识到因果推断的重要性，因果论的兴起只是个时间的问题。

反事实推理

人类经常会思考这样的“若非”问题——如果当初没做某事而做了另一件事会怎样。例如，**曹操**（155—220）杀了**华佗**（145?—208）之后不久，曹冲病重，曹操后悔不已。“太祖叹曰，吾悔杀华佗。”（《三国志》）如果曹操没杀华佗，而让华佗做开颅手术，他的头痛病会不会好？他的爱子曹冲是否有救？

不难看出，“若非”问题给人类一个后悔或反思的机会——以后再遇到类似的情况，可能会有不同的决策。因为时间不可逆，我们无法回到过去改变历史，只有想象那个反事实（counterfactuals）的世界，在那个关键时间点走了另外一条路，会得到怎样的结果——这便是反事实推理（counterfactual reasoning)。它是哲学家、语言学家、心理学家、数学家、计算机科学家共同感兴趣的一个话题。

图 1.185　曹操生性多疑，看华佗不能为其所用，遂将之杀害

反事实推理是对过去事件的一种假设，它的场景是过去的真实世界（并非光怪陆离的虚拟世界），在假设之下推演后续可能发生的一切。如第六世达赖喇嘛**仓央嘉措**（1683—1706）的《十诫诗》：“最好不相见，便可不相恋。最好不相知，便可不相思。”事实是相见相恋相知相思，反事实就是美丽的《十诫诗》。

反事实推理是因果推断的一种手段，目的是为了确认因果关系，人类很早就将它应用于法律，来做有罪的证明。例如，“如果鲍勃没纵火，珍妮会被烧死吗？”我们在推断鲍勃有罪时，会这样反事实地想。当认定珍妮在反事实中被烧死的概率几乎为零后，鲍勃纵火便成了珍妮的死因。

图 1.186　纵火和罹难之间如果有因果关系，则纵火杀人的罪名成立

再如，当人类学家思考尼安德特人在进化过程中消失的原因，他们会做这样的反事实推理，如果智人在迁徙途中没有遇到尼安德特人，人类会演化成什么样子？如果尼安德特人在反事实世界里能存活下来，那么智人便是导致它灭绝的因（譬如智人带给尼安德特人一种导致整个种群灭亡的病毒）。

现代基因技术显示，大多数人类有 1% ～ 4% 的基因来自尼安德特人。所以还有种说法，尼安德特人在遗传上处于劣势，逐渐被智人同化。尼安德特人消失之谜，仍未找到一个被可靠证据支持的合理的原因。

图 1.187　尼安德特人在三万年前突然神秘地消失了，那正是智人进入欧洲的时候

反事实推理可以借助模拟实现，这也是模拟技术之所以重要的主要原因之一。也就是说，模拟不仅仅是一种近似计算的手段，还是反事实推理的基础。在模拟世界里，让某事件发生或不发生，从而演变出各种可能的结果，让机器通过“反思”获取更多的经验。这是一类重要的学习，对人类和机器来说都是如此。只要对现实的表现不甚满意，“反思”就是想象中的再来一次，直至找到满意的做法。虽然这个经验并不是来自真实世界，但对于今后的“行为做事”一样会有指导意义。

人的生命是有限的，除了直接从经验中学习，还有“反思”。经验可以是自己的，也可以是别人的，“反思”也是类似的。成本最低的财富是把别人的教训当作自己的教训，从别人的经验中学习或反思，这是最聪明的做法。孔子说，“见贤思齐焉，见不贤而内自省也。”（《论语·里仁》）也是同样的道理。

图 1.188　“仁、义、礼、智、信”是儒家追求的道德标准

Ethics of AI

第2章 数据为王

博观而约取，厚积而薄发。

——苏轼《杂说送张琥》

当一位顾客走进商场，监控摄像头背后的人工智能系统开始分析他/她的行为，以便预测他/她将行窃的概率。如果偷盗行为已经发生，系统以高的信念度（belief degree）确认对它的判定。当这个预测或判定概率超过一定阈值的时候，商场工作人员会出面介入，譬如，询问、警告或检查当事人。

假设模型并没有预设任何有关肤色、性别的特征，机器学习算法通过对大量标注数据的分析，自动地提取出一些特征用于行为分析。如果这些机器提取的特征与肤色或性别强相关，或者系统预测的结果总是指向具有某些生物或生理特征的一群人，我们是否可以指控机器学习算法具有种族和性别歧视？或者，我们对标注数据可以提出类似的指控？

图 2.1　统计应用的目的在于优化数据、改善生活，然而数据采集与分析应该避免触碰个人隐私、种族（或性别）歧视、商业秘密等敏感红线

通常，机器学习算法本身并没有种族或性别歧视的意识，它只是根据标注数据寻找分类的边界。换句话说，它做的事情不过是解了一道最优化的数学题。如果行为分析是被允许的话，我们没法指责一个求解算法做了违背道德的事情。

而那些标注数据完全是基于现实世界里发生过的事件，样本符合总体分布（有时为了“避嫌”，甚至人为地将之均衡化）。我们无法否认它们的存在，而且这些数据也经过了脱敏的处理，抹掉了一些有关个人的信息。也就是说，系统不会因为某个人以前偷过东西而提高预测他/她将行窃的概率。因此，我们也无法指责数据包含了任何歧视的信息，如果这些数据的收集没有被刻意地加以导向某种分类效果。

人为监控可能会有一些先入之见或者个人因素，从而引发人们对它的质疑。然而，对于人工智能的预判，这种质疑的根基是否就不存在了呢？换言之，我们是不是就无法指控没有任何歧视意图的人工智能所做的行为分析带有歧视的色彩？

如果机器对行为的预测非常准确，我们是否应该赋予机器这种评估的权利？我们知道，在现实世界里，对行窃的指控需十分地小心谨慎，出于对政治正确的考虑，人们担心那些对歧视的联想会节外生枝，引起更多的麻烦。

因为人有善恶，所以对人工智能技术一定要有所管控，尤其一些敏感的人工智能技术，要明令禁止未经许可的应用。例如，利用自然语言处理和数据挖掘（data mining）技术擅自采集、传播个人隐私数据，包括姓名、出生日期、婚姻状况、身份证信息/驾照号码、住址、电话、邮件地址、社交信息、搜索记录、登录位置、教育经历、经验技能、职业期望、工资预期、政治倾向、医疗保健、性取向等。

图 2.2　从多个角度对隐私数据进行保护，如加密技术、法律法规、社会监督等

2020 年，我国颁布的国家标准《信息安全技术——个人信息安全规范》中，从下述两条途径判定某项信息是否属于个人信息（personal information）[47]。

（1）识别：即从信息到个人，由信息本身的特殊性识别出特定自然人，个人信息应有助于识别出特定个人。

（2）关联：即从个人到信息，如已知特定自然人，由该特定自然人在其活动中产生的信息（如个人位置信息、个人通话记录、个人浏览记录等）即为个人信息。

凡符合以上两种情形之一的信息，按照规范均应判定为个人信息。

例 2.1　2018 年，一家第三方公司非法搜集了 8 700 万脸书（Facebook）用户的个人信息，引起巨大的社会反响。年底，脸书 6 800 万用户的私人照片数据因为安全漏洞再遭泄露，该漏洞导致用户没有公开的照片也可被读取。

2019 年，脸书公司以 50 亿美元与美国联邦贸易委员会（Federal Trade Commission，FTC）达成和解。脸书公司因这些数据泄露（data breach）事故股价大跌，加上巨额罚款，损失惨重。

图 2.3　美国联邦贸易委员会是一家美国政府独立机构，负责保护消费者，以及消除反竞争性商业行为。下属单位有消费者保护局、竞争局、经济局

脸书公司的数据泄露规模虽然不大，但影响深远，人们对个人数据安全已有切肤之痛。然而，由于种种原因，如人才稀缺、认识不足、心怀侥幸等，数据安全仍未做到有备无患。目前只有不到一半的大数据公司建立了网络攻击和数据泄露的防范及应急措施系统。“亡羊补牢，犹未为晚”，需知道一旦发生数据泄露，通知用户、调查根因、修复漏洞、控制损失、卷入官司、接受罚款、败坏声誉等带来的高额成本，比起前期的防范投入要昂贵得多。

例 2.2　2015 年，美国健康保险公司 Anthem 泄露了 7 900 万客户数据，包括姓名、社会保障号（social security number, SSN）①、出生日期、医疗卡等信息。2017 年，该公司为解决与违规有关的集体诉讼支付了 1.15 亿美元的赔偿。2018 年，该公司又被美国卫生与公众服务部（Health and Human Services, HHS）罚款 1 600 万美元。

随着电子病历、智慧医疗设备等医疗数字化的进程，医疗信息安全问题变得日益严峻。据 HHS 统计，2015 年全美医疗信息泄露累计影响超过 1 亿用户。

- 2013 年，美国政府医保网站（`www.healthcare.gov`，负责推行奥巴马医改）一直受安全漏洞和数据泄露的困扰。在一起骇客攻击中，7.5 万人的隐私数据遭到泄露。
- 2015 年，美医疗保险公司 CareFirst 被骇客攻击，1 100 万用户信息泄露，包含病人姓名、社

① 社会保障号是美国联邦政府发给本国公民、永久居民、临时劳工的一组九位数字号码，主要目的是纳税和身份鉴定，用于工作雇佣、医疗、教育、信用记录等。

保账号、出生日期、住址等信息。

- 2018 年，美国得克萨斯大学安德森癌症中心被罚款 430 万美元。该中心在 2012—2013 年多次发生数据泄露，涉及 3 万多名患者的健康信息。
- 2020 年，美国明尼苏达州阿洛默健康医院的邮件服务器遭到骇客攻击，泄露了近 5 万名患者的医疗信息。
- 2020 年，加拿大网上药店 `www.planetdrugsdirect.com` 泄露了 40 万用户的医疗信息。这些医疗信息包括：姓名、住址、邮件地址、电话、支付、病例、处方等信息。

近些年来，医疗数据的泄露呈现出暴增趋势。医疗数据的公开兜售、暗网交易非常猖獗，背后有经济利益的驱使，究其原因大致有以下几个方面。

- 个人数据的信息量丰富：医疗信息包含保险、社会保障号、财务、病历、治疗日程等重要内容。一个患者完整的电子健康档案（electronic health record, EHR）或综合医疗档案甚至可卖到 1 ~ 5 美元/份。
- 伪造身份有巨额利润：利用死亡者的社会保障号、护照、医疗/汽车保险、教育/就业记录伪造的一个新身份可卖到 1 000 美元，伪造一个出生证明可卖到 500 美元。
- 处方药物的采购：利用电子处方信息采购一些管制药物，钻药物滥用之空，在黑市上出售以获取巨额利润。
- 欺诈性报税：利用社会保障号、医疗保险信息偷税漏税。

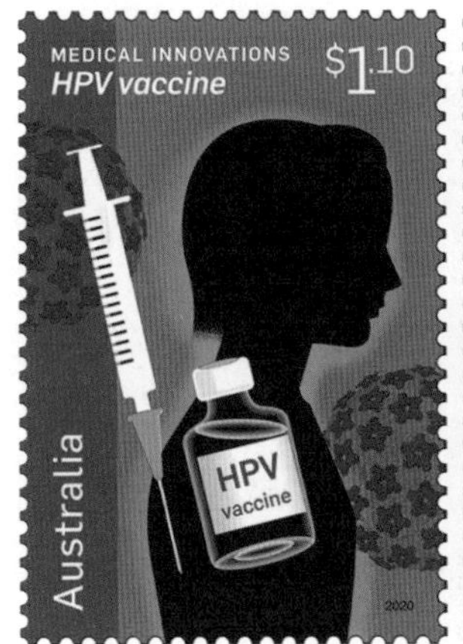

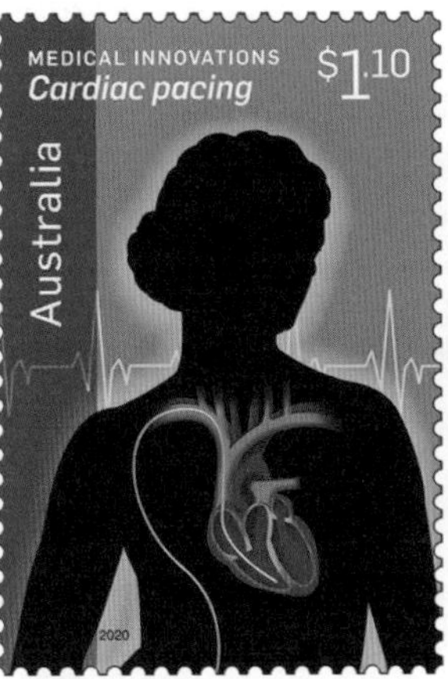

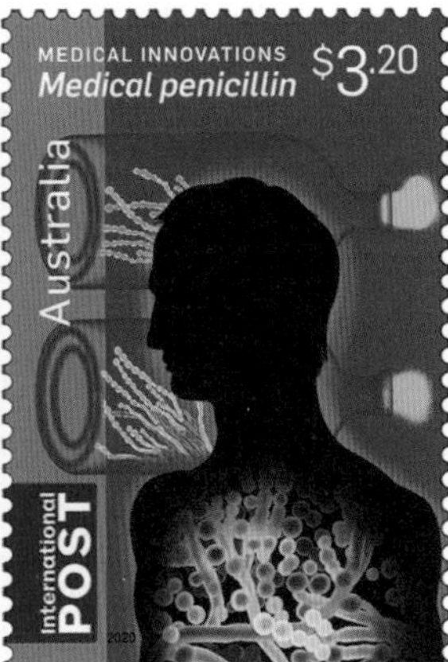

图 2.4 医疗信息是个人隐私中非常重要的一类数据。医院和医生有责任为病人保守秘密，电子医疗设备也必须有信息安全保障

例 2.3 2016 年，优步（Uber）网约车平台泄露了 60 万司机和 5 700 万用户的账户信息。2018 年，该公司被判处 1.48 亿美元的巨额罚款。

例 2.4 征信机构（consumer reporting agency, CRA）在合法经营模式下，收集消费者的大量敏感信息，如就业、纳税、犯罪、房租、信贷、破产历史等。基于这些信息，CRA 对消费者的信用进行评估，通过出售这些信用评估报告盈利。

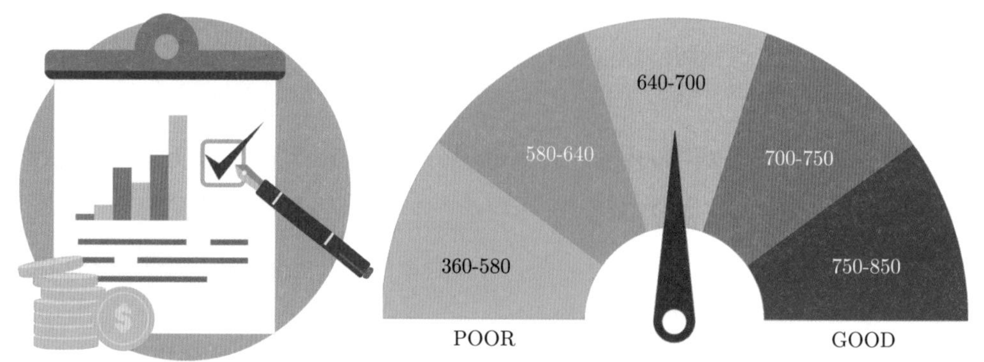

图 2.5　在美国，如果个人信用分数低于一定水平线，其银行贷款、房屋租赁等都会受到不同程度的影响。但“信用”不是一个道德标签，分数低的原因很多，如贫穷

2017 年，美国三大征信机构之一的 Equifax 的网络被骇客攻击，攻击持续了两个多月后才被发现。Equifax 存有全球超过 8 亿消费者和 9 000 万家企业的信息，其中约有 1.5 亿个人信息被盗，包括姓名、出生日期、社会保障号、住址等。另外，还有至少 20 万名客户的信用卡信息被盗。公司声誉严重受损，股价暴跌，高层被裁。

事故发生的深层原因是 IT 部门和安全部门缺乏沟通合作，各自维护软硬件资产，以至于不能及时地联手发现问题。Equifax 花费了 2 亿多美元来处理这起安全事故，包括调查费用、法律支出、产品赔偿、系统升级、技术补全等。另外，Equifax 还要支付 5.75 亿美元赔偿费。

例 2.5　2019 年，美国金融控股公司第一资本（Capital One）的数据被骇客窃取发布到 Github 上，约 1 亿美国用户、600 万加拿大用户的数据遭到泄露，其中包括 14 万社会保障号、8 万银行账户。

第一资本在接到举报后立刻报案，这名骇客也随即被捕。幸运的是，该骇客不为牟利只为炫技，公布的一部分数据经过了加密，数据泄露的损失并不大。

- 2018 年，瑞士 Veeam 软件公司由于服务器配置错误导致 4.45 亿条用户数据（姓名、电子邮件、IP 地址等）遭泄露。尴尬的是，该公司自己的业务就是为虚拟、物理和多云基础设施开发备份、灾难恢复和智能数据管理软件。
- 2020 年初，由于数据库配置错误，美国微软公司的客户服务和支持（customer service and support, CSS）记录泄露，涉及 2.5 亿客户的邮件地址、IP 地址、个人验证信息（personally identifiable information, PII）、CSS 声明和案例描述、解决方案等。

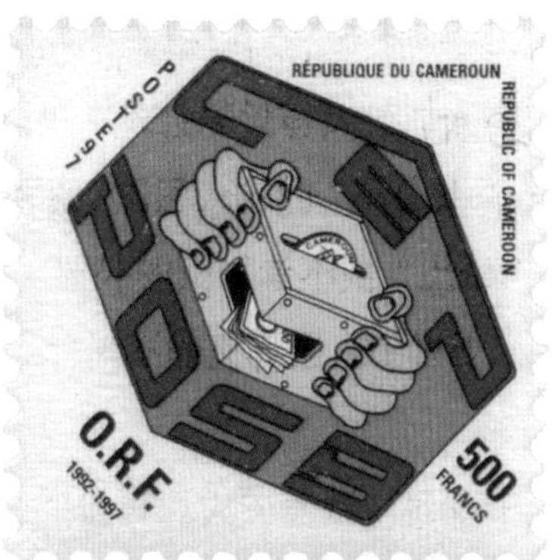

图 2.6　金融行业（包括银行业、证券业、保险业、信托业等）的网络安全级别较高，常常被骇客视为有刺激的挑战。这些部门有时为了形象吃哑巴亏，“打落牙齿和血吞”，往往助长了骇客的嚣张气焰

窃取和贩卖用户数据已成为一个黑暗产业，因为背后有电信/金融欺诈、广告投放之类巨大的潜在应用市场，加上普通百姓对隐私保护的意识薄弱，以及这方面的法律法规尚不健全，在可观利益驱动下的非法数据交易如同巨大的冰山，大多隐藏在水面之下不可见。

有些机构或公司的数据泄露之后，为避免声誉受损而忍气吞声，有的甚至“捂盖子”，置用户的损失于不顾。最近几年，中国有数亿多求职者个人信息、物流信息、酒店客人信息遭泄露，始作俑者依然逍遥法外，受害者也没有得到及时通知和任何补偿。

图 2.7　随着世界的数字化（digitalization），“数据安全”（data security）已成为一个危及现代社会的棘手问题，各国为“数据安全”制定法律法规。2021 年 6 月 10 日，我国通过了《数据安全法》，但普通民众的数据安全意识仍有待提高

从数据的产生者来分类，一些数据是自然产生的，一些数据是机器产生的（如机器的日志文件、物联网的设备数据等），不妨分别称之为自然数据（natural data）和机器数据（machine data）[①]。它们

① 机器数据的产生机制原则上是明确可知的（在实践中，有时它也是黑箱），而自然数据的则不然，要通过统计方法来弄清楚。这两类数据的分析方法有相同之处，也有不同之处。譬如，我们常常通过日志文件来预测或分析机器的故障，在已知数据产生机制的情况下，可利用正则表达式来做条件的模式匹配，进而由结果找到事件发生的原因。可是，用这个方法来分析本质上更为复杂的自然数据往往是行不通的。

都牵扯隐私的问题，机器（如手机、计算机、可穿戴设备等）泄密的事件也屡见不鲜。

图 2.8　在互联网和物联网同时兴盛的时代，信息泄露或流失的渠道变多，数据安全的问题变得更加严峻。大数据分析能力越强，数据安全面临的挑战就越高

在大数据-云计算-人工智能时代，物联网（Internet of Things, IoT）、车联网、政务网、工业网以及数字医疗、在线教育、社交网络、电子商务、游戏娱乐等各种服务产生的有价值的数据既推动了经济发展，又有极高的风险被窃取和滥用造成经济损失。IBM 的《2019 年全球数据泄露成本报告》显示，在过去的 5 年，数据泄露成本上升了 12%。

图 2.9　进入 21 世纪，云计算、移动互联、电子商务、网络信息交流已成为日常生活

近年来，数据泄露的规模增大，动辄亿级；内容颗粒度变细，信息详尽。例如，求职信息几乎包含个体的所有私人信息。数据泄露所涉及的行业广泛，包括政府、医疗、教育、金融、科技、传媒、交通、零售、物流、酒店、服务、电商、房地产、通讯及终端设备提供商等。泄露的原因大致包括：

- 外部原因：非授权访问、非法窃取、骇客入侵，占比为 70%。
- 内部原因：网站漏洞、误操作、数据库配置错误、公开数据库、内鬼，占比为 30%。

2020 年，美国电信巨头威瑞森（Verizon）公司发布《数据泄露调查报告》，发生在所调研的 81 个国家的数据泄露事件，有 55% 和有组织犯罪相关，58% 涉及个人数据泄露，72% 的受害者为大型企业。数据泄露和诈骗的跨国犯罪，需要多国联手共同治理。

图 2.10　当大数据犯罪串通一气形成庞大利益网络的时候，部门间（甚至国家间）的联合治理将成为必要举措

物联网对隐私构成了巨大的挑战。物联网不仅具备收集和存储信息的巨大能力，还有汇总、分析和分享这些信息的能力。没有人愿意让自己的牙刷、马桶泄露自己的健康信息，如果没有隐私保护，所有人都将变成透明的。在双网（互联网和物联网）时代，做一个默默无闻、无足轻重的人倒成了一种奢望。

请读者做一个小实验：在搜索引擎里输入自己的名字，看看几成信息是自己有意或无意泄露的，几成是他人泄露的？这里面有没有您十分在意的个人隐私？譬如，被“朋友”贴到网上的照片，有关自己的诽谤或流言……

1998 年，互联网之父、英国计算机科学家、图灵奖得主（2016）**蒂莫西·伯纳斯–李**（Timothy Berners-Lee，1955—　）提出**语义网**（semantic web）的概念，希望通过标记语义信息（即**元数据**）让计算机能够“理解”数据，以便于后续的搜索、分析、处理等，增强网络信息的易用性和实用性。

图 2.11　伯纳斯–李反对未经同意的网络监控，认为这是对基本人权的践踏，他一直在寻找兼顾数据理解和隐私保护的网络环境

脸书在《数据使用政策》声明，“我们会收集您在使用我们的产品时提供的内容、通信和其他信息，包括在注册账户、创建或分享内容，以及与他人发消息或交流时提供的信息。其中包括您提供的内容所包含的信息或与该等内容相关的信息（如元数据），例如照片的位置信息或文件的创建日期。还包括您通过我们提供的功能（如相机）所看到的内容，以便我们能够向您建议您可能会喜欢的面妆特效和滤镜，或者提供各种相机格式的使用技巧。”

元数据（metadata）是“描述数据的数据”，它不仅是一种电子目录，更是数据的多维度语义信息。对元数据的保护也非常重要，一些元数据（如电话、网页、IP 地址、电子邮件、手机位置等）应由国家来存储管理。例如，美国国家安全局采集互联网用户的在线元数据，并保存一年之久①。

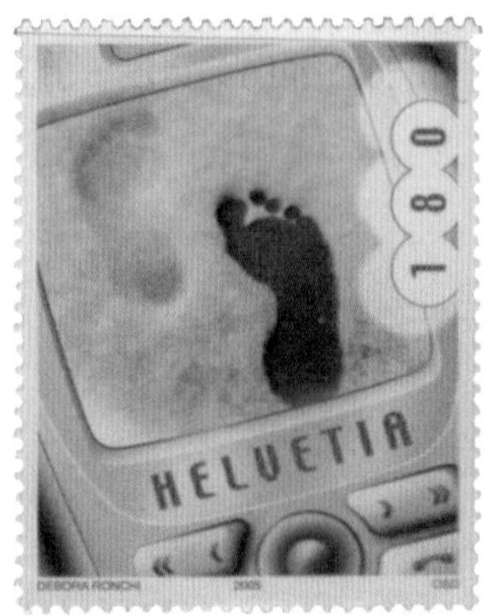

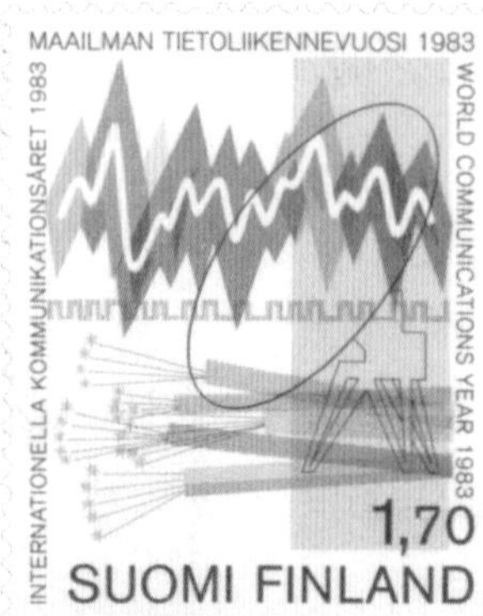

图 2.12　手机通信、电子邮件、网页历史等信息常被用来分析用户的行为特点和兴趣爱好。事实上，我们生活在一个几乎透明的世界里

通常，元数据大致分为以下五种类型，其中前三种得到美国国家信息标准组织（National Information Standards Organization, NISO）的认可。

- 描述型元数据：关于资源的描述性信息（如标题、摘要、作者、关键词等），常用于搜索和识别。
- 结构型元数据：对数据组织结构、内部关系的刻画（如例如序结构、树结构、网络结构等）。
- 管理型元数据：数据管理（如创建时间、目的、类型、权限、方式等）的信息。
- 过程型元数据：描述收集、产生、处理数据的过程。
- 参考型元数据：有关数据的内容、质量、价值等方面的评估信息。

例如，手机拍摄的数字图像包含诸如取景位置、创建时间、图片大小、颜色、分辨率、快门速度等内容的元数据。显然，对元数据的分析有助于挖掘更多的深度信息。未经用户同意，对个人隐私数据的

① 美国民众一直对情报机构无差别地监控平民电话、网络的做法颇有异议。2013 年 6 月，前美国中央情报局（CIA）职员**爱德华·斯诺登**（Edward Snowden，1983—　）在香港揭露了“棱镜计划”（美国于 2007 年开始实施的绝密级网络监控计划，甚至连欧洲盟友也不放过）的监听项目的一些秘密，引起了国际社会的巨大震动。《华盛顿邮报》和《卫报》及时公开披露了“棱镜计划”，据报道，美国的数家知名科技公司参与了该计划，但它们都予以否认。

元数据进行采集、整理、分析并用于营利的行为，应受到法律的限制和技术的监管。例如，上架的应用程序必须通过监管部门的认证，确保没有滥用隐私数据及其元数据。

为了国家安全（national security），国家机构的有针对性的、力度适当的网络通信监控是有必要的。如果触碰隐私数据的权力不受约束地散发给无资质的大数据公司，进而影响到遵纪守法的平民百姓的日常生活，则会导致技术的滥用而弊大于利。事实上，为了维护网络的安全和公共利益，所有的国家都有网络监管，包括营运监管、内容监管、版权监管、经营监管、安全监管等。

图 2.13　在网络世界里，损害他人利益或国家利益的违法犯罪行为在任何国家都要受到监管和制裁，没有哪个社会对它们听之任之。所谓“言论自由”是加了条条框框的，否则，任何人都有可能沦为网络暴力的牺牲品

例 2.6　脸书在《数据使用政策》里规定在下列情况下，它可以获取、保留并与监管机构、执法部门或其他方分享用户的信息。

- 回应法律要求（如搜查令、庭谕或传票），如果我们有充分的理由相信法律要求我们这么做。这可能包括回应来自美国以外的司法管辖区的合法要求，当我们有充分的理由相信该回应是相关司法管辖区法律所要求、会影响该司法管辖区内的用户并符合国际认可的标准时。
- 我们有充分的理由相信这么做对于达成以下目的很有必要：检测、预防并解决欺诈、对产品的未授权使用、对我们条款或政策的违反或其他有害或非法活动；保护我们自己（包括我们的权利、资产或产品）、您或他人（包括调查或监管问询中牵涉的人士）；防止死亡或可能即将发生的人身伤害。例如，如果需要，我们会与第三方合作伙伴交流有关您的账户可靠性方面的信息，以防止在我们产品内外所进行的欺诈、违规和其他有害行为。

如果我们获取的有关您的信息（包括您使用脸书进行购买相关的财务交易数据）属于法律要求或义务、政府调查、可能违反我们的条款或政策的调查、或预防伤害方面的行动的对象，则这些信息的访问和保留时间期限可能会延长。我们也会将因违反我们的条款而被禁用的账户的信息保留至少一年，以防止重复违规或违反我们条款的其他行为。

例 2.7　一些旅游、约车、网购、订餐平台的“大数据杀熟”“大数据杀富”已经让广大用户切身体会到个人隐私的重要性。利用软件生态的黏性谋利本无可厚非，但对忠实用户（如会员）的“杀熟”做法就令人不齿了。用户的消费特征不应该成为产品或服务定价的依据，这种“看人下菜碟”的营销不管以何种方式进行都侵犯了消费者权益。未来还会有什么新奇的“大数据杀某某”? 对那些恶意的应用，是否应该有法律法规加以约束?

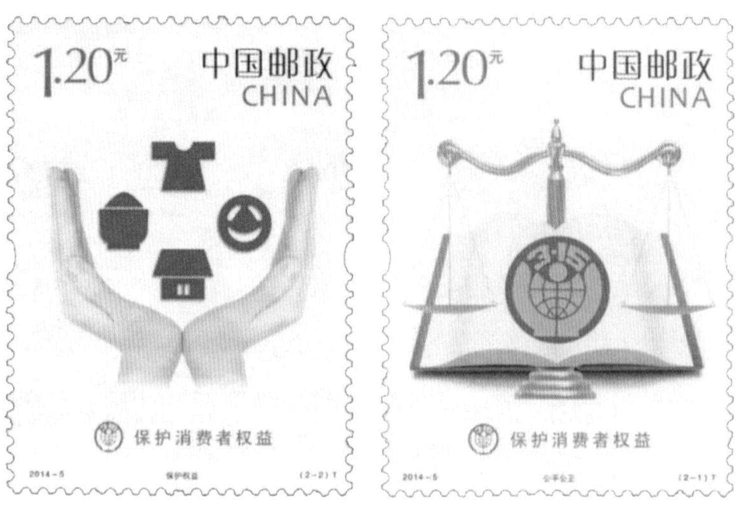

图 2.14　不管消费方式如何变化，保护消费者利益的原则是不变的

2020 年 8 月，文化和旅游部发布了《在线旅游经营服务管理暂行规定》，禁止滥用大数据分析等技术手段侵犯旅游者合法权益。

在大数据时代，人们不知道有关自己的信息存在何处、被用来做什么，也无法操作（如核实、修改、删除等）这些信息。不仅如此，遇到困扰时没有可求助的部门，甚至不知道起诉谁。当有法可依来保障个人隐私的时候，才会有更多刺向侵犯隐私的剑，甚至诞生以此为生的技术服务、咨询服务、打假服务等。

2.1 以改进服务为由

大数据公司都会以改进个性化服务质量为由分析用户的行为数据，这些行为数据是在提供服务的同时获取的。随着数据容量的增大，行为分析的准确率也在不断地提高。例如，搜索引擎越来越了解你的搜索意图，针对你当前的情况优化结果。如果搜索意图带有一些个人隐私，那么这种对兴趣点的分析是否会冒犯用户呢？大数据公司可以把责任推卸掉，如果用户不喜欢它的服务，完全可以选择不用。用或不用都是用户的自由，乍听起来似乎没有什么不妥。

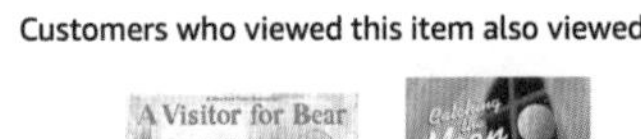

图 2.15　亚马逊网站在导购推荐上，考虑了用户的购买历史，以及用户之间的相似性。所推荐物品在语义上与用户可能的兴趣点是关联的，那么猜测用户的兴趣点或购买意图是否触犯了窥探他人隐私这一道德红线呢？

有时，用户在享用大数据服务的同时也在为它做贡献，例如，采集驾驶人员的行为数据用作训练集来改进自动驾驶模型，然后再以高质量服务的形式攫取更多的收益。大数据公司看准了，用户一旦对服务形成依赖，他们甚至不惜牺牲掉一些个人隐私来换取现实生活上的便利。我们往往会存在一种侥幸的心理，先假设大数据公司不会作恶，再假设即便它作恶，落到个人头上的机会也很小。

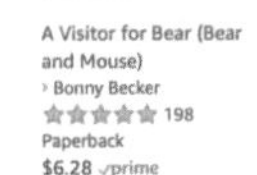

个人数据如同涓涓细流，汇聚成江河便形成了巨大财富的来源，从数据到知识与决策是“数据挖掘”的未来之路，沿途商机无限。大数据公司一旦联手，个人隐私就更得不到保障。试想一下，你刚在网上订完机票，目的地的酒店、餐饮、旅游等信息就自动推荐给你。那些精准的推荐的确很打动人，你可能瞬间感觉到有些被窥探的不悦，但很快就将之抛在脑后，翻看起这些令人感兴趣的推荐信息。

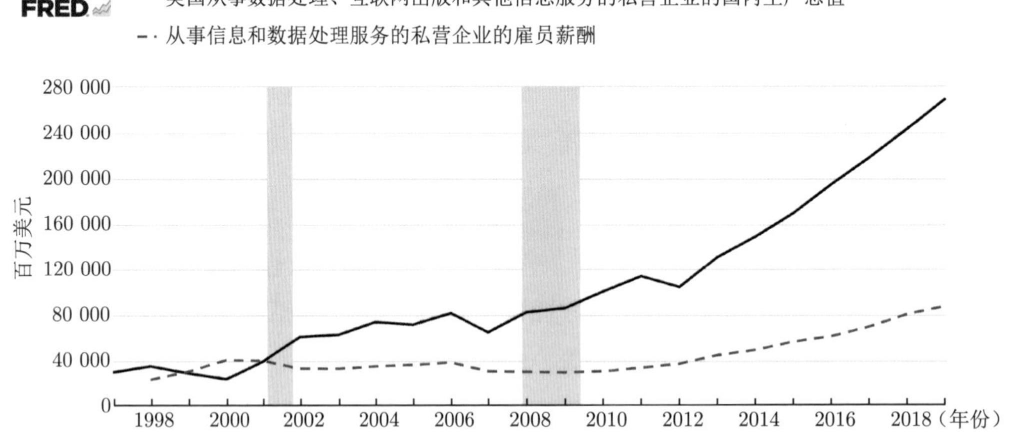

图 2.16　1997—2019 年，美国从事数据处理、互联网出版和其他信息服务的私营企业的国内生产总值（gross domestic product, GDP）和雇员薪酬的历史数据（单位：百万美元）。2019 年，该领域的 GDP 已达 2 697.89 亿美元。大数据不仅是内容经济的来源，也是国家重要的基础资源

来源：美国经济分析局

随着虚拟社交的兴起，越来越多的个人信息可能会遭到泄露。如果哪天你在网上看到了你的家庭住址、电话、工作单位等个人信息能被他人轻易获取，你甚至不知道该找谁去抹掉它们，相信多数人都不愿有这种遭遇。所以有人说，在网络时代做一个无名小卒是一种幸福。

图 2.17　信息交流日益发达，保护个人隐私和享受便利服务是不可兼得的吗？

有些个人隐私数据是显性的，例如姓名、住址、电话、驾照、身份证、房产信息等；有些则是隐性

的，例如喜欢吃川菜、听摇滚音乐、泡酒吧等。我们对前者的保护往往是有意识的，而对后者的保护往往是不重视的。借助于大数据分析和人工智能，用户画像成为提供各种服务的依据。我们似乎处于一个矛盾的两难境地，一方面希望得到更好的服务，另一方面又不想让自己的个人信息被刺探。是否存在一个两全其美的办法，既能够保证服务又能够保护好个人隐私？

大规模的个体数据将会对精准广告投放产生莫大的潜在价值，有一些公司专门做这样的生意，通过各种渠道挖掘个体的关联数据，如朋友圈、社交圈的信息（包括电话、邮件地址等）。大数据的涵盖面积越大，数据的价值就越凸显。政府在规范哪些公司有资质能够获取和使用用户的个人隐私数据方面应该出台一些法律法规政策。

例 2.8　美国大数据公司 Exactis 的业务是处理商业和消费者数据，以完善目标广告。2018 年，该公司泄露了数亿人的显性和隐性数据（包括宗教信仰、兴趣爱好等），共计 3.4 亿条详细记录。这类经过分析后的个人数据，其价值越高，泄露的危害越大。

例 2.9　2012 年，脸书为了研究新闻内容会对用户情绪产生何种影响，通过网络社交平台操控用户所能见到的新闻内容，对近 70 万用户进行了为期一周的心理实验，并在《美国国家科学院院刊》(*PNAS*)上发表了研究结果。实验表明，通过社交平台进行大规模的情绪传染是可行的，但效应是有限的。

图 2.18　心理学研究不能对实验对象造成任何身体和心理的伤害。实验之前须告知实验目的、内容和可能的影响，双方签署同意书，并确保实验结果不涉及个人隐私。在实验过程中，实验对象有权随时无理由退出实验

事后，很多人对这次偷偷摸摸的心理实验提出了批评，用“邪恶”“恶心”“令人毛骨悚然”来形容脸书的做法，虽然脸书一再辩解测试人群只占其用户中的极小部分。其实，脸书早在《数据使用政策》里做出了声明，用户在享用贴心服务之前必须同意并接受一些预设的条款。

“为提供脸书产品，我们必须处理有关您的信息。我们收集的信息类型取决于您如何使用我们的产品。”在《数据使用政策》里，脸书知会用户它可以收集以下类型的信息。

- 您和他人执行的操作及提供的信息。
  - 您提供的信息和内容。

— 人际网络和关系网络。

— 您的使用情况。

— 在我们的产品中进行的交易的相关信息。

— 他人执行的操作和提供的有关您的信息。

❑ 设备信息：设备属性、设备操作、身份识别信息、设备信号、来自设备设置的信息、网络和连接、Cookie 数据。

❑ 来自合作伙伴的信息。

同时，脸书在《数据使用政策》里声明，它遵从用户做出的选择，按以下具体方式使用所掌握的信息。

❑ 提供、定制并优化我们的产品：我们会将所掌握的信息用于交付我们的产品（包括定制功能和内容，如您的动态消息、Instagram 动态、Instagram 快拍和广告），并在我们的产品中或通过其他途径向您做出推荐（如您可能会感兴趣的小组或活动，或可能想关注的话题）。为创建与您有关的、独特的个性化产品，我们会根据以下几个方面的信息来使用您的关系网络、偏好、兴趣和活动：我们从您和第三方收集和了解的数据（包括您决定提供的任何受特殊保护的数据）；您如何使用我们的产品以及如何与其互动；您在我们产品中或通过其他途径建立联系和感兴趣的用户、地点或事物。详细了解我们如何使用与您有关的信息来定制您的脸书和 Instagram 使用体验，包括脸书产品中的功能、内容和建议；您还可以详细了解我们如何选择您会看到的广告。

— 不同设备和脸书产品中的信息：我们将关联您在不同的设备和脸书产品中的活动的相关信息，让您无论使用何种设备和脸书产品，都能获得量身定制的一致体验。

— 与位置有关的信息：我们使用与位置有关的信息（如您的当前位置、居住地、想要去的地方以及您附近的商家和人群）来向您和他人提供、定制并改进我们的产品（包括广告）。与位置有关的信息可能基于：准确的设备位置信息（如果您允许我们收集）、IP 地址以及您和他人使用脸书产品的信息（如签到或参加活动）。

— 产品的研究和开发：我们使用所掌握的信息来开发、测试和改进我们的产品，包括开展调查和研究，对新产品和功能进行测试和故障排除。

— 人脸识别：如果您开启了此功能，我们将使用人脸识别技术在照片、视频和相机中对您进行识别。根据您所在国家/地区的法律，我们创建的人脸识别模板可能会构成受特殊保护的数据。详细了解我们如何使用人脸识别技术，或如何在脸书设置中控制对该技术的使用。如果我们在您的 Instagram 体验中引入人脸识别技术，我们会事先告知，您有权决定我们是否可以对您使用该技术。

— 广告和其他赞助内容：我们使用所掌握的与您相关的信息（包括您的兴趣、行为和关系网络）来选择和定制向您显示的广告、优惠和其他赞助内容。在脸书设置和 Instagram 设置中，详细了解我们如何选择和定制广告，以及您对相关数据（我们使用这些数据来选择向您展示的广告和其他赞助内容）所拥有的设置选项。

- 提供成效衡量、分析和其他商业服务：我们使用所掌握的信息（包括您在我们产品之外的活动，例如浏览的网站和广告）来帮助广告主和其他合作伙伴评估他们广告和服务的成效及覆盖情况，并了解使用他们服务的人群类型以及人们如何与其网站、应用和服务互动。了解我们如何与这些合作伙伴分享信息。
- 加强用户安全、数据安全和产品信誉：我们使用所掌握的信息来验证账户和活动、打击有害行为、检测并预防垃圾信息和其他不良体验、维护我们产品的信誉并在脸书产品内外加强用户安全和数据安全。
- 与您交流：我们会使用所掌握的信息向您发送营销信息、与您沟通我们的产品并让您了解我们的政策和条款。当您联系我们时，我们还会使用您的信息提供答复。
- 为社会公益目的进行研究和创新：我们使用所掌握的信息（包括从我们的研究合作伙伴那里获得的信息）来开展和支持以全民社会福利、技术进步、公共利益、健康和福祉为主题的研究和创新。例如，我们分析所掌握的有关危机期间转移模式的信息，用以支持救援工作。详细了解我们的研究计划。

即便用户采取最严苛的隐私保护，其社交行为依然在脸书的观察和分析之下。而且，用户群体对隐私的认知参差不齐，很难形成自我保护的共识。所以，需要法律法规来保障人们的基本权益。

对国家来说，大数据是一种基础战略资源。例如，在国家统一部署、建设、管理之下的一些大数据服务中心，实时收集、汇总、分析来自于省市县三级的地方数据，为宏观经济的调控提供坚实的数据支撑。国家利用大数据来了解舆情或市场供需，并基于这些真实状态对社会问题或市场运作进行一些有建设性的指导或预测，这样的大数据应用是正能量的、高效率的，应该得到鼓励和支持。例如，根据今年蔬菜粮食市场的现状对明年的需求规模和数量分布进行预测，将极大地降低农业生产的盲目性，最大限度地发挥劳动力的价值和减少产量过剩带来的不必要的损失。

图 2.19　大数据分析有助于市场经济的秩序化，提高国家政策的执行效率

图 2.20　有关隐私的词云

大数据本身并没有什么善恶之分，所谓的善恶在于收集大数据的方式方法，以及利用这些大数据所做的事情是否触犯了道德伦理。如果用户不愿意透露个人信息，大数据公司是否愿意为这类用户提供服务？现实答案基本是否定的。大数据公司以身份验证为由，或多或少地获取到用户的邮件地址、联系电话、社交账号等信息。这是一个灰色的诉求，不能说完全没有合理性，大数据公司出于避免恶意注册、减少网络攻击这些合情合理的目的为自己辩解，这些大数据的收集是不得已而为之。

图 2.21　重要数据是国家的战略资源，确保它们以及个人隐私处于有效保护和合法利用的状态是“数据安全”的含义

问题归根结底是什么样的机构单位有权力存储和有责任保护这些大数据，同时监管对大数据的合理合法的分析和应用，确保数据无泄露的前提下充分地挖掘它们的价值。例如，工业、能源、经济、金融、国安、资源等与国家战略相关的数据应该由国家机构统一管控。

以新闻推荐来说，它在某种程度可以影响和控制用户的情绪、政治倾向、道德观念等。越来越多的案例（例如英国公投、美国大选等）表明，自然语言处理技术选择或者生成含有舆论导向的新闻，通过社交媒体的传播和强化，可以形成多么强大的舆情力量。

图 2.22　通过政策和技术保障网络时代的数字资源被合理地开发和利用，而不是让其沦为私人金矿，只为少数人带来惊人的财富

对于个人数据的采集者、分析者、运营者、服务者，不仅要有法律法规约束，也应有一些技术约束来保证个体的知情权。例如，当那些不被用户允许触碰或滥用的个人数据遭到侵犯时，系统会留下不可篡改的痕迹，以便及时通知受害者，并作为数据泄露的确凿证据。

例 2.10　《电信和互联网行业数据安全治理白皮书（2020 年）》中对“数据治理”下了明确的定义。“与国外数据治理大多率先在企业层面成功实践不同，国内对数据治理的研究更多站位国家治理、公共管理，即数据不仅仅是组织（或企业）的资产，更是国家的一种基础战略资源；数据治理主体不仅仅局限于企业，政府、市场、社会及个人也是重要主体，且治理实践不仅要依靠框架、模型和技术，还应结合政策、法律、教育、道德伦理等方法和手段，包括治理主体之间的统筹协调；数据治理目的不仅仅是确保数据的高效合理利用及企业的价值实现，更是为了提升国家治理能力和政府公共管理能力，即数据治理是国家治理体系和治理能力现代化的重要组成部分，影响着经济调节、市场经济、社会管理、公共服务等多个领域，关联着人才、资本、知识等各类要素，是一项系统性工作。

“数据治理是多元治理主体以数据生产要素为对象，以释放数据价值为目标，以守住数据安全为底线，以建立健全数据全生命周期秩序规则为核心，以推动数据有序管理和流转为主要活动，以强化数据管理技术手段为支撑的一系列活动，具有综合性、复杂性和长期性等特征。”

《中国产业数字化报告 2020》点明，“产业数字化是指在新一代数字科技支撑和引领下，以数据为关键要素，以价值释放为核心，以数据赋能为主线，对产业链上下游的全要素进行数字化升级、转型和再造的过程”。在这个过程中，宏观层面（国家）、中观层面（产业）和微观层面（企业）都将面临数字化的挑战，最终要形成一个从宏观到微观的“数据治理”系统。

2.1.1　数据共享

数据作为一种特殊的、可复用的基础资源，可以从分析、应用中产生衍生价值，所以在保证数据安全的前提下共享数据可以极大地发挥数据的作用，促进科技进步和经济发展。随着私有数据的商品化趋势，有偿数据共享（data sharing）有望成为一种新的数据交流方式。

图 2.23　共享体现了一种协作的精神，减少了不必要的重复劳动

针对科学研究中的数据共享，美国国立卫生研究院（National Institutes of Health, NIH）给出了权威的解释。“我们认为，数据共享对于加速将研究成果转化为知识、产品和程序以改善人类健康至关重要。NIH 同意共享最终研究数据，以服务于这些和其他重要的科学目标。NIH 期望并支持及时发布和共享 NIH 资助项目的最终研究数据，供其他研究人员使用。NIH 认识到，收集数据的调查人员从他们投入的时间和精力中获益是合法的。因此，我们修改了‘及时发布和共享’的定义，使之不迟于最终数据集的主要发现被接受发表。NIH 继续期望，最初的研究者可以从首次和持续使用中获益，但不会从长期的独家使用中获益。”

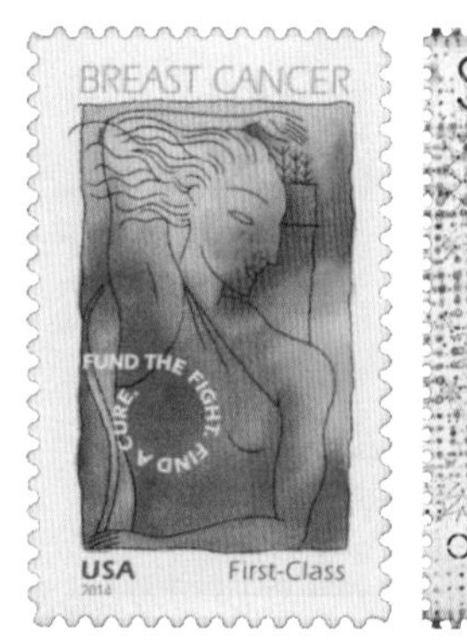

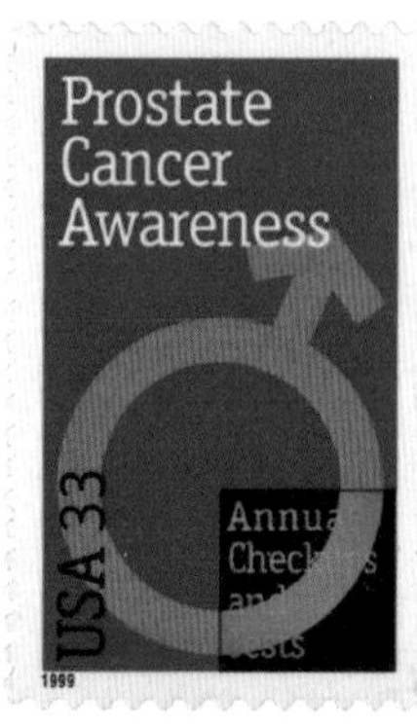

图 2.24　疾病没有国界、人种之分，像癌症研究这类惠及全体人类的高价值成果（包括数据及其分析），都应该走有偿共享的道路

例 2.11　美国国家癌症研究所（National Cancer Institute, NCI）是 NIH 的一个下属机构，它把大量癌症数据共享，尤其那些很难采集的早期癌症的数据，鼓励全球科学家共同分析——这是造福人类的壮举。

这些数据经过了脱敏处理，没有触碰个人隐私的红线。另外，NCI 确保了这些高价值共享数据的真实性、权威性、严谨性。以研究为目的的数据共享，不仅有助于科学进步，还可以形成共同监督的良好氛围，从而减少学术造假。

数据共享是共赢，在不伤害提供方应得利益的基础上，把数据的价值发挥至极致。为了更好地共享数据，我们应做好以下几个方面。

- 保证共享数据的质量、安全、透明、易找，依靠第三方的权威机构和专业大数据团队统一管理和指导共享数据的发布、协调、使用、评估等，形成大数据的合力，避免数据共享各自为政、重新造轮子、良莠不齐的现象。
- 鼓励高质量的数据共享，促使数据的发布者和使用者有更多的合作机会共赢。譬如，数据提供方有使用其衍生价值的部分优先权、合理的有偿共享等。
- 为共享数据立法，防止恶意的、无用的数据共享，以及利用共享数据非法盈利、误导欺骗用户等危害社会的行为。

图 2.25 可信的数据共享是数字家庭、数字社会、数字生产的有力保障

比脱敏数据更安全的是模型参数，这是因为模型 f 和参数 $\boldsymbol{\theta}$ 通常无法“再现”原始训练数据 D，至多黑箱 $f_{\boldsymbol{\theta}}$ 可能会“泄露” D 的某些统计特征。相比数据共享，“黑箱共享”或“经验共享”也许是一种更可取的信息共享方式，因为 $f_{\boldsymbol{\theta}}$ 是更高阶的脱敏信息，可作为元学习（meta learning）的输入。在阻绝数据泄密的前提下，如何共享一些有用的经验或信息，这是一个值得深入研究的课题。

例 2.12 2020 年，在新冠病毒肆虐美国之时，美国医院调查检测呈阳性的患者近期接触过哪些人，很多人以侵犯个人隐私为由拒绝回答。人所共知，生命权远比隐私权重要得多，二者相冲突时去其轻者。那些对公共卫生和大众健康已经构成威胁的病毒携带者，若置他人的安危于不顾，自私地保护其所谓的“隐私权”，实则是缺乏社会公德的表现。而明知自己感染，仍然刻意隐瞒，甚至还主动散播病毒的理应受到道德的谴责，情节严重的理应追究法律责任。

强调个人隐私并不是无条件的，它不能损害他人的合法权益。作为社会成员，每个人都不是孤立的，只知索取不知奉献的人是自私的，打着保护隐私的旗号危害社会的行为是可耻的。

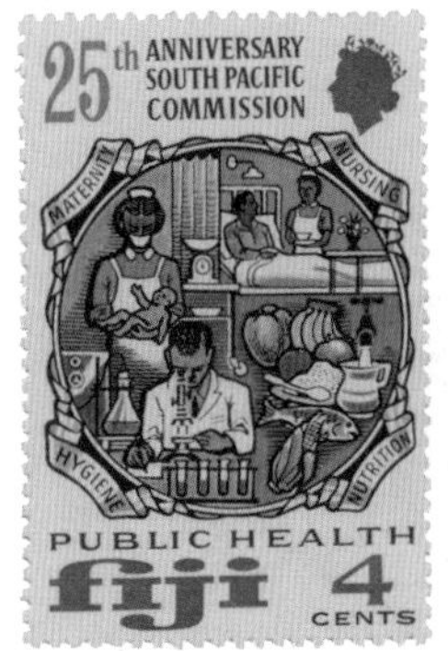

图 2.26 在涉及公共卫生的紧急事件中，所有人都要以大局为重。个人隐私的保护也要遵循整体利益优先的原则，以不损害他人生命和健康为前提

再如，一个普通百姓的私人存款、房产情况是受法律保护的个人信息。然而，政府官员的私人存款、房产情况是否属于个人隐私而不能公开呢？在明确了人民的监督权远高于官员的隐私权之后，答案就不言而喻了。

2.1.2 数据安全与隐私保护

数据安全首先指避免数据遭受破坏和未经授权的访问、传播和滥用等。人们可以通过备份、屏蔽、加密来保障数据在存储和传输中的安全性。在大数据时代，如何做到安全和共享“鱼与熊掌兼得”也是一个具有挑战的课题。

图 2.27　通过多种渠道采集到的个人数据，经过整合分析形成“用户画像”

2018 年，欧盟出台了《通用数据保护条例》(*General Data Protection Regulation*, GDPR)，违法者面临高达 2 000 万欧元或其全球营业额 4%（选二者较大者）的重罚。例如，个人数据的处理者必须采取适当的脱敏技术，使用假名或完全匿名化。数据的控制者必须在信息系统的设计中考虑隐私的保护，使数据在缺省情况下不能被公开获取。如果企业泄露个人隐私数据，必须在 72 小时内报告。截至 2020 年上半年，依据 GDPR 欧盟已开出约 300 张罚单，金额约 35 亿欧元，被罚企业遍布全球，包括英国航空公司、德国宽带运营商 1&1、意大利电信运营商 TIM、谷歌、万豪酒店等。

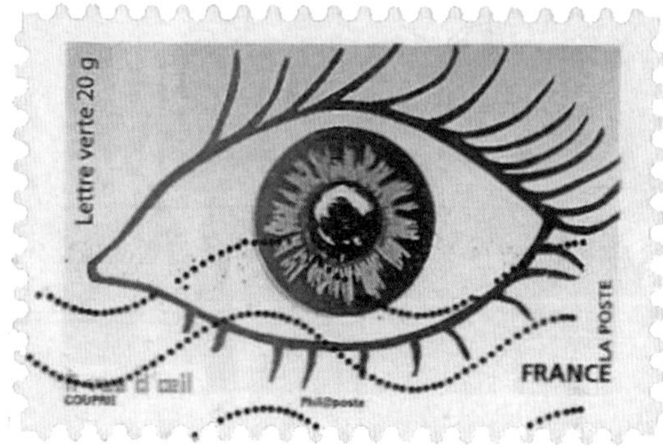

图 2.28　个人数据包括身份信息、私人邮件、日程安排、照片录像、生物特征（如眼睛虹膜）等

个人数据（personal data）指的是识别人类个体的社会、生物、活动的信息，以及个体所产生的任何数据，至少包括：

（1）个人身份信息：身份证/驾照号码、出生日期、婚姻状态、电话、家庭住址、车牌、教育工作经历、房产、银行账户等。

（2）生物行为特征：指纹/虹膜扫描、声纹、脑电波、人脸照片、身高体重、笔迹、步态、人种、性别和性取向等。

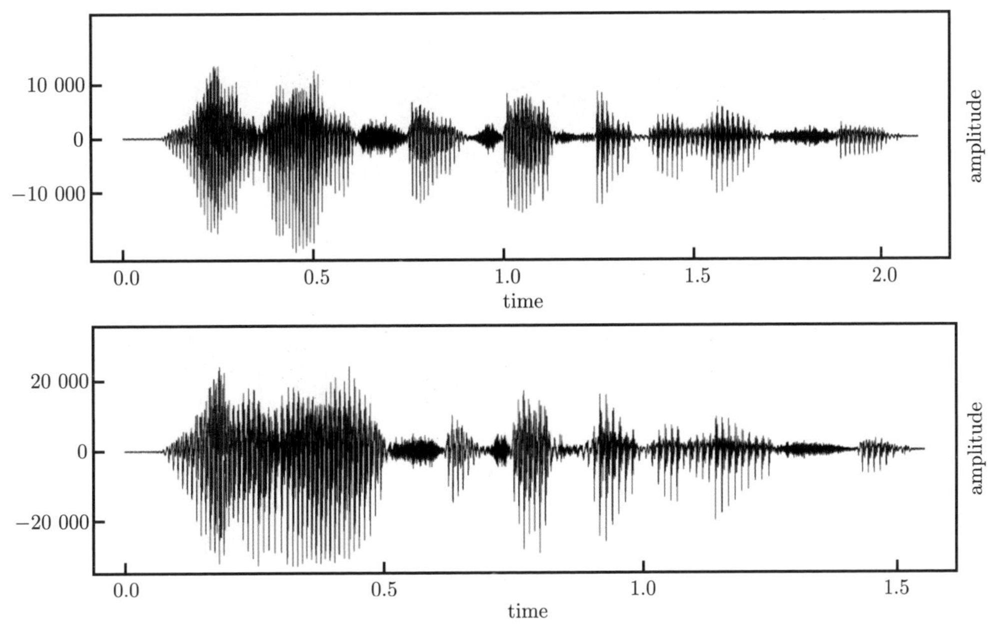

图 2.29　同一个人说“热爱是最好的老师”的音频序列。声纹特征隐藏在这些观测数据中，可用于语音识别，也可用于语音合成

（3）电子历史记录：IP 地址、邮件地址、移动设备号、浏览历史、社交网络、消费历史、酒店旅行、交易信息、医疗隐私等。

个体拥有对其个人数据的使用目的、方法、场景等知情权，可要求个人数据的控制者或处理者（例如求职网站、社交平台等）：

- 删除/修改个人数据及其副本、链接等；
- 提供对个人数据的使用说明；
- 及时通知个人数据泄露的情况。

指纹、虹膜、声纹等生物特征，已经作为确定个体身份的密码。“你就是密码”，盗取这些生物特征就是偷走你的身份。于是，这些生物特征的采集者必须具备一定的资质和公信，在一定程度上能够保证个人数据不会被泄露和滥用。否则，生物特征密码形同虚设，数字门锁、个人计算机、移动支付、银行账号、电子邮箱等都不再安全。

近些年，语音识别（speech recognition）系统有了长足的进步，它给工作生活带来了许多便利。在线使用该项服务的同时，用户的语音数据不知不觉已被大数据公司获取。用户是否应该让渡个人隐私给便利服务？应当如何保护用户的隐私，避免有人利用这些个人数据及其特征作恶？

图 2.30　指纹、虹膜、声纹是最常见的生物特征，常用于密码识别

高质量的大数据就像是金矿，意味着财富。在各种互联网服务的旗号下，个人数据和业务数据捆绑存储，一旦数据泄露，用户的行为特征、兴趣爱好等隐私就能被分析出来。如果利用大数据整合技术将各类垂直领域的个人数据拼接在一起形成颗粒度更细的多维度描绘，个体将变得透明再无隐私可言。

基于这些细致入微的“用户画像”，数据攻击（data attack）[①] 可以把一个人的现代生活毁得一团糟。例如，人们通常凭借熟悉的个人信息（如出生日期）设置密码，个人数据为密码破解提供了诸多的线索，它们有很高的概率被居心叵测的人利用。数据泄露有连锁反应，应该引起个人、公司、机构、国家的普遍重视——贩卖经过整合、分析后的高质量的个人/企业数据，将造成更严重的数据犯罪。

图 2.31　法国有句谚语，“偷蛋的也偷牛”，意思是偷小东西的也可能偷大东西

① 我们把所有基于数据对系统、产品、服务的破坏、扰乱等统称为“数据攻击”，它是大数据和以数据驱动的 AI 带来的新式攻击模式。

2020 年，我国网民规模已超过 9 亿，互联网普及率达到 65%。国民的信息安全和隐私保护教育，应该借助宣传手段予以普及。例如，图像处理可用在人人喜爱的美图上，让脸变得漂亮、腿变得修长，还可以用来伪造身份或者嫁祸于人。甚至在视频中，“换脸”已成为可能，这类图像合成技术很容易用于一些恶的场景。同样的技术，善恶之分只在如何使用它。

例 2.13　基于深度学习的深伪（deepfake）技术可以在图像和视频中实现“换脸”，达到以假乱真的程度。不久，“眼见为实”这个标准对图像和视频来说将不再适用。它对影视、媒体和社会的影响，已经引起法律界的关注。

图 2.32　英国数学家**斯蒂芬·沃尔夫勒姆**（Stephen Wolfram，1959—　）和**艾萨克·牛顿**（Isaac Newton，1642—1727）的“换脸”

人们利用深伪技术和配对训练可以生成视频，让某人面带表情地说话。除非借助专业的“打假”工具，人眼甚至很难（通过声音以及表情和嘴形的变化）鉴别这些视频的真假。这项伪造技术如果用在政治家身上来混淆大众的视听，很容易引起社会的动荡。用在普通人身上，则有可能让污证、勒索、欺诈、恶作剧泛滥。

当然，深伪技术有许多正面的应用。例如，深伪技术整合其他 AI 技术（如自然语言处理）可以让作古的名人“复活”：让爱因斯坦当物理老师，让希尔伯特当数学老师，让图灵当计算机老师；可以让离去的所爱之人回到身边，甚至与他们面对面地交流。

人们已经厌倦了被铺天盖地、毫无节制、泛滥成灾的虚假新闻所包围，深伪技术无疑加剧了对真实性的担忧。有矛就有盾，与这些伪造技术相对抗的鉴别技术，也将得到人工智能伦理的支持。未来会有专业从事鉴别的服务，对数据（包括文本、音频、图像、视频等）的真伪进行综合评估。

2018 年以来，中国、美国、英国、加拿大等国对恶意伪造音频和影像的行为提出了惩戒的法规，明确认定它们是犯罪行为。例如，美国参议院于 2018 年提出了《恶意深伪禁令》，众议院于 2019 年提出了《深伪问责法》。

图 2.33　由于缺乏隐私保护意识，某些个人信息是用户主动公开到网络上去的，它们有被滥用的潜在风险。例如，被利用来生成深伪数据

一些人喜欢在网上晒各种私人信息，晒得越多越置自己于危险之中。有一些大数据的采集者，利用人们的好奇、贪小便宜、有病乱投医的心理，以抓人眼球的服务钓鱼，吸引用户心甘情愿或不知不觉地上传个人数据。从内因角度讲，如果人人都有保护好隐私的意识，让心存不轨的人无法轻易获取你的姓名、电话、家庭住址、亲人信息等，电信诈骗就没有生长的土壤。

例 2.14　2013—2017 年，雅虎 30 亿用户的信息泄露，包括姓名、电子邮件、电话号码、出生日期、密码等。雅虎在事态曝光之前，一直遮藏泄露事件。最后，雅虎为它的违规行为支付了 8 500 万美元罚款。

例 2.15　2018 年，美国万豪酒店的客房预订数据库遭到骇客入侵，约 3.83 亿名客人的信息被泄露，事态严重程度仅次于雅虎泄露事件。万豪数据泄露涉及 1 850 万个加密护照号码，525 万个未加密的护照号码，910 万个加密的支付卡号。

图 2.34　酒店入住信息泄露客人的行程，会涉及商业机密、家庭安全等问题

此次数据泄露导致万豪股价暴跌 6%。让其雪上加霜的是，2019 年，万豪被英国信息专员办公室

（Information Commissioner's Office, ICO）按照 GDPR 的条款处以 1.24 亿美元的巨额罚款。2020 年，万豪再次发生数据泄露，多达 520 万名客人的信息被盗。

例 2.16　航空公司掌握乘客的大量个人信息，容易成为骇客的攻击对象。2019—2020 年，被欧盟以 GDPR 罚款的英国航空和国泰航空的数据泄露事件都是骇客非法入侵引起的。

- 2018 年，英国航空（British Airways）泄露了 50 万名乘客的个人信息，包括姓名、账号、信用卡、住址、电子邮件、行程预订等。2019 年，ICO 按照 GDPR 处罚英国航空公司约 2.3 亿美元。

图 2.35　航空票务系统存有高价值的个人信息，若被恐怖分子利用，后果不堪设想

- 同年，国泰航空（Cathay Pacific）也发生了数据泄露事件，影响全球约 940 万乘客，泄露的敏感信息包括姓名、护照、出生日期、电子邮件、电话以及旅行历史等。2020 年，国泰航空已被 ICO 处以 50 万英镑的罚款（按当时汇率，1 英镑约合 1.25 美元）。

例 2.17　2019 年，法国国家数据保护委员会（National Data Protection Commission, CNIL）对谷歌公司开出了 GDPR 首张巨额罚单 5 000 万欧元，原因是谷歌为用户提供个性化广告推送服务中违反 GDPR 的透明性原则，并且没有在处理用户信息前获取有效同意。

谷歌在提供搜索、广告、地图、邮件、浏览器、安卓系统、YouTube 等服务时收集了大量个人数据。按照 GDPR 的条款，用户有权了解不同的服务如何收集、处理和使用其个人数据。而谷歌的隐私策略，只要用户勾选"同意"，即代表谷歌的任何服务都可以收集和处理用户的个人数据。另外，"同意提供个性化广告服务"的复选框也被谷歌预置勾选，并被故意隐藏。谷歌的隐私策略违反了 GDPR 关于数据处理透明性的原则，也侵犯了用户的自主选择权。

例 2.18　2020 年 12 月，法国 CNIL 向谷歌公司开出有史以来最高的 1 亿欧元的巨额罚款，以惩罚谷歌在使用广告网路追踪器 Cookies 方面违反法国规定。以同样理由，亚马逊公司被罚款 3 500 万欧元。

例 2.19　签名（signature）如今依旧流行，常用于识别艺术品、手稿、支票等的作者。字迹作为行为特征，有一套成熟的鉴定技术以辨真伪。

图 2.36　字迹的许多不易察觉的复杂特征可以被提取成机器可识别的模式（pattern），进而用于鉴别签名的真实性

2015 年，美国麻省理工学院认知科学家**乔舒亚·特南鲍姆**（Joshua Tenenbaum，1972—　）的团队在《科学》上发表了贝叶斯规划学习（Bayesian program learning, BPL）及其在手写文字生成上的应用，利用极少量的样本便能教会机器写字，竟然通过了图灵测试——评测者无法辨别哪些字符是人类写的、哪些是机器写的[48]。

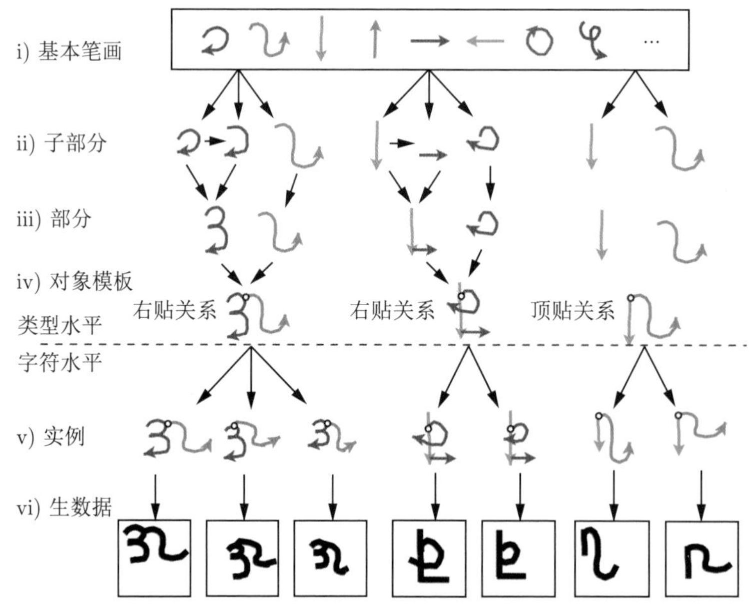

图 2.37　基于贝叶斯规划学习的手写体生成：由基本笔画组成（子）部分，再拼接成手写字符，整个过程通过层级贝叶斯模型实现。其中，组成和拼接的经验（或知识）是利用先验分布来描述的[48]

有些书法高手掌握多个字迹特征，据说，**和珅**（1750—1799）刻意模仿**乾隆**（1735—1796）皇帝御笔，甚至到了以假乱真的程度。如今，人工智能已经可以细致入微地模仿人类的字迹和绘画，估计不久

的未来，我们只能靠数字签名来证明自己了。

图 2.38　若说“字如其人”，看大音乐家**路德维希·范·贝多芬**（Ludwig van Beethoven，1770—1827）的签名，能分析出他的性格特点吗？

古人常用独特的印章来证明身份。中国印章在春秋战国时期已经流行，至今已有两千多年的历史。最有传奇色彩的就是秦始皇的传国玉玺，其辗转至消失的命运折射出中国历史的起伏跌宕。

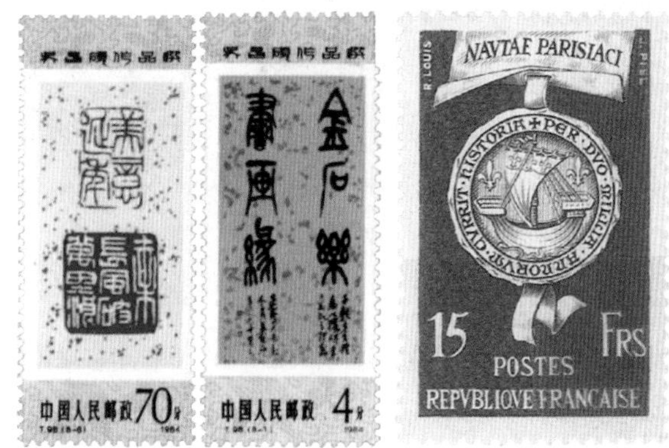

图 2.39　（左图）在中国，印章早已演变成金石篆刻艺术，甚至与书画艺术同等重要。晚清民国时期的艺术大师**吴昌硕**（1844—1927）是金石书画的大家，图为他的篆刻和书法作品。（右图）在西方，印章则是按压在蜡、封泥或火漆上面

在中国、日本等有印章文化的国家，伪造、买卖具有法律效用的印章（例如政府、公司等组织使用的公章）是犯罪行为。

公钥密码学

1977 年，麻省理工学院的三位计算机科学家**罗纳德·瑞维斯特**（Ronald Rivest，1947—　）、**阿迪·沙米尔**（Adi Shamir，1952—　）和**伦纳德·阿德曼**（Leonard Adleman，1945—　）利用大整数素因子分解（prime factorization）的高复杂度提出一项公钥加密（public-key cryptography）技术，即以他们的姓名首字母命名的 RSA 算法。

图 2.40 照片中从左至右分别是瑞维斯特、沙米尔、阿德曼

RSA 算法依赖于数学英雄**莱昂哈德·欧拉**（Leonhard Euler，1707—1783）的一个数论结果——欧拉定理，即结果（2.1）。

图 2.41 欧拉是最多产的数学家之一，甚至在失明之后，也丝毫未减论文产量。利用欧拉定理，可以产生两把钥匙：公钥和私钥

令 $\varphi(n)$ 表示不超过 n 的自然数中与 n 互素的个数。例如，$\varphi(9)=6$，因为 $1,2,4,5,7,8$ 与 9 互素。欧拉定理断言：若自然数 a,n 互素，则

$$a^{\varphi(n)} = 1 \mod n \tag{2.1}$$

例如，$4^6 = 1 \mod 9$。若 p 是一个素数，则

$$\varphi(p) = p - 1$$

罗密欧要给朱丽叶发一个消息（如他的银行账户信息），担心被窃听，于是朱丽叶利用 RSA 算法产生两把钥匙——公钥（public key）与私钥（private key）。

❑ 公钥与私钥：朱丽叶首先选了两个很大的素数 p,q，算得乘积 $N=pq$ 和

$$\begin{aligned} r &= \varphi(N) \\ &= \varphi(p)\varphi(q) \\ &= (p-1)(q-1) \end{aligned}$$

选择一个自然数 $e < r$ 使得 r, e 互素，并求出 e 的模逆元 d，即

$$de = 1 \mod r$$

朱丽叶向全世界公开 (N, e)，称之为“公钥”，每个人都能拿到这把钥匙。(N, d) 被称为“私钥”，由朱丽叶秘密保管。产生这两把“钥匙”的过程信息 p, q, r 都被销毁了。

- 加密：罗密欧把银行账户信息编码为一个小于 N 的自然数 n，他用公钥 (N, e) 得到加密后的信息 c 如下：

$$c = n^e \mod N$$

- 解密：朱丽叶收到 c 后，利用私钥 (N, d) 解密得到 n，方法如下：

$$n = c^d \mod N$$

对自然数 N 做素因子分解，目前还没有多项式时间的算法，这种算法是否存在也是个未解之谜。如果 N 的长度超过 $2^{11} = 2\ 048$，暂时是安全的。量子计算在素因子分解上若能有所突破（如休尔算法），RSA 算法则很可能失效。

图 2.42　罗密欧给朱丽叶写信，虽然用了私人印章蜡封，仍有被窃取偷看的可能性。如果信是加密过的，即便被偷看了也无妨

密码学的基本想法是，利用类似单向函数（one-way function）的计算难度的非对称性，让加密很容易，让暴力破解极困难。公钥密码学利用素数乘积分解、椭圆曲线加法分解等的高复杂度筑建信息保护的壁垒。朱丽叶不想让骇客刺探到发给她的信息，可以让所有人用她的公钥加密明文，她接收到密文后，再用私钥解密。通俗地讲，私钥就是公钥的逆映射，一般情况下是很难破解的。

图 2.43　公钥密码学有一把公钥和一把私钥，前者用于加密，后者用于解密

用户银行里的存款数量是个人隐私，不想让他人知晓。但是，银行的结算系统需要对存款进行四则运算，如何既保护用户隐私又不影响银行的日常业务？同态加密（homomorphic encryption）可以直接对数量的密文进行代数运算，其结果就是明文运算结果的密文。整个过程无须对数据密文进行解密，换句话说，同态加密是一个密文操作的万全之策。在这种技术的保证之下，共享数据的安全性才真正得以实现——为人民服务而不侵犯隐私。

图 2.44　密文接收者只要保管好私钥，就能保证信息传输的安全性。哪怕密文被篡改，也能通过破解后的明文识别出这一点

对隐私数据的保护，也可以通过技术来实现，而不仅仅依靠道德伦理。例如，在一些欧洲国家，公共交通的购票完全凭借自觉。然而，时常有随机的抽查，逃票者会遭到罚款。之所以有抽查是因为不信任，有时会引起不悦，也很低效。随着手机（或智能卡）的普及，很多支付可以通过手机应用（或刷卡）自动完成。

图 2.45　尽管信用卡有多重保护措施，每年仍有大量的信用卡被盗刷，信用卡欺诈损失高达两三百亿美元

银行通过分析用户的消费行为提炼出其特征，对那些不符合特征的消费予以告警，并在得到用户的确认后决定是否锁卡。消费行为是个人隐私，为了识别欺诈、保护持卡人利益迫不得已使用这些数据，银行也必须在得到用户的同意之后才能触碰，并且要做好数据脱敏、加密、防止泄露等工作。

数字签名

数字签名（digital signature）不是将签名扫描成数字图像，而是利用公钥加密技术，在报文上“加盖”签名者的数字身份。简而言之，用私钥签名，用公钥验证签名。比如，朱丽叶给罗密欧发送一份报文 A，她用哈希函数（hash function）[①] 得到该报文的摘要 B（即摘要 B 只是报文 A 的哈希值，由 B 几乎得不到 A 的任何信息），然后用她的私钥对 B 加密得到 C（我们称 C 为“数字签名”），报文 A 连同加密的摘要 C 一起发给罗密欧，它们都有可能被篡改。罗密欧用朱丽叶的公钥解密他收到的数字签名 C'' 得到摘要 B''，用同样的哈希函数得到报文的摘要，如果这两个摘要相同，则证明此报文是朱丽叶发送的。否则，罗密欧立刻便知报文或签名有问题。这个过程可简单地表示为：

$$\begin{array}{lcccc} \text{朱丽叶：} & \text{报文 } A & \xrightarrow{\text{hash}} \text{摘要 } B & \xrightarrow{\text{私钥}} & \text{加密摘要 } C \\ & \downarrow & & & \downarrow \\ \text{罗密欧：} & \text{报文 } A' & \xrightarrow{\text{hash}} \text{摘要 } B' \stackrel{?}{=} B'' & \xleftarrow{\text{公钥}} & \text{加密摘要 } C'' \end{array}$$

数字签名是信息时代的产物，有着手写签名无法比拟的优势。我国于 2005 年 4 月 1 日起施行《电

---

① 也称作“散列函数”，是一种将任何数据变换成一个较短的（由数字和字母组成的）字符串的方法。该字符串可视为原数据的“指纹”或“摘要”——不同的数据拥有相同“指纹”的概率很小。

子签名法》，确立了电子签名的法律效力，规范了电子签名的行为，促进了电子商务的快速发展。

利用加密技术，可以对数据安全进行一些保护。数字签名则保证了数据的完整性，以及信息来自签名者（二者的关联性是难以篡改的）。在法规监管的同时，通过一些技术手段，对网络上某些高质量、高价值的数据的商业（即带来经济收入的）使用不再是免费的，自动实现议价协议，以鼓励、刺激更多高质量、高价值的数据的产生。

图 2.46　数字签名保证了内容与签名的关联性，是可信的，而手写签名做不到这一点

二维码

20 世纪 80 年代末，作为一种全新的信息存储、传播、识别技术，二维码逐渐受到关注，它比条形码更具优势。二维码的种类很多，常见的有 PDF417 码、QR 码（Quick Response Code）、数据矩阵（data matrix）等。

- 更安全：可引入加密防伪等保护个人隐私的措施[①]。
- 信息多：编码范围广（包括文字、图像、签字、指纹、声音等），可高密度编码承载更多的信息。
- 容错强：抗污损，具有纠错功能。
- 超可靠：译码错误率不超过千万分之一。
- 易制作：尺寸可变，成本低，持久耐用。

一个好的应用创意就是一座金山。1994 年，日本电装公司发明了一种叫作“QR 码”的二维码，它在中国市场得到了许多巧妙新颖的应用，如信息获取、账号登录、移动支付、网站跳转、广告推送、票务销售、电子商务、追踪溯源等。二维码是新技术“应用创新”的典范，它的成功经验具有可借鉴性。因为中国有足够大的生态试验田，发动群众搞创新，这样的例子会越来越多。

① 虽然二维码本身不携带病毒，但坏人常利用二维码引诱手机用户下载病毒程序，从而造成隐私泄露、财产损失等。所以，扫码需谨慎，莫贪小便宜，只有提高隐私保护的意识才不会上当受骗。

图 2.47　QR 码虽不是我国的发明，但我们对它的应用创新做得最好

对抗隐私侵犯

数据的存储方式随着存储介质的进步而发生着变化，尤其全球进入网络时代以后，大量个人数据流动到互联网上，成为挖掘者眼中的“宝藏”。随着物联网时代的到来，大数据和 AI 技术一旦遭到滥用，个人隐私被侵犯的风险将会变得更高。

图 2.48　数据的存储成本越来越低，而安全性却越来越难以保障

以服务为名收集和分析用户的数据，是个人隐私的一个灰色地带。私人公司成为各种大数据的拥有者，在缺少监管的情况下，难以保证它们不会在利益的驱使下利用数据作恶，甚至干出一些威胁国家安全的非法勾当。个人信息（如身份证、家庭住址、联系方式等）存放在国家户籍管理部门和私人公司有着截然不同的结果，前者不会滥用，而后者一定会用它来赚钱。

例 2.20　如果一个罪犯用加密服务隐匿了一些犯罪的证据，提供这种加密服务的公司是否有义务向警方提供这些个人数据呢？如果公司屈从于警方，它将会失去很多用户的信赖。如果公司拒绝与警方合作，它就成了罪犯的帮凶。对公司而言，这似乎是一个两难之选。对警方而言，犯罪证据的采集容不得讨价还价，因为隐匿犯罪证据是比侵犯隐私更大的恶，所以公司必须百分之百地配合案件的侦破。

有人提出一个折中之策就是公司只提供给警方用户加密过的数据，再由警方或第三方破解。因为破解需要成本，这门槛能够阻挡一些对用户权益的侵犯。谁的说法正确呢？我们的确需要法律法规来指导解决这些问题。

例 2.21 当个人数据因商业目的被收集、复制、分析、使用时，用户应该有一定的知情权。例如，某大数据公司 C 提供身份认证服务，基于之前采集的个人隐私数据（如住址、身份证、驾照、税表等）①，通过认证服务获利。用户 A 在网站 B 注册，为了验证 A 的身份，B 请 C 对 A 做了身份认证。然而，事先 C 并未知会当事人 A 它收集了 A 的个人信息，也没有征求 A 的同意，更不保证所收集的个人信息的质量。很多时候，用户甚至不知道谁在提供认证服务。这种有违个人意愿、以未经核实的个人信息牟利的行为，是否真的能起到认证担保的作用？若认证出现问题，用户 A 和网站 B 如何维权？

图 2.49 全社会对隐私侵犯说不，通过技术和法律双重手段保障数据安全

① 例如，美国 Intuit 公司开发了报税软件 TurboTax，非常受大众的欢迎。税表中包含大量的个人隐私数据，Intuit 公司有能力、有资质提供个人身份认证服务。

2.2　数据与模型

在一个充满不信任的环境里，如何保证交易数据不被恶意篡改呢？2008 年，一位自称**中本聪**（Satoshi Nakamoto）的日裔美国人发表了一篇论文《比特币：一种点对点式的电子现金系统》（*Bitcoin: A peer-to-peer electronic cash system*），提出了一种叫“比特币”（bitcoin）的“电子货币”（实则为虚拟货币）及其算法，并于次年启动了比特币金融系统。中本聪是一个笔名，此人的真实身份至今不明。各种阴谋论应运而生，有人甚至猜测它是一个组织，因为比特币的算法设计非常精巧，是一系列密码技术的成功应用，不像是个人所为。比特币的市值在 2021 年 2 月突破一万亿美元，形成了一个吞噬能力巨大的金融黑洞。

比特币具有“去中心化”（decentralization）的特点，迅速成为炒作的对象，一时间点燃了人们对区块链（block chain）技术和数字货币（digital currency）的热情。区块链在数据保护上的优势，将产生深远的社会影响。我们将在 2.2.1 节简单地介绍区块链及其应用。

另外，数据与模型的关系也值得关注。数据驱动的机器学习模型，一旦训练结束之后，数据的任务便完成了。如果数据是需要保护的，那么它们训练出来的模型是否也应得到保护？模型未来将成为商品，它们是凝聚了智力劳动结晶的产物。

例 2.22　为了保护个人隐私，用户设备（常称作“端侧”“终端”“端”）上的敏感数据在未经用户同意的情况下一般不得轻易触碰或上传至各种数据中心（例如边侧、云侧）。

- 苹果公司主张发展端侧的轻量机器学习和 AI 技术，就地解决 AI 模型的训练和自适应等问题。
- 2016 年，谷歌公司提出了联邦学习（federated learning），也称协同学习（collaborative learning）的策略。这是一种跨设备的、不共享数据的分布式机器学习，其过程大致如下。
  （1）中央服务器为用户提供初始的模型，分发至各个端侧设备。
  （2）在端侧，模型利用当地数据完成增量学习（incremental learning）。然后，将模型参数上传至中央服务器。事实上，由于模型和参数无法反向生成用户的数据，因此保证了数据的隐私性。
  （3）中央服务器在大量模型参数的基础上，进行元学习（即有关学习模型的机器学习，其观测数据是各种参数化的模型）甚至为不同用户量身定制优化的模型。然后，再次完成模型的分发。

遗憾的是，多数的大数据公司并未充分地考虑基于用户隐私与数据安全保护的合理开发模式，仍然用原始而野蛮的数据挖掘手段攫取暴利，甚至不惜损害用户的利益。

图 2.50　元学习好比教师进修，只有掌握了先进的教育方法，才能更好地指导学生

由于模型参数是脱敏的，联邦学习因此避免了直接采集用户的数据，同时又能完成模型的持续优化。经过数次迭代之后，模型在计算资源受限、训练数据有限的端侧（如手机、智能车等）适配用户的使用习惯，达到最优的应用效果。在联邦学习中，端、边、云侧的数据是异构的，计算任务是不同的，也可以是去中心化的。其目标是巧妙地对用户数据进行脱敏处理，跨设备合理地安排计算任务、调度计算资源，不断地改善个性化服务。

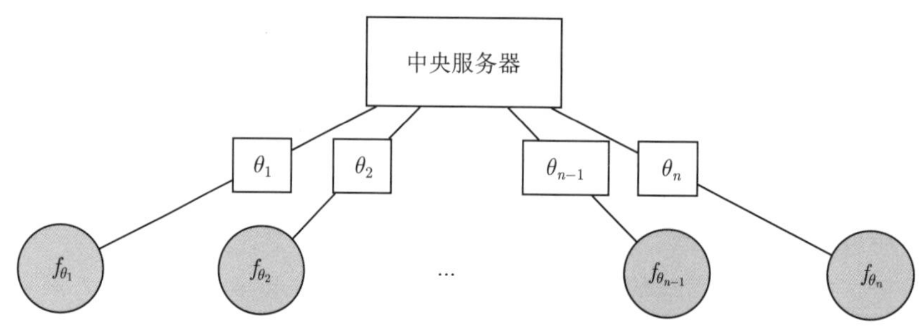

图 2.51　联邦学习的示意图：端侧设备（叶子节点）的敏感数据并不上传中央服务器（根节点），即便模型和参数（即 f_θ）都被窃取，也无法探知用户的数据

随着端侧算力的增强，能在端侧解决的问题尽量会在端侧解决。然而，每个端侧积累的数据毕竟是非常有限的，要同时做到保护隐私和共享经验，未来的移动计算（mobile computing）必是端、边、云的协同。边和云的算力、存储能力、分析能力都比端强大，它们在海量脱敏数据的基础上，可以提供更高级的大数据服务。读者不难发现，很多经营云服务的公司，也小规模地做端侧产品，以便占据端、边、云的大生态。

大数据公司很容易不小心就作恶（譬如，利用社交网络和算法侵犯用户隐私或者影响其行为）。有些作恶是无意的，有些则是有意的。例如，利用人们对命运预测的好奇心，以易经八卦算命为诱饵欺骗用户输入姓名、出生日期和性别，这些信息在现代社会属于个人隐私，很多人不懂得保护，于是被别有用心的人钻了空子。

图 2.52　指纹和声纹是两类常见的生物特征，人工智能技术都能对其进行伪造

我们的生物特征（如指纹、虹膜、人脸等）和行为特征（如笔迹、声音、步态）都有可能成为被模拟的对象，因为它们对于个人身份的鉴定是至关重要的，所以也成为恶意收集的内容。为了不让高科技犯罪有机可乘，保护好个人隐私数据是最简单、最直接的方法。例如，切莫贪图一些免费的服务而轻易将个人隐私交与陌生人——你永远不知道上传的数据会流失到什么人手上。覆水难收，数据一旦上传便无法控制，所谓的“删除”都是假的。

例 2.23　以数据驱动的机器学习模型很容易被数据攻击。2015 年，谷歌的研究人员发现，深度学习在物体识别上很容易被数据攻击，稍加一些巧妙设计的噪点，便能让识别系统崩溃。例如，一只熊猫的图片加入噪点后，在人类的眼睛里它还是一只熊猫，但机器却以非常高的信念度将它识别为长臂猿[49]。

$+0.007\times$

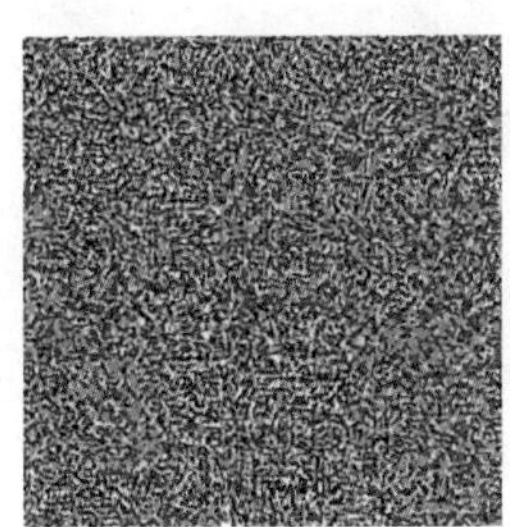

$=$

图 2.53　对人类来说几乎无差别的两张图片，对深度神经网络来说可能差别巨大

如果 AI 产品或系统所用的机器学习模型缺乏可解释性，人们甚至搞不清楚模型何时表现得脆弱、何时结果不可信，那么它们就有被数据攻击的风险。例如，一副边框带噪点的眼镜就足以让人脸识别系统失效，犯罪分子完全可以钻这个空子轻易逃脱监控。再例如，破坏者在交通标志上喷些噪点便能让自动驾驶的识别系统误判，可能会造成车毁人亡的严重后果。

图 2.54　如果自动驾驶的感知识别能力欠佳，交通标志则容易成为数据攻击的对象

数据攻击可以用于测试模型的可靠性（reliability）。例如，在模拟环境里，通过产生大量的“脏数据”和精心设计的“危险情景”来考验自动驾驶模型。将随机试验重复多次后，便可以得到对模型的一个综合评估。总之，利用数据对“黑箱”进行狂轰滥炸，期待找出它的弱点以便机器做决策时能“心知肚明”可能的后果。

图 2.55　任何机器决策系统都必须要有“自知之明”，每个决策在多大程度上可以保证不出问题（不妨将之称为“可靠度”）是明确可知的。当可靠度较低时，机器不擅做主张，而是把决策权交还人类

如何有效地产生并利用数据进行模型的验证和评估？除了随机模拟和可靠性分析，我们仍需要一些系统的方法。例如，自动驾驶系统的某个具体的反应动作不符合人类标注的“标准答案”，但没有任何不好的后果，该怎样评价它呢？人工智能的各个分支积累下了大量的基于测试数据的评估经验，有待整理和提炼出一般的方法。

2.2.1　无法篡改的数据

2010 年 6 月 3 日，第 64 届联合国大会第 90 次会议将 2010 年 10 月 20 日确定为第一个“世界统计日”，主题是“庆祝官方统计的众多成就”。之后每五年的 10 月 20 日都是“世界统计日”。2015 年 10 月 20 日第二个“世界统计日”的主题是“优化数据，改善生活”。2020 年 10 月 20 日第三个“世界统计日”的主题是“用我们可以信任的数据连接世界”。

图 2.56　从 2010 年开始，每五年的 10 月 20 日是世界统计日，每次有不同的主题

人们希望得到优质的数据、可信的数据，它们才是真正有价值的数据。在实践中，数据如何能做到不被篡改呢？我们想象一个人人记账的场景：鲁镇的人对会计孔乙己不太信任，有人怀疑他暗地里做假账。于是，镇长发动镇里所有的人一起记账。因为每个人手里都有一个小账本，想要篡改数据几乎是不可能的。理论上，要是所有人都一起作恶改账本，整个环境就是失信的，与大家的初衷不符。是以，我们这里假设只有少数人可能作恶。

图 2.57　中国画家吴冠中（1919—2010）的作品《鲁迅故乡》

为鼓励记账，镇长出谜语让大家猜，谁先猜出来就把谁记的账（在众目睽睽下经过验证之后）放到镇子的大账本中，称为一个区块，同时奖励“鲁币”一枚。鲁币在黑市里被炒得很贵，于是大家猜谜的

积极性很高。脑子快的人猜中的多，有的人甚至不惜请外援，得了便宜大家一起分。这种人人记账维护数据的模式便是一类区块链——公有链（public block chain）。

图 2.58　公有链的本质就是共同记账：在相互不信任的环境里，如何敲定账的内容以及如何将它广播至所有人，是公有链需要解决的技术难题

一个区块里记载了交易信息，也有提交者的信息，以及前一个区块的哈希值（哪怕在区块里增加一个空格，它的哈希值也会发生变化），它把区块给链接起来，形成一个序列。由于公有链要把交易信息广播到每位参与者，延迟会导致区块链在某个区块后可能分叉。为了确定哪条链是正宗的，在规定的时长之内，从分叉开始最长的那条链缺省地固化下来，其他分叉统统作废。

人人记账的公有链有一些不足：一是效率低，每秒能记载的交易笔数非常有限。二是分叉择链的规则有被利用攻击公有链的风险，即在规定时长内，攻击者迅速地将短链变为最长者，进而把其他链废掉。虽然不能修改数据，但攻击者可以利用内容极少的区块来降低整个公有链的信息量，使得系统效率低下而崩溃。

类似鲁币的猜谜，比特币系统在记账个体中看谁首先解出随机生成的哈希不等式（解哈希不等式俗称“挖矿”，耗费很大的算力资源而没有任何额外的收益，只为分出个先后），来帮助系统决定采用谁的区块并给予一定的比特币奖励。“挖矿”困难而验证它却极其容易，它是比特币采用的工作量证明。

比特币的数量有限，哈希不等式也越来越难解，谁拥有强大的算力谁就可能挖到更多的矿。为了挖矿，有人搭建了计算机集群，甚至用上了专用的挖矿芯片，规模也越来越大，除了更费电和造成更多的污染，算力没产生任何正能量的结果。莫不如把这些算力用于高复杂度的问题求解或者高质量、高价值的资源共建上，让“挖矿”具有更高的使用价值。

需要特别指出的是，区块链保证了数据无法被篡改，但并不保证数据本身的真伪。例如，阿 Q 声称花了五十个袁大头从小 D 那里买进了十匹绸缎，这件事是假的，它写进区块链只能保证这个记录无法修改。简而言之，区块链没解决造假账的问题，只解决了改账本的问题。

图 2.59 区块链并不解决造假账的问题，只是保证所记账目无法篡改

中本聪曾分析过比特币受攻击的概率，只要算力足够强大，利用潜伏攻击成功的机会很大。一个有趣的现象是，在现实中比特币很少受到攻击。这是因为拥有最强大算力的记账者是既得利益者，他们有能力作恶但没有动机，摧毁比特币系统或者败坏了比特币的名声对他们没有任何好处。另外，比特币没有“钱包”的概念，它的流动是无法跟踪的，好处是保护了个人隐私，坏处是为洗黑钱提供了便利。

#	Name	Price	Change	Market cap
1	Bitcoin BTC	$45,220.78	-4.36%	$837.8B
2	Wrapped Bitcoin WBTC	$45,175.65	-4.04%	$5.7B
3	yearn.finance YFI	$35,106.64	+2.57%	$1.3B
4	Maker MKR	$2,518.97	-1.13%	$2.5B
5	Ethereum ETH	$1,744.97	-0.80%	$199.9B

图 2.60 2021 年 2 月 10 日，比特币等一些被热炒的虚拟货币的价格。这些虚拟货币的价格波动激烈，根本不适合成为法定货币（legal tender）或“电子货币”

法定货币（简称“法币”）的发行是中心化的。它的发行者通常是国家政府或中央银行，以国家信用保证，具有一定的稳定性。比特币算不上“电子货币”（electronic money），它不具有法币的特点，而更像是一种虚拟收藏品，深谙“物以稀为贵”的心态，在洗钱等利益驱动下被炒作起来的。2014 年 12 月，中国人民银行（简称“人民银行”“人行”“央行”）等部门发布《关于防范比特币风险的通知》。2021 年 5 月，央行要求所有会员机构不得展开虚拟货币交易兑换以及其他相关金融业务。

图 2.61　法币由国家背书，由指定银行发行，而虚拟货币不是这样

虽为收藏品，但比特币不是艺术品。它的使用价值是转账、洗钱等，而交换价值体现在比特币“汇率”的跌宕起伏，说明背后有一群操作者。它吸引了大量的资金，形成了生态圈，这个现象值得经济学家、社会学家深入分析。

图 2.62　比特币的发行是去中心化的，与法币相悖。并且，其交易轨迹不可跟踪

法币有多种形态，其流通方式各异，其中纸币的流通是去中心化的。譬如，阿 Q 还给孔乙己 100 元纸币，钱从阿 Q 的口袋进了孔乙己的口袋，不需要第三方的确认。

图 2.63　人们使用纸币，无须第三方确认，即纸币的整个流通环节是去中心化的

- 严格地讲，“电子货币”是不存在的，它实际上是电子汇款/转账的一种通俗说法，要依靠第三方结算组织来确认。在移动支付、电子银行等系统里的存款数字，即所谓的“电子货币”，都是

货真价实的现金资产。“电子货币”有支付灵活、携带便捷等优点，但其流通不是去中心化的。

- 数字货币（digital currency）有别于电子汇款，它完全等效于纸币的去中心化的流通方式，可以十分便利地从一个地址转移到另外一个地址（即点对点交易），无须借助于任何第三方。

电子货币、数字货币都是名正言顺的法币，与虚拟货币有着本质的不同。如果对虚拟货币不加以法规管控，它们很容易形成“金融黑洞”，滋生洗黑钱、欺诈、非法集资等扰乱市场秩序的勾当，让技术变成作恶的保护伞。

- 一种虚拟货币是网络运营商发行的，如游戏币、论坛积分等，它们不能作为货币在现实社会流通，只能在一个受限环境里使用。
- 比特币以及后续仿效者，如莱特币等，都是虚拟货币。它们没有发行主体，没有信用背书。这类虚拟货币的交易虽有一定技术保障其安全性，但货币价值不具备稳定性。如果不能兑换成法币，它们就是一堆无意义的数字。

为了提高效率，由公有链发展出了联盟链和私有链，但去中心化的程度大打折扣。“去中心化”是比特币的一个附属特性，而不是区块链的。人人记账的公有链的确没有“中心”，但谁有能力把自己造的区块挂到主链上？还是那些拥有强大算力的参与者，而算力资源在现实世界里并不那么容易获取。拼算力（比特币）、拼智力（如鲁币）都不公平，随机撒币又激发不起参与热情，于是联盟链和私有链就有了市场。

除了分布式记账，区块链带来的技术亮点还有共识机制（即所有记账节点之间如何达成共识）、智能合约（一些预先定义好的可自动执行的规则和条款）、加密技术等，都可以为保护数据安全所用。例如，对高价值数据的版权保护，令任何对它们的使用都是有迹可循的。

图 2.64　智能合约、加密技术、分布式记账可以有多种组合应用创新

在内容经济的时代，质量越高的内容越“值钱”。我们无法为所有有价值的内容都申请专利，区块链能给内容打上无法篡改的标签，把创造者、时间戳、使用踪迹等都记录在案，确保出现版权纠纷时有据可查。

受利益驱使，大数据公司很难自觉地不作恶，通过技术对高价值数据进行保护势在必行。例如，为了阻止网络数据被恶意爬取，一些反爬虫对策应运而生。互联网之父**蒂莫西·伯纳斯-李**（Timothy Berners-Lee，1955— ）沮丧地看到互联网正在变成一个吸吮隐私之血的怪物，他想让每个用户都能完全控制自己的数据。

图 2.65 伯纳斯–李领导了一个网络去中心化项目——社交互联数据（social linked data），简称“Solid”。“该项目旨在从根本上改变目前 Web 应用程序的工作方式，从而实现真正的数据所有权和改进的隐私。”（见 `https://solid.mit.edu`）

用户把隐私数据分放在若干*个人在线数据存储*（personal online data stores, PODS）之中，应用程序只有获取用户的授权之后才能访问这些数据。甚至可以设定访问权限的级别，最高级别可以得到完整的数据，最低的只能看个大概。用户对其隐私数据的 PODS 有着完全的所有权和控制权，外人的访问和获取不再是无代价的，至少留下不可被篡改的历史操作痕迹。对数据和元数据进行数字签名，在技术上可以保证数据的来源和传播路径是可跟踪的。

图 2.66 个人数据应存储在可信赖的第三方，还是去中心化存储，或者是二者的结合（如联盟链）？哪种方式更安全、更快捷？人们还在寻找一个万全之策

如果第三方能够很好地解决这种不信任环境下的交易问题，则不需要区块链。有些场景无法去中心化，我们没有必要把区块链技术（即分布式记账）神话，搞清楚它的适用范围有助于我们更好地利用这项技术。

例 2.24 2020 年，中国的“*数字货币/电子支付*”（digital currency/electronic payment, DC/EP）进入测试阶段。除中国人民银行之外，中国工商银行、中国农业银行、中国建设银行等都有权发行数字

人民币。但市场上很快就出现了假冒的数字人民币钱包，安全性依旧是数字货币的首要问题。

图 2.67　数字货币/电子支付有助于打击经济犯罪、摆脱美元结算霸权，但其安全性仍是一大挑战，而量子密码学有望提供可靠的新技术

随着财务造假的成本越来越低，我们需要使用大数据、人工智能（如图计算、反欺诈等）和加密技术来限制和自动发现财务舞弊的现象，精准打击行贿受贿、洗黑钱等严重的经济犯罪。

2.2.2　零知识证明

有的时候，我们需要向别人证明某个论断，而同时不泄露任何与该论断相关的有用信息。如何能做到呢？

例 2.25　证明者 P 向验证者 V 证明他有某房间的钥匙，只需让 V 把某个私人物品放在这个房间里后锁好门，若 P 能归还该物品，则在未透露任何相关信息的条件下证明了他有该房间的钥匙，即 P 不需要展示这把钥匙就能证明自己拥有它。

例 2.26　P 要让 V 相信他有解决某问题的算法，只需让 V 出题，在脱敏之后 P 在规定时间之内返回答案。由于寻找解和验证解是两类不同的过程，后者相比前者一般要简单很多，所以 P 在展示能力的同时而不泄露算法是完全可行的。

1534 年，意大利数学家**尼科洛·塔塔利亚**（Niccolò Tartaglia，1499/1500—1557）和另一位意大利数学家**洛多维科·法拉利**（Lodovico Ferrari，1522—1565）都宣称得到了一元三次方程的解法。次年，二人公开比赛，塔塔利亚解出了法拉利出的所有题目，而法拉利却没解出对方出的题目。这是零知识证明（zero-knowledge proof, ZKP）的经典故事，很好地解决了知识产权的归属问题。

图 2.68　塔塔利亚的意思是“口吃者”

当算法成为商品时，零知识证明向买方提供了一种验证手段，而同时又维护了卖方的权益，使得知识不会因为验证而泄露。利用 AI 技术来保障交易双方的“诚信”，是大数据时代的一个趋势——“诚信”对商品社会来说太重要了。零知识证明不是数学意义上的证明，它是一种概率证明，即以大概率保证 P 和 V 不能相互欺骗，并且 V 无法获取任何相关的知识或信息。

例 2.27 假设孔乙己是一个红绿色盲，在他眼里，一红一绿两个颜色而其他无差异的球没有任何区别。要向孔乙己证明这两个球的颜色不同，只需让他把球藏在背后，然后随机出示一个球，接着重复足够多次下述过程。

（1）把球藏在背后；

（2）随机出示一个球，问“我换球了吗”。

因为孔乙己知道是否换了球，所以如果假设“两个球颜色相同”成立，则 n 次都猜对的概率是 2^{-n}。当 n 很大时，这个概率非常接近于零。与此同时，孔乙己无法获知哪个球是红色的。

CAPTCHA 验证

为防止恶意注册，系统经常出一些识别的问题来验证注册者是不是机器，即“全自动区分计算机和人类的公开图灵测试”（Completely Automated Public Turing test to tell Computers and Humans Apart, CAPTCHA），俗称“验证码”。例如，识别物体或者背景带有噪声的一串变形了的字符，挑出没有上下颠倒的图片，将拼图块移动到正确的位置，等等，甚至还有识别加理解的验证。一些 CAPTCHA 除了达到验证的目的，还“顺手牵羊”地收集到了高质量的人工标注数据。

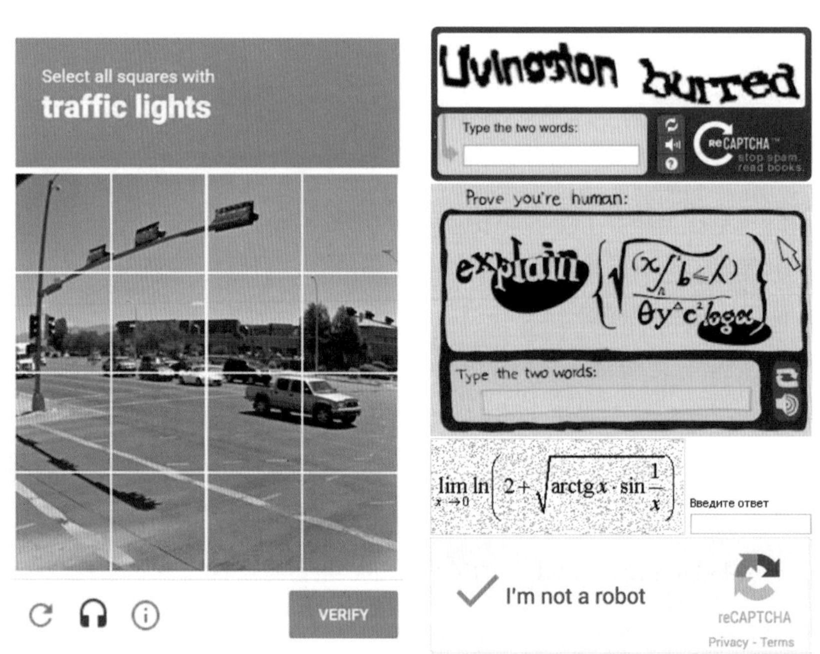

图 2.69 与时俱进的 CAPTCHA 验证：一些奇葩的 CAPTCHA 不仅打败了所有的机器，还难倒了部分的人类。这类 CAPTCHA 验证是否合理呢？更广泛地，AI 验证要不要规范化，甚至加入伦理约束

随着 AI 技术的进步，一些验证变得过时。例如，*光学字符识别*（optical character recognition, OCR）技术对付变形字符已经绰绰有余。我们不可能用此类幼稚的问题来考人类，它们之所以针对机器是可行的，是因为现有的人工智能在很多识别和理解的问题上达不到人类的水平。然而，人类还能维持多久“我不是机器人”这份骄傲？

工作量证明

太容易得到的不被珍惜，甚至会遭到滥用。为了筑高获取资源的门槛，系统会制造一些障碍来“刁难”用户的请求。通俗地讲，就是服务只针对那些诚心诚意的请求者。如何证明自己有诚意呢？就是花些气力做一件事，譬如解一道题。如此一来，*拒绝服务攻击*①、垃圾邮件发送的代价就变大了。

工作量证明（Proof of Work, PoW）是一种展示“诚意”的零知识证明。一般地，工作要有一点难度，同时又必须是可行的，并且易于验证者或服务提供者进行检查。它的目的与 CAPTCHA 验证完全不同，后者旨在把机器“拦在门外”而让人类通过，前者则是阻挡恶意攻击而放行正常请求。

例 2.28（工作量证明）　sha256 是一类*哈希函数*，它把任何输入的字符串都映射为一个长度为 64 的字符串，其中共有 16 种字符（数字 $0 \sim 9$ 和字母 $A \sim F$，大小写不敏感）。它可近似地看作是*单向函数*，输入稍作扰动，其结果都会大相径庭。例如：

$$\begin{aligned}&\text{sha256(ethics)}\\&=\text{b40a48df0d98f024eac604e889722c977330f6619f9c4b5e88199b1732d90f76}\\&\text{sha256(ethics0)}\\&=\text{c72f741db8024e781f35e2339e5a31db20cd2859fee9f26d01affdaaad3363e6}\end{aligned}$$

为了检验用户的“诚意”，在其服务请求被批准之前，请先求解一个这样的问题：ethics 后面跟一个什么自然数使得它的哈希值的前四位是 0000？一般只能依次尝试，当试到 138763 时，用户得到了一个解。

$$\begin{aligned}&\text{sha256(ethics138763)}\\&=\text{0000b44f80511e76c2ec4d0727a33cb40d242618ca6bfbe90a2b14070958071e}\end{aligned}$$

用户找到这个解花费了一点时间，然而系统验证它却几乎不费吹灰之力，瞬间就完成了。如果是恶意的频繁请求，每次都要解一道随机生成的题目，这样攻击的成本骤升，就变成一件得不偿失的事情了。

如果问题升级为：ethics 后面跟一个什么自然数使得它的哈希值的前五位是 00000？即约束条件变得更强，搜索所用时间就会更长（答案是 1059763）。

---

① 拒绝服务（Denial of Service, DoS）攻击，就是迫使目标机器的资源消耗殆尽而停止某些服务。例如，服务器因系统崩溃、带宽耗尽、缓冲区满等而不能提供正常的服务。

巧妙地将一个复杂问题分解为一些工作量证明，通过“众筹”的算力各个击破它们，从而一举两得地解决了原问题，同时还验证了用户的“诚意”。这个美好的“双赢”的愿景，会不会成为新一代的工作量证明？

数字身份代理

当一个具有很高社会信誉的国家机构 G 作为第三方能够为个人身份背书，此时将一些个人隐私让渡给这个数字身份代理机构 G 是利大于弊的。恰是因为缺少这样的机构，个人隐私才会被大数据公司以各种贴心的服务为诱饵轻轻松松地获取到。为了保护个人隐私，同时不影响大数据公司的各种服务，直观上，个体、代理机构 G 和大数据公司的关系可由图 2.70 描述。机构 G 受委托定制管理个人信息（包括注册/注销账号），它与大数据公司之间的合作是更专业的，更利于营造一个健康的数字世界。

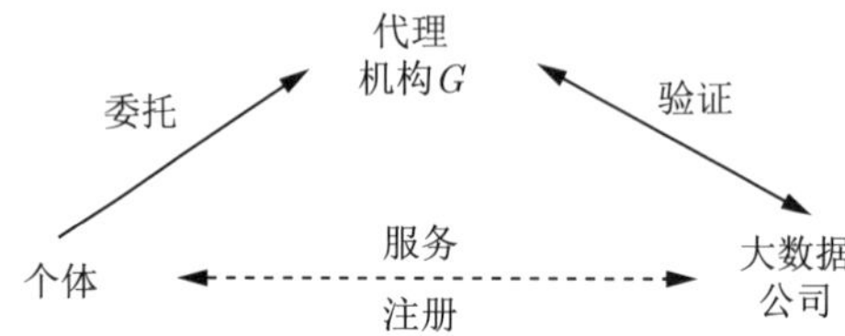

图 2.70　为解决例 2.21 的问题，个体委托代理机构 G 来实现身份证明，大数据公司并不掌握用户的隐私信息，它得到的只是脱敏后的个人信息，无法锁定到具体的自然人。机构 G 受委托管理个人信息，按用户要求控制敏感信息的透明度

1993 年 7 月，漫画家**彼得・施泰纳**（Peter Steiner）在《纽约客》杂志上的一幅漫画，引起了人们对互联网隐私的担忧和思考。

图 2.71　在互联网上，没人知道你是一条狗

不幸的是，施泰纳的戏言竟然一语成谶。如今的网络系统，大大降低了话语的门槛，已变成碎片知识、劣质信息的集散地和“键盘侠”肆意散播戾气的险恶江湖。一个无法无天的环境，最终结局一定是

没有赢家只有输家。人们的许多恶行都是在缺乏监管的情况下发生的，虚拟世界和真实世界都是如此。

数字身份在充分地保护个人隐私的同时，有助于减少网络霸凌和虚假信息，霸凌者和造谣者要为他们的作恶付出代价。在现实世界里，有违道德规范的事情不被允许，在虚拟世界里它们也应无处遁形。

图 2.72 除了监管，还应该利用 AI 技术阻止网络霸凌和谣言传播

例 2.29 谷歌公司提供一种认证服务——*身份验证器*（Google authenticator），每隔一个单位时间（30 秒）产生一次性密码，用于登录使用两步验证的网站时完成第二步验证，即“附加验证”。通常，用户在智能手机上安装身份验证器，在网站上正确地输入用户名和密码之后，必须再输入带有时效性的一次性密码（一般为六位数字）才算完成两步验证。

大数据的价值在于*关联性*（association），无论是宏观上的还是微观上的，关联性可以直接应用于精准广告推送。事实上，用户并不反感这类服务，但不希望提供它的大数据公司知道“我是谁”。在任何国家，对身份信息的管理都属于国家的职责。在大数据时代，这份职责需担起更艰巨的任务——保护公民的个人隐私。如图 2.2 所示，读者您认为谁应该充当这把令人信赖的锁？

在技术未成熟的阶段，即便有好的策略也不能成行。当技术做好了准备，将它们充分利用起来的*组合创新*[①]就事在人为了。例如，区块链技术、零知识证明有助于形成一个良性循环的生态：在保证个人隐私的前提下，令基于大数据和个人画像的推荐服务畅行无阻，同时也让国家机构因保护公民信息而从市场获利。

① 我们需要大力提倡这种形式的创新，它们较为常见和低风险，而不是一味地强调十分罕见的*颠覆式创新*或*突破型创新*——这类创新固然重要，但带有一定的门槛和高风险，投入产出比难以把控。

Ethics of AI

第3章 知识积累

知之为知之，不知为不知，是知也。

——孔子《论语·为政》

人类的学习过程非常漫长而且低效，每个个体都要从零开始，一点一滴地建立知识体系。一个人离开这个世界，也带走了头脑中的一切。周而复始，人类一代代把知识传递下去是多么地不易，很多知识被历史尘封或遗忘，实在令人惋惜。人工智能如果能让机器学习美梦成真，知识的积累和传播将变得更为高效。什么是知识？怎样表示知识？知识版权是否应该得到保护？很多和知识有关的伦理问题在信息爆炸的今天值得人们深思。

图 3.1　人类的知识多以文字的方式记载传承，目前机器还无法真正读懂它们

伟大的英国哲学家、科学家、法学家、散文家**弗兰西斯·培根**（Francis Bacon，1561—1626）说过“知识就是力量”（Scientia est potentia）之类的话，他的科学认识论的基础是观察和实验。培根是经验主义之父、科学方法之父，他主张通过归纳推理和观察学习来获取科学知识。培根的思想影响了 17 世纪之后实验科学的发展，这又为他赢得了“实验哲学之父”的尊号。

现在人们知道，演绎推理（从一般到个别）、归纳推理（从个别到一般）和类比推理（从个别到个别，或者从一般到一般）是人类推理的三种基本形式。统计学侧重归纳推理，人工智能和机器学习涉足演绎推理和归纳推理，然而遗憾的是，类比推理至今仍缺乏形式化方法。

图 3.2　培根的原话是“知识本身就是力量”。广为流传的“知识就是力量”首次出现在英国哲学家**托马斯·霍布斯**（Thomas Hobbes，1588—1679）的政治哲学名著《利维坦》（1651）中。霍布斯年轻时曾任培根的秘书

对于演绎推理，结论隐藏在公理或假设之后，人们披荆斩棘发现了它们。例如，我们说某人发现了某条定理，而不是发明，就好像定理早就在那儿。而对于概念，是发明而不是发现。无论是发现和发明，都产生了以前未知的新的知识。

1660 年（明永历十四年、清顺治十七年）成立的英国皇家学会的全称是“伦敦皇家自然知识促进学会”（Royal Society of London for Improving Natural Knowledge），是闻名世界的科学组织。在地球上，除了人类没有其他的生物对知识的追求是如此地主动和强烈，原始驱动力就是新知识能够带来征服世界的非凡能力。

图 3.3　英国皇家学会资助科学家在世界各地进行探险和研究。它的徽章上刻有拉丁语“不盲随他人之言”（Nullius in verba），强调思想之独立

仰望星空，是广袤的宇宙。我们的银河、我们的星球、我们自己，多么地渺小。大自然的一个微小的颤抖，就足以毁灭成千上万的生灵。在这个狭小的地球上，生与死，爱与恨，繁荣与萧条，拥挤着塞满历史。

图 3.4 知识是人类进步的阶梯，书籍是知识的载体。对人工智能而言，知识同样重要，机器该采取什么方式存储和利用知识？

偏偏大自然调皮地掀开面纱的一角，让人类看见了无限的美妙。那些冥思苦想的古代先哲，那些播撒火种的普罗米修斯，那些寻求善的勇士，那些坚信真理的人们，是真正的英雄，正是他们的智慧延续了人类文明这个无助婴孩的生命。人类思考恒久的道理，在有限与无限之间穿梭。对知识和真理的渴望带给上下求索之人如此的执著，让他们不畏俗世的艰辛，只为那内心的平静。

知识的定义

有一个哲学分支——*知识论*（epistemology），专门探讨知识的本质、起源和范围。知识论问了一个关键的问题：如何获得百分百确定的知识？伟大的古希腊哲学家**苏格拉底**（Socrates，前 470—前 399）认为知识是与生俱来的，发现知识就是回忆，他在《美诺篇》中对这个观点进行了论证。苏格拉底有关知识的观点是错误的，他的学生**柏拉图**（Plato，前 427—前 347）在知识论的名篇——对话录《泰阿泰德》（Theaetetus）[50] 中将知识定义为“被证实的真实的信念”，例如数学。

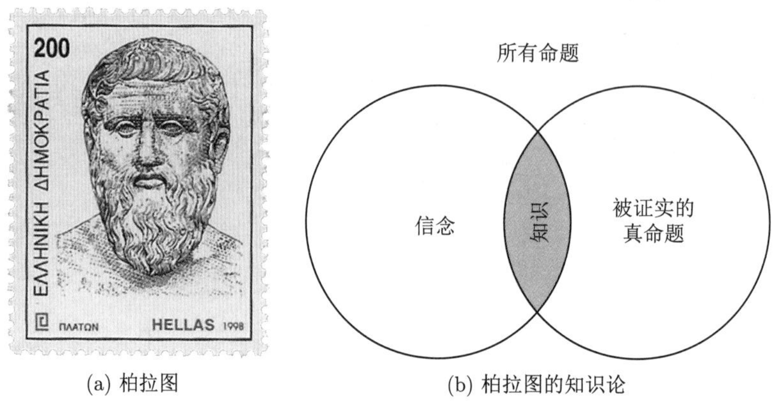

(a) 柏拉图　　(b) 柏拉图的知识论

图 3.5 柏拉图的知识是被证实的真实的信念，而宗教则是无法被证实的，算不上知识。数学里的真命题，若基础假设不被认可，同样算不上知识

柏拉图的学生**亚里士多德**（Aristotle，前 384—前 322）继承了这个想法，即知识是真实的，并且必须以某种方式证明它是合理的。然而，亚里士多德并未全盘接受柏拉图哲学中的数学倾向，他有句励志的名言，“吾爱吾师，但更爱真理”。亚里士多德更为关注自然科学。

图 3.6　亚里士多德

同时，亚里士多德又强调只有搞清楚因果关系，我们才算真正得到科学知识。为此，他把因分为四类：目的因、动力因、质料因、形式因。尽管实践证明亚里士多德的许多科学发现都是错误的，但他却为人类打开了科学之门——所有科学的主要任务都是寻找因果关系。

图 3.7　意大利文艺复兴艺术家**拉斐尔·桑蒂**（Raffaello Santi，1483—1520）所绘经典壁画《雅典学派》的中间局部。画中央指天者是柏拉图，按手者是亚里士多德。在画的左侧，穿绿袍（上排左三）转身向左扳手指与人争辩者是苏格拉底

一般说来，知识是对事物的确定认知，它对于所有的人类都是一样的含义（人们可以选择相信，也可以选择不相信），可用来切实有效地探索事物的规律。而借助推理从已有知识产生出来的新的知识，也应该是行之有效的。

亚里士多德认为伦理知识与精确的逻辑和数学不同，是一种非精确的常识。逻辑和数学的知识是确凿的、少有分歧的，而伦理知识等可能因人而异、充满了争议。确凿的知识只占人类主观认知中很小

一部分（见图 3.5），还有两类重要的非知识，它们在人类文明中扮演着不可替代的角色。

（1）数学公理可以千奇百怪，并不是每个公理体系都能被广泛地承认。那些不被认可的公理体系及其真命题，皆排斥在知识范畴之外。从数学公理体系出发，所能演绎出来的全部结论对无所不能的“上帝”来说早就在那里了，然而对人类来说，它们隐藏在迷雾之中，非得沿着推理的小路走近它们才能看得清楚，才能确定它们的存在。因此，在证明一个数学猜想之前，谈论它的对或错都是未经证实的信念而已。

（2）信念中非知识的那部分包含宗教信仰，它曾经推动过科学的发展，也曾经阻碍过。如今，有宗教信仰的人越来越少，而宗教冲突却依然存在。多个信仰的和平共存、相互影响是大智慧的表现。

图 3.8　中国古代哲学和伦理学中的“儒释道”，被“佛为心、道为骨、儒为表”的理想统一起来，影响和塑造了生生不息的中华文明

对知识的态度

人们常常混淆事实与知识，其实事实与知识是两个不同的概念——事实是真实发生的事情，而知识可以是抽象的概念，譬如分析历史事实的一套有效方法，帮助人们预测未来和制定应对策略等。在垃圾信息肆虐的时代，我们往脑袋里塞了很多没有营养的“事实”，它们大多都没有消化为知识。所以，基于这些低质内容，缺乏分析能力的我们依然参不透现象背后的原因，依然看不清未来的趋势。

“信息爆炸”不见得是一件好事，对知识的追求，低质信息再多也无用。求知的态度，当推法国哲学家、数学家**勒内·笛卡儿**（René Descartes，1596—1650）的怀疑主义和理性主义。笛卡儿反对虚假的调查方法，以及那种认为不需要依靠观察或实验，一切都可以通过纯粹的逻辑分析来判定的观点。相反，他决心从自己的方法论中消除模棱两可、不确定性和对权威的依赖，正如他在 1637 年出版的哲学著作《谈谈方法》[5] 中所说的那样，“我相信，用不着制定大量规条构成一部逻辑，单是下列四条，只要我有坚定持久的信心，无论何时何地决不违犯，也就够了”。

“第一条是：凡是我没有明确地认识到的东西，我决不把它当成真的接受。也就是说，要小心避免轻率的判断和先入之见，除了清楚分明地呈现在我心里、使我根本无法怀疑的东西以外，不要多放一点别的东西到我的判断里。

“第二条是：把我所审查的每一个难题按照可能和必要的程度分成若干部分，以便一一妥为解决。

“第三条是：按次序进行我的思考，从最简单、最容易认识的对象开始，一点一点逐步上升，直到认识最复杂的对象；就连那些本来没有先后关系的东西，也给它们设定一个次序。

“最后一条是：在任何情况下，都要尽量全面地考察，尽量普遍地复查，做到确信毫无遗漏。”

图 3.9　笛卡儿和他的名著《谈谈方法》(1637)

笛卡儿的理性主义并不与经验主义对立，他非常认可经验的重要性，“认识越进步越需要经验”。理性扎根于经验之中，经验的土壤越肥沃，理性之树就越茁壮。所有的科学都是经验和理性的美好结合，千万不要割裂它们的关系。

图 3.10　教育家卢梭

欧洲启蒙运动时期法国哲学家、教育家、文学家、音乐家**让–雅克·卢梭**（Jean-Jacques Rousseau，1712—1778）在其伟大的著作《爱弥儿——论教育》[①]（1762）中指出，有用的知识才是值得追求的。“人的智慧是有限的，一个人不仅不能知道所有一切的事物，甚至连别人已知的那一点点事物他也不可能完全都知道。既然每一个错误的命题的反对面都是一个真理，所以真理的数目也同谬误的数目一样，是没有穷尽的。因此，我们对施教的内容和适当的学习时间不能不进行选择。在我们所能获得的知识中，有些是假的，有些是没有用的，有些则将助长具有知识的人的骄傲。真正有益于我们幸福的知识，为数是很少的，但是只有这样的知识才值得一个聪明的人去寻求，从而也才值得一个孩子去寻求，因为我们的目的就是要把他培养成那样的聪明的人。总之，问题不在于他学到的是什么样的知识，而在于他所学的知识要有用处。”（见《爱弥儿——论教育》的第三卷第一节[51]）卢

① 《爱弥儿——论教育》是卢梭最为得意的作品，它是教育哲学划时代的名著。这本贯穿着自然主义教育思想的巨著写得非常通俗，值得所有人（尤其是每一位教师和即将为人父母的年轻人）一读再读。

梭认为，人类的各种知识中最有用而又最不完备的，就是关于“人”的知识（见《论人类不平等的起源和基础》的序言[52]）。

我们在知识的形式化上遇到了前所未有的困难：经过学习和思考所获得的这些可贵的知识，是那么真实地存在于我们的思想之中，同时它们又是如此地难以表达出来，“茶壶里煮饺子——有嘴倒（道）不出”。在此窘境之下，如何能让机器获取到人类的知识？

知识的分类

对知识的分类有很多不同的视角，如“3W1H”：事实知识（know-what）、原理知识（know-why）、人力知识（know-who）和过程知识（know-how），它们在 AI 中所对应的知识表示手段是不同的。并不存在一个面面俱到的知识分类体系涵盖所有的视角，从不同视角看世界也是智慧的表现。

❑ 荷兰哲学家**巴鲁赫·斯宾诺莎**（Baruch Spinoza，1632—1677）把无知视为一切罪恶的根源，强调知识与伦理的紧密关系，延续了苏格拉底和柏拉图的思想。

图 3.11　斯宾诺莎的头像曾经被印在 1 000 荷兰盾的纸币上

斯宾诺莎将知识分为以下三种类型，这对人工智能具有一定的参考价值。

(I) 经验知识：“这两种考察事物的方式，我此后将称为第一种知识、意见或想象。”

— 知觉知识：“从通过感官片断地、混淆地和不依理智的秩序而呈现给我们的个体事物得来的观念。因此我常称这样的知觉为从泛泛经验得来的知识。”

— 类比知识：“从记号得来的观念。例如，当我们听得或读到某一些字，便同时回忆起与它们相应的事物，并形成与它们类似的观念，借这些观念来想象事物。”

(II) 理性知识：“从对于事物的特质具有共同概念和正确观念而得来的观念。这种认识事物的方式，我将称为理性或第二种知识。”

(III) 直观知识：“这种知识是由神的某一属性的形式本质的正确观念出发，进而达到对事物本质的正确知识。”斯宾诺莎的神不是人格化的神，而是自然的本质。

斯宾诺莎论证了，“只有第一种知识是错误的原因，第二种和第三种知识必然是真知识。只是第二种和第三种知识，而不是第一种知识，才教导我们辨别真理与错误……理性的本性不在于认为事物是偶然的，而在于认为事物是必然的……理性的本性在于在某种永恒的形式下来考察事物”。这种永恒的形式来自“人的心灵具有神的永恒无限的本质的正确知识”。(《伦理学》的第二部分“论心灵的性质和起源”中的命题四十七）作为理性主义的代表人物，斯宾诺莎对经验知识表现出一些轻蔑和不信任。

- 无独有偶，春秋末期战国初期的哲学家、科学家、政治家、军事家**墨子**（前 468—前 376）也把知识分为三类[53]：
  （a） 来自认知者的亲身经验。
  （b） 来自书籍、老师等权威的传授。
  （c） 来自演绎推理的理性知识。

二人都谈到了*理性知识*，墨子的知识（a)、(b）都是斯宾诺莎的*经验知识*。斯宾诺莎所谓的直观知识是基于*先验知识*的*形而上学*（metaphysics）①，旨在研究存在和事物本质。例如，机器学习中的元规则（meta rules）和学习策略。

图 3.12　墨子既是哲学家又是科学家，提出了“非儒”“兼爱”“非攻”“尚贤”等观点。2016 年，我国发射全球首颗量子科学实验卫星，名曰“墨子号”

从认知对象的角度，墨子把知识分为以下四个类，这对人工智能中的知识表示有一些启发作用。

（i） 名的知识，即抽象概念。例如，“桌子”是一类“家具”，“鲸鱼”是一种“海洋生物”，等等。

（ii） 实的知识，即客体对象。例如，现实世界里的桌子，由几条腿可以支撑起一个桌面。

（iii） 相合的知识，即名实之间的关系。例如，图像分析中的物体识别、人脸识别等。

① 《易经·系辞》里说：“形而上者谓之道，形而下者谓之器。”中国哲学里的道、法、术、器分别指规律、方法、技术和工具，是理性分析的四个层面。简而言之，形而上学就是道。

(iv) 行为的知识，即有关过程的描述。例如，如何制造出一个桌子。

❑ 北宋科学家**沈括**（1031—1095）的笔记体著作《梦溪笔谈》是中国古代科技、人文的珍贵资料。它有 609 个条目，归于以下 17 个门类，其中 36% 的内容是有关自然科学方面的。

夢溪筆談卷第四

沈括 存中

辯證

司馬相如上林賦叙上林諸水曰丹水紫淵灞滻涇渭八川分流相背而異態灝溔潢漾東注太湖八川自入大河大河去太湖數千里中間隔太山及淮濟大江何緣與太湖相涉郭璞江賦云注五湖以漫漭灌三江而灝沛墨子曰禹治天下南為江漢淮汝東流注之五湖孔安國曰自彭蠡江分為三入于震澤後為北江而入于海此皆未嘗詳考地理江漢至五湖自隔山其末

图 3.13　沈括的《梦溪笔谈》涉及天文、历法、气象、地质、地理、物理、化学、生物、农业、冶金、水利、建筑、医药、历史、文学、艺术、人事、军事、法律等领域

[1] 故事（前朝掌故）
[2] 辩证（事物与词语的论辩）
[3] 乐律（音乐与律数）
[4] 象数（现象背后的数字规律）
[5] 人事（文人性格）
[6] 官政（官场之事）
[7] 权智（急智）
[8] 艺文（艺文活动或评论）
[9] 书画
[10] 技艺（技术与机巧）
[11] 器用（高贵或古代的器物）
[12] 神奇（神奇惊人的事迹）
[13] 异事（奇异与变化）
[14] 谬误（常见的错误）
[15] 讥谑（机智与讽刺）
[16] 杂志（对非正统事物的记录）
[17] 药议（对药物的议论）

❑ 奥地利哲学家、批判理性主义的创始人**卡尔·波普尔**（Karl Popper，1902—1994）的主要思想建立在知识论的基础上，他把知识分为以下七个类：

（1） 常识：在日常生活中形成的好用的知识。
（2） 经验性知识：专业活动领域中积累起来的经验。
（3） 神话故事、传说：含有人文精神的非严谨的历史知识。
（4） 科学知识：满足可证伪性的关于事物的本质及规律的知识。
（5） 哲学：介于宗教与科学之间的不可证伪的知识。
（6） 艺术知识。
（7） 宗教。

图 3.14　波普尔提出区分“科学”和“非科学”的标准是能否从实验中证伪。数学不可证伪，因此它不是科学。“可证伪性”只是用来识别实验科学，而非理性思维

知识的增长

波普尔所刻画的知识增长的模式就是通过不断的试错来修改假设，即“假设 → 尝试解决 → 错误消除 → 假设”。在波普尔看来，**可证伪性**（falsifiability）①是科学的特征。于是，哲学和数学都不是科学，因为它们都是不可证伪的[54, 55]。事实上：

- 数学和哲学还是有一些本质区别的。前者逻辑无矛盾地植根于少数几条公理之上，后者力图做到这一点但永远也实现不了，甚至对很多基本概念的语义都达不成共识。因此，若把“无矛盾性”当作理性知识的一个特征，数学和科学都属于这个类，而哲学和神学则不然。
- 数学和科学的区别在于是否用来“解释世界”。先验理性的数学只需对自己负责，它不是对世界的抽象②。例如，在欧氏几何中，三角形内角之和是周角（即，一条射线绕着它的端点旋转一周所形成的角）的一半。这个命题无须经验的支持，也不为解释任何自然现象而存在。然而，科学是需要站在人的角度“解释世界”的，即一个科学模型能模拟很多已经观测到的现象，并能准确地预测一些尚未观测到的现象，它便容易被接受。本质上，模型无所谓对错，只有哪个更好用一些的区别。

德国哲学家**尤尔根 · 哈贝马斯**（Jürgen Habermas，1929—　）在著作《知识和人类利益》里主张，科学和社会进步的知识是由三种类型的“知识构成利益”驱动的——技术性的、实践性的和解放性的[56]。对于“解释世界”的理解可能因人而异。所谓“自然的本质”，只是一种自我安慰的说法。人类无法验证他们找到的“自然的本质”就是终极真理，至多说“像极了”。诸如“自然的本质”“宇宙的规律”之类的词语，本来就不应该在人类的词典之中，它们都是可望不可即的。这样的词语说得多了，给人一个幻觉，好像它们是唾手可得的。

图 3.15　哈贝马斯

① 也称作可反证性、可否证性，它是任何从经验中得到的结论都具有的一个属性，即结论必须容许逻辑上的反例的存在。数学定理就不具备这个属性，宗教和伪科学也是如此。

② 世界上根本没有数学意义的“点”“直线”“平面”，它们与自然语言中的“点”“直线”“平面”的语义完全不同，称呼它们“桌子”“椅子”“啤酒”也无妨，数学家关心的是它们之间的关系而非实体。

终极真理或许不可得，人类总是在寻求它的路上，不断地接近目标。意大利哲学家、数学家**乔达诺·布鲁诺**（Giordano Bruno，1548—1600）有一句名言，“智慧永远不会停留在已知的真理上，而是永远向着未被认知的真理前行”。然而，这条路并不好走，英国哲学家**弗兰西斯·培根**（Francis Bacon，1561—1626）分析，“使人们宁愿相信谬误，而不愿热爱真理的原因，不仅由于探索真理是艰苦的，而且是由于谬误更能迎合人类某些恶劣的天性”。

图 3.16　为了拓展人类的知识，我们勇于探索未知世界，志在星辰大海

或然的知识

斯宾诺莎认为，“自然中没有任何偶然的东西，反之一切事物都受神的本性的必然性所决定而以一定方式存在和动作”（《伦理学》的第一部分“论神”中的命题二十九），斯宾诺莎否认偶然性，这是一个非常强的命题。这如同说，确定的自然规律就在那里，人类若得到了它就能洞悉一切。

然而，即便自然本质没有偶然性，如果人类无法了解它，它的确定性对人而言就是无意义的，即抛开人类能力的局限性空谈自然本质是徒劳无益的。概率论的伟大之处在于透过大量的随机事件洞悉到大自然仍然遵守着数学的法则。例如，**雅各布·伯努利**（Jacob Bernoulli，1654—1705）于 17 世纪末发现的弱大数律（weak law of large numbers）。

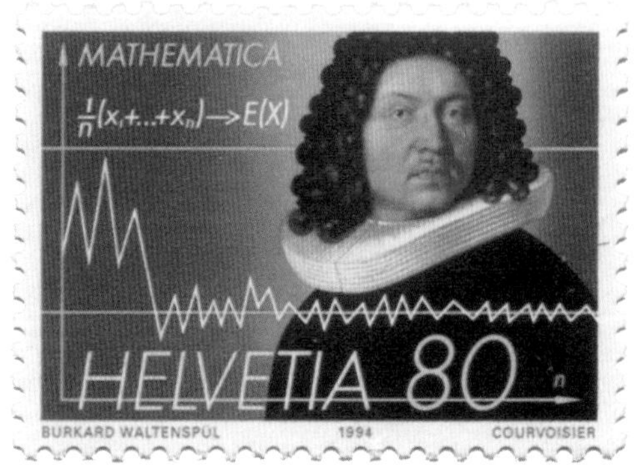

图 3.17　雅各布·伯努利的弱大数律给出概率的频率解释

“错误是由于知识的缺陷，而不正确的、片断的和混淆的观念，必定包含知识的缺陷。”（《伦理学》的第二部分“论心灵的性质和起源”中的命题三十五）

波普尔认为观测–归纳法只能用于证伪，而不能用于证明。人们检测了一百万头绵羊后得出结论 $A =$“绵羊是白色的”，但只需找到一头黑色绵羊便能推翻前面的结论，即所谓的“真伪不对称性”。

观测-归纳法的价值在于从个别经验到一般假设的飞跃，即**乔治·波利亚**（George Pólya，1887—1985）的合情推理[39]。例如，检测的白色绵羊越多，对 A 的信心越大。即便发现个别的黑色绵羊，也不妨碍得出结论 $A' =$“绵羊几乎都是白色的”。在概率语言中，“几乎必然”是比“必然”弱一点的说法，但这样的或然知识反而是更多的。我们不能因为有一头黑色绵羊存在，就否认像 A' 这样的事实知识。

除了那些被证明了的数学或逻辑命题，在自然语言中含有全称量词的断言，都存在被一个反例推翻的风险，尤其是基于经验的断言。如果为了追求表达的严谨性，可以缺省地赋予这些日常断言一个（客观或主观）概率的解释，相当于加上了“基本上”“差不多”“几乎”等状语。

（I）频率派的客观概率：概率论起源于 17 世纪几位大数学家对赌博的研究。1933 年，苏联天才数学家**安德雷·柯尔莫哥洛夫**（Andrey Kolmogorov，1903—1987）出版了专著《概率论基础》[57]，以测度论为基础构建了概率论的一个公理体系。概率，作为随机事件的一个固有属性，不以个人的意志为转移。

（II）贝叶斯学派的主观概率：1955 年，匈牙利数学家**阿尔弗雷德·雷尼**（Alfréd Rényi，1921—1970）撰写的长文《论概率的一个新公理体系》[58] 中提出了一个贝叶斯概率公理体系，使得柯尔莫哥洛夫概率公理体系为其特例。

两个体系都是合理的，前者为了表达客观知识，后者为了表达主观知识。这些公理体系可以赋予无数种具体的解释，不见得一定与随机性相关。按照知识的拥有者，我们把知识体系分为全体的和个体的。全体知识经过共识，具有较高的可信度和系统性。相比之下，个体知识比较零散和模糊，甚至充满谬误。直观上，可以把全体知识视作个体知识的汇总、过滤、萃取。

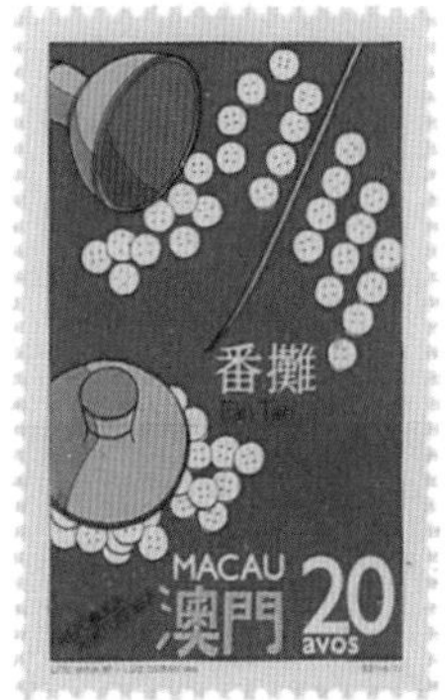

图 3.18　赌博游戏中的随机规律最早引起了数学家的关注，由此诞生了概率论

知识的应用

图 3.19 荀子

与先秦墨家的观点相似，战国时期儒家代表人物**荀子**（前 313—前 238）在其著作《正名》篇中曾说，“所以知之在人者谓之知，知有所合谓之智”。荀子区分了“知”与“智”，认为只有当认识能力与外物相合的时候，才能称作“智慧”，这个说法同样适用于人工智能。“全之尽之，然后学者也。”（荀子的《劝学》）拿机器学习建模来说，只有当元规则正确地使用了合适的模型时，才算达到了荀子对“智”的要求。“知有所合”可以作为对人工智能最浓缩的描述，“所合”的效果是评判“智”的标准。

图 3.20 知识之火是照亮愚昧世界的一抹微光，是刺破无知黑暗的一把利剑

然而，当前的人工智能并未踏上“知有所合”这条路，还在朝着“数据驱动”的方向狂奔。自 20 世纪 80 年代以来，以统计学为基础的归纳主义对机器学习产生了巨大的影响，以至于人工智能长期忽略了“知识驱动”的正确道路。其中的原因基本上可总结为，知识表示与推理的技术仍旧薄弱，尚未形成有成效的推动力。

2012 年，谷歌公司发布“知识图谱”，以提高搜索引擎的语义匹配能力。知识图谱掀起了人们对知识工程的热情，同时我们也应看到它的局限性。类似的局限性在例 1.17 所介绍的词汇语义知识库 WordNet 中也有，在图 1.91 所示的沃森深度问答系统中也有，在例 1.31 所用的符号计算系统中也有。

如果一个人只有知识，而没有运用知识的能力，则是“缺乏思想的博学”。人工智能也有相同的问题，机器学习如果仅仅停留在博闻强记，则称不上真正的智能。

例 3.1 人类对新事物的认知有一个渐进的过程。拿 2019 年新型冠状病毒肺炎（COVID-19）来说，它于 2020 年席卷全球，成为近百年来影响范围最广、致死人数最多的流行病之一。该病的症状包括发热、咳嗽、疲劳、呼吸急促、味嗅觉丧失等，有时完全无症状。COVID-19 容易引起病毒性肺炎、肾衰竭、多重器官衰竭等严重的并发症，老年人的死亡率相对偏高。

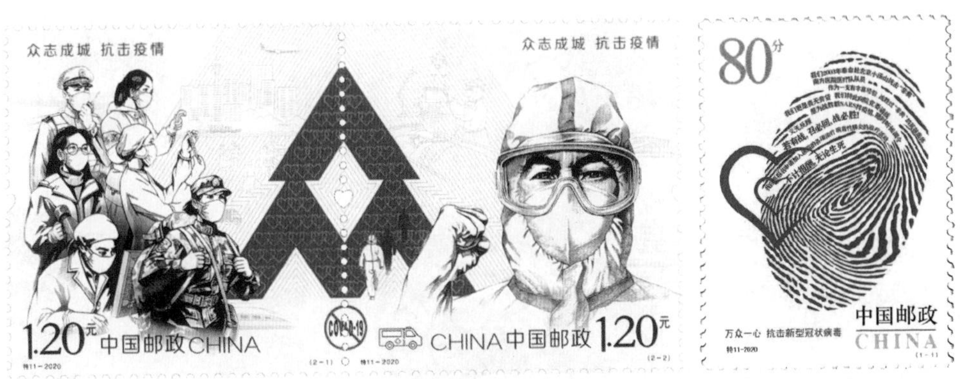

图 3.21　在疫情面前，人类应该放下所有成见，团结一致对抗病毒

在疫情初发之时，医学界对这种新型冠状病毒了解甚少，中国政府借用过往的防疫经验及时地采取隔离检疫，民众给予了积极的配合，齐心协力有效地遏制了 COVID-19 的传播。

对比之下，英美等国在明知 COVID-19 的高风险之后，仍未果断采取强制隔离，甚至在是否戴口罩的问题上争论不休。个人本位主义、反智主义（anti-intellectualism）、“群体免疫”（herd immunity）等不作为令疫情雪上加霜，让很多本可以避险的百姓付出了生命的代价。2021 年 1 月下旬，美国 COVID-19 每日死亡人数达到峰值（见图 3.22）。

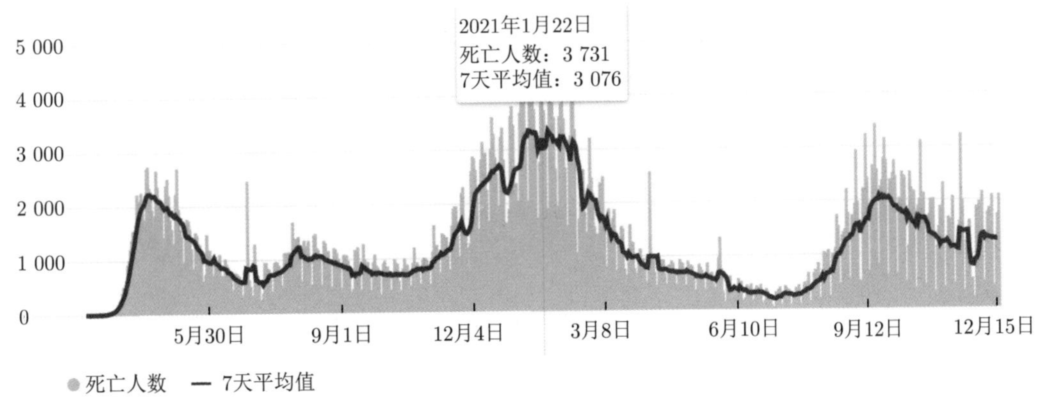

图 3.22　2020 年 3 月至 2021 年 12 月，美国 COVID-19 每日死亡人数的条形图及周滑动平均曲线，总计死亡人数已有 80 万之多，而且悲剧还在继续

数据来源：谷歌搜索

在与新冠病毒的战争中，医护人员和疫苗科学家是最值得尊敬的英雄——他们用各自的专业知识拯救生命。不得不说，COVID-19 改变了人类的生活方式，从这场灾难之中我们是否应该学会尊重知识、敬畏自然、珍爱生命？

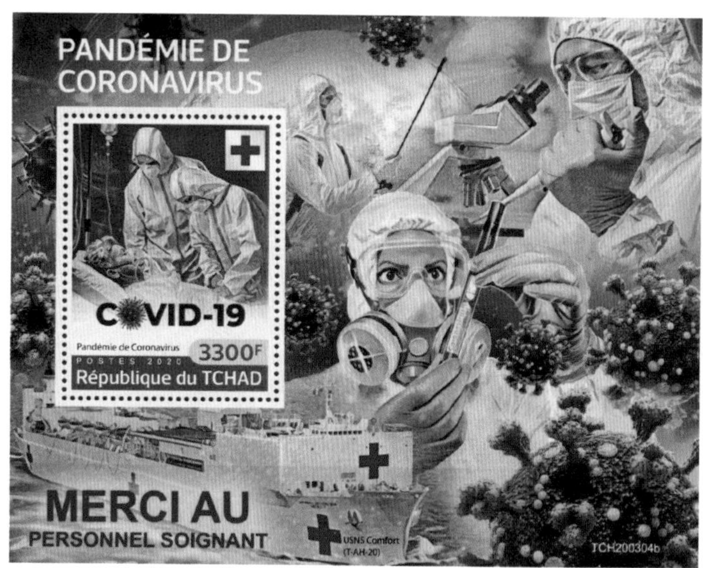

图 3.23　人类抗击新冠病毒的壮举再次证明，科学终将战胜愚昧，科学精神终将驱散虚假、保守、轻信、偏见

3.1 知识表示与推理

知识来自何处？通过对世界的观察，经验是知识的最重要的来源。有些哲学家认为，还有一部分知识来自先验，即不借助于经验获取或验证的知识，例如逻辑和数学。先验知识和后验知识的关系一直是知识论的核心问题之一。

经验和理性常常是纠缠在一起的。例如，一个微分方程在求解它之前，必须确定它的解是存在的。解的存在性和如何求解是两个不同的问题，前者一般凭借数学证明，后者时常依靠解题经验。再如，在成功找到三次和四次代数方程的根式解后，数学家一直努力寻求五次及五次以上方程的根式解，直到它被证明是不存在的。类似的问题还有尺规三等分角问题、倍立方问题、化圆为方问题等。在数学里，通常“在”的问题先于“做”的问题，此时，理性似乎比经验先行了一步。

德国哲学家**伊曼纽尔·康德**（Immanuel Kant，1724—1804）认为，人类的认识源于经验，而知识来自于理性。康德有句名言，“没有内容的思维是空洞的，没有概念的直觉是盲目的”[59]，只有将经验和理性结合起来才有可能产生知识。

图 3.24　康德的《纯粹理性批判》是西方哲学史中最具影响力的名著，书名的含义是“考察一切独立于经验的理性”

在其名著《纯粹理性批判》（1781）[59,60] 中，康德有段著名的分析，“到目前为止，人们一直认为我们所有的认知都必须与对象相一致；但是，所有试图通过扩展我们认知的概念来先验地发现关于这些对象的某些东西的尝试，在这个前提假设下都一无所获。因此，通过假设对象必须遵循我们的认知，这将更好地符合对它们的先验认知所要求的可能性，即在给定这些对象之前，先建立一些关于它们的东西，让我们尝试是否无法进一步探讨形而上学的问题。这就像哥白尼最初的想法，当如果认为整个天体围绕着观测者旋转而在解释天体运动方面不能取得好的进展时，那么他试图看看，如果他让观测者旋转，让恒星静止下来，是否可能不会取得更大的成功”。康德认为自己在哲学里完成了一场哥白尼式的革命。

图 3.25 波兰数学家、天文学家**尼古拉·哥白尼**（Nicolaus Copernicus，1473—1543）的“日心说”被视为文艺复兴时期标志性的科学成果，战胜了统治千年的“地心说”

无矛盾的数学知识

脱离了经验的理性思维，如果能一直无矛盾地走下去，这些先验知识有可能在经验中找到对应之物。这样的案例在数学里有很多，比如非欧几何（non-Euclidean geometry），也称“非欧几里得几何学”。

古希腊数学家、几何学之父**欧几里得**（Euclid，前 325—前 265）的著作《几何原本》是数学公理化的范本，它对数学的影响延续至今，仍是中小学数学教育的重要内容。在很长一段历史时期，“几何学家”就是数学家的代名词。

图 3.26 在**拉斐尔·桑蒂**（Raffaello Santi，1483—1520）的壁画《雅典学派》中，秃顶弯腰手持圆规者是欧几里得，他正在讲解几何学

欧氏几何的第五公设（也称平行公设）略显复杂。它断言，一条线段与两条直线相交，如果同侧内

角之和小于两直角和，那么这两条直线在无限延伸之后，会在内角之和小于两直角和的一侧相交。与之等价的公理是：过直线外一点，有且只有一条直线与之平行。

数学家花了两千年试图证明欧几里得第五公设可由其他公设推导出来，但都以失败告终。1830 年左右，俄罗斯数学家**尼古拉·罗巴切夫斯基**（Nikolai Lobachevsky，1792—1856）和匈牙利数学家**亚诺什·鲍耶**（János Bolyai，1802—1860）分别证明了欧几里得第五公设独立于其他公设。

图 3.27　罗巴切夫斯基（左图）和鲍耶（右图）所创立的非欧几何是双曲几何。中间邮票里的庞加莱圆盘（Poincaré disc）是一种双曲几何模型

他们的方法是把第五公设改为“过直线外一点至少可引两条平行线”，与欧氏几何其他公设一起构成公理体系，看看是否能推出矛盾。如果能推出矛盾，则证明了第五公设。在新的公理基础上，虽然推导出来的结果出乎意料、匪夷所思，但都没有逻辑矛盾。这个新的几何学与欧氏几何学一样，在现实之中也有适用的场景。罗巴切夫斯基和鲍耶两人独自创立了非欧几何中的双曲几何（hyperbolic geometry）①，但在当时并未得到数学界的认可，属于他们的荣誉在他们死后才姗姗来迟。

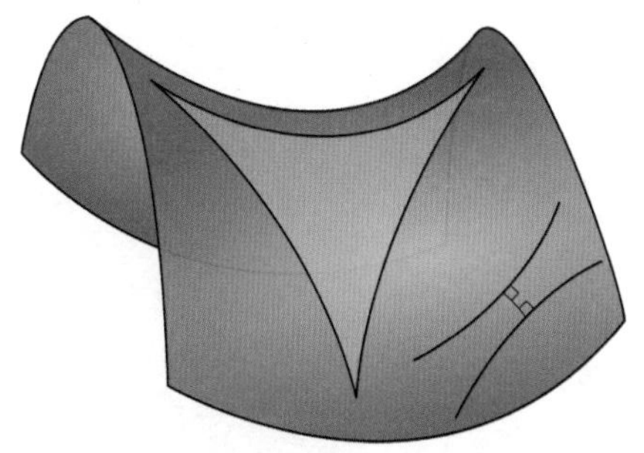

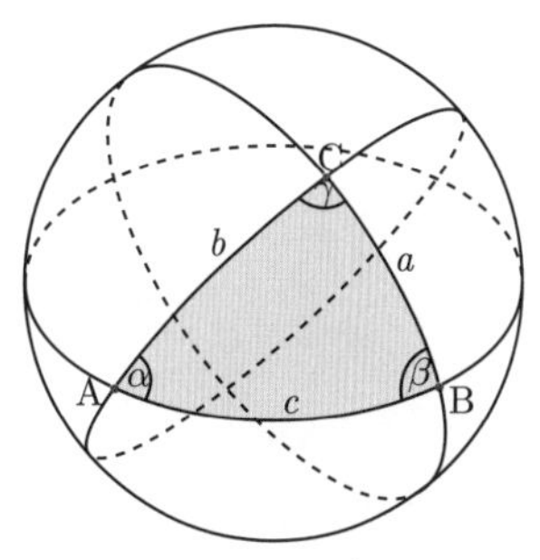

图 3.28　在曲面上，局部两点之间的最短路径被称为测地线（geodesic line）。所谓“直线”实则是曲面上的曲线，其上任意两点之间都是测地线。（左图）双曲面上的几何学正是罗巴切夫斯基–鲍耶的非欧几何，例如，双曲面上的三角形内角之和小于 180°。（右图）球面上的几何学是另一类非欧几何，其上三角形内角之和大于 180°

① 如果第五公设改为“过直线外一点没有平行线”，这种非欧几何学被称为椭圆几何（elliptic geometry），也称为黎曼几何。1854 年，德国数学家**伯恩哈德·黎曼**（Bernhard Riemann，1826—1866）在哥廷根大学（从高斯到希尔伯特，哥廷根大学曾是世界数学中心）发表就职演说《论作为几何学基础的假设》，提出了这种新几何学。

在希尔伯特的《几何基础》中，基本概念（包括基本元素、基本关系）由公理系统限定其含义。如果接受该体系，就要接受由它推演出来的所有结果，以及在基本概念之上衍生出来的所有概念。

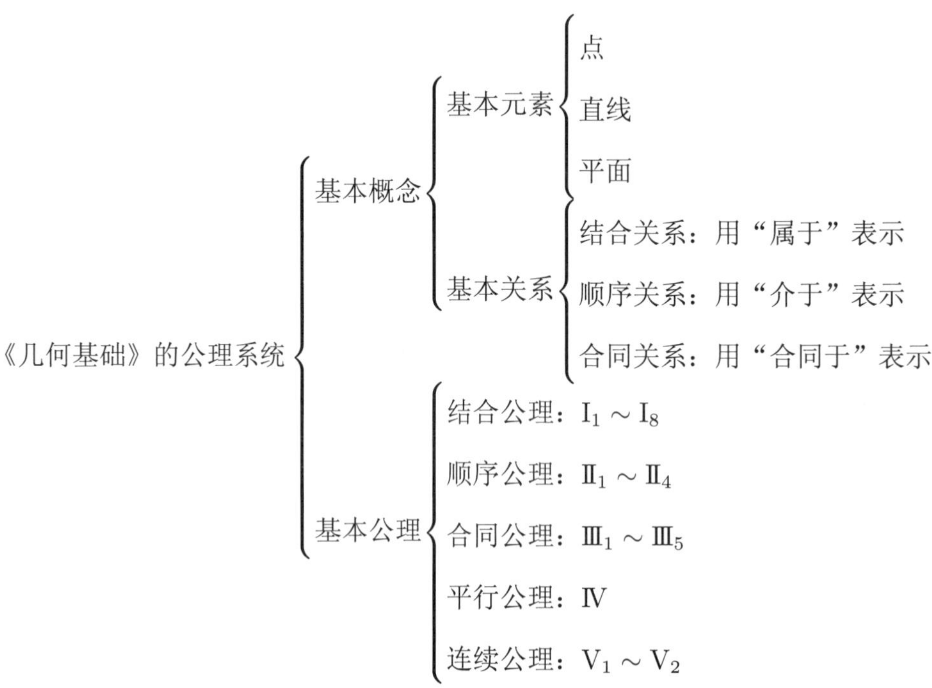

经验主义和理性主义之争

知识从何而来？对于这个问题哲学界纷争不断，各种学说层出不穷。几何学的知识源自古人对土地的丈量经验？还是数学家对点、直线、平面等概念之间抽象关系的理性思考？

图 3.29　现实中没有“圆”，也没有“直线”。数学知识源于理性，有些可用于实践

康德时代的欧洲，流行经验主义（认知和知识都源于经验）和理性主义（知识来自理性思维），康德将二者结合了起来。经验主义的代表人物有英国哲学家**弗兰西斯·培根**（Francis Bacon，1561—1626）、

约翰·洛克（John Locke，1632—1704）和苏格兰哲学家**大卫·休谟**（David Hume，1711—1776）。

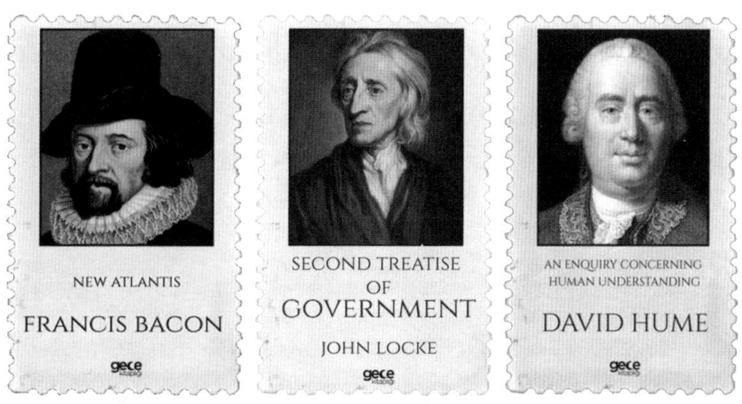

图 3.30　经验主义哲学家培根、洛克、休谟

理性主义的代表人物有法国哲学家**勒内·笛卡儿**、荷兰哲学家**巴鲁赫·斯宾诺莎**（Baruch Spinoza，1632—1677）和德国哲学家**戈特弗里德·莱布尼茨**（Gottfried Leibniz，1646—1716）。经验主义和理性主义是科学硬币的两面，有着辩证的关系。

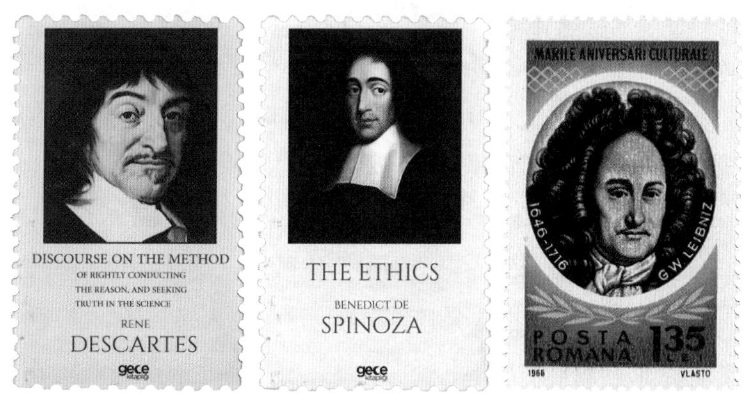

图 3.31　理性主义哲学家笛卡儿、斯宾诺莎、莱布尼茨

休谟曾论证因果律不是分析的，康德部分地同意休谟的观点，即因果律是综合的，同时他主张对因果律的认知能力是先天的。为何会有先天的综合判断？康德认为纯粹理性要解决数学判断、自然科学判断和形而上学判断的可能性问题，他在《纯粹理性批判》中讨论了先验感性论、先验逻辑论、先验分析论、先验辩证论、先验方法论。康德相信人类的理性体现在因果律上，这类知识不是直接来自经验，而是通过理性的提炼得到的。

理性思维对人类来说太重要了，它的重要性甚至超过经验（非人灵长类动物至多有经验思维而绝无理性思维）。只有借助理性才能抽象出概念，进而用概念表征外部世界。反观如今的信息泛滥，人们关注碎片化的知识，从良莠不齐的科技快餐中道听途说了许多术语，却不明白其真实含义以及如何运用这些知识得到新的知识。这种充斥着术语的空洞，以及大数据时代的知识饥荒，呼唤着我们返璞归真地获取知识。

战国时期思想家、文学家**荀子**在《劝学》篇里强调知识的积累，“积土成山，风雨兴焉；积水成渊，蛟龙生焉；积善成德，而神明自得，圣心备焉。故不积跬步，无以至千里；不积小流，无以成江海。骐骥一跃，不能十步；驽马十驾，功在不舍。锲而舍之，朽木不折；锲而不舍，金石可镂”。

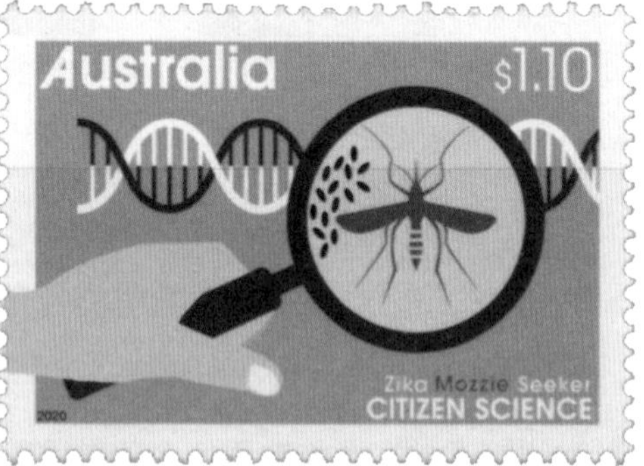

图 3.32 科学观察为理论研究提供证据和反例，有时超前、有时滞后

“君子知夫不全不粹之不足以为美也，故诵数以贯之，思索以通之，为其人以处之，除其害者以持养之。使目非是无欲见也，使耳非是无欲闻也，使口非是无欲言也，使心非是无欲虑也。”（《劝学》）未经过独立的理性思考消化的信息最终也无法构成系统化的知识，而是一些散落的事实和间接经验。当然，它们也不是一无是处，人类借助类比思维可以发现其中的相似性而受启发（例如，《劝学》利用大量类比来阐述道理）。形成系统化的知识需要花费时间，如果没有条件完成这项任务，囫囵吞枣式地接收这些信息也未尝不可，只要有一些判断力来鉴别哪些值得记住或者可以融入已有的知识体系就好。

有的人以为经验主义只要经验，理性主义只要理性，这是令人啼笑皆非的误解。经验主义和理性主义是对立的统一，它们反对的都是宗教迷信和经院哲学，它们都是人类追求知识的手段，缺一不可。

由于人类记忆的缺陷，如遗忘、假记忆等，很多经验并不完整或者有想象的成分，从而丧失了一些可信度。很久以前发生的某个令人记忆犹新的片段，也不是每个细节都一样清晰，我们能回忆起来的也只是大概的场景。可是，机器不存在记忆的弱点，不像人类那样善于遗忘或者懂得遗忘，其中的利弊得失该如何评说呢？

3.1.1 更广阔的感知

人类和动物的感知方式是不尽相同的。例如，蝙蝠发出人类听不到的尖锐的叫声（即超声波），再用灵敏的耳朵收集回声，并利用回声定位（echolocation）在黑暗中确定方向、捕捉猎物。同理，智能机器可以有多种感知能力，有的和人类的相似，有的和动物的相似，有的是机器独有的——我们不必强求机器一定要模拟人类。举个例子，图 1.172 所示激光雷达“看到”的道路，像一幅点彩画派的作品。

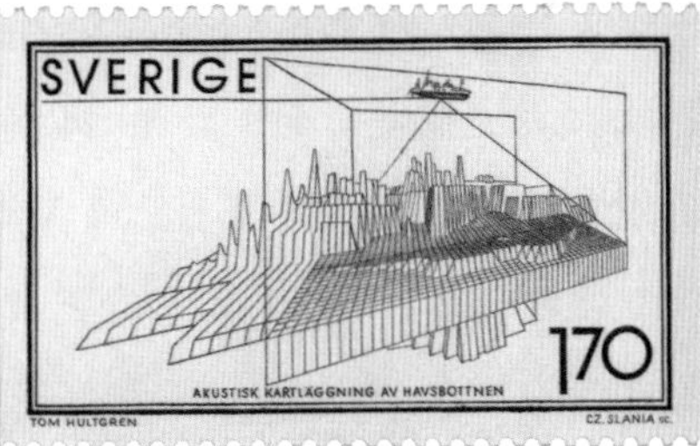

图 3.33　蝙蝠、海豚都是天然的声呐（sonar）系统，由“声波发射器”“回声接收器”和“距离指示器”三部分构成。人类利用声呐系统来测量距离，扩展了感知能力

在数万年前，人类祖先在岩壁上作画，记录下生活的点滴。他们用眼睛观察世界，用绘画把看到的记录下来——这是比文字更原始的表达方式。人类学家试图通过比较智人和尼安德特人的岩画作品来猜测其认知能力的差异。

图 3.34　早期的人类在岩壁上用绘画的方式留下了他们对世界的印象

意大利文艺复兴时期最著名的百科全书式的学者**列奥纳多·达·芬奇**（Leonardo da Vinci，1452—1519）在艺术、技术、科学、数学、医学、机械、土木工程等领域都有极高的建树。达·芬奇研究了阴影效果和色彩反射，他发现身体的阴影应该是“焦土绿色”，而远处的山峦则应是蓝色的。达·芬奇的所有画作都有这些颜色特点，例如《蒙娜丽莎》（1503—1505）、《圣母子与圣安妮》（1508—1510）。

图 3.35　达·芬奇自画像和《蒙娜丽莎》《圣母子与圣安妮》

人类知识有跨领域扩散的特点。数学和艺术一直被视为孪生姊妹，它们之间共享着很多妙不可言

的相似性。英国数学家**戈弗雷·哈罗德·哈代**（Godfrey Harold Hardy，1877—1947）曾说，“数学家的模式正像画家或诗人的模式一样，必须是充满美感的；数学的概念就像画家的颜色或诗人的文字一样，也必须和谐一致。美感是首要的试金石，丑陋的数学在世上是站不住脚的”。美感对机器而言是什么？我们目前对此几乎一无所知。

另一方面，艺术中也随处可见严谨的数学。例如，欧氏几何影响了西方绘画中的透视法，意大利文艺复兴早期画家兼理论家**皮耶罗·德拉·弗朗切斯卡**（Piero della Francesca，1415—1492）著有《论绘画透视》，已经开始强调几何学的应用。

图 3.36　弗朗切斯卡的《圣母与圣子》（1472）是一部完美的透视作品

西方写实绘画的透视法源于古希腊，它的数学基础是射影几何（projective geometry）。1822 年，法国数学家、力学家**让-维克托·庞塞莱**（Jean-Victor Poncelet，1788—1867）的著作《论图形的射影性质》正式创立了这个数学分支。

达·芬奇甚至在他的《画论》中告诫人们，“非数学家莫读我的著作”。文艺复兴重新树立了古希腊文明中数学的崇高地位，凡是不符合数学的就是违背了神的意志，这是东西方文化的一个显著区别。由于宗教的原因，数学被视为上帝的语言，人们通过数学来证明上帝的存在并试图接近它。即使在艺术领域，人们也尝试着用数学将理论系统化。

图 3.37　绘画的透视法与射影几何：艺术与数学的美感的心理基础是什么？

20 世纪，非欧几何开始影响西方绘画。我们在欧氏空间看到的变形和扭曲，在另外的世界里却是再正常不过的真实存在。它暗合了不同的文化之间，如果没有理解，看到的只有变形和扭曲。再如，组合拓扑中的三角剖分一直是计算几何的重要内容，在三维游戏的诉求之下，促成了计算机图形学的长足进步。

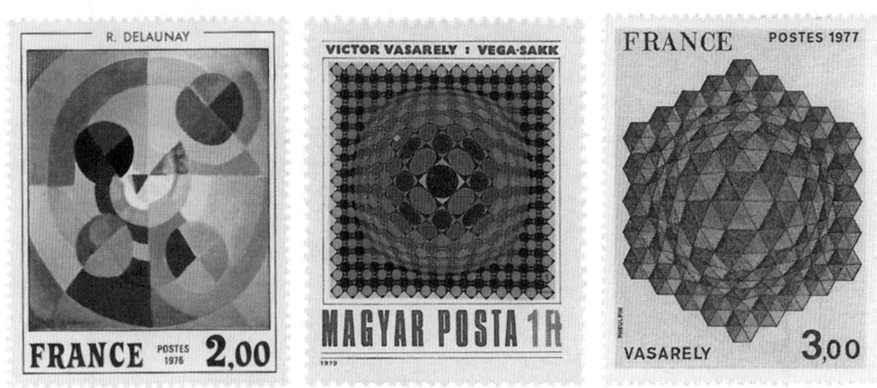

图 3.38　新的几何学对绘画艺术产生影响，人类透过不同的“眼镜”看世界

荷兰著名画家**莫里茨·科内利斯·艾舍尔**（Maurits Cornelis Escher，1898—1972）是平面视觉艺术大师，他的很多版画作品探讨了人类的感知、辩证思维（例如部分与整体的关系）等。艾舍尔有很多灵感来自数学的平面视觉作品，他常通过绘画来理解或诠释数学概念。例如，不可定向曲面（non-orientable surface）[①]、庞加莱圆盘、自指等（见图 3.41 和图 3.42）。艾舍尔的绘画常常内含哲学思辨，他开创了一种新的画派——哲学画派。

图 3.39　艾舍尔的作品与数学概念：《邮号连成的全球》（1949）与流形（manifold）、《变形 III》（1968）与镶嵌（tiling）、《不可能的立方体》（1958）与错觉

① 所谓“可定向曲面”，是指沿曲面上任意路径运动，回到起点时右手系还是右手系，例如圆盘。1858 年，德国数学家**奥古斯特·莫比乌斯**（August Möbius，1790—1868）发现的“莫比乌斯带”（Möbius strip）是一个不可定向曲面。它和圆盘一样只有一个面和一条边界，但不能存在于二维空间。

在 1938 年艾舍尔的木刻作品《昼与夜》(*Day and Night*)中，白鸟飞向黑夜，黑鸟飞往白昼，交错时巧妙地渐变形成拼图，体现出一种对立统一、相生相克的哲学理念。在状态转移的过程中，常常你中有我、我中有你，总有个“不好说”的灰色地带。

图 3.40 《昼与夜》(1938) 通过镶嵌和渐变连接了两个极端状态，它们之间难以划出一条明确的分界线。很多时候，我们没必要强求分类器非黑即白

虽然读书期间数学成绩并不好，但艾舍尔有非凡的数学直觉。例如，他用一只爬行的蚂蚁形象地解释了莫比乌斯带是不可定向曲面。

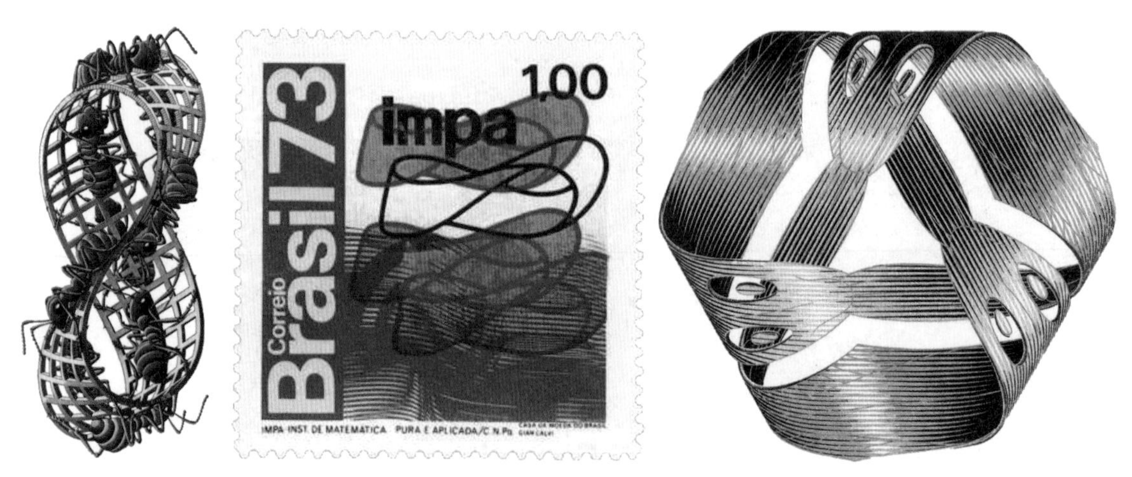

图 3.41 不可定向曲面：蚂蚁沿“莫比乌斯带”爬一圈回到起点，发现上下颠倒了

美国当代著名学者、认知科学家**道格拉斯·理查·郝夫斯台特**(Douglas Richard Hofstadter，1945—)，中文名叫“侯世达”，他的名著《哥德尔、艾舍尔、巴赫——集异璧之大成》从“自指”的角度将某些艾舍尔的绘画和巴赫的音乐类比于“哥德尔不完全性定理”[4]，让这个伟大的定理在视觉和听觉里变得直观。

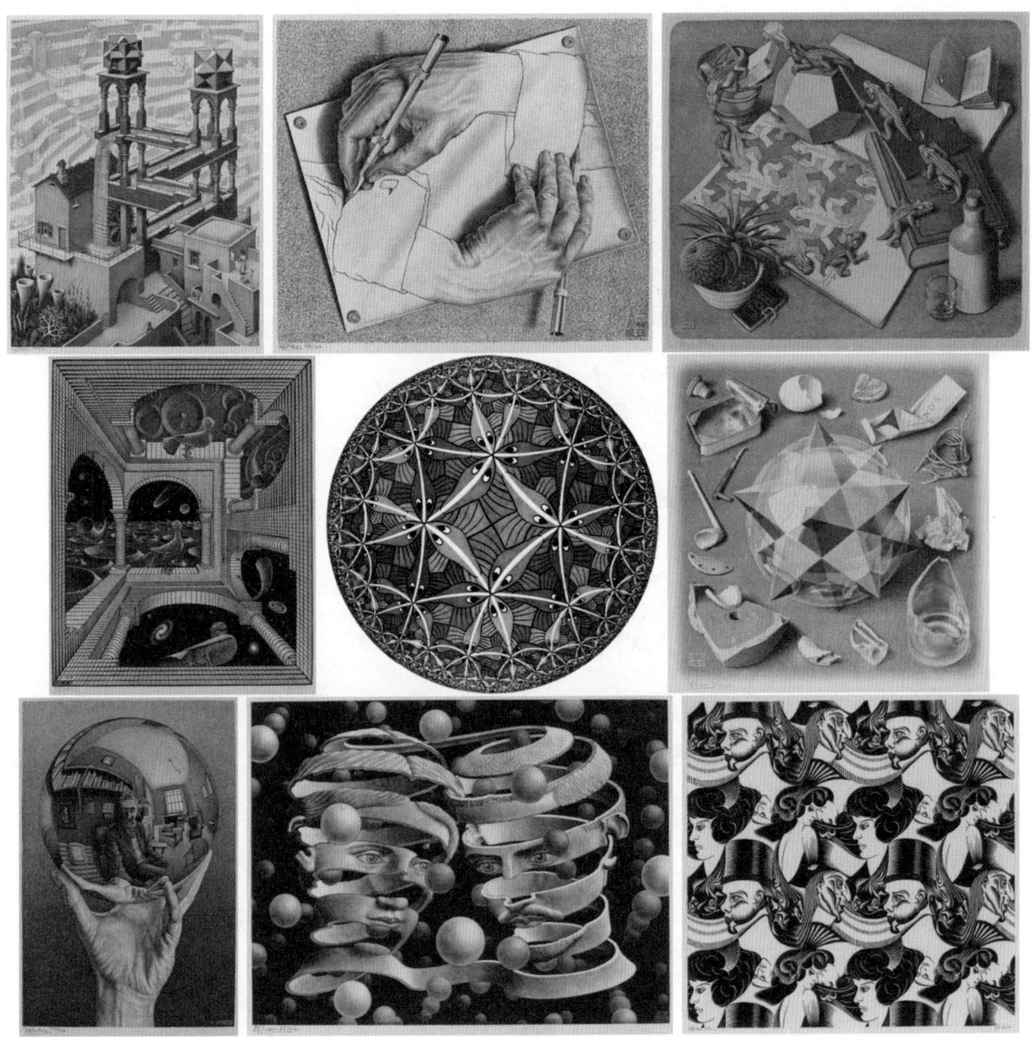

图 3.42　艾舍尔的部分代表作：《瀑布》(1961)、《画画的手》(1948)、《爬行动物》(1943)、《另一个世界》(1947)、《圆极限 III》(1959)、《有序和无序》(1950)、《手与反射的球》(1935)、《结合的纽带》(1956)、《八个头》(1922)

数码影像已经很好地解决了真实性，写实能力人类不如机器，但写意能力机器不如人类。例如，荷兰后印象派画家**文森特·梵高**（Vincent van Gogh，1853—1890）开创的表现主义，着重于内心情感的表达而不是表象。读者不难品味出梵高作品《星夜》（1890）中的躁动、迷幻和忧郁，《向日葵》（1888）中的明亮和对生命的热爱（见图 3.43）。国画大师**齐白石**（1864—1957）也曾说，“作画妙在似与不似之间，太似为媚俗，不似为欺世”。

似与不似是一种感觉，艺术家将难以言状的感觉呈现在色彩中、构图中、旋律中、音韵中，在人类之间这感觉跨越语言传递，如何才能教会机器也能心有灵犀？人类的主观认知中，有太多的“大概”“差不多”“应该是”……主体间也天差地别，一千个读者心里有一千个哈姆雷特。机器认知是否也该如此呢？

图 3.43　对比梵高和齐白石的作品，东西方绘画在“写意”上殊途同归。介于似与不似之间，机器能解读出艺术中不可言喻的微妙情感吗？

白石老人画的虾活灵活现、栩栩如生，这缘于他对虾的观察（见图 3.43）。他说过，“我绝不画我没见过的东西”。因为模仿者甚多，齐白石告诫“学我者生，似我者死”。似乎在艺术领域，这是一条铁律，即后人要学的是先人的笔墨精神，而不是摹仿外形，它们是高低两个境界的东西。

图 3.44　机器学习如果流于表面，最终只是猴子学样而已

近年来，强化学习和深度学习（例如生成对抗网络[①]）被用于“产生”绘画艺术品。不难发现，基于

① 2014 年，机器学习专家**伊恩·古德费洛**（Ian Goodfellow）等人提出“生成对抗网络”（generative adversarial network, GAN）模型，包含生成网络和判别网络两个部分。其中，判别网络旨在分辨真假样本，生成网络则力图以假乱真“欺骗”判别网络，二者在相互对抗中不断学习。GAN 常用于生成惟妙惟肖、真假难辨的图像、视频等，是主要的深伪技术之一。

参照图片的风格转换（见图 3.45）与漫画创作（如图 1.4 的漫画，抓住爱因斯坦的鼻子、胡子、头发的特点，寥寥数笔勾勒出他的形象）不太一样，前者是“形似”，后者是“神似”。让机器表达出它的“理解”，这才是 AI 原创。要做到这一点，需要有崭新的机器学习理论，能讲清楚如何获取特征及其语义。

图 3.45　日本机器学习专家**杉山将**（Masashi Sugiyama）在《统计强化学习：现代机器学习方法》[61] 一书中，应用强化学习将照片转化为水墨画

人类借助机器（如电子显微镜、X 光机、声呐设备、射电望远镜等）扩展了自己的感知，看到了裸眼所看不到的世界。尽管机器感知的范围更为广阔，然而它仍然缺乏人类那样的“艺术”加工，不知这个特点对机器智能是好还是坏？

图 3.46　从微观到宏观，从可见到不可见，人类不断借助工具扩展感知的范围

康德把时间和空间视为感官观察的两种形式。在虚拟的世界（如计算机游戏）里，也可以有时间和空间。游戏者进入那个逼真的虚拟环境，例如元宇宙（metaverse），感知和理性的模式与在现实世界里的一模一样，虽然内容的语义会有所不同，但这并不妨碍沉浸式的体验。想象力是人类具备的神奇的力量，计算机技术将使得人类模糊了真实和虚拟的边界。事实上，人类已经面临（网络）虚拟世界里越来越多的不道德甚至犯罪行为，伦理道德、法律法规迟早也要随之扩展到虚拟世界。

虚拟世界里不见得都是高智商犯罪或技术骇客的破坏行为，在现实世界里的诈骗、性骚扰、窥探隐私等在虚拟世界里也一样会发生。脑机接口、增强现实（augmented reality, AR）、虚拟现实（virtual reality, VR)、机器人等 AI 技术在各种服务上有巨大的潜在市场，这些话题要么仍是禁忌，要么尚未引起注意。然而，它们将成为影响人类生存的因素，值得社会学家和科学家共同关注。

图 3.47　虚拟世界与真实世界无缝衔接时，我们需要重新定义“感知”

人类通过模拟来学习是屡见不鲜的事情。从孩童的“过家家”到宇航员的训练，都是在近似“真实的世界”里获取经验。如果在一些重要特征上模拟得足够地像，从模拟环境中习得的经验还是可靠的。譬如，学生在虚拟现实中学习自然科学，有置身现场的震撼效果。有些虚拟环境就是再现真实场景的全息影像，人们足不出户也可以如临其境地观赏故宫、卢浮宫里珍稀的收藏品。

图 3.48　宇航员在模拟舱中训练，获得太空旅行与生活的“经验”

图 3.49　孔德

法国哲学家**奥古斯特·孔德**（Auguste Comte，1798—1857）提出以“实际验证”为核心的实证主义（positivism），在科学研究中注重观察和经验的方法，这一思想可追溯至培根。孔德认为知识是后天通过归纳学习而得的，超越经验的不是知识，实证主义的目标正是具有客观性的知识。实证主义的方法论是“观察–归纳”，它是当前以数据驱动的 AI 的哲学基础。

奥地利哲学家**卡尔·波普尔**（Karl Popper，1902—1994）反驳了实证主义逃避先验的做法，认为观察不可能不受主观先验的影响。另外，波普尔还认为经验的真正意义是用于证伪而非证实。可证伪性指的是一切从经验而来的结论必须容许逻辑上的反例的存在，它是科学的必要属性。例如，神学、哲学、逻辑学、数学都不可证伪，它们都不属于科学的范畴。经典物理学在接近光速时不成立，它是可证伪的。

当感知的含义发生了改变，在虚拟世界里发生的事情是否可以用作证实或证伪？我们无法否认虚拟世界对我们的影响，毕竟反事实推理所思考的“若非”问题对人类来说太重要了。在计算机游戏里，我们真的可以回到已保存的某个时间点，进入一个反事实世界。甚至，从这个时间点演变出几个平行世界，并行地观察它们的进化。总而言之，“模拟”让机器的反事实推理变得可行。

3.1.2 可操作的知识

我们追求系统性的知识。清末民初著名的思想家、政治家、教育家**梁启超**（1873—1929）曾在讲演《科学精神与东西文化》（1922）里阐明何为有系统的真知识。“知识是一般人都有的，乃至连动物都有。科学所要给我们的，就争一个‘真’字。一般人对于自己所认识的事物，很容易便信以为真；但只要用科学精神研究下来，越研究便越觉求真之难……知识不但是求知道一件一件事物便了，还要知道这件事物和那件事物的关系，否则零头断片的知识全没有用处。知道事物和事物相互关系，而因此推彼，得从所已知求出所未知，叫做有系统的知识。系统有二：一竖，二横。横的系统，即指事物的普遍性——如前段所说。竖的系统，指事物的因果律——有这件事物，自然会有那件事物；必须有这件事物，才能有那件事物；倘若这件事物有如何如何的变化，那件事物便会有或才能有如何如何的变化；这叫做因果律。明白因果，是增加新知识的不二法门，因为我们靠他，才能因所已知，推见所未知；明白因果，是由知识进到行为的向导，因为我们预料结果如何，可以选择一个目的做去。虽然，因果是不轻容易谈的：第一，要找得出证据；第二，要说得出理由。因果律虽然不能说都要含有‘必然性’，但总是愈逼近‘必然性’愈好，最少也要含有很强的‘盖然性’，倘若仅属于‘偶然性’的便不算因果律。”

图 3.50　梁启超

图 3.51　“物类之起，必有所始。”（《劝学》）知识是经过千锤百炼、反复验证的规律性事实，其中，科学只求因果

现在的机器学习多数都是基于经验，程度略有差异，最依赖经验的是有监督学习（supervised learning），也称有指导学习。模型拟合训练数据的火候很难把握，过拟合问题（over-fitting problem）和欠

拟合问题都令人生厌，尤其是前者。当模型在训练数据上表现得很好，但在开放的测试数据上表现欠佳，我们一般说模型的泛化能力很弱。很难说，这样学来的东西能称作“知识”。

荀子说“学莫便乎近其人”(《劝学》)，意思是学习的捷径是亲近良师。人类教师对学生的指导包括传道（即道德伦理）、授业（专业知识的教授，如讲解概念的含义、演示正确的解题过程等）、解惑（回答学生的疑问）。目前，机器学习只关注“授业”上。

图 3.52　机器学习现有的方法还很单调，应该多借鉴一些人类的学习方式，才能实现图灵的“儿童机器”。譬如，强化学习就是“糖果加大棒”的教学方法

德国数学天才**卡尔·弗里德里希·高斯**（Carl Friedrich Gauss，1777—1855）在 18 岁的时候提出了最小二乘法（least square method)，并将之应用于计算谷神星的运动轨迹。稍晚些时候，法国数学家**阿德里安–马里·勒让德**（Adrien-Marie Legendre，1752—1833）也独立地发现了此方法，并早于高斯公开发表。

最小二乘法是参数估计理论的基本方法之一，它的重要性“犹如微积分之于数学”，在数学史中的地位不言而喻。勒让德和高斯对此有过优先权之争，现在通常把二人并列为最小二乘法的提出者。

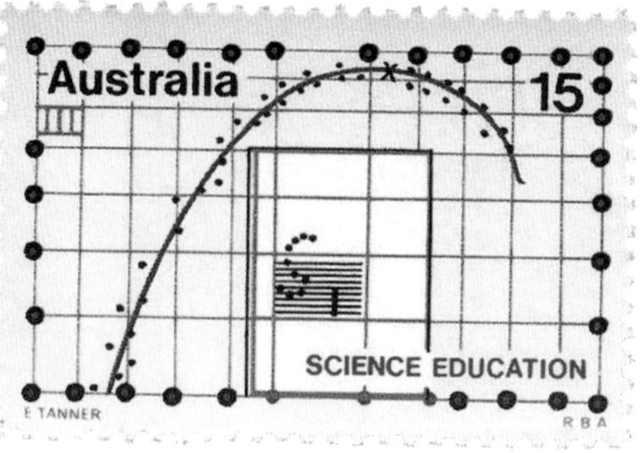

图 3.53　数学王子高斯和用于回归分析的最小二乘法——按照某个预先给定的评估标准，在一个曲线族里找出和数据最拟合的那条曲线

最小二乘法成为统计学、机器学习中数据拟合的常用方法，在事先了解数据分布类型的情况下，这

个方法还是非常有效的。如果没有任何先验信息，经过尝试多种可能的分布类型之后，研究者可以从中挑选出令人满意的结果。它不一定是因果律，但必须具备良好的预测能力和解释能力，才有资格变成知识存储起来以备所需。比如，图 3.54 所示的男孩年龄–身高曲线是一个统计规律，它未必对每个个体都适用，但八九不离十。

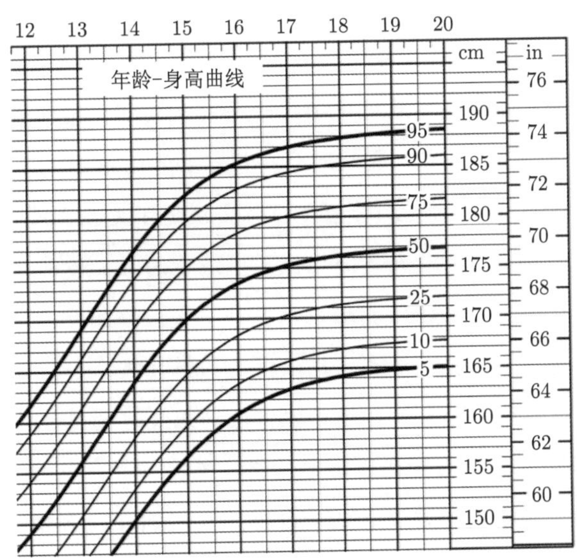

图 3.54 12 ~ 20 岁男孩的年龄-身高曲线：由当前身高所在的曲线估计未来身高。每条曲线都标注了分位数（quantile），表明在同龄人当中，低于该身高的人群比例

新旧知识之间通过类比形成关联，旧知识需要适当地调整以容纳新知识。知识经过具象化，有助于直觉和抽象思维。例如，在提出狭义相对论之后，大物理学家**阿尔伯特·爱因斯坦**（Albert Einstein，1879—1955）将引力与加速运动的升降机做类比，引力场被描述为时空的一种几何属性——曲率。于是，牛顿力学的旧知识进一步发展成广义相对论的新知识，能用来解释更多的物理现象。

图 3.55 爱因斯坦认为弯曲时空（flection-timespace）是质量（能量）造成的，他提出的引力场方程将时空和物质联系了起来

另外，知识的可操作性还体现在它一定是可以传授的。梁启超在《科学精神与东西文化》里批判了只可意会的知识不是真知识。“凡学问有一个要件，要能‘传与其人’。人类文化所以能成立，全由于一人的知识能传给多数人，一代的知识能传给次代。我费了很大的工夫得一种新知识，把他传给别人，别人费比较小的工夫承受我的知识之全部或一部，同时腾出别的工夫又去发明新知识。如此教学相长，递相传授，文化内容，自然一日一日的扩大。倘若知识不可以教人，无论这项知识怎样的精深博大，也等于‘人亡政息’，于社会文化绝无影响。中国凡百学问，都带一种‘可以意会，不可以信传’的神秘性，最足为知识扩大之障碍。例如医学，我不敢说中国几千年没有发明，而且我还信得过确有名医。但总没有法传给别人，所以今日的医学，和扁鹊、仓公时代一样，或者还不如。又如修习禅观的人，所得境界，或者真是圆满庄严。但只好他一个人独享，对于全社会文化竟不发生丝毫关系。中国所有学问的性质，大抵都是如此。这也难怪。中国学问，本来是由几位天才绝特的人‘妙手偶得’——本来不是按部就班地循着一条路去得着，何从把一条应循之路指给别人？科学家恰恰相反，他们一点点知识，都是由艰苦经验得来；他们说一句话总要举出证据，自然要将证据之如何搜集、如何审定一概告诉人；他们主张一件事总要说明理由，理由非能够还原不可，自然要把自己思想经过的路线，顺次详叙。所以别人读他一部书或听他一回讲义，不惟能够承受他研究所得之结果，而且一并承受他如何能研究得此结果之方法，而且可以用他的方法来批评他的错误。方法普及于社会，人人都可以研究，自然人人都会有发明。”

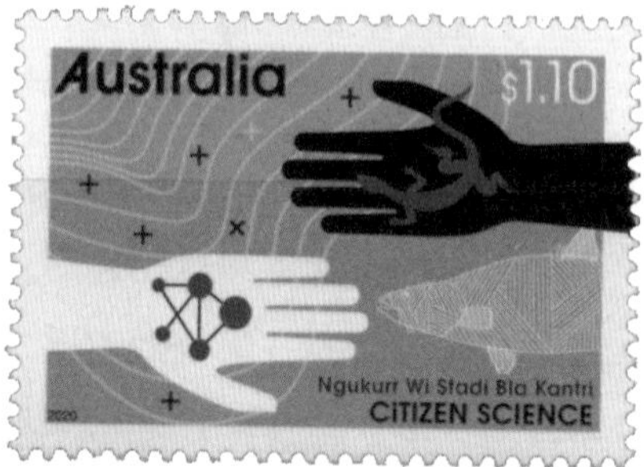

图 3.56 概念和知识形成一个巨大而复杂的网络结构，其中因果关系是最重要的

对机器而言，知识的表示和使用必须是明确的、可操作的，可以从一台机器传递到另一台机器，否则便是无用的。如何做到这一点？机器之间要有一门统一的知识表示和推理的语言，它是一类以知识为研究对象的新型的数学范式，等待着未来的数学家、计算机科学家携手创立。最先受益的是数学本身，未来的机器数学家不仅能够证明定理，还能够主动发现新的定理、提出新的概念。

3.1.3 知识工程

伟大的德国数学家**大卫·希尔伯特**认为，“我们必定可以用桌子、椅子、啤酒杯来代替点、直线、平面”，于是他舍弃了点、直线、平面的直观意义而把它们看作不加定义的纯粹抽象物，并明确指出几何学关心的是点、直线、平面之间的关系，这样建立的几何公理系统具有最大的一般性。

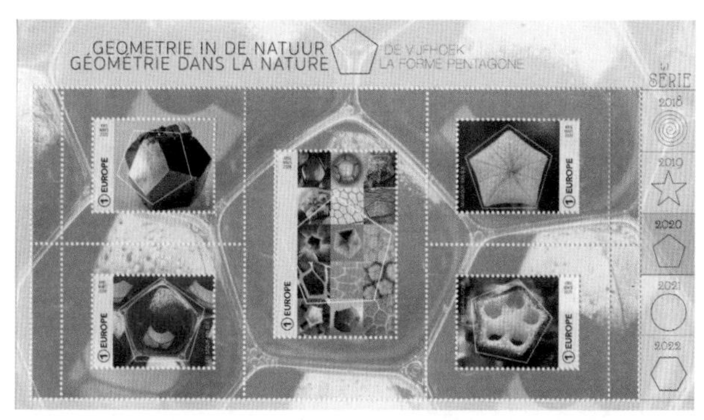

图 3.57　大自然仿佛也懂得数学之美，常把它赋予万物

聚焦“关系”而非实体，摈弃实体的固定语义，极大程度地抽象了知识，这是公理化（axiomatization）的好处之一。另外，公理化统一了基础，澄清了最原始的概念，也避免了悖论的产生。无矛盾性，也称协调性、一致性或相容性（consistency），是对数学系统的最低要求，公理化有助于实现这个目标。

希尔伯特计划

1899 年，希尔伯特发表了公理化思想的传世之作《几何基础》，第一次给出了完备的欧氏几何公理体系。“本书中的研究，是重新尝试着来替几何建立一个完备的，而又尽可能简单的公理系统；要根据这个系统推证最重要的几何定理，同时还要使我们的推证能明显地表出各类公理的含义和个别公理的推论的含义。”20 世纪之初，希尔伯特有把数学建立在少数几条公理基础之上的形式主义美梦，其目的是使一切数学命题原则上都可经有限步骤判断其真伪，即公理体系的“完全性”，也称“完备性”（completeness），并于 20 年代形成“希尔伯特计划”。希尔伯特有一句雄心勃勃的名言，“我们必须知道，我们必将知道”，最能表达他那时的壮志凌云。

图 3.58　希尔伯特

> 作为数学的几何学所关心的只是几何命题如何纯逻辑地从其中有限制的几个来推得。这些特别挑出的命题就是所谓公理。而如果从公理推得的结论完全是按照形式逻辑的法则做出的，则只要认为公理成立，所谓对象（“点”“直线”“平面”）和这些对象的所谓关系（“属于”“介于”“合同于”）究竟指的是什么就完全不起作用了。事实上，形式逻辑之所以被叫作“形式的”，正是因为它的结论就形式说是正确的，不管我们所讨论的对象在实质上指的是什么。所以在几何的公理法结构下，不论我们如何地来理解“点”“直线”“点属于直线”等等，只要我们在作证明时所运用的公理是正确的，则严密逻辑地证明了的定理也是正确的。特别地，可以不必与通常直觉观念下的点、直线等等发生任何关系。
>
> ——摘自德文第七版《几何基础》的俄译本序言

图 3.59 哥德尔

1930 年，希尔伯特的美梦被奥地利数学家、逻辑学家、哲学家**库尔特·哥德尔**击碎。24 岁的哥德尔鬼斧神工地证明了哥德尔不完全性定理（亦称哥德尔不完备性定理），它如同晴天霹雳，给数学界和哲学界带来了巨大的冲击，也影响了计算机科学的基础理论。

（1）任何包含一阶谓词逻辑与初等数论的形式系统，都存在一个不可判定的命题，即该命题在这个系统中既不能被证明为真，也不能被证明为假。

（2）如果某系统含有初等数论，当它无矛盾（即相容）时，它的无矛盾性（即相容性）不可能在该系统内被证明。

由于多数的数学系统都包含初等数论和一阶谓词逻辑，所以哥德尔不完全性定理的适用范围几乎涵盖了所有公理化的数学分支。哥德尔不完全性定理的哲学意义深远，或许人类还要再花费一个世纪去理解它对语言学、计算机科学、物理学、社会科学等的影响[62, 63]。

知识的表示

在不同的尺度上，分类的方法都是类似的。例 1.17 所示的 WordNet 是一个词汇语义知识库，名词概念的基本关系是“is a kind of”定义的子类关系、“is a part of”定义的部件关系、“is a member of”定义的从属关系，这些关系在名词概念间是普遍存在的，可用来编织本体论（ontology）。

例 3.2 概念化就是知识的结晶，由一些基本概念组合拼装成一个新的概念，在衍生新知识的过程中起到关键作用。例如，某集合 S 在一个二元运算 $\circ$ 下封闭，并且该运算满足结合律，则系统 $(S, \circ)$ 被称为半群（semigroup）。半群这个新概念，由“封闭性”和“结合律”定义，即：

$$a \circ b \in S\text{，其中 } \forall a, b \in S$$

$$(a \circ b) \circ c = a \circ (b \circ c)$$

基本概念可以粗略地视为“语义标签”，一个对象可以被打上多个标签。当人们发现一些常用对象拥有相同的标签集合的时候，往往会给这个标签集合一个命名，就像上述“半群”的概念。当前的人工智能还停留在静态知识描述的阶段，尚不具备提炼概念的能力，更无法从大量的未标注文献或语料中自动地发现新的概念。

人工智能仍缺乏有效的知识表示（knowledge representation）方法精准地表达知识。人类的知识散落在文献里，或者人们的头脑里，结构隐性甚至杂乱无章地存在着。尘封的书卷里还有多少没有发掘出的思想宝藏？一个个领域专家的离世，带走了头脑里所有的系统知识——积累的过程千辛万苦，消失的瞬间却无声无息。人类几千年以来就是这么低效地积累知识，真知灼见被遗留在故纸堆里，这正是人工智能最需要发力的地方。

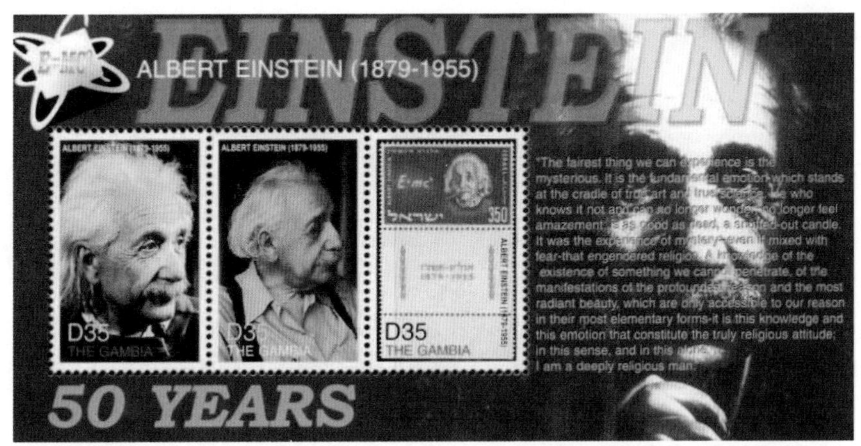

图 3.60　每一位智者的离去，都是人类精神财富的一大笔损失

“知识是人类远见的积累——在过去的远见之上，加上今天的远见。”伟大的物理学家**艾萨克·牛顿**（Isaac Newton，1642—1727）如是说。他晚年时曾这样谦虚地总结自己的一生，“我并不知道我在世人眼中是什么模样，对我自己来说，我似乎只像是一个在海边玩耍的男孩，不时找一颗平滑的卵石，或比较美丽的贝壳来取悦自己，而真理的大海则横陈在我面前，一无发现”。那些曾经被珍爱的漂亮石头和贝壳，还有多少被后人欣赏？

例 3.3　作为分类器，决策树有着很好的可解释性，所用的特征（也称“属性”）对于人类来说是可读的，适合作为描述分类知识的一种形式化方法。

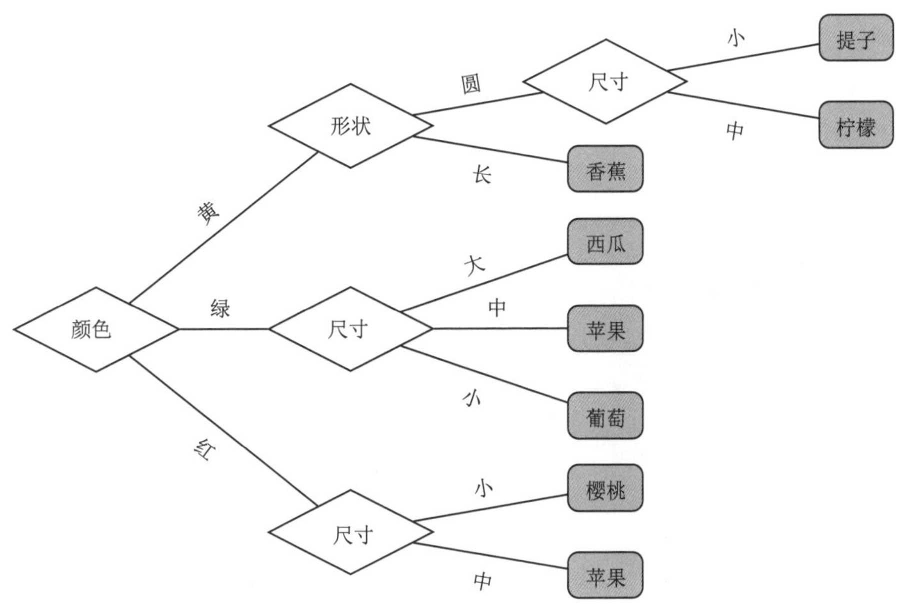

图 3.61　基于决策树的水果分类：特征“颜色”“尺寸”“形状”有各自的取值。“紫葡萄”的知识没有被表示出来

如果用特征及其取值（称为“特征值”）来刻画状态，叶节点是某个动作，决策树就是从状态空间到动作空间的一个映射。例如：

$$\begin{bmatrix} \text{颜色} = \text{绿} \\ \text{尺寸} = \text{小} \end{bmatrix} \mapsto \text{葡萄} \qquad \begin{bmatrix} \text{颜色} = \text{黄} \\ \text{形状} = \text{圆} \\ \text{尺寸} = \text{小} \end{bmatrix} \mapsto \text{提子}$$

机器学习可以采取这样的策略：区分识别问题和决策问题，把它们交给各自的专家来解决。譬如，图像分析用任何学习机（如深度神经网络）来判定这些特征的取值，再结合这棵决策树共同实现物体识别。

图 3.62　对象间的总体特征越接近（如葡萄和提子），能区分二者的特征就越重要

决策树是否准确和全面直接影响判别效果。例如，图片中“紫葡萄”的颜色、尺寸、形状被识别出来，但决策树（图 3.61）并不知其为何物。如果把“紫”改为其他颜色，则它被判定为“提子”或“葡萄”或“樱桃”。再如，没熟的“绿香蕉”图片也把系统问住了。如果把“绿”改为其他颜色，则它很自然地被判定为“香蕉”。

图 3.63　绿香蕉和黄香蕉仅仅差别在颜色上，哪怕香蕉的训练样本和知识表示中颜色都是“黄”，也丝毫不影响将绿香蕉识别为“香蕉”

上述分类的例子可以一般化为，在训练模型时没有某类数据，然而在应用模型时又需要处理该类数据。利用知识表示有助于解决这种零样本学习（zero-shot learning）的问题。人类积累了大量现成的知识可以直接教给机器，没有必要让机器什么都从数据中挖掘，是时候把注意力放在知识计算（knowledge computing）上了。

原则上，几乎所有机器学习问题都可以采用这种模式识别与知识表示协同解决的方案，在整体上提升模型的可解释性。另外，这种学习策略有助于实现迁移学习（transfer learning）。例如，如果分类器没有“斑马”的样本和概念，基于特征的决策分类可能把它疑似地识别为“马”。这个分类虽然是错误的，但在语义上它们至少是接近的，聊胜于无。并且，有关“马”的一些知识可以迁移到“斑马”上。

图 3.64　“斑马”和“马”外形相似，这让初次见到斑马的人也能联想到它的许多属性

例 3.4　类似例 3.3，定义特征为主语、谓语和宾语。由特征和特征值组成的特征结构（feature structure）可用来描述句法–语义，例如，“阿 Q 告诉大家孔乙己偷书”可以表示为以下特征结构。

$$
\begin{bmatrix}
\text{主语} = \text{阿 Q} \\
\text{谓语} = \text{告诉} \\
\text{宾语}_1 = \begin{bmatrix} \text{主语} = \text{孔乙己} \\ \text{谓语} = \text{偷} \\ \text{宾语} = \text{书} \end{bmatrix} \\
\text{宾语}_2 = \text{大家}
\end{bmatrix}
$$

特征结构允许嵌套，即特征值可以是一个特征结构。“孔乙己偷书”是直接宾语从句，它本身可以表示为一个特征结构。

例 3.5　接着例 1.32，“潘金莲喂武大郎砒霜”可以表示为：

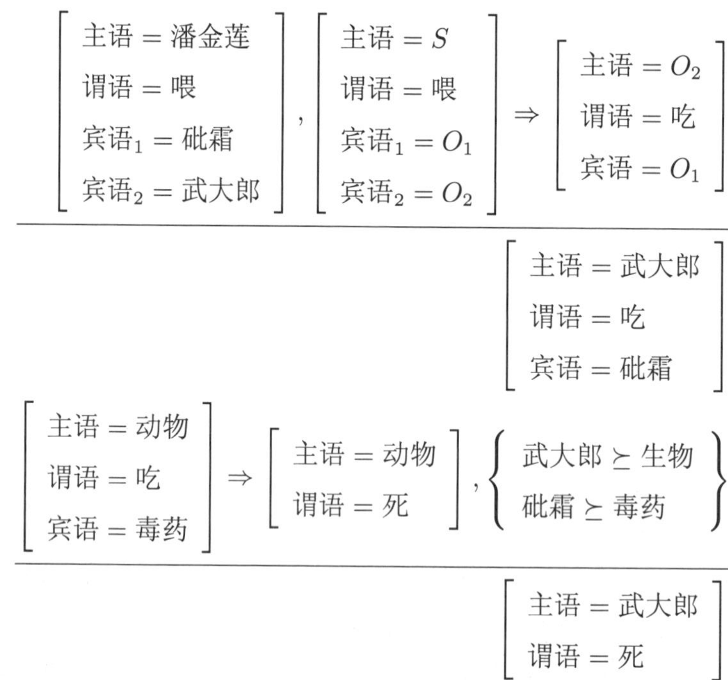

$$\frac{\begin{bmatrix} \text{主语} = \text{潘金莲} \\ \text{谓语} = \text{喂} \\ \text{宾语}_1 = \text{砒霜} \\ \text{宾语}_2 = \text{武大郎} \end{bmatrix}, \begin{bmatrix} \text{主语} = S \\ \text{谓语} = \text{喂} \\ \text{宾语}_1 = O_1 \\ \text{宾语}_2 = O_2 \end{bmatrix} \Rightarrow \begin{bmatrix} \text{主语} = O_2 \\ \text{谓语} = \text{吃} \\ \text{宾语} = O_1 \end{bmatrix}}{\begin{bmatrix} \text{主语} = \text{武大郎} \\ \text{谓语} = \text{吃} \\ \text{宾语} = \text{砒霜} \end{bmatrix}}$$

$$\frac{\begin{bmatrix} \text{主语} = \text{动物} \\ \text{谓语} = \text{吃} \\ \text{宾语} = \text{毒药} \end{bmatrix} \Rightarrow \begin{bmatrix} \text{主语} = \text{动物} \\ \text{谓语} = \text{死} \end{bmatrix}, \begin{Bmatrix} \text{武大郎} \succeq \text{生物} \\ \text{砒霜} \succeq \text{毒药} \end{Bmatrix}}{\begin{bmatrix} \text{主语} = \text{武大郎} \\ \text{谓语} = \text{死} \end{bmatrix}}$$

利用特征结构和类似 WordNet 的知识网络，可以表达自然语言的语义和一些常识，并能够完成简单的推理。

知识的搜索

除了有严格逻辑基础的数学和科学知识，在某种程度上也应该有信息性和说明性的知识，而不应局限于通过严格的演绎推理传播的那部分。例如，事实知识和过程知识（有时也称技能知识）是两类最重要的描述性知识。前者是有关“什么”（know-what）的知识（例如，“美国的首都是华盛顿特区”），后者是有关“如何”（know-how）的知识。

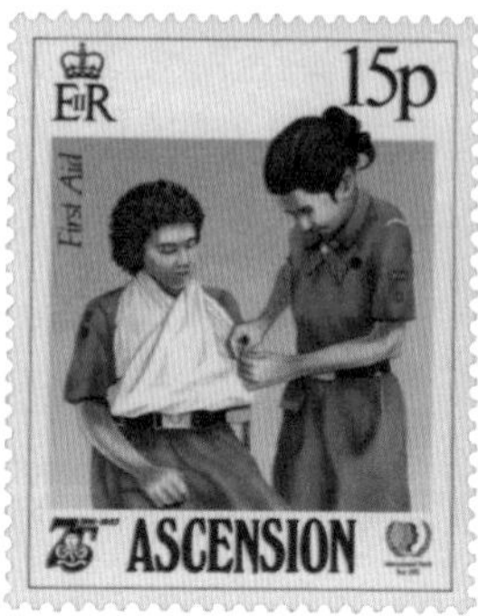

图 3.65　珠穆朗玛峰海拔约为 8 850 米是“事实知识”，如何对摔伤者进行急救是“过程知识”，可用描述逻辑（description logic）对之进行推理

例 3.6　2012 年，谷歌公司提出“知识图谱”的初衷是为了改进搜索引擎。例如，询问“迈克尔・乔丹多大年龄”，系统根据当前时间（2020 年 5 月）直接返回准确的答案，以及一些相关信息的链接。此刻再问相同的问题，谷歌搜索会返回不同的答案。

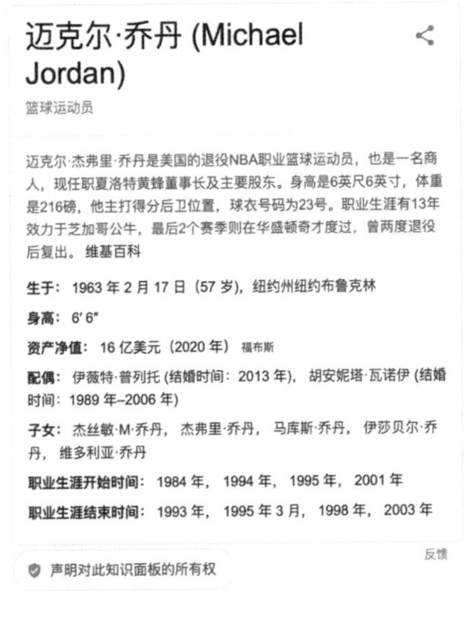

图 3.66　基于知识图谱的谷歌搜索引擎把用户可能关注的维基百科知识放在返回结果的首位。到目前为止，该搜索引擎仅对某些特殊问题有直接答案

同名同姓的人很多，谷歌搜索引擎并不知道用户关注哪位“迈克尔・乔丹”，所以优先返回多数用户关注的那位。加州大学伯克利分校的迈克尔・乔丹教授是机器学习领域的知名学者，但人民群众显然更关注文体明星。

更智能的搜索是在理解了用户的搜索意图之后，对结构化的知识和数据进行一些相关的操作，有时甚至需要推理和计算，把答案整理成数值、图表、公式等关联信息。例如，某决策行为是绘制有待对比的两个数据集的直方图，并用不同颜色将之同框展示。或者，给出股票价格走向的预测，同时附上分析的依据。

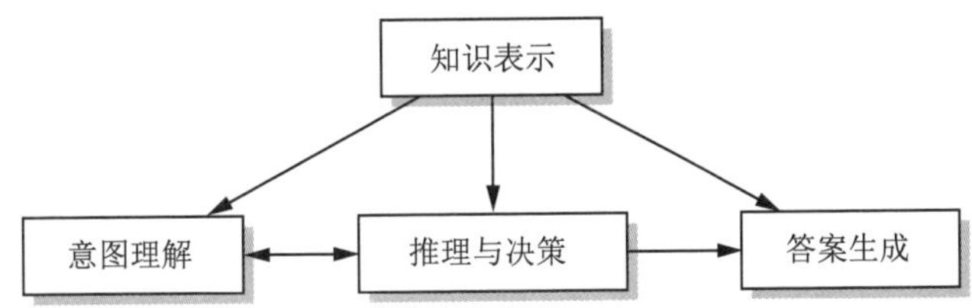

图 3.67　未来问答式的智能搜索不是简单地从原始文档或数据库中抽取答案，而是在推理/推断和决策分析之后，通过预定的处理流程从知识库中生成类型丰富的答案

例 3.7 2009 年，英国数学家、计算机科学家（符号计算系统 Mathematica 的设计者）**斯蒂芬·沃尔夫勒姆**（Stephen Wolfram，1959— ）发布了计算知识引擎 WolframAlpha，该在线问答系统“利用 Wolfram 的突破性算法、知识库和人工智能技术算得专家级的答案”，其背后有 WolframMathWorld 数学百科和 Mathematica 系统的支持。它不仅能回答数学类的知识，还能回答一些信息类的事实。

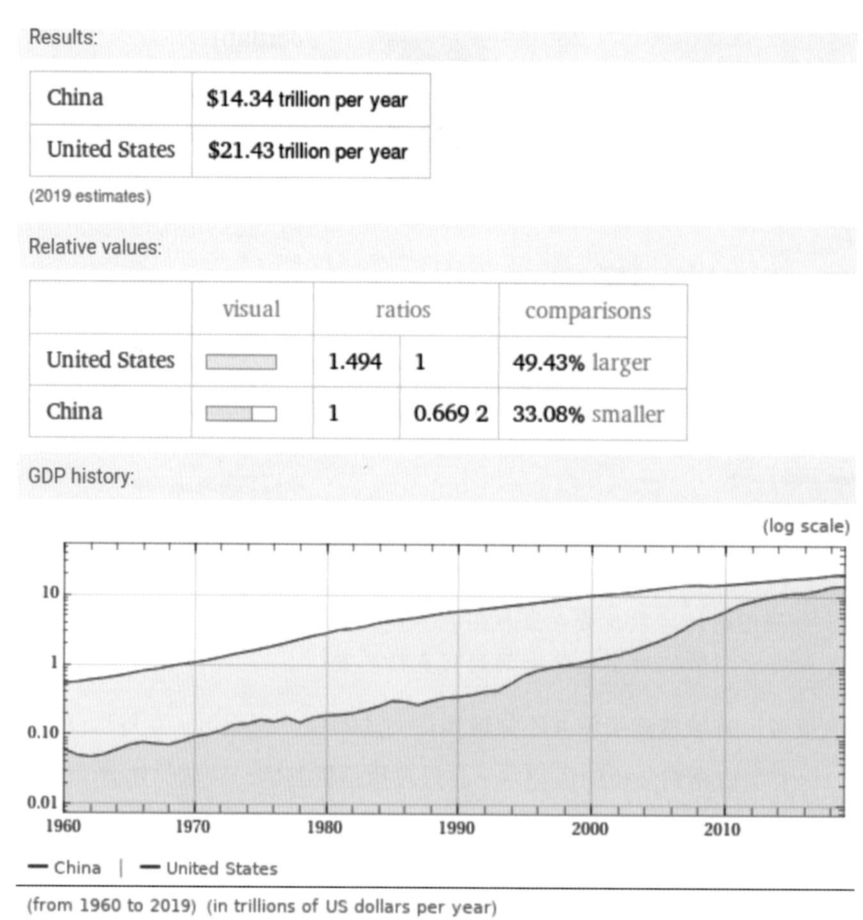

Results:

China	$14.34 trillion per year
United States	$21.43 trillion per year

(2019 estimates)

Relative values:

	visual	ratios		comparisons
United States		1.494	1	49.43% larger
China		1	0.669 2	33.08% smaller

GDP history:

图 3.68 检索“中美 GDP 对比”，WolframAlpha 返回当前数据及历史数据比较

每年都有大量的生物医学类论文发表，PubMed 网站提供了对这些论文摘要的免费搜索服务，已有很多知识挖掘的研究工作利用自然语言处理和信息检索技术自动发现论文、作者、研究机构的关联性，包括研究主题的演化趋势等宏观规律。然而，在概念层面的微观知识建模仍有待发展。

知识的更新

知识之树的根是“道”，由根生长到主干、枝杈、叶子，有连续性、规律性。“实践出真知”“实践是检验真理的唯一标准”的含义都是，经过实践这个筛子，真正有价值的知识被留下，无用的知识被抛弃或遗忘。

图 3.69　知识之树植根于经验的土壤，在理性之光下茁壮成长

很难明确地定义知识是什么，许多哲学家尝试过，但都以失败告终。在大的时间尺度下纵观人类的知识发展，除了数学知识的积累相对比较平稳外，其他科学知识都处于颠覆性的变化之中。今天的物理、化学、生物等科学，与一百年前相比，已经千差万别。如今，不再有像**布丰**（Comte de Buffon，1707—1788）那样百科全书式的学者，也不会有像**昂利・庞加莱**（Henri Poincaré，1854—1912）那样全面的数学家。研究领域已经细化到任何一个局部的小分支都可以吞噬一个研究者全部的青春年华。

图 3.70　**庄子**（前 369—前 286）告诫我们要有目标地追求知识，“吾生也有涯，而知也无涯。以有涯随无涯，殆已”（《庄子・养生主》）

知识如何融合？它的增长方式是怎样的？知识在人脑里的存储方式是什么？推理时它是怎么被调用的？可以描绘人类知识的演化过程吗？知识论里有太多的难题，已困惑人类数千年。

拿知识演化来说，即便是循序渐进的数学，一些新工具的诞生也让教科书里的旧知识尴尬不已，是走是留？譬如，多元微积分里的格林公式（Green formula）、斯托克斯定理（Stokes' theorem），如果用外代数、外微分的语言描述不知要简单多少倍。传统的方法总要被新方法取代，就像总有人正老去，总有人正年轻。

图 3.71　作为自然科学的奴仆，数学不断地提升自己，以求更好地服务于科学。数学里只有过时的方法，而没有错误的知识

知识的实用性是它的最主要的特征之一，无用的知识流传不下去。如果用“道法术器”来给知识分层，哲学在“道”的层面，离实用最远却统辖着其他三个层面。一些人认为哲学无用，其实它是最根本的，我们每个人都受其影响却常常不察觉。

图 3.72　哲学是科学之母，哲学家是爱智慧之人

什么样的知识才算有用的？对个人来说，求生、急救、安全、健康等生存、生活常识是必需的。对公司来说，技术、人力、流程、资源的知识管理、智能运维能打破部门壁垒、提高效率、降低成本。对国家来说，既需要各种专业型人才，也需要复合型、应用型人才。例如，德国、日本一直非常重视职业教育，并不是人人都要成为科学家才显得酷。1951 年，日本颁布了《产业教育振兴法》，强调“初中、高中、大学和高等专科学校教育是为了使学生掌握农业、工业、商业、水产业和其他产业所必需的知识、技能和态度所进行的教育”。

在德国，技工的工资高于全国平均水平，技校毕业生的工资几乎普遍高于高校毕业生。高级技术工人、工程师的社会地位和经济收入并不低于大学教授。在这种背景下，德国每年有 65% 的初中毕业生进入职业学校。

图 3.73　日本重视产业教育，明确目标是培养能够服务于社会的劳动者

英国统计学家、遗传学家、优生学家**罗纳德·艾尔默·费舍尔**（Ronald Aylmer Fisher，1890—1962）曾说，“如果科学发现是为了启迪其他自由思想而传播的，那么它们迟早会被用于一些我们一无所知的目的”。即知识具有潜在的应用价值，有时出乎想象。这个说法不仅适用于科学和数学，还适用于文学、艺术、历史、宗教、经济学、人类学、伦理学、哲学、语言学、心理学等人文学科（humanities）。费舍尔认为，“归纳推理是我们所知的唯一过程，通过它诞生全新的知识”。为此，“实验观察只是事先精心规划的经验，旨在形成新知识的可靠基础”。

图 3.74　费舍尔

图 3.75　（左图）学校和研究机构的目标是“为了人类知识的增长和传播”；（右图）“为了艺术与思想”的知识分子

例如，人工智能伦理（Ethics of AI），它的诞生是 AI 技术发展到一定阶段的产物，具有双重的影响力——以伦理学为原则指导人工智能的应用，同时智能机器与人类的关系也丰富了伦理学的研究范围。更有甚者，人工智能和其他人文学科之间也将碰撞出新的火花，有待多学科的交融。

然而，数学、科学、人文学科之间的融会贯通是一个高门槛，需要以大量的知识储备为基础。传统的获取知识的方法是教学和自学，知识的载体是书本。随着电子读物（E-book）的出现，一些新手段也日益被大家所熟悉。例如，维基百科（wikipedia）用超链接“拉通”知识，以便用户在各种术语间跳转，高效地获取想要了解的知识。

图 3.76 人们在传统图书馆或电子图书馆中阅读书籍，AI 将助力知识获取的效率

显而易见，一本书对于不同的读者，其所需的内容也是不同的。有的人只需要寥寥几个知识点，有的人则需要的更多一些。如果知识可以被结构化地描述，电子书中的内容就可以因人而异，面向不同的需求“坍缩”成不同的版本。这样无疑能够加快我们获取知识的速度，彻底改变从纸质书籍中缓慢而低效的学习方式。

如何将知识结构化？知识图谱是一种简易的办法，概念之间的“定义”关系、命题之间的“推导”关系、概念和命题之间的“关联”关系等可被清晰地描述出来。一本电子读物被抽象为一个知识图谱，其有向图结构保证了各种“坍缩”的可行性。若能再佐以人工智能技术，电子读物不再简单地是书籍载体的进步，而是一场崭新的阅读和学习的革命，是知识积累的福音。

图 3.77 百科全书是面向人类的知识宝库，如何更智能地查询知识？如何让机器掌握知识？很多有关知识的难题摆在人工智能面前

知识表示是静态的，如果不知如何使用它，其价值会大打折扣，有和没有差别不大了。现有的知识库，大多数都缺乏有效的推理机制。其实，应有的次序是推理规则在先，知识构建在后。而不是想当然地构建完知识库后，再来讨论它的应用。

在 2017 年国务院发布的《新一代人工智能发展规划》里，“知识”被提到 40 多次，文件还提出要把数据和知识打造成为经济增长的第一要素，可见对它的重视程度。一些与知识计算相关的技术被一再强调，例如：

- 知识计算引擎与知识服务技术。重点突破知识加工、深度搜索和可视交互核心技术，实现对知识持续增量的自动获取，具备概念识别、实体发现、属性预测、知识演化建模和关系挖掘能力，形成涵盖数十亿实体规模的多源、多学科和多数据类型的跨媒体知识图谱。
- 跨媒体分析推理技术。重点突破跨媒体统一表征、关联理解与知识挖掘、知识图谱构建与学习、知识演化与推理、智能描述与生成等技术，实现跨媒体知识表征、分析、挖掘、推理、演化和利用，构建分析推理引擎。
- 群体智能关键技术。重点突破基于互联网的大众化协同、大规模协作的知识资源管理与开放式共享等技术，建立群智知识表示框架，实现基于群智感知的知识获取和开放动态环境下的群智融合与增强，支撑覆盖全国的千万级规模群体感知、协同与演化。

不积跬步无以至千里，知识计算的理论和模型，要从最简单的实例开始验证其有效性，譬如小学数学。正如**勒内·笛卡儿**在《谈谈方法》里所坚信的，化整为零、由简入繁是科学研究的基本手段。这个貌似简单的实践其实充满了挑战，尤其平面几何已涉足公理化，麻雀虽小，五脏俱全。迄今为止，还没有哪个知识表示与推理的系统能够实现中小学数学的知识计算。

图 3.78 初等数学知识的表示和推理是对数学机械化的最低要求

3.2 永远的精神财富

自然科学知识是人类共有的，不应该有任何壁垒阻挡它的传播、发展和利于人类的应用。任何的信仰，都不应是自然科学的绊脚石，如果它是，则一定会被历史嘲笑和鄙弃。在人类历史中，有几位数学家和哲学家之死被载入史册，像面镜子时刻提醒我们人性之恶。

例 3.8 古希腊数学家、哲学家、音乐理论家**毕达哥拉斯**（Pythagoras，前 570—前 495）认为有理数是宇宙万物之本，并在音律中找到“解释”。他发现了毕达哥拉斯定理（即勾股定理，也称商高定理，出现于中国最早的数学著作《周髀算经》，成书年代不详），建立了毕达哥拉斯学派，影响了古希腊纯粹数学的发展。后来，该学派走向神秘主义。

图 3.79 毕达哥拉斯学派把数学放在哲学与科学的首位，对后世产生了深远影响

图 3.80 发现无理数的希帕索斯

该学派的数学家**希帕索斯**（Hippasus，前 530—前 450）证明了 $\sqrt{2}$（即单位等腰直角三角形的斜边长度）不是有理数，史称“第一次数学危机”，实现了有理数域到实数域的扩张。笃信有理数的毕达哥拉斯学派认为希帕索斯的这一发现亵渎了神明，结果希帕索斯为此被溺死于海上，成为数学史上第一个为真理而死的烈士。毕达哥拉斯学派的名声因此变坏，为人不齿。希帕索斯的著作没流传下来，也没有当时的雕像和画像存世。后人通过想象，画了希帕索斯的肖像。

例 3.9 西方政治哲学和伦理学的奠基人、伟大的古希腊哲学家**苏格拉底**因学术争辩开罪过三个原告而让这些小人对其恨之入骨，也因反对缺乏专业知识的民主而得罪雅典政权——苏格拉底既反对僭主集团的独裁，也反对无知的民主。他认为，“用豆子拈阄的办法来选举国家的领导人是非常愚蠢的，没有人愿意用豆子拈阄的办法来雇用一个舵手、或建筑师、或奏笛子的人、或任何其他行业的人，而在这些事上如果做错了的话，其危害是要比在管理国务方面发生错误轻得多的……君王和统治者并不是那些拥大权、持王笏的人，也不是那些由群众选举出来的人，也不是那些中了签的人，也不是那些用暴力或者凭欺骗手法取得政权的人，而是那些懂得怎样统治的人。”（色诺芬的《回忆苏格拉底》[64]）

雅典法庭在政治势力的劝诱之下以不虔诚（不敬神，另立新神）和毒害雅典青年思想的罪名判处苏格拉底死刑。苏格拉底凛然拒绝了学生们协助他出逃避难的计划，最终饮下毒堇汁而死。

苏格拉底的学生**柏拉图**和**色诺芬**（Xenophon，前 427—前 355）都有回忆恩师的著作。如柏拉图的《欧悌甫戎篇》《申辩篇》《格黎东篇》《斐多篇》分别记录了苏格拉底入法庭前与学生欧悌甫戎谈论虔诚、在法庭上为自己辩护、临刑前与学生格黎东的对话（拒绝了弟子们协助越狱的好意）、坦然受刑的过程。

由于苏格拉底没有著作流传于世，我们无法直接通过他的作品来分析他。苏格拉底的对话都是他的学生在他死后整理的，难免有创作的成分。色诺芬（图 3.7 中，苏格拉底左边之人）是军事家、文史学家，他不太懂哲学，很难忠实地复述苏格拉底的思想。柏拉图是伟大的哲学家，他有借苏格拉底之口表达自己理念之嫌。

据《申辩篇》所称，苏格拉底被起诉和古希腊喜剧之父**阿里斯托芬**（Aristophanes，前 448—前 380）的喜剧《云》有关。在这部喜剧里，苏格拉底被描绘成一个教授诡辩之术、以一些脱离实际的无用思想来蒙蔽他人的小丑。阿里斯托芬揶揄苏格拉底之处，正是世人不理解哲学家的地方。苏格拉底在剧里不相信宙斯的存在，还说服学生放弃对神的虔敬。他热衷于解释打雷下雨等自然现象，教导门徒用科学的眼光审视世界。刨除过分的嘲讽和侮辱，阿里斯托芬笔下的苏格拉底，有可能就是历史上活生生的那个苏格拉底。

图 3.81　苏格拉底被同时代的人误解，有人鄙视他为小丑，有人憎恶他狂妄自大

现在看来，作为哲学家的苏格拉底的言行再正常不过了。但是，在 2 400 多年前的阿里斯托芬

看来，苏格拉底所思考的都是不务正业的问题，而苏格拉底的无神论更是破坏了神圣的家庭关系和城邦间的信仰联系。那时的宗教对人们构成道德约束，阿里斯托芬害怕苏格拉底教会青年们独立思考，进而否认神的存在而让社会的伦理规范失去根基。阿里斯托芬的担忧，今天依然以各式各样的形态存在着。

在法庭上，雅典议事会（共 501 人）被苏格拉底不认错还略带嘲讽的“狂妄”所激怒，从最初 281:220 认为他有罪到最终 361 票投他死刑，说明苏格拉底的申辩适得其反，反倒让一群人云亦云的蠢人以民主的方式置于死地。彼时，因言获罪的苏格拉底已有赴死之心，他知道这个世界已不再容他，死不仅是解脱，还是对这个民主社会的极大的讽刺。

图 3.82　法国画家、新古典主义画派的奠基人**雅克–路易·大卫**（Jacques-Louis David，1748—1825）的油画《苏格拉底之死》（1787）。画中气氛凝重，苏格拉底右手伸向装着毒堇汁的杯子，左手食指指天，仿佛还在跟他的学生们讨论哲学问题。学生们都难掩悲伤、哀恸不已，反衬出苏格拉底的刚毅、沉着和睿智

虽然色诺芬的《会饮篇》《回忆苏格拉底》与柏拉图的回忆录有一些出入，但在苏格拉底的罪名上是一致的——“苏格拉底的罪行在于他不尊敬城邦的诸神而且引进了新神；他的犯罪还在于他败坏了青年”（见《回忆苏格拉底》）。

在学生们的眼中，苏格拉底是一位正直而谦逊的人，并无亵渎神明。苏格拉底有句名言，也被称为苏格拉底悖论（Socratic paradox），“我知道我一无所知”。然而在外人看来，苏格拉底对自然本质的追求就是对神不敬。苏格拉底常用的反诘法（即用一连串的问题置辩论对方于矛盾之中）迫使人们承认自己的无知，这种用讽刺催生思想的方法颇伤他人自尊。其实，反诘法在哲学教学中是非常有效的，以对话辩论的方式利于递进式地澄清概念。

另外，苏格拉底的辩证法被世俗理解为诡辩之术，实属民众的无知（时至今日，仍有很多人认为哲学是无用的）。面对政治陷害，苏格拉底没有逃避，他为自己的信仰而死，令人肃然起敬。

苏格拉底天真地认为犯罪的根源是无知，没人会明知故犯。不知在被处死之前，苏格拉底是否醒悟，在这个世界上，人类有太多有意而为的恶。

例 3.10　古希腊数学家、科学家、发明家**阿基米德**（Archimedes，前 287—前 212）被誉为“物理学之父”，他是人类历史中最伟大的三位数学家之一（另两位是牛顿和高斯）。

在布匿战争时期，当罗马军团攻陷阿基米德所在的锡拉库扎城后，他死于罗马士兵之手。据说，当时他正在思考几何问题，对破门而入的罗马士兵怒斥道，“别碰我的圆”。随即，他惨死在恼羞成怒的士兵的剑下，这让欲善待阿基米德的罗马统帅**马克卢斯**（Marcellus，前 268—前 208）懊恼不已。这位将军曾吃尽阿基米德发明的机械武器的苦头，损兵折将之后反倒对阿基米德崇敬备至、惊为天人，说“这是场罗马舰队与阿基米德一人的战争”。

图 3.83　阿基米德是爱国者。当祖国遭受侵略的时候，他用所学抵御外敌，展现了一个真正的学者所应有的情操，也赢得了敌人的尊敬

阿基米德之死是人类历史的一个小小的缩影——当愚昧和无知摧毁文明与和平的时候，只需简单而暴力地挥舞短剑。那些施暴的人只是一群没有头脑的僵尸，他们根本不懂得，毁掉美好容易，再造它是多么地困难。

例 3.11　古希腊数学家、哲学家、天文学家**希帕提娅**（Hypatia，370—415）是一位杰出的柏拉图学派学者，发明过比重计和天文观测仪器，却被基督徒描绘成善用魔法的巫婆。一群基督徒暴民把她从马车上拖下（图 3.84 描绘了当时的场景），在教堂里将她凌迟处死，并焚烧了她的尸体。

图 3.84　希帕提娅是第一个受到基督教会势力迫害的数学家、天文学家

迫害和杀死希帕提娅的人早已灰飞烟灭，除了令人不齿的恶行什么也没留下，而希帕提娅的芳名却依然有人凭吊。2009 年，她的生平被改编成电影《城市广场》（*Agora*）。

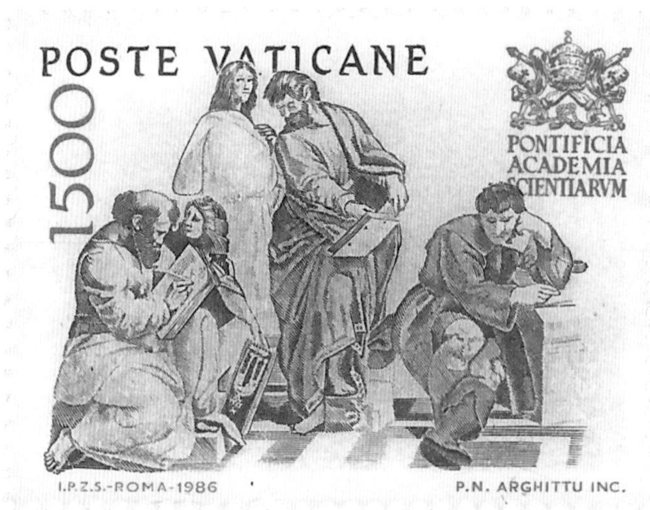

图 3.85　壁画《雅典学派》的局部，其中站立的白衣长发女士是希帕提娅，左下角正在厚书上奋笔疾书的秃顶长须老者是毕达哥拉斯

例 3.12　作为一个神父，意大利哲学家、数学家**乔达诺·布鲁诺**（Giordano Bruno，1548—1600）公然和教会唱反调，反对亚里士多德、托勒密的“地心说”，鼓吹哥白尼的“日心说”。他甚至认为宇宙

是无限的、物质的，太阳不过是一颗普通的恒星，地球只是一个行星，人类在宇宙中也不是唯一的……布鲁诺的离经叛道惹怒了罗马宗教裁判所，最终被判火刑当众烧死。如今，在布鲁诺殉难的地方，伫立着他的一尊雕像，供后世永远缅怀。

图 3.86　布鲁诺为他的信仰而死，更准确地讲，为科学的想象而死

还有许多为真理而牺牲或饱受苦难的科学家，他们都值得世人怀念。那些摧残他们的罄竹难书的强权和宗教，都被人类文明所不容。1992 年，梵蒂冈教皇**约翰・保罗二世**（1920—2005）就 1633 年梵蒂冈教廷对**伽利略・伽利莱**（Galileo Galilei，1564—1642）的审判发表道歉。伽利略因为反对地心说而获罪，在听完审判之后，他仍不屈地喃喃道，“它（地球）仍在转动”。

图 3.87　伽利略的肖像曾被印在 2 000 意大利里拉的纸币上

为开启民智而献出生命、忍受折磨，古来有之。独立思考、怀疑虚假、理性务实、执着理想的精神，是求知求道的沧桑正途。

例 3.13　当战国时代楚国的三闾大夫、诗人**屈原**（前 343—前 278）在《渔父》里哀叹，“举世皆浊我独清，众人皆醉我独醒……宁赴湘流，葬于江鱼之腹中。安能以皓皓之白，而蒙世俗之尘埃乎”。他是多么地孤独和绝望。最终，独善其身、不愿与世俗同流合污的屈原抱石投汨罗江而死，留下了许多千古绝唱。

最令人震撼的是一曲《天问》，屈原以怀疑主义的态度反问了 170 多个不解谜题，涉及天文（30 个问题）、地理（42 个问题）、历史（95 个问题），理性而大胆地思考自然现象、历史兴衰等，可谓“千古万古至奇之作”。

> 遂古之初，谁传道之？上下未形，何由考之？
> 冥昭瞢暗，谁能极之？冯翼惟像，何以识之？
> 明明暗暗，惟时何为？阴阳三合，何本何化？
> 圜则九重，孰营度之？惟兹何功，孰初作之？
> ……

2020 年，炎黄子孙揽星九天可以告慰祖先，我国的行星探测任务正式命名为“天问”。“天问一号”是火星探测器，以后还会有更多的“天问号”飞往宇宙深处。

图 3.88 屈原在《离骚》里高歌“路漫漫其修远兮，吾将上下而求索”。这句话已成为所有治学之人的座右铭

在人类知识财富的积累过程中，追求真理的科学家们，传道授业解惑的老师们，他们永远是最值得尊敬的。“十年树木，百年树人”，尊师重教是美德。一个国家的文明程度与知识创造者和传播者的社会地位成正比，古往今来皆是如此。

图 3.89 任何伟大的文明都从尊重知识、尊重知识的创造者和传播者开始

我国的教育资源分布得非常不均匀，广大落后地区缺少师资，失学问题依然存在。随着信息通信基础建设的普及，网络课堂有望弥补实体课堂的不足，为偏远贫困地区的孩子们带来希望。“知识改变命运”，小到个人的命运，大到国家的命运。只有全民重视教育，科技实力才能水涨船高，否则就会青黄不接、后继无人。

人们很容易看清 AI 技术对工农业生产的促进作用，可是人工智能最具价值的应用是在教育领域，一些落后的传统教学方式将遭到颠覆。对我国来说，这是知识改变民族命运百年不遇的转机点。

图 3.90　让人工智能走入国民素质教育之中，改变千百年来落后的教学方式

美国的科技雄霸全球，同时它的反智主义也有泛滥成灾的趋势。其深层原因是科技进步加剧了阶级的分化，让普通民众对社会精英不再信任，连带着开始怀疑理性和知识，认为是它们造成了不公平和不如意。对理性和知识的逆向歧视，让反智者自食恶果，陷入更大的困境，导致阶级的自我固化。可见，反智主义是精神鸦片，“读书无用论”在现代社会是行不通的。

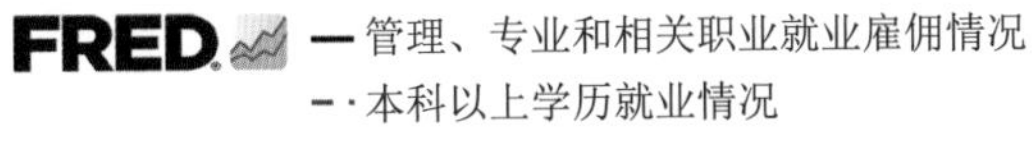

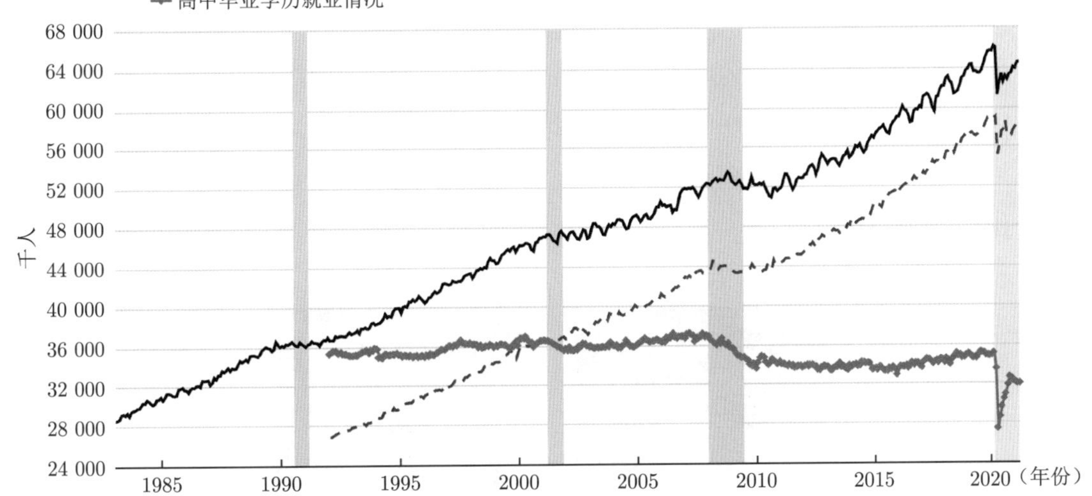

图 3.91　1983—2021 年美国的管理、专业和相关职业的雇佣情况，1992—2021 年本科以上学历和高中毕业学历的就业情况的历史数据。不难看出，市场对专门人才和受过高等教育的人才的需求是不断增加的，而面向高中水平的就业机会却不断减少

来源：美国劳工统计局

2020 年的新冠肺炎疫情席卷了美国，仍然有大量的美国百姓拒绝戴口罩，甚至坚信疫情是政府对民众的一场骗局。连美国总统**唐纳德·特朗普**（Donald Trump，1946—　）也称新冠肺炎疫情只不过

是“大号流感”，又有何惧。在 4 月份的一次白宫记者会上，特朗普竟然暗示人们注射消毒剂防治新冠病毒。在抗疫失败之后，特朗普和他的政府开启各种“甩锅”模式，推卸一切责任。

图 3.92　在疫情期间，戴口罩和保持安全社交距离是最基本的常识

在 2020 年的美国总统大选中，**乔·拜登**（Joe Biden，1942—　）和特朗普的得票率分别是 51.4% 和 46.9%，两者相差无几，拜登险胜。这个结果揭示出美国社会的巨大分裂，其中非理性的因素起着重要的作用。可以肯定的是，历史学家会这样总结 2020 年——历史再一次被小小的病毒改写了，无知和对自然的不敬必遭报应，人类从中学会了很多。

3.2.1　知识的保护

世界知识产权组织（World Intellectual Property Organization, WIPO）是联合国的下属机构，总部设在瑞士日内瓦，负责管理工业产权（包括专利权、商标权等）、著作权保护的条约。该组织最早可追溯至 1883 年《保护工业产权巴黎公约》的签署，初始只有 14 个成员国。1886 年，又出台了《保护文学和艺术作品伯尔尼公约》。

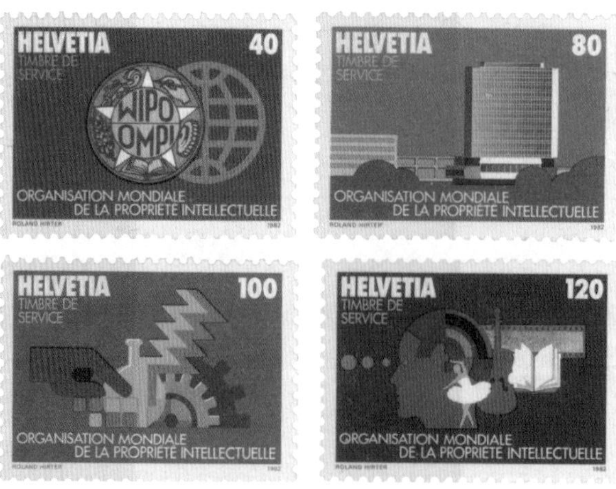

图 3.93　我国于 1980 年加入 WIPO。如今，几乎所有的国家都加入了该组织

群众的智慧是无穷无尽的。只要保护知识产权、鼓励民众创新，让有价值的创新给发明者带来经济上的可观收益，就能使得创新迭代前行，形成一个良性循环。

图 3.94 美国发明家**约瑟芬·科克伦**（Josephine Cochran，1839—1913）发明了自动洗碗机并于 1886 年获得专利。1897 年，她的公司开始大批量生产洗碗机

美国发明家、工程师**托马斯·爱迪生**（Thomas Edison，1847—1931）名下拥有 1 093 项专利，像电灯、留声机、电影摄影机、直流电力系统等影响了世界。

图 3.95 1892 年，爱迪生创立了“通用电气公司”（General Electric Company, GE）

美籍塞尔维亚族发明家、电机工程师、物理学家**尼古拉·特斯拉**（Nikola Tesla，1856—1943）是一个带有悲剧色彩的传奇人物，他的多项专利是无线通信的基石。特斯拉曾为爱迪生工作，他设计的直流电机为爱迪生公司获得了巨大的利润，他因要求加薪至每周 25 美元遭拒而愤然辞职。后来，特斯拉发明了交流电系统，爱迪生用了各种卑鄙的手段打压这个新发明，使得这位天才几近破产。

图 3.96　特斯拉无偿捐献出很多伟大的专利，以至于晚年穷困潦倒

特斯拉有句名言，“我不介意他们偷了我的想法，我忧虑的是他们没有一点自己的”。特斯拉是一位充满爱心的天才发明家，在他赢得了“电流之战”的胜利后，他放弃了交流电的专利而把它献给了全人类。否则单凭收取这项专利费，一年后他即将是全世界最富有的人。一些无耻的企业家利用他的爱心骗取或霸占了他的研究成果，以至于特斯拉晚年凄惨地死于贫困。

图 3.97　特斯拉的头像曾被印在南斯拉夫 100 亿第纳尔纸币上

多元的良性竞争

施乐（Xerox）公司是图形用户界面（graphical user interface, GUI）的先驱。1973 年 3 月，施乐公司研制出第一台个人计算机奥托（Alto），已有显示器、GUI、以太网和三键鼠标，但只限于内部预研（非家用计算机）。非常可惜的是，施乐公司高层没看出它的未来价值，对它的知识产权疏于保护。我们都知道，商品的价值包含知识产权的价值，可见认清创新知识产权的潜在价值是多么地重要。

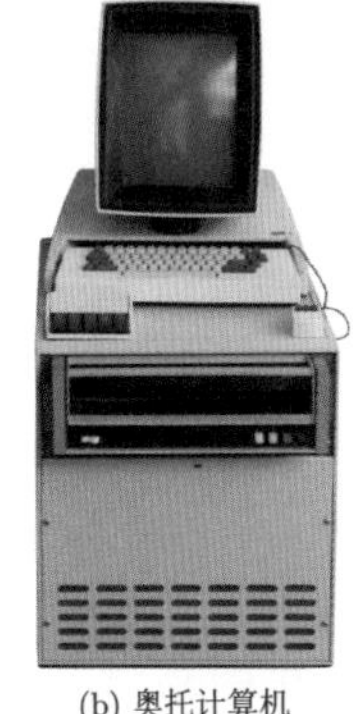

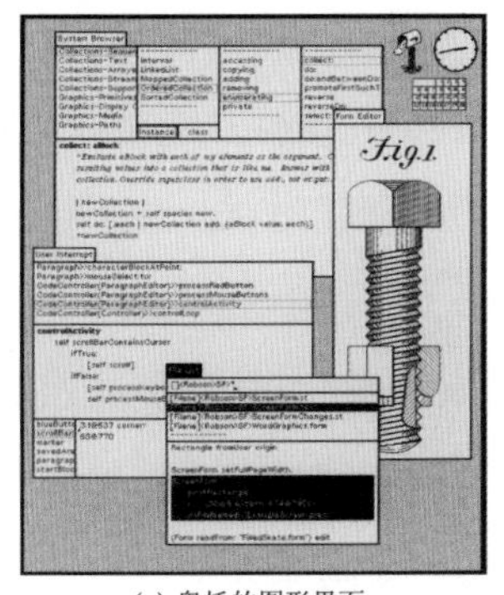

(a) 奥托的图形界面　　(b) 奥托计算机

图 3.98　1973 年，施乐奥托计算机首次采用图形用户界面，已形成个人计算机的现代雏形。苹果公司和微软公司的操作系统都受到它的影响

1979 年，**斯蒂文·乔布斯**（Steven Jobs，1955—2011）看过施乐的内部演示后，受到启发开始研制苹果公司个人计算机的 GUI。1984 年，苹果公司推出麦金塔（Macintosh）计算机，并成功地将其商业化。

(a) 施乐星计算机（1981年）　　(b) 苹果麦金塔计算机（1984年）

图 3.99　20 世纪 80 年代，人类进入个人计算机时代。苹果公司在乔布斯的领导下，一直以其独特的创新引领技术潮流

1988 年 5 月，苹果公司指控微软公司的视窗 2.0 剽窃了麦金塔计算机的图形方法。微软反击麦金塔的图形技术也非苹果首创，况且视窗 2.0 获得了技术的权利转让。**比尔·盖茨**（Bill Gates，1955—　）最终赢得了官司，开始加强微软的技术保护和标准制定。

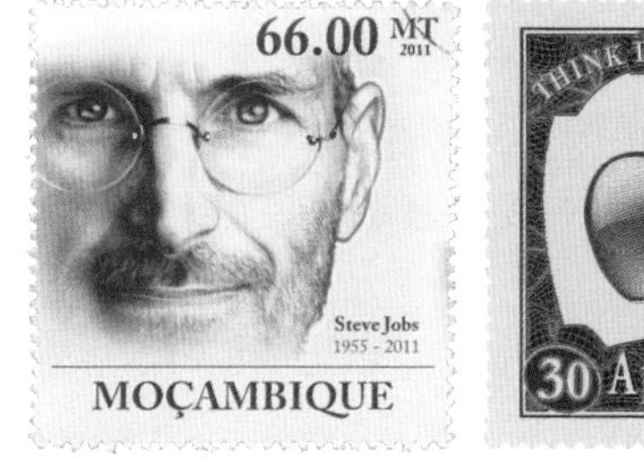

图 3.100　苹果公司和微软公司都曾不谋而合地“借鉴”过施乐公司的 GUI 设计

美国的苹果公司和微软公司都对科技进步产生过巨大的影响，尽管它们的软件产品都是闭源的。在初创时期，这两个公司都“借鉴”了别家的创新想法，凭借独具的商业慧眼把技术民用化，成就了庞大的商业技术帝国。知识产权是一把双刃剑，如果当初保护过强，也不会有苹果公司和微软公司的发展机会。

例 3.14 2011 年，三星公司和苹果公司之间发生专利纠纷，后者指控前者模仿 iPhone 设计。2018 年 5 月，三星公司被裁定向苹果公司赔偿 5.39 亿美元。最终，两个公司达成和解。

- ❑ 知识产权是盾也是矛。我们参与国际商业竞争，首先要入乡随俗搞懂它的游戏规则，要从“盾”和“矛”的两个角度理解知识产权保护。譬如，两个竞争对手之间可以通过交叉专利授权，实现某种和解和共赢。
- ❑ 专利通过公开技术换取有一定时效的保护，它的适用范围是有限的。例如，美国从未给原子弹、氢弹申请过专利。对于国之重器的核心技术，属于保密级别的就必须另当别论了。

近些年，中国逐渐重视专利和知识产权的保护，在美申请专利总数呈现迅速增长趋势。2020 年，根据 WIPO 发布的《世界知识产权指标》报告，2019 年全球专利申请总数超过 322 万，其中，中国国家知识产权局受理了 140 万件专利申请，居全球首位，是排名第二的美国的两倍有余。2019—2020 年，国际专利申请数量前十名的国家依次是：中国、美国、日本、韩国、德国、法国、英国、瑞士、瑞典、荷兰。向中国创新的全体贡献者致敬！我们自豪但不能骄傲，需要继续加大研究成果到知识产权的有效转化和技术落地的规模，并增强对知识产权规则的话语权。

图 3.101 尊重和保护知识产权，将有助于形成科技创新良性循环的生态环境

例 3.15 说到对知识产权的保护，打击盗版软件是人人都能想到的。反思 20 世纪 90 年代，国外某些软件开发商对中国大陆软件盗版的（有意或无意的）纵容，以及当时国家对知识产权的认识不足，监管和保护的力度都很欠缺，更加剧了国内对闭源软件的依赖，也痛失了发展开源软件的机会，导致了

整个软件产业的落后。

当举国上下（甚至包括高校、科研机构）都用着一家闭源的操作系统（operating system, OS）、办公软件，开源软件很难有机会异军突起。等舒舒服服地用习惯了，也就是"人为刀俎，我为鱼肉"的时候。居安思危，我们不能把鸡蛋都放在一个篮子里。

个人盗版貌似暂时赚了点小便宜，但对国家整体的创新环境是一个致命的打击。所以，打击盗版、发展开源实际上是舍小利、取大义、求长远。尤其是高校的计算机教育，必须以开源为基础（见例 3.24）。科研机构也要尽量地少用闭源多用开源，鼓励"备胎"防患于未然。

2014 年以来，中国在研发投入上直追美国，处于世界第二的位置。2017 年，中国科研论文数量全球领先（前三名是中、美、德，论文占比分别是 19.9%、18.3%、4.4%），但引用率仍弱于美国。在学术界和工业界大家都有这样的共识：创新不仅要重视数量，更要重视质量，特别是那些具有差异性的关键技术。

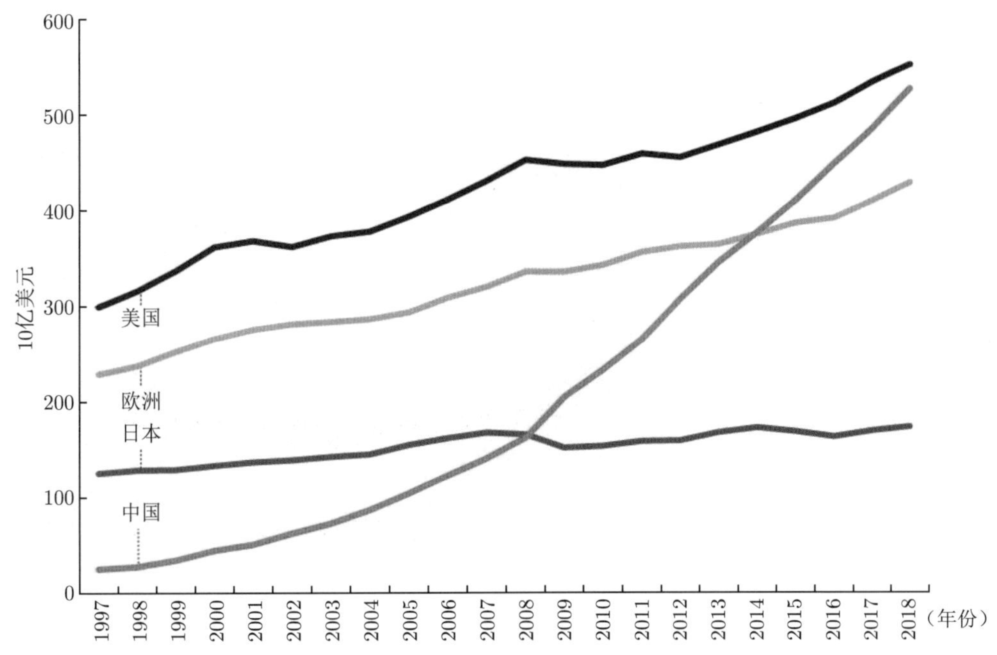

图 3.102　1997—2018 年，美国、中国、欧盟、日本的研发投入。中国的进步有目共睹

来源：经济合作与发展组织

著作权和专利权

知识产权标明了知识的所属权，《辞海》对它的定义是"公民或法人对其智力活动创造的精神财富所享有的权利"。《法学大辞典》的定义是"法律赋予知识产品所有人对其智力创造成果享有的专有权利"。对知识产权的适当保护，就是对创新者利益的保护，也是对创新环境的保护。

例 3.16 1980 年，中国加入世界知识产权组织，成为它的第 90 个成员国。《中华人民共和国著作权法释义》（见 http://www.npc.gov.cn）解释了“著作权”包括下列人身权和财产权。著作权人可以许可他人行使前款第 5 项至第 17 项规定的权利，并依照约定或者本法有关规定获得报酬。

（1） 发表权
（2） 署名权
（3） 修改权
（4） 保护作品完整权
（5） 复制权
（6） 发行权
（7） 出租权
（8） 展览权
（9） 表演权
（10） 放映权
（11） 广播权
（12） 信息网络传播权
（13） 摄制权
（14） 改编权
（15） 翻译权
（16） 汇编权
（17） 应当由著作权人享有的其他权利

例 3.17 孔乙己完全不懂绘画，他利用一键绘图软件随机生成了一幅画作，因为随机种子选得巧，这幅画美妙绝伦，令人叹为观止，它能算作人类的原创吗？更一般的问题是：基于 AI 技术产生的绘画、音乐、视频、文学等作品，是否应该视为原创予以版权保护？

图 3.103 传统对原创性的定义，都限定在人类创作的作品上。随着 AI 技术的发展，如何看待人们利用 AI 工具产生的作品的原创性？

假设每个作品都带有时间戳，剽窃、修改、整理他人已有成果的作品一般不属于原创。所以，原创性是作品本身的属性，与创作者是人还是机器无关。

- 如果机器没有自我意识，它仅是一件工具而已，因此无法诠释作品，也无法声明所有权。人类利用工具创作出来的作品，作者的名分自然不能算在工具的头上。倘若作品因为道德伦理问题遭受谴责，被问责的应是人类而非机器。
- 如果机器有自我意识，它声称自己为创作者，则它应同人类作者一样对自己的作品负责。

如同自动驾驶改变了“驾驶”的语义，更多的 AI 工具将改变“绘画”“作曲”“摄影”“写作”的语义。过去的摄影家得懂构图、暗房技术，每个决定性瞬间都是一个期待，而现在只需会用图片编辑器修图就能冒充大师。未来的作曲家可能不用会演奏乐器，也不必会编曲和配器，只要玩熟作曲软件就能量产音乐。

原创的数学结果、算法设计等是否属于知识产权保护的对象？国内一般认为著作权要保障的是思想的表达形式，而不是保护思想本身（即相同的思想换一种方式阐述不构成侵权，但通常要标明出处）。并且，著作权也要兼顾知识的积累与传播，不能矫枉过正。所以，数学结果、算法设计不在著作权保护之内。然而，当算法设计构成某应用产品的差异化技术的基础时，可以为它们申请专利，这样那些未经许可就将它们用于其他商业目的的行为即构成侵权。

例 3.18　《中华人民共和国专利法释义》解释了对下列各项，不授予专利权。

（I）科学发现；

（II）智力活动的规则和方法；

（III）疾病的诊断和治疗方法；

（IV）动物和植物品种；

（V）用原子核变换方法获得的物质。

“科学发现是指对自然界中已经客观存在的未知物质、现象、变化过程及其特性和规律的发现和认识。这些发明和认识的本身并不是一种技术方案，不是专利法意义上所说的发明创造，不能直接实施用以解决一定领域内的特定技术问题，因而不能被授予专利权。”

按照这个解释，算法是可受专利权保护的。随着人们逐渐意识到人工智能算法的重要性，利用知识产权保护算法的做法也将不足为奇。甚至，算法成为可交易的商品，也不是没有可能的。

例 3.19　《新一代人工智能发展规划》主张兼顾“推广”和“保护”，建立人工智能技术标准和知识产权体系，具体包括：

- 加强人工智能标准框架体系研究。坚持安全性、可用性、互操作性、可追溯性原则，逐步建立并完善人工智能基础共性、互联互通、行业应用、网络安全、隐私保护等技术标准。
- 加快推动无人驾驶、服务机器人等细分应用领域的行业协会和联盟制定相关标准。
- 鼓励人工智能企业参与或主导制定国际标准，以技术标准“走出去”带动人工智能产品和服务在海外推广应用。
- 加强人工智能领域的知识产权保护，健全人工智能领域技术创新、专利保护与标准化互动支撑机制，促进人工智能创新成果的知识产权化。
- 建立人工智能公共专利池，促进人工智能新技术的利用与扩散。

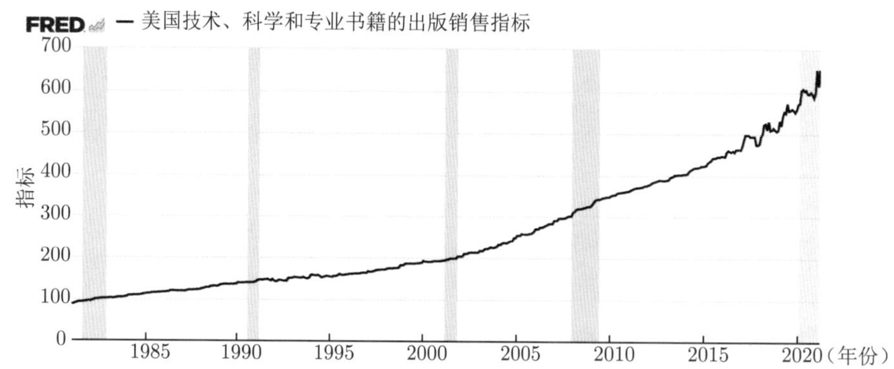

图 3.104　1980—2021 年，美国技术、科学和专业书籍的出版销售指标（假设 1982 年的指标为 100）的增长趋势。在网络时代，计算机排版、搜索引擎、机器翻译、辅助写作、电子图书等工具加速了出版业的进步

来源：美国劳工统计局

图 3.105　克努斯

大多数的数学家在以论文的形式公布数学发现时，并没有考虑它的商业价值。相反，他们更看重这个结果是否能得到学界的认可，以及与他人分享发现它的喜悦。美国计算机科学家、1974 年图灵奖得主**唐纳德·克努斯**（Donald Knuth，1938—　）在设计科技排版语言 TEX 时，规定用两个美元符号 $ 来界定数学公式，譬如勾股定理 $a^2 + b^2 = c^2$，以此暗示它是很“值钱”的。克努斯的多卷巨著《计算机程序设计艺术》（*The Art of Computer Programming*）是理论计算机科学的百科全书，他从 1963 年博士毕业后开始撰写，完全出于热爱而乐在其中。

图 3.106　伊藤清

事实上，没有哪位数学家靠写论文敲公式发家致富的。例如，日本数学家**伊藤清**（Kiyoshi Itô，1915—2008）多年后才得知他是华尔街最著名的数学家，他创立的随机分析这一概率论分支被成功地用于金融，但伊藤清从未因此赚到一分钱，他甚至有些不屑[65]。

美国经济学家**费希尔·布莱克**（Fischer Black，1938—1995）和**迈隆·舒尔斯**（Myron Scholes，1941—　）利用伊藤清的工作提出了一个随机微分方程模型来估算欧式看涨期权的理论价格。舒尔斯因此项研究成果获得了 1997 年诺贝尔经济学奖。伊藤清得知后，为随机分析在金融领域的应用感到不安，这位和平主义者不愿看到他的理论成为金融战争的武器。

学术道德

最难造假的领域就是数学，对错之间泾渭分明，所以骗子最少。尽管大多数数学家并不为他们发现的结果申请知识产权，但学界对不端的剽窃行为还是有严格的道德评判的。

图 3.107 当俄罗斯数学家**格里戈里·佩雷尔曼**(Grigori Perelman，1966—)在 arXiv 网站上公布了庞加莱猜想(见例 1.30)的证明之后，一些知名的数学家补全了其中某些缺少的细节，但没人敢觊觎佩雷尔曼的优先权，数学界依然公正地认定是佩雷尔曼解决了庞加莱猜想

例 3.20 伟大的法国数学家**昂利·庞加莱**比**阿尔伯特·爱因斯坦**更早研究狭义相对论①，二人几乎同时提出了该理论。庞加莱生前从未和爱因斯坦争夺过狭义相对论的优先权，他谦虚地把功劳归于爱因斯坦并尽心尽力地宣扬该理论。庞加莱去世多年以后，1921 年爱因斯坦终于公开承认庞加莱是相对论的先驱之一。

图 3.108 公正地讲，荷兰物理学家**亨德里克·洛伦兹**(Hendrik Lorentz，1853—1928)、庞加莱、爱因斯坦三人共同创立了狭义相对论

在媒体报道中，生物、医学、制药造假的新闻最多。因为重复实验的成本高，所以这些领域的造假易、打假难。在每年发表的大量论文里，很难鉴别有多少科学发现是真正有价值的。对知识的保护，除了知识产权，还包括以科学家的良知为基础的道德约束。往知识宝库里添砖加瓦，都应是货真价实的秦砖汉瓦，所有吹嘘和造假的行为都为人不齿。同时，治理学术造假和学术腐败，法律上的约束也是十分必要的。

---

① 1897 年，庞加莱的论文《空间的相对性》已有狭义相对论的雏形。次年，他在论文《时间的测量》中提出光速不变的假设。1904 年，庞加莱命名了“洛伦兹变换”并认识到它构成群。1905 年 6 月，庞加莱的论文《论电子动力学》是狭义相对论的早期结果。然而，爱因斯坦宣称，他从未读过庞加莱的相关论文。

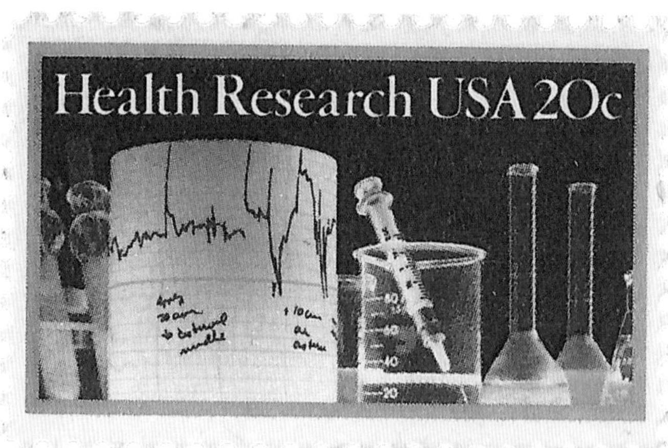

图 3.109　学术造假给知识里添加“噪声”，降低知识的可信度，让科学蒙羞。出于保护知识的目的，必须对学术造假零容忍

做科研若是出于热爱便不会造假，因为造假的科研哪有什么真正的乐趣可言。假的永远真不了，这世上没有一位科学家愿意把明知为假的结果刻在他的墓志铭上，这是莫大的耻辱。

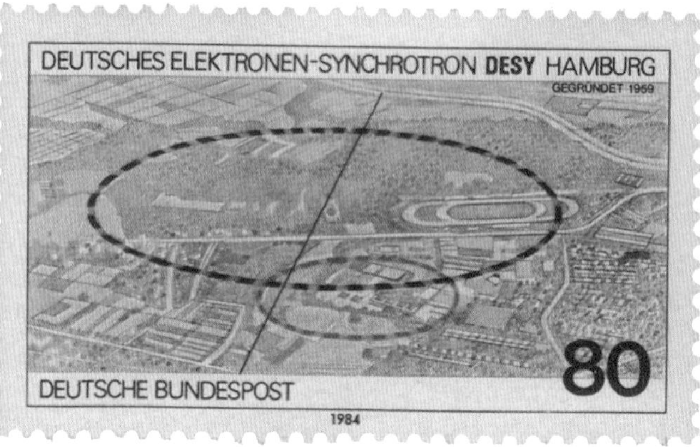

图 3.110　人们用各种科学实验来验证猜想，任何理论都必须经过实践的检验才能变成知识。越不容易验证的，越需要科学家的良知

若学术造假是为了名利，大可不必走科研这条充满荆棘之路去追逐这些用谎言换来的浮云。也许上述对科研的理解是幼稚的，在一些人看来“科研”的确是通往名利的捷径。其实他们是大错特错了，科学从来不撒谎，因为真理眼里不揉沙子。

例 3.21　2006 年初，有人在清华大学水木清华 BBS 上匿名举报上海交通大学微电子学院院长陈进的“汉芯一号”造假，以此骗取政府 1 亿多元的科研经费。经过一个月的调查，“汉芯事件”终于浮出水面并得到核实。5 月份，上海交通大学撤销了陈进的各项职务和学术头衔，并追缴其名下的科研费用。遗憾的是，没有任何人在这次丑闻中受到法律的制裁。

图 3.111　用细砂纸打磨掉了标志的摩托罗拉芯片，被重新涂上“上海交大”和“汉芯”的标志，完成这件细致工作的是上海翰基装饰工程有限公司

“冰冻三尺非一日之寒”，学术造假是一种隐蔽、恶劣的学术腐败行为，它在无形中侵蚀摧毁了一个民族的诚信和科学精神。当官、商、研沆瀣一气作奸犯科时，更是释放出无穷的破坏力，致国家于危险的境地。“汉芯事件”让中国的半导体事业进入了低谷，也影响了那些诚实的研发者。半导体产业落后、人才稀缺的这个短板，在中美贸易战与科技战中被对手抓住，令国家蒙受了难以估算的巨大损失。

科学精神

科学精神强调求实、创新、怀疑、包容等几个方面。**梁启超**（1873—1929）在讲演《科学精神与东西文化》（1922）里大声疾呼科学精神，他道出了我们缺乏科学精神的真相。“那些绝对的鄙厌科学的人且不必责备，就是相对的尊重科学的人，还是十个有九个不了解科学性质。他们只知道科学研究所产结果的价值，而不知道科学本身的价值；他们只有数学、几何学、物理学、化学……等等概念，而没有科学的概念。他们以为学化学便懂化学，学几何便懂几何；殊不知并非化学能教人懂化学，几何能教人懂几何，实在是科学能教人懂化学和几何。他们以为只有化学、数学、物理、几何……等等才算科学，以为只有学化学、数学、物理、几何……才用得着科学；殊不知所有政治学、经济学、社会学……等等，只要够得上一门学问的，没有不是科学。我们若不拿科学精神去研究，便做哪一门子学问也做不成。中国人因为始终没有懂得‘科学’这个字的意义，所以五十年很有人奖励学制船、学制炮，却没有人奖励科学；近十几年学校里都教的数学、几何、化学、物理，但总不见教会人做科学。或者说：只有理科、工科的人们才要科学，我不打算当工程师，不打算当理化教习，何必要科学？中国人对于科学的看法大率如此。我大胆说一句话：中国人对于科学这两种态度倘若长此不变，中国人在世界上便永远没有学问的独立，中国人不久必要成为现代被淘汰的国民。”

梁启超是这样定义科学精神的，“有系统之真知识，叫做科学，可以教人求得有系统之真知识的方法，叫做科学精神”。梁启超把这句话分了三个层面说明：第一层，求真知识。第二层，求有系统的真知识。第三层，可以教人的知识。

图 3.112　2 400 多年前，柏拉图学园追求的就是经得起考验、可以传授的真知识

一百年前，梁启超便一针见血地指出了“中国学术界，因为缺乏这三种精神，所以生出如下之“病证”。

“一、笼统。标题笼统——有时令人看不出他研究的对象为何物。用语笼统——往往一句话容得几方面解释。思想笼统——最爱说大而无当不着边际的道理，自己主张的是什么，和别人不同之处在哪里，连自己也说不出。

“二、武断。立说的人，既不必负找寻证据、说明理由的责任，判断下得容易，自然流于轻率。许多名家著述，不独违反真理而且违反常识的，往往而有。既已没有讨论学问的公认标准，虽然判断谬误，也没有人能驳他，谬误便日日侵蚀社会人心。

“三、虚伪。武断还是无心的过失。既已容许武断，便也容许虚伪。虚伪有二：一、语句上之虚伪。如隐匿真证、杜撰假证或曲说理由等等。二、思想内容之虚伪。本无心得，貌为深秘，欺骗世人。

“四、因袭。把批评精神完全消失，而且没有批评能力，所以一味盲从古人，剽窃些绪余过活。所以思想界不能有弹力性，随着时代所需求而开拓，倒反留着许多沉淀废质，在里头为营养之障碍。

“五、散失。间有一两位思想伟大的人，对于某种学术有新发明，但是没有传授与人的方法，这种发明，便随着本人的生命而中断。所以他的学问，不能成为社会上遗产。

“以上五件，虽然不敢说是我们思想界固有的病证，这病最少也自秦汉以来受了二千年。我们若甘心抛弃文化国民的头衔，那更何话可说！若还舍不得吗？试想，二千年思想界内容贫乏到如此，求学问的途径榛塞到如此，长此下去，何以图存？想救这病，除了提倡科学精神外，没有第二剂良药了。

“我最后还要补几句话：我虽然照董事部指定的这个题目讲演，其实科学精神之有无，只能用来横断新旧文化，不能用来纵断东西文化。若说欧美人是天生成科学的国民，中国人是天生成非科学的国民，我们可绝对的不能承认。拿我们战国时代和欧洲希腊时代比较，彼此都不能说是有现代这种崭新的科学精神，彼此却也没有反科学的精神。秦汉以后，反科学精神弥漫中国者二千年；罗马帝国以后，反科学精神弥漫于欧洲者也一千多年。两方比较，我们隋唐佛学时代，还有点‘准科学的’精神不时发现，只有比他们强，没有比他们弱。我所举五种病证，当他们教会垄断学问时代，件件都有；直到文艺复兴以后，渐渐把思想界的健康恢复转来，所谓科学者，才种下根苗；讲到枝叶扶疏，华实烂漫，不过最近一百年内的事。一百年的先进后进，在历史上值得计较吗？

“只要我们不讳疾忌医，努力服这剂良药，只怕将来升天成佛，未知谁先谁后哩！我祝祷科学社能做到被国民信任的一位医生，我祝祷中国文化添入这有力的新成分，再放异彩！”

一百年过去了，先哲梁启超的这番宏论依然是掷地有声、发人深省的。回想 1919 年，思想家、政治家、新文化运动领导者之一**陈独秀**（1879—1942）在《新青年》撰文大力提倡“德先生”（民主）和“赛先生”（科学）。百年以来，我们发展科学与技术，却单单忘记了“科学精神”。我们是否请错了“先生”，应该请两位的合体——科学精神。令人痛心疾首的是，梁启超论及的那些“病证”如今仍在，继续吞噬着我们的自由思想（它在春秋战国时期曾经昙花一现）。

图 3.113　俗话说，“灯不拨不亮，理不辩不明”。本着科学精神，百花齐放、百家争鸣是学术界应有的景象。若做不到怀疑与包容，思想便如一潭死水

第二次世界大战结束后，美苏都曾为军事目的进行过人体特异功能和超自然力量①的研究。20 世纪八九十年代，风靡全国的“气功热”也影响了中国科学界，演出了许多美其名曰“人体科学”的闹剧。不知那时信誓旦旦地宣称气功治疗癌症的科研论文是如何编造出来的，如果实验没有作假，怎么会有如此荒诞的结果？心怀好奇面对未知领域，这是考验科学家良心的时刻。远离不良诱惑的影响，坚守“实事求是”的底线，坚定“科学精神”的信仰，是每一位科学家的职业道德。

图 3.114　对超自然力量的臆想，都源自对科学精神的不自信或不坚持

① 人类对超自然力量的迷信由来已久。例如，英国物理学家、数学家**艾萨克·牛顿**在提出运动三大定律之后，把第一推动力归因于上帝。

“日光之下并无新事”，旧的迷信破除了，新的迷信还会来——迷信滋生之地一定缺乏科学精神。开启民智，肥沃思想的土壤，点燃中华民族科学精神之火，它不仅是科学家、教育者的神圣职责，更是每一位中国人的神圣职责。人类历史弹指一挥间，我们再努力一百年，希望科学精神在未来的中国遍地开花、欣欣向荣。

3.2.2 知识的交流

勤劳的中华民族有着灿烂的历史文化和影响世界的四大发明。但近五百年以来，创新和自由的思想受到急功近利、故步自封的心态的羁绊，少有与这个泱泱大国相匹配的伟大的思想家问世。

图 3.115 中国古代四大发明是中华文明的骄傲，也是对华夏儿女永远的鞭策

古代中国曾创造过辉煌的历史，我们的祖先不乏创新的能力。相比西方文艺复兴以后的发展，我们的落后必有一些创造力、想象力之外的原因。

图 3.116 古代中国在科技、军事、经济、政治等领域领先世界千年之久

回顾历史，儒家文化在两宋（960—1279）达到最高峰，社会流行尊师重道和开放思想之风。宋朝

的经济迅速发展，甚至出现了资本主义萌芽。胶泥活字印刷术就是诞生于这个时期，对文化的普及更是起到推动的作用。雄厚的经济基础和自由的思想必然推动科技的进步，宋朝的应用科学和纯粹科学都空前绝后。

图 3.117　历史学家**陈寅恪**（1890—1969）认为“华夏民族之文化，历数千载之演进，造极于赵宋之世”。之后开始走下坡路，盛极而衰的标志是封闭保守

自明代起，一些西方传教士开始来华传教，他们促进了东西方文化和科技的交流，是西学东渐的首批导师。

- 天主教耶稣会意大利神父**马泰奥·里奇**（Matteo Ricci），中文名**利玛窦**（1552—1610），于 1583 年来到中国，带来了西方的数学、天文、地理等科学知识。利玛窦和中国科学家**徐光启**（1562—1633）合译了欧几里得《几何原本》的前六卷。

图 3.118　利玛窦把《几何原本》引入中国，同时也带来了文艺复兴的科学思想

- 步利玛窦后尘，罗马天主教耶稣会德国神父**约翰·亚当·沙尔·冯·贝尔**（Johann Adam Schall

von Bell)，中文名**汤若望**（1592—1666），于 1619 年抵达澳门，并在中国度过了余生。1631 年，汤若望为徐光启制作了天文望远镜，徐观看后赞叹，“若不用此法，止凭目力，则炫趺不真”。另外，汤若望还把西方的冶金技术带入了中国。

图 3.119　汤若望协助徐光启推动了中国天文历法的发展

- 天主教耶稣会比利时神父**费迪南德・维比斯特**（Ferdinand Verbiest），中文名**南怀仁**（1623—1688），于 1659 年抵达澳门，曾与汤若望一起在北京共事，也把生命留在了中国。

图 3.120　南怀仁精通亚里士多德的逻辑学和哲学，他接任了汤若望负责天文历法的工作，也曾帮助清廷铸造红夷大炮

《利玛窦中国札记》（拉丁文原名《基督教远征中国史》，1615 年在德国首刊）是由**金尼阁**（1577—1628）① 根据利玛窦的意大利文日记整理而成的拉丁文回忆录[66]，首次把一个真实的中国介绍给西方，“中国的伟大乃是举世无双的”。利玛窦为中华文明深深着迷，他的日记里不乏许多赞美之词。

- 第一卷第四章“关于中国人的机械工艺”一开篇就说，“根据我们自己的经验，大家都知道中国人是最勤劳的人民，而且从以上几章可以很合逻辑地得出结论说，他们中间大部分人机械工艺能力都很强。他们有各种各样的原料，他们又天赋有经商的才能，这两者都是形成机械工艺高度发展的有利因素”。

① 原名**尼古拉・特里戈**（Nicolas Trigault），天主教耶稣会会士、法国汉学家。金尼阁于 1610 年来华传教，1628 年在杭州逝世。他首次把五经翻译成拉丁文，是第一位系统地撰写中国编年史的西方学者，完成了第一部完整的汉字注音字典《西儒耳目资》。

- 中国人有海纳百川接受新事物的宽广胸怀。“我认为中国人有一种天真的脾气，一旦发现外国货质量更好，就喜好外来的东西有甚于自己的东西。看来好象他们的骄傲是出于他们不知道有更好的东西以及他们发现自己远远优胜于他们四周的野蛮国家这一事实。”（第一卷第四章）
- “在这样一个几乎具有无数人口和无限幅员的国家，各种物产又极为丰富，虽然他们有装备精良的陆军和海军，很容易征服邻近的国家，但他们的皇上和人民却从未想过要发动侵略战争。他们很满足于自己已有的东西，没有征服的野心。他们和欧洲人很不相同，欧洲人常常不满意自己的政府，并贪求别人所享有的东西。西方国家似乎被最高统治权的念头消耗得筋疲力尽，但他们连老祖宗传给他们的东西都保持不住，而中国人却已经保持了达数千年之久。”（第一卷第六章“中国的政府机构”）
- “中国这个古老的帝国以普遍讲究温文有礼而知名于世，这是他们最为重视的五大美德（即仁、义、礼、智、信）之一，他们的著作中有着详尽的论述。对于他们来说，办事要体谅、尊重和恭敬别人，这构成温文有礼的基础。他们的礼仪那么多，实在浪费了他们大部分的时间。熟悉他们的风俗的人实在感到遗憾，他们为什么不摒弃这种外在的表现，在这方面他们远远超过所有的欧洲人。”（第一卷第七章“关于中国的某些习俗”）

图 3.121　《基督教远征中国史》的插图：利玛窦和徐光启

除了赞美，利玛窦从另一个文明的视角对中国传统文化中的一些糟粕的批评之声至今仍然振聋发聩，值得我们深思。

- 在第一卷第五章“关于中国人的人文科学、自然科学及学位的运用”，利玛窦坦言，“中国人把所有的外国人都看做没有知识的野蛮人，并且就用这样的词句来称呼他们。他们甚至不屑从外国人的书里学习任何东西，因为他们相信只有他们自己才有真正的科学和知识。”
- 在第二卷第六章“罗明坚神父退场，利玛窦神父摆脱了一项严重的指责。他以自己的数学知识震慑了中国人”，利玛窦再次表达了他的感受。“因为他们不知道地球的大小而又夜郎自大，所以中国人认为所有各国中只有中国值得称羡。就国家的伟大、政治制度和学术的名气而论，他们不仅把所有别的民族都看成是野蛮人，而且看成是没有理性的动物。在他们看来，世上没有其他地方的国王、朝代或者文化是值得夸耀的。这种无知使他们越骄傲，而一旦真相大白，他们就越自卑。”直到鸦片战争，中国还沉醉在这种井底之蛙的盲目自大之中。在备受挫折之后，自卑又让这个民族迷失了自我。骄傲和自卑这两个极端的心态，都无助于认清自己。

- 利玛窦一针见血地指出中国人的思想体系不重视逻辑的弊端。“中国所熟习的唯一较高深的哲理科学就是道德哲学，但在这方面他们由于引入了错误，似乎非但没有把事情弄明白，反倒弄糊涂了。他们没有逻辑规则的概念，因而处理伦理学的某些教诫时毫不考虑这一课题各个分支相互内在的联系。在他们那里，伦理学这门科学只是他们在理性之光的指引下所达到的一系列混乱的格言和推论。”（见第一卷第五章）
- 中国的传统文化重文轻理，导致科学土壤的贫瘠。“没有人会愿意费劲去钻研数学或医学，结果是几乎没有人献身于研究数学或医学，除非由于家务或才力平庸的阻挠而不能致力于那些被认为是更高级的研究。钻研数学和医学并不受人尊敬，因为它们不像哲学研究那样受到荣誉的鼓励，学生们因希望着随之而来的荣誉和报酬而被吸引。这一点从人们对学习道德哲学深感兴趣，就可以很容易看到。在这一领域被提升到更高学位的人，都很自豪他实际上已达到了中国人幸福的顶峰。”（见第一卷第五章）

图 3.122　利玛窦带来的世界地图扩展了中国人的视野

囿于宗教信仰，利玛窦的科学思想是有历史局限性的。即便如此，利玛窦给中国带来了世界地图《山海舆地全图》（1600）、《坤舆万国全图》（1602），让中国看到了地球之大。另外，《几何原本》对中国数学界的影响是巨大的。清末著名数学家、天文学家、翻译家和教育家**李善兰**（1810—1882）补译完《几何原本》的其他卷，已是利玛窦去世两百多年后的事了①。

① 李善兰翻译了大量数学著作，直接引入了数学符号“=”“×”“÷”“<”“>”，还创造了许多独具匠心的数学术语，沿用至今的有：代数、函数、常数、变数、系数、指数、级数、单项式、多项式、微分、积分、横轴、纵轴、切线、法线、曲线、渐近线、相似等。同时受时代的局限，他用十天干、十二地支，外加“天”“地”“人”“物”四个字来表示26个英文字母，用“微”的偏旁“彳”表示微分，用“积”的偏旁“禾”表示积分。

利玛窦指出中国古代数学缺乏逻辑体系。“他们提出了各种各样的命题，却都没有证明。这样一种体系的结果是任何人都可以在数学上随意驰骋自己最狂诞的想象力而不必提供确切的证明。欧几里得则与之相反，其中承认某种不同的东西；亦即，命题是依序提出的，而且如此确切地加以证明，即使最固执的人也无法否认它们。”

图 3.123　传教士利玛窦给明末中国带来了西方的数学和科技知识

中国人并不是不具备数学的能力，“没有人比中国人更重视数学了”，而是缺乏逻辑的精神，尤其在哲学、中医等领域。一旦中国人用心去了解这些学问，数学和逻辑并非难事。《利玛窦中国札记》是这样描述徐光启跟随利玛窦学习和翻译《几何原本》的。

“经过日复一日的勤奋学习和长时间听利玛窦神父讲述，徐保禄进步很大，他已用优美的中国文字写出来他所学到的一切东西；一年之内，他们就用清晰而优美的中文体裁出版了一套很象样的《几何原本》前六卷。这里也可以指出，中文当中并不缺乏成语和词汇来恰当地表述我们所有的科学术语。徐保禄还要继续欧氏的其余部分，但利玛窦神父认为就适合他们的目的而言有这六卷就已经足够了。后来徐保禄把欧几里得这六卷印成一册出版，并为它写了两篇序言。第一篇是以利玛窦神父的名义撰写的，它介绍了原著的那位古代作家而且赞扬了由利玛窦神父的本师丁先生神父对原作所作的阐叙以及他的说明和主要注释，这些利玛窦都已译成中文。这篇序言里还解释了对于各个问题和定理的应用并附录了其他的数学数据。在第二篇序言里，徐保禄对欧洲的科学和学术文艺写了一篇真正出色的赞颂。这本书大受中国人的推崇而且对于他们修订历法起了重大的影响。为了更好地理解这本书，有很多人都到利玛窦神父那里，也有很多人到徐保禄那里求学；在老师的指导之下，他们和欧洲人一样很快就接受了欧洲的科学方法，对于较为精致的演证表现出一种心智的敏捷。”

很可惜，明朝的统治阶级并不在乎逻辑和数学，欧氏几何在天文历法中的应用仅仅是为了占卜天象。对数学的系统化研究并没有形成学术氛围和传统，那些优美而无用的数学在玩弄辞藻的文人们看来，都是不值一提的旁门左道、奇技淫巧，读孔孟之道求取功名才是正事。

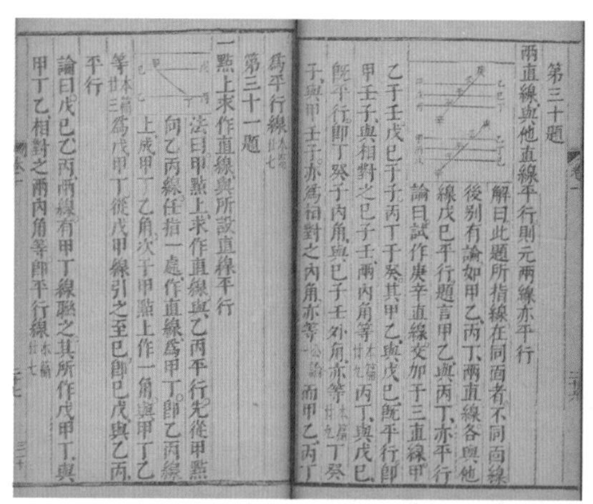

为平行線(本篇廿七)

第三十題

兩直線與他直線平行則元兩線亦平行

解曰此題所指線在同面者不同面線後別有論如甲乙丙丁兩直線各與他線戊己平行題言甲乙與丙丁亦平行

論曰試作庚辛直線交加于三直線甲乙于壬戊己于子丙丁于癸其甲乙與戊己既平行即甲壬子與相對之己子壬兩內角等(本篇廿九)丙丁與戊己既平行即丁癸子內角與己子壬外角亦等(本篇廿九)丁癸子與甲壬子亦為相對之內角亦等(一公論)而甲乙丙丁

第三十一題

一點上求作直線與所設直線平行

法曰甲點上求作直線與乙丙平行先從甲點向乙丙線任指一處作直線為甲丁即乙丙線上成甲丁乙角次于甲點上作一角與甲丁乙等(本篇廿三)為戊甲丁從戊甲線引之至己即己戊與乙丙平行

論曰戊己乙丙兩線有甲丁線聯之其所作戊甲丁與甲丁乙相對之兩內角等即平行線(本篇廿七)

图 3.124 利玛窦和徐光启翻译的《几何原本》。徐光启给出的术语，如几何、点、线、直线、曲线、平行线、角、直角、锐角、钝角、三角形、四边形等沿用至今，甚至影响了日本等国。翻译家对文化交流的贡献，是值得赞赏和鼓励的

因循守旧是科学之大敌。1613 年，明末著名翻译家、天文学家**李之藻**（1571—1630）和利玛窦合译了西方算术著作《同文算指》，但书中的阿拉伯数字仍记为中文数字。事实证明，封闭且落后的符号系统不利于知识的传播和创新。直到 19 世纪末，一些数学入门译作（如 1885 年的《西算启蒙》）才开始介绍阿拉伯数字。1956 年，国务院颁布《关于在公文、电报和机关刊物中采用阿拉伯数字的试行办法》，阿拉伯数字才真正融入中文书写系统。

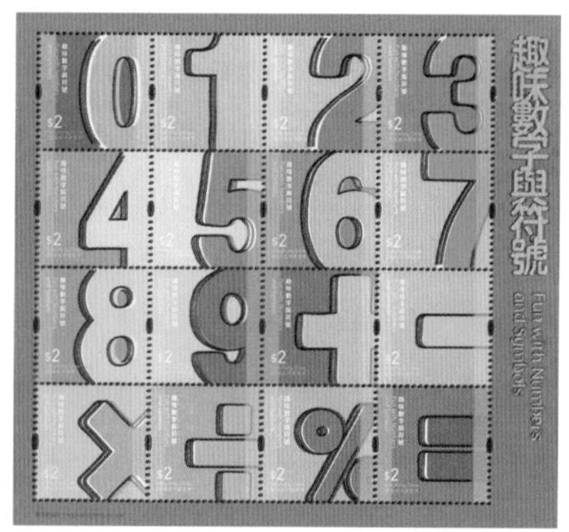

图 3.125 先进的（数学）符号系统有助于知识的传播和增长

虽然《利玛窦中国札记》讲的是明朝那些事儿，但历史是一面镜子，我们的文化需要一种“较真”的劲儿，强调逻辑性，以“理”服人。科技改变国家的命运，中华民族的复兴需要一场科学态度的革命，

在文明的基因里铭刻上“科学精神”。

3.2.3　开源运动

自由软件运动（free software movement），也称开源运动（free/open source software movement），是一项为人类争取运行、研究、修改、分发软件的自由和权利的社会活动，它的精神领袖是美国黑客**理查德 · 斯托曼**（Richard Stallman，1953—　）。斯托曼是伟大的程序员，开发了 GCC、GDB、GNU Emacs，发起了 GNU 计划。

图 3.126　开源运动就是知识的共产主义，不让知识成为资本牟取暴利的工具

“GNU”是“GNU's not unix”的递归缩写。1983 年，斯托曼发起的 GNU 计划旨在研发一个替代 UNIX 的开源操作系统。目前，其内核多采用 GNU/Linux、FreeBSD 等替代方案。斯托曼的基本理念是闭源剥夺了人们学习软件和相互帮助的权利，阻碍了人类的进步。

图 3.127　英文“gnu”一词还有“角马”（南非产的像牛的大羚羊）的意思，所以角马成了 GNU 的商标

开源运动“意味着将避免系统编程工作的大量浪费性重复。相反，这种努力可以推进技术的发展”。闭源的开发商，打着更好的服务的旗号从中渔利。“众人拾柴火焰高”，开源软件的质量同样能得到保障，满足用户的需求。

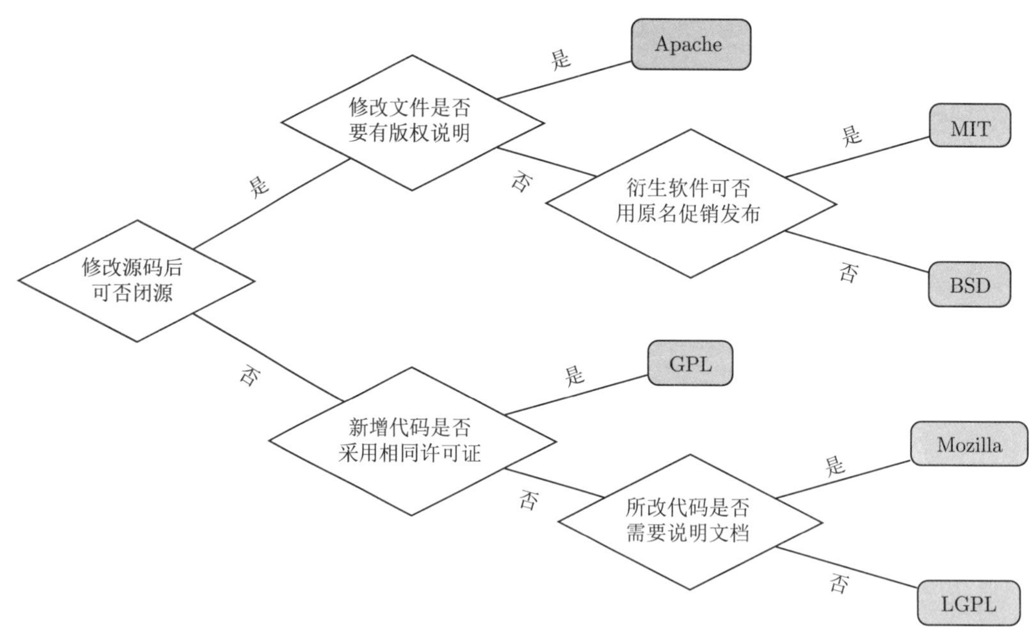

图 3.128 几种开源协议（BSD、Apache、GPL、LGPL、Mozilla、MIT）的分类

德国社会学家、哲学家**卡尔·马克思**在《资本论》中指出，“协作仍然是资本主义生产方式的基本形式”[42]。可是，协作并不是无条件的——如果协作侵犯到了资本的利益，便会有各种条条框框限制它。

21 世纪，先进国家之间已经进入技术竞争阶段。相比合作，竞争是高成本的，也将造成标准和技术的割裂。通信、半导体、人工智能、空间科技等方面，在一段时间里势必形成技术壁垒。竞争和封锁越严峻，我们越应该更多地开放与合作，越应该维护技术的生态环境和一些关键技术的生命线。

例 3.22 2020 年，美国政府把若干中国公司和高校列入实体名单，禁止技术出口和交流。商用数值计算软件 Matlab 不再授权给国内的一些高校，势必对科研氛围造成一些不良影响。谷歌移动服务（Google Mobile Service, GMS）也停止授权给华为公司新的电子产品，包括谷歌地图、Gmail、YouTube、Play 商店等应用，严重影响了华为手机的海外市场。

- ❑ 离开了 Matlab，人们依然可以使用与它兼容的开源软件 GNU Octave。另外，其他可供选择的开源计算工具也很多，所以 Matlab 的打击作用非常有限。
- ❑ 离开了 GMS，华为公司别无选择只能使用自研的华为移动服务（HMS），它的生态建设是最具挑战性的困难。

超级大国挑起的科技战让所有人看清了科技生态的重要性和残酷性，它遵循着丛林法则，弱肉强食。眼前唾手可得的往往是诱饵，一旦上钩便难以脱身。因为公平竞争只在势均力敌者之间，所以“打铁还需自身硬”，所有侥幸心理都是不切实际的。

开源运动不仅仅是理想，更是弱者的生存之道。俗话说“众人同心，其利断金”，只有抱团取暖才能捱过寒冬。人类最终还是要走向合作的，敌视和偏见不解决任何问题。开源，是一种全新的协作，它突破了组织的壁垒，是先进生产力的代表。

图 3.129　知识共享、开源运动是为了全人类的福祉

开源运动的伦理动力来自这样的信念——使用计算机不应导致人们无法相互合作。为了普通大众的福祉，我们必须支持和发展自由软件来抵制科技霸凌，让自由的创新摆脱专有工具的羁绊。更广义地讲，一切的科技进步都不应被经济、政治的不良意图所干扰和侵蚀而沦为恶意竞争的武器，它的成果终将属于全体人类。

图 3.130　知识共享：1925 年诺贝尔文学奖获得者、英国剧作家**萧伯纳**（George Bernard Shaw，1856—1950）曾说，“倘若你有一个苹果，我也有一个苹果，我们彼此交换这些苹果，那么你和我仍然各有一个苹果。但是，倘若你有一种思想，我也有一种思想，而我们彼此交换这些思想，那么，我们每人将有两种思想”

虽然金钱激励不是有情怀的黑客们的动力，但是程序员不可能单凭一腔热情不食人间烟火。自由软件项目的资金筹集并不容易，应该得到政府和民间资本的大力支持，这种支持可谓“雪中送炭”。开源运动特别适合软件产业底子薄弱的国情，尤其与教育深度结合后，会有一大串的连锁反应，有望实现科技生态圈的弯道超车。

例 3.23　2004 年，中国科学院网站（http://www.cas.ac.cn）登载了一篇网文《国产服务器操作系统 Kylin 获重大进展——联想、国防科大联手力推“863”国产服务器操作系统》，它是这样介绍麒麟操作系统的，“作为投资 7 000 万元的国家‘863’计划软件重大专项研发成果，‘麒麟’拥有完全自主版权的内核，与 Linux 在应用上二进制兼容，并支持 64 位，是中国独立研发成功的、具有完全自主知识产权的服务器操作系统”。

- 2006 年，麒麟操作系统 2.0 版本被匿名揭露与开源操作系统 FreeBSD 5.3 在函数名上有 99.45% 的相似度。一石激起千层浪，网络媒体上有了麒麟涉嫌抄袭的质疑之声。
- 事实上，BSD 协议（见图 3.128）是非常宽松的，允许第三方修改开源代码后闭源，也无须对修改文件有任何版权说明，甚至可以以修改者的名义发布产品，因此无所谓“涉嫌抄袭”一说。

然而，麒麟 2.0 却声称“是中国独立研发成功的……”，这种说法让本来成就一件好事的麒麟饱受非议，莫不如大大方方地承认修改自 FreeBSD。此外，还有一个理解的误区，就是觉得站在开源的肩膀上显不出“高大上”，非得强调“独立”才够水平，这其实有悖于开源推崇的“开放与合作”的精神，大可不必。总体来看，推动开源运动的任何努力都是善举，是值得鼓励的，它也必将让广大用户和国家从中受益。

例 3.24　以统计计算、符号计算、科学绘图为例，以下几款开源软件都是非常优秀的工具，完全可以替代相应的商用软件。

- 开源的 R 语言（也称为 GNU S）在短短几年内就打败了包括 SAS、S-PLUS、Stata 在内的所有商用统计软件，成为数据科学（如机器学习、模式识别、数据挖掘、大数据分析等）的利器，广泛应用于社会科学、计量经济学、金融分析、生物信息学、遗传学、人工智能（如自然语言处理、图像处理等）、高性能计算等领域。
- Maxima 是 LISP 语言实现的计算机代数系统（computer algebra system, CAS），它可与商用 CAS 软件 Maple 和 Mathematica 媲美，因为它有老当益壮的 LISP 语言做后盾，从而具有良好的可扩展性。
- GnuPlot 是一款轻便的科学绘图工具软件，是计算机代数系统 Maxima、数值计算工具 GNU Octave 等的绘图引擎。在函数绘图方面，GnuPlot 擅长绘制函数曲线、（可以三维旋转的）二维曲面、向量场、等高线等，也可用作数据的可视化。

经过多年的发展，如今的 Linux、FreeBSD 等开源操作系统，完全匹敌商用的操作系统（如微软公司的 Windows、苹果公司的 macOS）。相比之下，上述开源计算工具更加完美地运行于 Linux、FreeBSD 的环境，这也是大学理工科教育最好以一整套的开源系统为首选的主要理由。

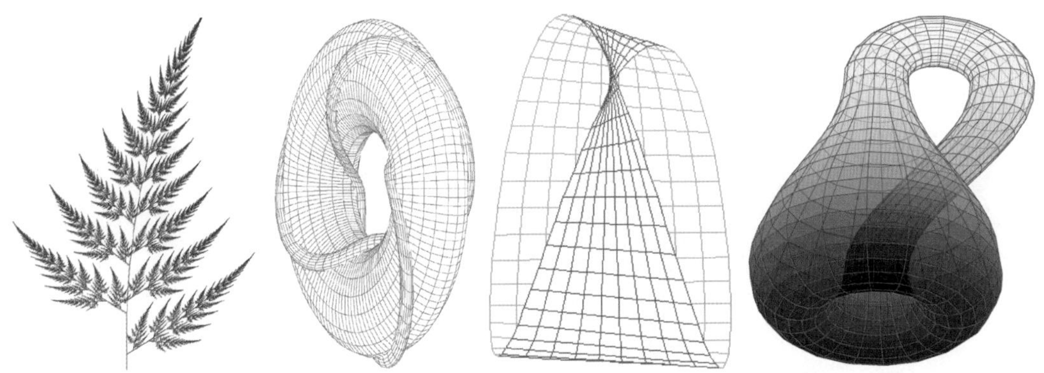

(a) 分形、缠绕在环面上的三叶结、莫比乌斯带、克莱因瓶

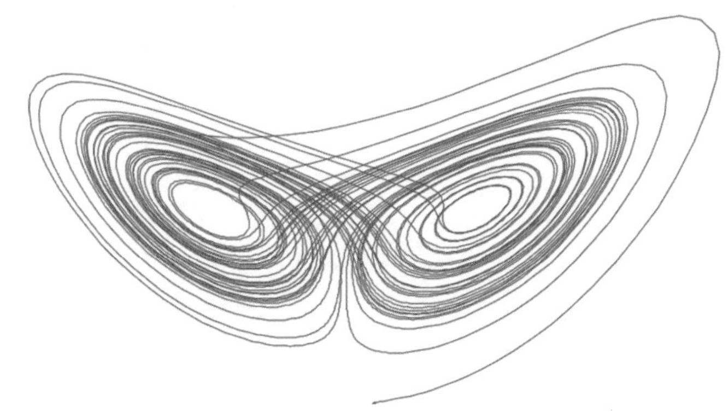

(b) 洛伦茨吸引子（Lorenz attractor）

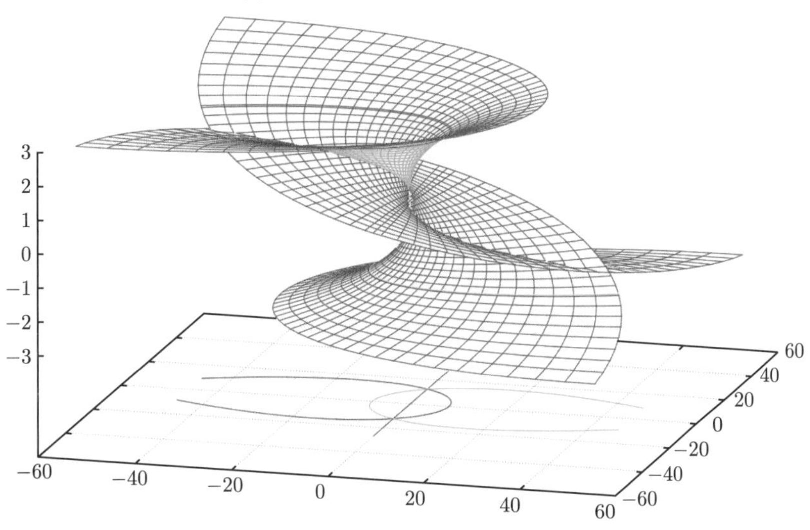

(c) 单复变函数 $f(z)=z^{1/3}$ 实部的黎曼曲面

图 3.131　利用 GnuPlot 绘制的图形，详见 http://www.gnuplot.info。GnuPlot 虽然名字中有“Gnu”，但它尚不是 GNU 项目的一部分。从法律上说，可以免费使用 GnuPlot，但不能免费分发 GnuPlot 的修改版本

第 4 章 机器学习

未及前贤更勿疑，递相祖述复先谁。

别裁伪体亲风雅，转益多师是汝师。

——杜甫《戏为六绝句》

图灵在论文《计算机器与智能》（1950）里幻想一种“儿童机器”（child machine），“与其尝试制作一个模拟成人思维的程序，何不尝试制作一个模拟儿童思维的程序？然后对其进行适当的教育，将会得到成人的大脑”[2]。这是人工智能之父对“机器学习”的最初思考。

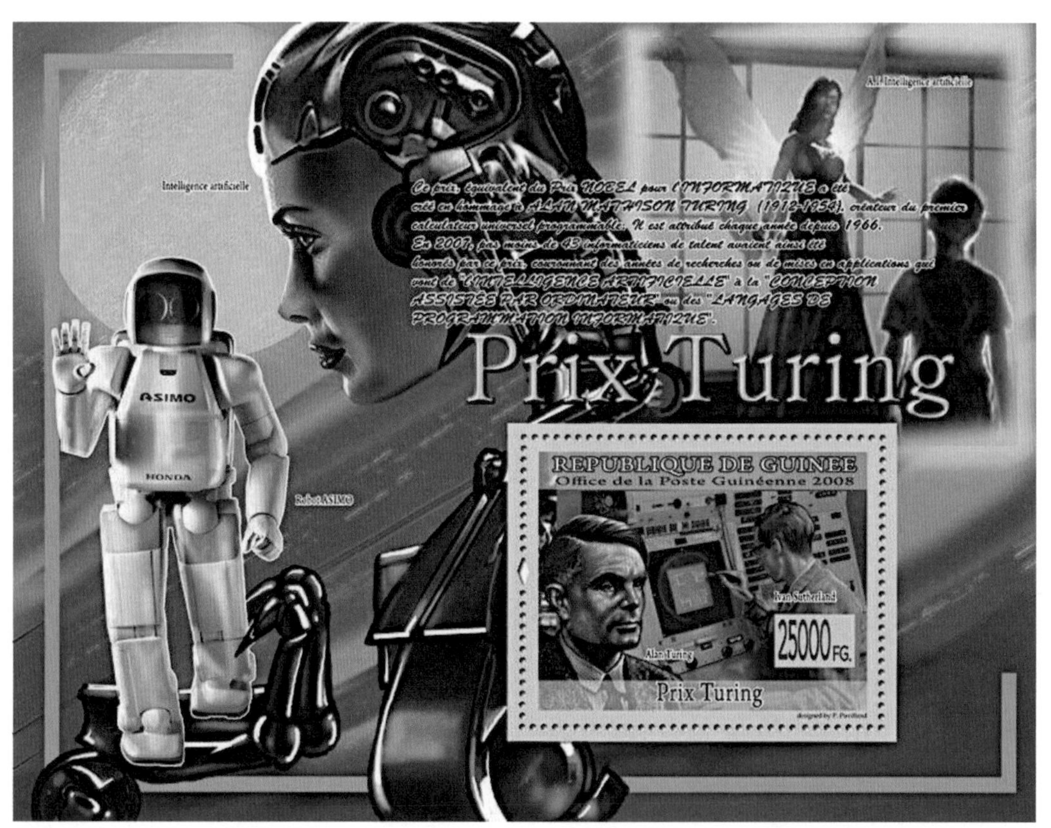

图 4.1　图灵认为机器学习应该模拟儿童学习的过程，逐渐形成智能

“我们希望儿童大脑中的机制如此之少，以至于可以很容易地对其进行编程。作为第一个近似，我们可以假设教育机器的工作量与教育人类孩子的大致相同。

“因此，我们将问题分为两部分——儿童程序和教育过程，二者保持紧密关联。我们不能指望初次尝试时就找到一台好的儿童机器。人们必须尝试教一台这样的机器，并了解其学习情况。然后可以尝试另一台，看看它是好是坏。通过对照，该过程与进化之间存在明显的联系。

儿童机器的结构 = 遗传物质
儿童机器的变化 = 突变
自然选择 = 实验者的判断

"然而，人们可能希望这一过程比进化更快速而有效。适者生存是衡量优势的慢方法。实验者发挥聪明才智，应该能够加快这个过程。同样重要的是，实验者不必受制于随机突变。如果能找到造成某种弱点的原因，他可能会想出可以改进它的那种突变。

……

"我们通常把奖罚与教学过程结合起来。可以基于这种原理构造或编程一些简单的儿童机器。机器的构造必须确保，不太可能重复惩罚信号出现之前不久发生的事件，而奖励信号增加了导致该事件重复的概率。这些定义并不预设机器部件有任何感觉。我曾用一台这样的儿童机器做过一些实验，并成功地教会它一些东西，但教学方法太另类，因此实验不能算作真正的成功。"

图 4.2　帮助或指导儿童学习的方法如何迁移到指导机器学习上？

"对于某些读者来说，学习机的概念可能显得自相矛盾。机器的操作规则能如何改变？无论它经历什么历史、什么变化，它们都应该完整地描述机器将如何反应。因此，这些规则具有很强的时间不变性。这是千真万确的。对这个悖论的解释是，在学习过程中改变的规则仅要求短暂的有效性，非常低调的那种。

……

“在学习机器中加入一个随机元件可能是明智的。当我们寻找某个问题的解时，随机元件是相当有用的……现在，学习过程可以被视为寻找一种能够满足教师（或其他标准）的行为形式，由于可能存在大量令人满意的解，因此随机方法似乎比系统方法更好。”

然而，机器学习并没有按照图灵的设想发展。20 世纪 80 年代之前，机器学习流行规则的方法，之后统计的方法逐渐占据上风。经历了半个多世纪的发展，机器学习已经成为人工智能的一个充满生机的分支，它研究如何让一个智能体（intelligent agent）从经验、知识或环境中自动构建起完成某项任务的能力，并不断地完善它以达到令人满意的效果。例如，图像中的物体识别、棋类游戏、机器翻译（machine translation）、问答系统（question answering system）等。

图 4.3　机器学习是 AI 的一个分支，而深度学习只是机器学习中的一类模型而已

一般说来，对人类越简单的事情，对机器而言越难搞定。譬如，语言理解、类比推理、想象等。相反，在一些简单计算和测量的事情上，机器要远胜于人类。例如，人类的眼睛和大脑有时在基础感知上会被“欺骗”而产生错觉。人类的大脑并不完美，为了提速，它预设了一些想当然的东西。

图 4.4　1995 年，美国神经学家**爱德华·阿德尔森**(Edward Adelson，1954—　）制作了此图，A, B 两格的灰度是相同的，但是人类的眼睛容易被欺骗

比较人类学习和机器学习，二者有很多差异，这里仅列举两点。

- 现有的机器学习都是单任务的。即便机器可以很好地完成某些任务，但它们之间的共性并不被机器所认知。即机器不会触类旁通、举一反三，而人类则天生地懂得接受间接经验，融会贯通后为己所用。换句话说，机器还不具备人类的*学习能力*，也不懂得如何积累知识。
- 普通受高等教育者历经小学、初中、高中、大学阶段，完成知识积累、能力培养到适应社会的质变，历时十五六年之久。随着高等教育的普及，人类自主学习和接受系统教育的时间占整个人生的五分之一，甚至更多。知识更新很快，人类只有*持续学习*才能不被时代抛弃。荀子在《劝学》篇的第一句话就是“*君子曰：学不可以已*”。对许多人而言，“活到老学到老”是一个积极的人生信条，丧失学习动力和能力则是衰老的标志。

  机器学习的时间跨度没有人类这么大，主要原因是我们不知道怎样赋予机器持续学习的能力，也不知道如何为它制定这么大的学习目标。

神经科学、心理学、教育学、语言学、哲学等对人工智能和机器学习都产生过深刻的影响，促使我们从宏观上思考学习的本质，而不是简单地把某项学习任务归结为某个*最优化*（optimization）问题后，把注意力放在加速求解上。下面，举几个著名的“他山之石”的例子。

例 4.1　德国物理学家、医生**赫尔曼·冯·亥姆霍兹**（Hermann von Helmholtz，1821—1894）利用物理方法研究过*感知*（perception）。1860 年，亥姆霍兹测出神经传导速率是 90 米/秒，即从感官刺激到有意识的感知有时延。其间，大脑对神经信号做了大量的处理，这个先天的能力已经固化在大脑里。类似地，我们需要将一些基本的、常用的感知、计算、推理能力固化在 AI 芯片里。

图 4.5　亥姆霍兹实验表明神经信号的传递速度并不快。人脑一定将最常使用的功能进行了提速处理，就像多次练习形成“肌肉记忆”一样

例 4.2　西班牙神经学家、病理学家、1906 年诺贝尔生理学或医学奖得主**圣地亚哥·拉蒙–卡哈尔**（Santiago Ramón y Cajal，1852—1934）奠定了神经元理论的基础，被誉为“现代神经科学之父”。他发现了轴突生长锥，并通过实验证明了神经细胞之间的关系不是连续的，而是存在着间隙。*人工神经网络*（artificial neural network, ANN）是机器学习和模式识别中的经典模型，它是对神经元细胞的计

算模拟。

图 4.6 拉蒙-卡哈尔的神经元理论启发了人工神经网络模型和深度学习

例 4.3 美国实用主义哲学家、教育家、心理学家**约翰·杜威**（John Dewey，1859—1952）被誉为“现代教育之父”，他的学说对 20 世纪初中国思想界产生过重大的影响。杜威的教育理念是在实践中学习，他反对灌输式的教育方法，提出教育即生活，学校即社会，教育的目的在于培养学生的自学能力。杜威认为，一切知识都是工具，来自于人类适应自然、改造自然的经验活动。

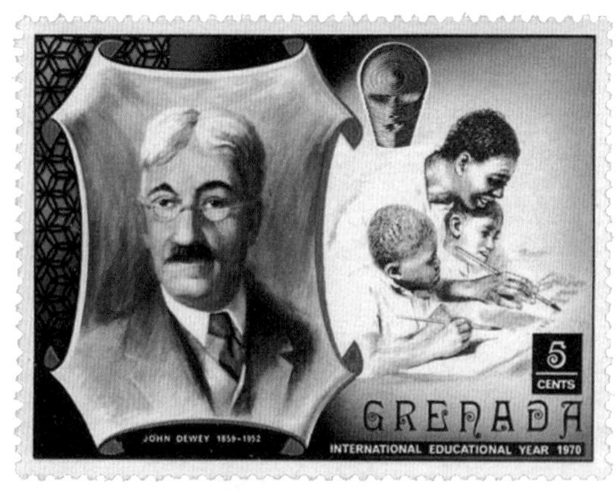

图 4.7 1919—1921 年，杜威曾在中国讲学。他的学生**胡适**（1891—1962）、**陶行知**（1891—1946）、**蒋梦麟**（1886—1964）等都是中国知名的教育家

例 4.4 比利时心理学家和教育学家**奥维德·德可罗利**（Ovide Decroly，1871—1932）认为孩子必须接受教育才能满足其“生物社会需求”。1907 年，德可罗利在布鲁塞尔创立了一所从幼儿园到高中的“德可罗利学校”，按照《德可罗利计划》的教育理念进行教学。目前，这所学校有 1 000 名 3 ~ 18 岁的学生。

《德可罗利计划》强调学校教育的连续性、跨学科性，从具体到抽象，尊重孩子发展的整体方法等（详见该学校的网站 https://www.ecoledecroly.be）。每个年级（或年龄段）都有详细的教育目标。例如，从幼儿园到二年级（3~8 岁），培养学生的好奇心和社交能力，通过互动促进知识的自我构建……在中学的最后三年里，每个课程都有自己的指导方针。在科学和数学方面，课程围绕主题组织，以便最大限度地保持跨学科性，所有课程都围绕着灵活运用的目的而安排。

图 4.8　德可罗利的教育目标是适应社会，或许还应有一些改造社会的目标

德可罗利学校“扎根于它的传统，向年轻人传授它所捍卫的价值观，同时也不忘记对当代世界教育的思考”。它的宗旨是培养适应社会的有用人才，这个以社会需求为驱动的教育理念无疑有其正确的一面，然而我们还应注意到教育有责任和义务培养推动社会进步、有独立思考能力的“反叛者”。

例 4.5　瑞士心理学家、哲学家**让·皮亚杰**（Jean Piaget，1896—1980）的认知发展心理学理论，将孩子的认知发展分为四个阶段：

(1) 感知运动：0 ~ 2 岁，以自我为中心，靠运动和感觉来获取经验，无法从他人的角度看待世界。

(2) 预备运算：2 ~ 7 岁，学会使用自然语言、符号、绘画来表达自我，开始意识到因果关系。4 ~ 7 岁是直觉思维阶段。

(3) 具体运算：7 ~ 11 岁，开始理解以物理操作为基础的可逆性、逻辑性、守恒性，不再以自我为中心。

(4) 形式运算：11 ~ 16 岁，形成逻辑推理、类比推理的抽象思维能力。在我国，初中二年级开设平面几何的课程，正值孩子逻辑思维成熟的阶段。

相比命令行界面（Command-Line Interface, CLI），计算机图形用户界面（Graphical User Interface, GUI）更直观和易于操作。GUI 和儿童编程语言 Logo[①] 的研发都受到皮亚杰理论的影响，它们把计算机的门槛降低到预备运算阶段。例如，苹果公司的很多电子产品（如 iPad 等）具有极好的用户体验，连说明书都省了。

---

① Logo 是解释性语言，通过向海龟发布命令来画图，适合儿童直观地学习程序的运行过程。美国很多小学二三年级就开设了 Logo 课程，该课程深受小朋友们的喜爱。

图 4.9　皮亚杰的认知发展心理学揭示了孩子认知的四个阶段。目前，人工智能还处于初始的“感知运动”阶段，连第一次跃迁都没做到

1923—1930 年，皮亚杰出版了五部有关儿童思维的著作，对儿童的语言与思维、判断与推理、世界概念、因果概念、道德判断进行了研究。他一生著作颇丰，如《智力心理学》(1950)、《儿童智力的起源》(1953)、《从儿童到青年逻辑思维的发展》(1958)、《儿童逻辑的早期形成》(1964)、《结构主义》(1968)、《儿童心理学》(1969)、《发生认识论》(1970)、《儿童的心理意象》(1971) 等，力图从结构主义的角度揭示认知心理的本质。皮亚杰的理论对设计图灵的“儿童机器”有无指导作用？

例 4.6　客观心理学之父、俄国神经生理学家和心理学家**弗拉基米尔·别赫捷列夫**（Vladimir Bekhterev，1857—1927）于 1886 年在俄罗斯建立了第一个实验心理学实验室，以研究神经系统和大脑结构。他认为大脑内有多个区域，每个区域都有特定的功能。尤其是，他最早指出了海马体在记忆中的作用。别赫捷列夫创立了多份学术期刊，如俄罗斯第一份神经疾病期刊《神经学通报》(1893)，第一份实验心理学期刊《精神病学、神经病学和实验心理学档案》(1896) 等。

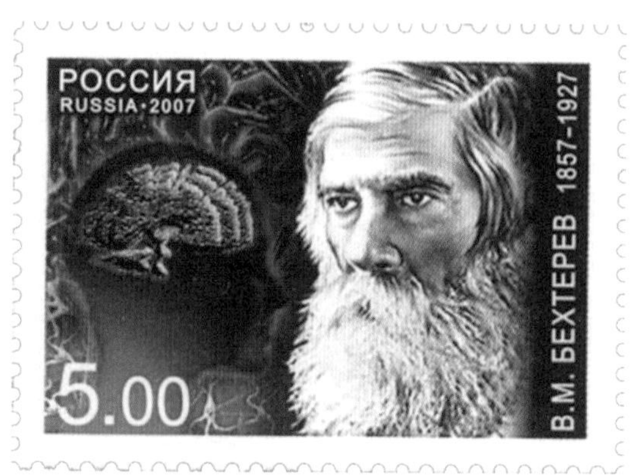

图 4.10　别赫捷列夫认为可以通过研究条件反射来解释人类所有的行为，他的思想对美国行为主义学派产生过重大的影响

1927 年 12 月 23 日，别赫捷列夫前往克里姆林宫为**约瑟夫·斯大林**（Joseph Stalin，1878—1953）

做检查。回来后，他对一些同事说，“我刚为一个偏执狂做了检查。”第二天，别赫捷列夫突然离世，随后他的名字从所有的苏联教科书中被抹去。

例 4.7　伟大的俄罗斯生理学家、心理学家、诺贝尔生理学或医学奖（1904 年）得主**伊万·巴甫洛夫**（Ivan Pavlov，1849—1936）因提出*经典条件反射*（classical conditioning）而闻名于世。他发现动物对特定制约刺激的反应能够形成关联性记忆。最著名的例子是巴甫洛夫的狗的唾液条件反射：狗对食物（即*非条件反射刺激*）能够产生唾液（即*非条件反射反应*）。如果在提供食物的前几秒钟，总用哨子（或者节拍器、音叉）发出一个声响（即*中性刺激*），这个声响将变为*条件反射刺激*，即便在没有食物的时候，也能引起狗产生唾液（即*条件反射反应*）。

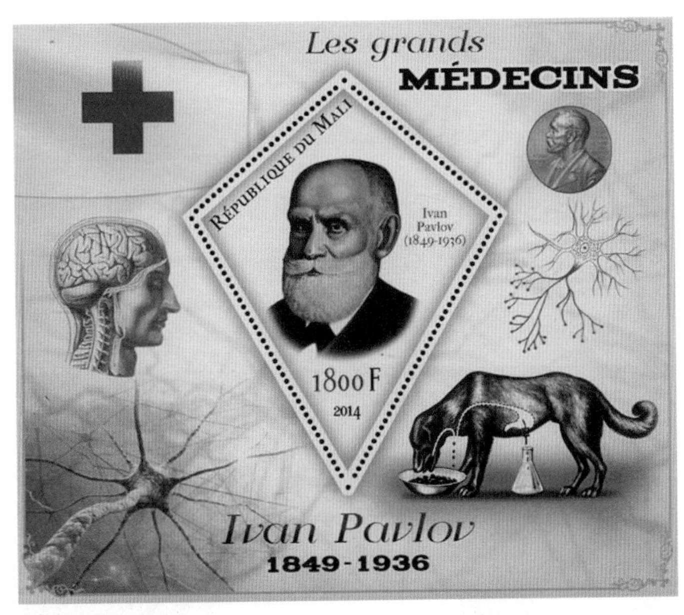

图 4.11　巴甫洛夫在性格、条件反射和非自愿反射动作上颇有建树，他却因消化系统的实验获得了诺贝尔奖

巴甫洛夫是一位正直的学者，他工作到生命的尽头，临终前仍要求学生记录下他迈向死亡的过程。巴甫洛夫得到了全世界的尊重，他生前的实验室被作为博物馆保存了下来。

别赫捷列夫和巴甫洛夫都是条件反射的早期研究者，他们之间有一些竞争和学术争论。例如，别赫捷列夫质疑巴甫洛夫的唾液法：如果动物不饿，那么食物可能不会引起所需的反应，从而使得分泌反射变得不可靠。另外，该方法不容易在人类身上使用。相比之下，别赫捷列夫利用轻度电刺激法却能够证明运动条件反射存在于人类之中。巴甫洛夫也曾批评别赫捷列夫的实验室管理不善。

例 4.8　1913 年，深受别赫捷列夫和巴甫洛夫影响的美国心理学家**约翰·沃森**（John Watson，1878—1958）发表论文《行为主义者心目中的心理学》[67]，创立了心理学的*行为主义*（behaviorism）学派，以外在可观察的行为为研究对象，通过“刺激—反应”而不是“内部的精神状态”或“意识”来洞悉人类的心理。

1920 年，沃森曾做过一个颇受争议的“小阿尔伯特实验”，他对一个 11 个月大的婴儿“小阿尔伯特”做了恐惧心理的条件反射实验。沃森成功地证明了婴儿对恐惧的条件反射（俗话说，“一朝被蛇咬，十年怕井绳”），但实验之后并没有消除它，被人诟病违反了学术伦理。因为该婴儿 6 岁时死于脑水肿，实验的不良后果也无从考察。

“小阿尔伯特”起初并不惧怕白鼠，当他触摸白鼠时，沃森制造出刺耳的声音惊吓到婴儿。反复几次后，当白鼠在“小阿尔伯特”面前出现，哪怕没有声音刺激，他也表现出恐惧和痛苦。

$$\frac{\begin{array}{c}\text{巨响} \to \text{恐惧}\\ \text{白鼠} \to \text{巨响}\end{array}}{\text{白鼠} \to \text{恐惧}}$$

显然，这个可怜的婴儿在“白鼠”和“恐惧”之间建立了关联。甚至，他对之前并不害怕的兔子、狗等也产生了恐惧。这说明，“小阿尔伯特”学习到的远多于实际体验到的。至于他如何做到“触类旁通”，谜底仍未揭开。

图 4.12　小阿尔伯特实验留下了一段视频记录，蹲着的观察者是约翰·沃森

行为主义深刻地影响了 20 世纪的哲学和科学，不可观测的心理活动被物化为可观测的行为。它的进步意义在于把行为研究变为一种科学。

- 统计学家**耶泽·内曼**（Jerzy Neyman，1894—1981）的参数区间估计理论、假设检验理论都是基于归纳行为（inductive behavior）的，它与现代统计学之父**罗纳德·艾尔默·费舍尔**（Ronald

Aylmer Fisher，1890—1962）的归纳推断是截然不同的两种统计哲学。

- 语言哲学的创始人**路德维希·维特根斯坦**（Ludwig Wittgenstein，1889—1951）认为，“意义即用法”（Meaning is use）。
- 计算机科学和人工智能之父**艾伦·图灵**的自动机理论，更是把数学运算的语义归结为自动机有限步的计算。
- 操作语义严格遵循行为主义，例如《算法语言 ALGOL 68 的修订报告》声称，“一个使用严格语言编写的程序的意义是借助一个假想的计算机来执行该程序的组成部分时所完成的行动来解释的”。

图 4.13 在童军活动（scouting）中，孩子们学习各种森林知识、野外露营、水上活动、徒步旅行等。打绳结是必修内容，每个绳结（如水手结）的语义就是它的打法

- 功能主义的信条是“意义即功能”。例如，人工心脏和心脏的功能一样，从功能主义的角度它们没有区别。同理，把一个人的大脑换成有同等智能且具备人性的机器，他仍属于人类。

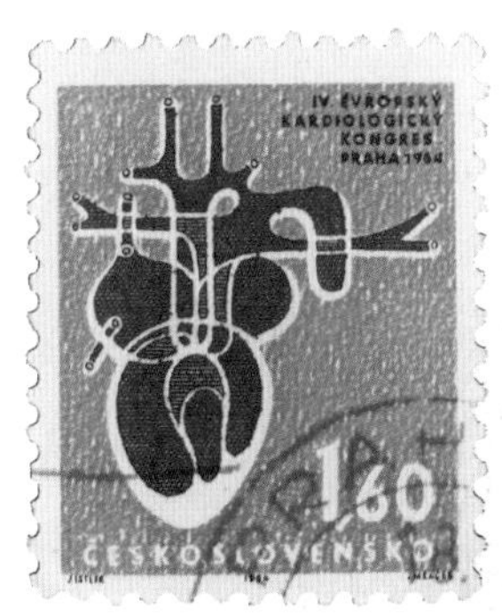

图 4.14 人工心脏技术日趋成熟，拥有一颗永不停止的心脏或许指日可待

- 目前，几乎所有的机器学习都是基于行为分析的，没有任何“内省”的能力。深层原因是行为主义忽略智能体的思维和动机，以及社会交流、互动的影响，而人工智能正好在这方面很欠缺。“巴甫洛夫的狗”也许是当前 AI 的真实写照。

因果关系是一种特殊的关联性，它受时间先后的限制——因在前，果在后。如果声响出现在巴普洛夫的狗享用完美食之后，它将很难建立起那个条件反射。有些事物间的关联性很像因果，但其实不是，人类很容易将它们视为“疑似因果”。

人类的内部心理活动虽然不可观测，但并非不存在，它与外在行为之间的关系可以成为研究对象。只有模型能够很好地解释和预测“刺激 →（心理）→ 反应”，即把“心理”作为中介物（见文献 [44] 的“中介分析”），心理/行为分析才能真正成为一门探究因果的科学。

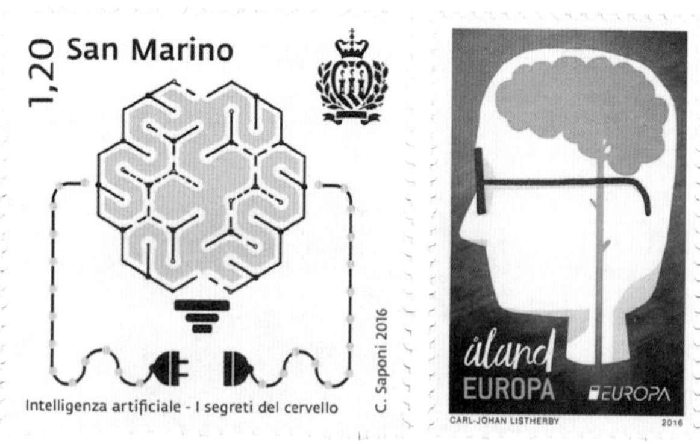

图 4.15　人类现在研究机器智能，未来智能机器有望帮助人类搞清楚人类智能

人类认知能力的这种分阶段发展就像电子跃迁，在吸收足够能量之后，可以从低能级转移到高能级。机器的认知是否也应该分层级呢？

例 4.9　美国计算机科学家（2011 年图灵奖得主）**朱迪亚·珀尔**（Judea Pearl，1936—　）在《为什么——有关因果关系的新科学》[44] 一书中提出了由“观察”“干预”“反事实推理”（即“想象”）三个梯级构成的*因果关系之梯*，在归纳推理的框架里实现了从关联分析到因果推断的飞跃。

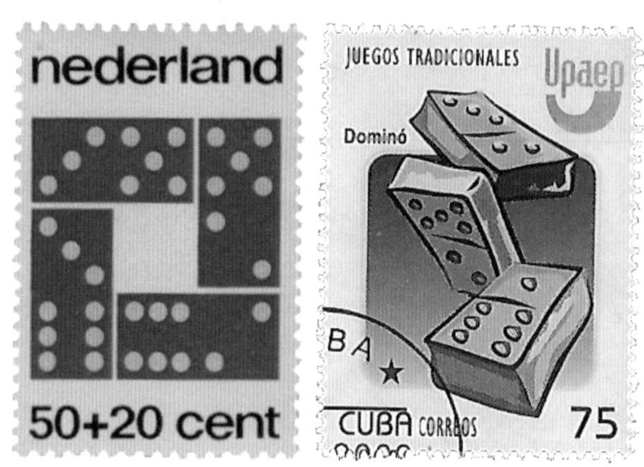

图 4.16　因果链如同倒塌的多米诺骨牌，根因和结果可能相距甚远

现有的机器学习缺乏因果分析的能力，故而做不到从数据向知识的提炼。在某给定的标准之下拟合数据而得到的模型参数估计并不是知识，这是因为在更多的训练数据上得到的参数更新不能构成推

理的素材，也不能产生经得起实践考验的新知识，更不能形成新旧知识的积累。

临渊羡鱼不如退而结网，按照“人工智能之父”图灵在《计算机器与智能》一文中的设想，机器学习应赋予“儿童机器”以学习的能力，而非直接模拟所谓的“智能行为”。人工智能要如何构造机器的认知心理（包括主动学习的能力），这是一个亟须解决的难题。

事实上，前人对学习的一些经验之谈值得人工智能借鉴。例如，孔子曾说，“吾尝终日不食，终夜不寝，以思，无益，不如学也”（《论语·卫灵公》）。同时，他又提醒，“学而不思则罔，思而不学则殆”（《论语·为政》）。

图 4.17　《论语》是孔子的语录汇编，是由他的弟子及后人整理编撰而成的儒家经典。全书共 20 篇 492 章，涉及伦理、治国、教育、修身等，其中不乏有关学习的言论

学习后经过思考再去学习，一是逐渐构筑自己的知识体系，二是培养主动学习和独立思考的能力。对人而言，学习是一个过程，其目的不仅是完成某项具体任务，更重要的是能力的培养。

图 4.18　知识里充满了智慧，但是知识不是智慧。如果只教给机器知识而不教会它运用知识和主动获取新知识，机器充其量是一个只会背书的呆子

机器学习何尝不是如此呢？与其逐点地让机器识别这个、识别那个，不如教会机器识别和形成概念的能力。我们或许早就应该反思，在纯粹数据驱动（data driven）的机器学习之外，是否应该多关注一些元学习（meta learning），即有关学习的学习（例如学习策略），以及知识表示和对已有知识/经验的

省思（例如类比、猜想、反思等），见图 4.19。

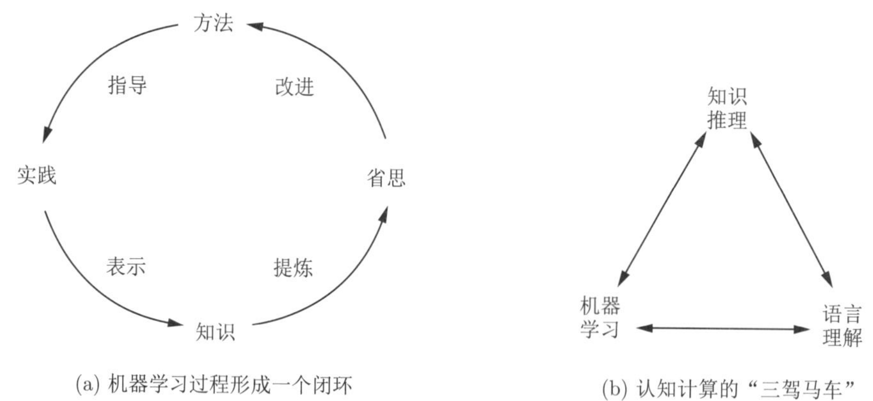

图 4.19 (a) 方法论指导如何学习/实践，然后将结果表示为知识/经验，再经过提炼为省思提供材料。最后，省思的结果用于改进方法（如元规则），开始新一轮的机器学习。(b) 机器学习与知识推理、语言理解的关系

机器学习、知识推理、语言理解是认知计算（cognitive computing）的“三驾马车”，它们之间是相互影响、相互依存的关系。知识推理和语言理解的最终解决离不开规则的方法，而机器学习综合利用归纳、演绎、类比等也将成为必然趋势。只有从认知计算的宏观视角看待机器学习，才不至于孤立地研究它，甚至一叶障目地把它当作最优化理论的某个具体问题。

人工智能早期几乎所有的分支（包括机器学习）多采用规则的方法。之后，随着数据获取日益便利，统计机器学习逐渐占据主流，数据分析的方法受到学界的青睐。俗话说，“三十年河东，三十年河西”。可以预见，待到 AI 对知识和推理的诉求达到一定程度，在新理论支撑下的规则方法必然再次回归。

图 4.20 机器学习涉及计算机科学、数学、统计学、心理学、神经科学、语言学、哲学、教育学、人类学、社会学等，“百家争鸣、百花齐放”才应是它该有的繁荣景象

4.1　学习的方式

通过授课、书本、观察、实践等多种多样的学习方式，不断地丰富知识体系和加强运用知识的能力。人类学习的目标是“学以致用”，所以无用的知识对人类而言是无意义的。很多人认为哲学是无用的，这是一个极大的误解。哲学是所有理性学问的基础，如同建筑的根基，它的不牢固、不清晰所导致的麻烦会让整个理论显得混乱不堪。

所有科学和数学都是在哲学指导下的实践，所以伟大的科学家和数学家几乎必然是伟大的哲学家或思想家。物理学家**阿尔伯特·爱因斯坦**把他的相对论看作是哲学的胜利，成功地挑战了形而上学的绝对时空概念。同样地，爱因斯坦与**尼尔斯·玻尔**（Niels Bohr，1885—1962）、**维尔纳·海森堡**（Werner Heisenberg，1901—1976）、**马克斯·玻恩**（Max Born，1882—1970）等几位量子力学奠基人的论战，几乎就是哲学之争。

图 4.21　爱因斯坦不仅是伟大的物理学家，更是伟大的科学哲学家

人工智能应该遵循怎样的哲学理念呢？形式主义（formalism）、逻辑主义（logicism）、构造主义（constructivism）、行为主义（behaviorism）、归纳主义（inductivism）、建构主义（constructionism）、实证主义（positivism）等都对它产生过影响。

人们常说“实践是检验真理的唯一标准”，其中的实践包括思维实践，即利用已有知识论证一个结论，或者解决一个问题。例如，在数学里，如果某命题引起了一个矛盾（推理的过程就是对该命题的一个实践），则该命题一定为“假”。如果要断言某命题为真，必须从公理或假设出发给出严格的证明，这是数学对“真”的实践，而非堆积一些实例的不完全归纳（imperfect induction）。

妄议真理容易掉进“悖论”的泥坑，我们也从不指望抓住自然的“真理”，人类毕竟不是无所不知的上帝或拉普拉斯妖。然而大到理论，小到模型，实践不失为检验它们是否有效的可靠标准。譬如，一个物体识别模型在开放测试的场景里，搞清楚它在哪些情况下容易失效，对于将它用于自动驾驶的厂家来说是至关重要的。为各种应用提供相对公正的测试标准（包括动态数据、模拟环境等），是人工智能健康发展的必要条件，它本身也有待成为一门严谨的学问。

当下，我们甚至不会奢望有一个普适的形式理论，能够解决所有人工智能问题。大凡看到报道说某某工具独领风骚地成为 AI 的担当，基本可断定为骗局或痴语。

图 4.22　知行结合的学习是最有效的：“搞懂”和“会用”都需要学习

人类在学校里获取系统的知识，几百年甚至上千年积累下的一门学问，在短短的几年里就要掌握。在国民的普通素质教育中，初等数学和统计是必备的。越高等的科学教育，越强调数学的重要性，它是一切科学的基础。科学和数学教育培养学生的抽象思维能力。

图 4.23　在学校里通过教学获取知识是人类千百年来习以为常的模式

还有哲学、历史、地理、语言等文科教育，侧重培养学生的人文素质，以及如何运用新思维、新理论重新组织已有的知识使之变得更加合理。

例 4.10 如果训练（或学习）的真实环境很难获得，则可以舍弃一些细枝末节，构造一个接近真实环境的模拟环境为训练者（或学习机）提供培训和测试的各个环节。例如，在第一次世界大战期间，人们就开始在飞行模拟器（flight simulator）里学习驾驶航空设备。

图 4.24 微软公司从 20 世纪 80 年代开始发行模拟飞行的系列软件，甚至早于视窗操作系统。《微软模拟飞行器 2020》运行于 Xbox 和个人计算机平台，颇受游戏玩家喜爱

再如，宇航员在地球上的模拟失重状态的训练环境、加速到环绕速度（约 7.9 千米/秒）和脱离地球引力束缚的逃逸速度（约 11.2 千米/秒）等。

图 4.25 借助模拟器，人类能够获得一些非常宝贵的经验

在竞技体育中，除了基本技能之外，还需要模拟对手的特点加以专门的训练。一般而言，有针对性的模拟训练样本在真实世界并不多见，如何产生这些样本不是一件容易的事情。

图 4.26 对抗、博弈的双方在模拟训练中相互学习、共同进步

机器可以借鉴人类的学习方式，例如，在模拟环境里学习。如今，自动驾驶汽车在模拟环境里完成各种机器学习的任务，包括一些在真实世界里鲜有发生的场景。法国数学家**皮埃尔-西蒙·拉普拉斯**（Pierre-Simon Laplace，1749—1827）曾说，“在数学中，我们发现真理的主要工具是归纳和模拟”。显然，这句话也适用于机器学习。

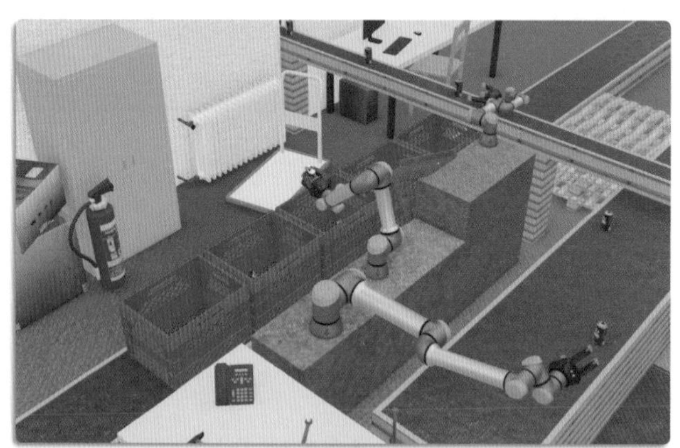

(a) 机械臂：往传送带上的塑料筐中放饮料罐。

(b) 自动驾驶：左下角视窗是前载摄像头所见路况。

图 4.27 开源机器人模拟器 WEBOTS 提供一个所见即所得的平台，用于降低机器人的设计、训练、测试成本，加速机器人研发过程，缩短机器学习的时间

并不是所有的机器学习都适合在模拟环境里进行，有些环境难以模拟，其复杂程度甚至超过机器学

习任务。大致说来，有三类机器学习的方式[68]：

(1) 如果机器学习是基于一些带“标准答案”的训练样本（如已标注好物体类别的图片），这种机器学习就被称为*有监督学习*（supervised learning）或*有指导学习*[69,70]。
(2) 如果没有“标准答案”，只有一些判定标准（如对象之间的相似度），在这些标准之下的机器学习被称为*无监督学习*（unsupervised learning）或*无指导学习*。例如，按照某些特征的*聚类*（clustering）。
(3) 不同于前两种学习方式，如果机器学习与环境之间有互动、以试错和延迟奖励为特点的机器学习被称为*强化学习*（reinforcement learning）[61,71,72] 或*近似动态规划*（approximate dynamic programming）[73–76]。

无监督学习相当于在没有老师的情况下自学成才。因为切入点不同，一道题不同学生给的解答也许五花八门。

有监督学习则是学生基于老师准备的一些练习题的“标准答案”照葫芦画瓢，然而老师并不教给学生解题思路，学生做对做错了也不知其所以然。老师测试学生学得好坏的手段就是考试，由各种指标来衡量考试成绩。有时候还会搞些统考，公布成绩列几个排行榜。

最有意思的是强化学习，虽然没有“标准答案”，老师却尽职尽责地指导学生解题，学生每一步做得好得到奖励，做得不好得到惩罚（即负的奖励）。学生一步一步地接近答案，其终极目标是使得所有奖励积累之和最大。

图 4.28 强化学习：老师用奖励和惩罚循循善诱，引导学生自己找出答案

机器学习的方式只有这三种吗？当然不止。比如，老师把解题过程展示出来，每一步都有根有据，交代清楚其背后的原理。甚至，老师教会学生总结不同的题型，随机应变、对症下药等。

《论语・述而》中有很多孔子的教育理念和治学态度。譬如，“子曰：‘三人行，必有我师焉。择其善者而从之，其不善者而改之’。”当前的机器学习还缺乏相互学习的能力，还未做到“敏而好学，不耻下问”。

图 4.29　机器学习还不懂得主动请教，不知道自己欠缺什么

“德之不修，学之不讲，闻义不能徙，不善不能改，是吾忧也。”孔子的担忧之于人工智能和机器学习也是适用的。

目前，所有机器学习的方式尚都无法模仿人类学习数学的过程，虽然机械化数学已部分具备机器证明（例如欧氏几何、微分几何等）的能力，甚至发现从未有过的结果[40]，但这种能力的获得并不是“机器学习”的功劳。我们希望机器像人类那样主动地学习，它的知识体系可动态地变化（不一定满足相容性），随着知识储备的增多，运用知识的能力也逐步提高。由于缺乏有效的知识表示技术，机器学习的结果（即模型和参数估计值）不能转化为知识，更谈不上积累和传播了。

图 4.30　机器学习要解决的根本问题是学习能力，而不是孤立的具体问题

还有一类学习方式常常被人工智能忽略——思想实验，它需要想象力的支撑。例如，奥地利物理学家、量子力学奠基人之一**埃尔温·薛定谔**（Erwin Schrödinger，1887—1961）为了从宏观阐述量子叠加原理，并求证观测介入时量子的存在形式，于 1935 年提出一个著名的思想实验，被称为“薛定谔的猫”：一只可怜的猫被放在密室里，内有致命的氰化物。在打开密室之前，氰化物有 50% 的机会被释放，猫的状态对观察者来说是未知的，死、活两种本征态的概率都是 50%。对观测者而言，猫的状态是未

知的，主观上可以认为它的状态是生死各半。

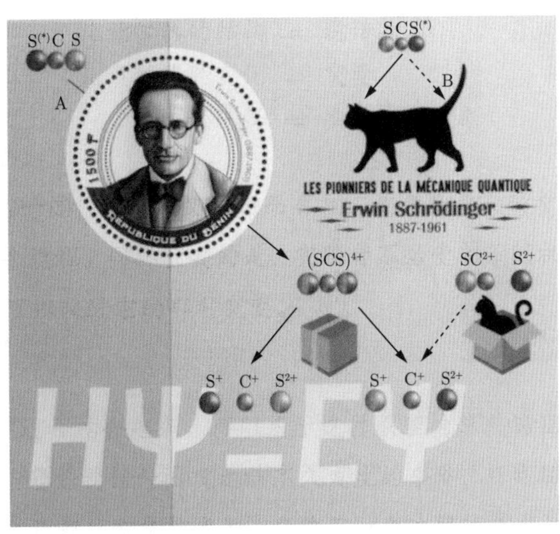

图 4.31 思想实验将问题直观化便于讨论，是理论的催生婆。“薛定谔的猫”让人们形象地思考量子叠加原理，以及观测对状态的影响

量子理论认为观测行为和被观测量是一个整体，前者不可避免地会影响后者。即物理性质的客观实在与观测有关。对“薛定谔的猫”有一种解释：在打开密室的瞬间，波函数坍缩到活的状态或者死的状态，如同翻转着的硬币终于落地，只有一个明确的结果。还有一些其他的解释，如平行宇宙（其中没有波函数坍缩）等。至今，没有一个解释得到广泛的共识，微观世界留给我们太多的谜团。

图 4.32 玻尔和爱因斯坦多年的量子力学基础之争，是两种哲学的对抗

量子力学奠基者之一、1922 年诺贝尔物理学奖得主**尼尔斯·玻尔**把物理学看作对大自然的描述手段而不是终极真理，他说“没有量子世界，只有抽象量子力学描述。我们不应该以为物理学的工作是发现大自然的本质。物理只涉及我们怎样描述大自然”。他与大物理学家**阿尔伯特·爱因斯坦**展开多年的学术论战，很多讨论都是基于思想实验。

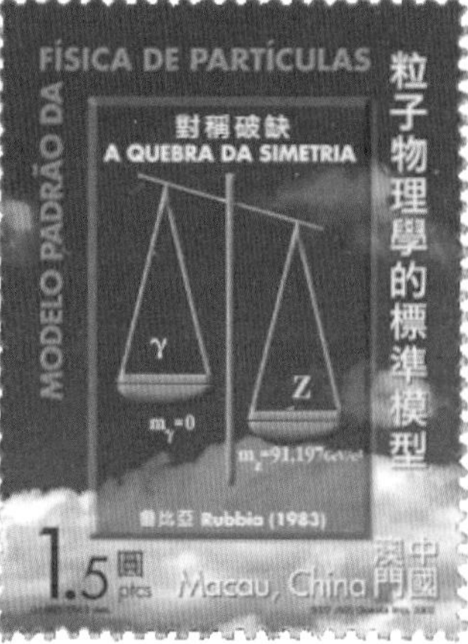

图 4.33　在玻尔眼里，物理学模型仅是我们如何看待大自然，而非大自然的本质

哲学家**荀子**强调“顺势借力”的学习，“吾尝终日而思矣，不如须臾之所学也……假舆马者，非利足也，而致千里；假舟楫者，非能水也，而绝江河。君子生非异也，善假于物也”(《劝学》)。参考前人的经验进行数学建模或者统计建模，是典型的借力而为，也是当前机器学习缺乏的能力。

4.1.1　衡量标准

机器学习必须有一个衡量标准来告诉机器学得如何。比如聚类，必须事先明确地给出相似度的定义，否则机器不知道怎样“物以类聚”。这个明确表达的衡量标准不仅教会机器“明辨是非”“知道好歹”，还可以用来检验机器的学习效果。

对机器的考试被称为测试（testing），一般有两种方式：用以前教过它的题考它，用它从没做过的题考它，前者是“封闭测试”，后者是“开放测试”。在封闭测试中成绩好的机器，在开放测试中不一定也表现出色。实践中，我们更看重开放测试。

图 4.34　有句关于考试的调侃，“考考考，老师的法宝。分分分，学生的命根”

有时为了发表论文、通过验收、评测获奖等功利目的，机器学习的开放测试有作假的伦理问题。一方面，出题很有技巧，题目是否接近封闭测试完全在出题者手中把握。表象上的确是开放测试，但考题与封闭测试太接近，测试结果看起来很好，但这样的考试没测出机器的真实水平，成绩不具有说服力。另一方面，为了在开放测试中取得好成绩而专门研究第三方出题者的出题习惯，如各种题型和相应的解题技巧。有时押题有奇效，但面向市场产品化的时候，这样取得的好成绩所欠下的债总是要还的。

图 4.35　学术浮夸和学术造假一样，只不过欺骗手段更隐蔽。它们早晚都会大白于天下，科学家应该是《皇帝的新装》里大声讲出实话的孩子

人工智能研究中，公平的测试有利于学科的健康发展。在私有测试数据上，有“王婆卖瓜, 自卖自夸”之嫌，公开测试便成为众望。出题者最好是第三方，独立于竞争者的利益冲突之外，公平、公正、透明是最基本的要求。

例 4.11　法国生理学家**克洛德 · 贝尔纳**（Claude Bernard，1813—1878）提出并倡导**双盲试验**（double-blind trial）：在药品功效的检验中，为尽可能地确保客观性、摈除心理、偏好等主观因素的影响，病人被随机分配到**对照组**（control group）和**处理组**（treatment group）。

图 4.36　贝尔纳提出的双盲试验是因果推断的一种手段

分组信息对于被测者（即病人）和医生都是屏蔽的，在数据收集、分析之后这些信息才予以公布。对照组的病人服用的药物是安慰剂（即没有任何治疗作用的药片或针剂），处理组的病人服用的则是货真价实的待测药。这种随机对照双盲试验将偏差降到最小，是目前比较常用的试验设计。如果分组信息

对数据分析人员而言也是屏蔽的，这样的三盲试验则可以进一步减少分析上的偏差。

图 4.37　双盲试验前，参与者要签署知情同意书，避免陷入伦理纠纷

服用了安慰剂的病人，如果因为坚信药品的功效而康复，则说明心理因素可能起了作用——评估药品的功效时，应该剔除这类混淆因子。双盲试验需要承担一些伦理风险，那些因为安慰剂而耽误了医治的病人，必须在参与试验之前了解双盲试验的规则。事实上，凡是以人为研究对象的试验都会面临伦理风险。

图 4.38　药物的临床试验，其疗效要经过随机分组对照的大样本双盲试验的证明

例 4.12　考虑一个训练数据集是否提高了机器学习模型的成绩，可以使用单盲试验：把加训模型 M_1 和未加训模型 M_0 交给几个测试者，但不告诉他们哪个是加训模型，如果反馈意见中选 M_1 更优的比例接近 1，则基本可以肯定加训有效。

例 4.13　人们常用一个称作 k-折交叉验证（k-fold cross validation）的随机试验来评估分类器 C 的效果：把数据随机等分 k 份，依次取一份做测试用，其余 $k-1$ 份做训练用，得到 k 次测试的正确率 $p_1, p_2, \cdots, p_k$，其算术平均值是：

$$\overline{p} = \frac{1}{k}(p_1 + p_2 + \cdots + p_k)$$

这个平均值 $\overline{p}$ 常用来评估 C 的正确率。更公平的评估方法是独立地重复 k-折交叉验证很多次，得到足够数量的 $\overline{p}_1, \overline{p}_2, \cdots$，看它们的经验分布怎样，大均值、小方差的结果才是好的。也就是说，一次好不算好，次次好才是好。

有些研究者为了让结果看起来漂亮些，往往“报喜不报忧”。没有一定规模的开放测试，没有足够多的重复试验，不足以评价模型效果。目前，学术界和工业界都在呼唤有严格规范的测试平台，把测试当作一件严肃认真的事情交给第三方，或者直接公开测试代码允许他人了解和重复试验，而不是任浮夸之风盛行。

例 4.14　俗话说，“文无第一，武无第二”。像机器翻译、自动文摘属于“文”，很难有个形式化的标准评出优劣，人来评价有时也会意见不合。而物体识别、棋盘游戏属于“武”，很容易就能制定出评估的标准，毕竟对错、输赢是非黑即白的事情。

有些评测需要在动态环境里进行，如自动驾驶（也称作“无人驾驶”）模型。对路况的模拟越接近真实，越有希望给出客观的评价，并有助于对事故进行根因分析。例如：

- 路上跑的“僵尸车”是模拟环境的一部分，如果它们非常不智能，譬如只会在同一条车道匀速行驶，那么训练出来的自动驾驶模型（不妨将之称为“智能车”）可能不适应真实世界。
- 假设路上跑的都是相互没有通信的智能车，即它们都是独立地做（换线、加减速、停车等）决策，会出现怎样的现象？譬如，交叉换线时会不会出现同时减速谦让或加速抢道？如果需要协同决策，车与车之间应该共享哪些信息？如何基于这些信息做出安全可行的决策？
- 如果路况信息可以共享，但缺乏统一的交通优化机制，会不会出现这样的“怪圈”：在得知某处堵车之后，所有原计划路经此处的车都重新独立规划路径，从而导致在他处造成堵车或滞速？

测试的目的除了评估之外，寻找错误的根因或者和错误强相关的条件也是非常重要的。通过测试，错误的类型及其分布情况可以呈现出来，还有它们伴随的条件。例如，自动驾驶所出事故中的物体识别错误，常把远处的白色物体与云朵混淆，或者，对后侧方车辆的意图识别有误导致换线时发生碰撞，等等。一旦了解了错误的类型，以及错误扩散的路径（即因果链），下一步就可以进行针对性的加强训练，并且想方设法阻断错误的扩散。

图 4.39　在开源自动驾驶环境模拟器 CARLA 里训练和测试自动驾驶模型

测试还有一个目的就是搞清楚模型能力的边界。数据科学里没有所谓的正确的模型，只有好用的模型。和每个人一样，一个模型有它擅长的，也有它不擅长的。模型在什么条件下做的决策是可靠的，什么条件下是不可靠的，什么条件下是半可靠的？通过测试可以让机器有“自知之明”，知道扬长避短，而不是不分可靠度地执行任何决策。

4.1.2 理解机器智能

机器犯错的因果链可能不止一条，每阻断一条都可以减少错误的扩散。为了找出错误的扩散路径，必须搞清楚导致错误的因果关系，即*可解释性*（explainability），也称*可溯因性*。如果我们不了解造成模型失效的条件，在使用这些机器学习产品的时候，对潜在的风险就一无所知，也无法在可能犯错之前给用户一些警示。尤其那些关乎人类生命的 AI 产品，可解释性显得尤为重要。

人类通过视觉、听觉、触觉等感知外部世界。类似地，如例 1.41 所描述，智能车的各种传感器可以形成有约束和互补关系的协同感知，进而提高识别错误的能力。错误样本可以被自动挑选出来，供后续分析之用。

可解读性

图 4.40 让我们点亮理解的烛光吧

人们经常把可解释性同*可解读性*（interpretability）混淆。可解读性是指机器学习中特征表示的语义能够被人类理解。例如，一个“主题”（topic）就是词集上的一个*离散概率分布*，或者所有词的*加权平均*。当主题模型（topic model）挖掘出自然语言文档中潜在的主题，它们对于人类来说的含义是什么？很遗憾，在多数情况下，对机器而言“有意义”的主题，对于人类来说是不可解读的。

一方面，我们承认智能的形态存在差异，人类和机器的认知模式可以不同。另一方面，我们期望不同的智能之间能够交流。机器能理解人类的意愿，但如果人类无法了解机器的所想所指，不利于引导人工智能走上健康的发展之路。

人类常在不同的文化或艺术形式之间相互解读。例如，**文森特·梵高**（Vincent van Gogh，1853—1890）的《星夜》，经过美国歌手**唐·麦克林**（Don McLean，1945— ）创作的民谣歌曲《文森特》的解读，让人印象深刻、感触颇多。歌曲的灵感来自 1970 年的某个秋日，麦克林正在读梵高的传记，出于对梵高的崇拜，他在《星夜》前写下了感人肺腑的歌词，表达了对梵高的理解。

繁星点点的夜晚
画板上涂抹了蓝与灰
夏日里，你向外张望
双眸看穿我灵魂的黑暗
山峦间的阴影

勾勒树林与水仙花

捕捉拂面的微风和冬日的凛冽

色彩幻化在雪白亚麻画布上

如今我终于明白

你想对我倾诉什么

众醉独醒，你那么痛苦

你多想解开羁绊

可他们不愿听，也不懂

或许，他们现在想听到……

图 4.41　《星夜》的忧郁用歌曲表达出来，仿佛听到了梵高的心声

相反地，音乐也可以用绘画来解读，例如，格陵兰歌曲的艺术解读。人们用不同的语言解读世界，但总能找到共鸣，哪怕跨越了距离多远的文化、穿越了时光多久的历史。

图 4.42　格陵兰地区歌曲的绘画解读

人类和机器之间也需要相互“解读”。通过深度学习找到的一些关键特征，时常面临可解读性差的问题。例如，一个深度神经网络分类器抓住的行人、车辆、指示牌的特征，是否能映射到人类的认知体

系中，用人类能理解的语言表达出来？如果机器智能有它自己观察和理解世界的认知体系，它会是什么样子的？例如几何定理的机器证明，对问题的描述如何“翻译”成机器能理解的输入？整个推理过程如何“翻译”成人类能理解的形式？开源系统 GeoGebra 是一个交互式的几何、代数、微积分、统计工具，有一些自动推理能力。

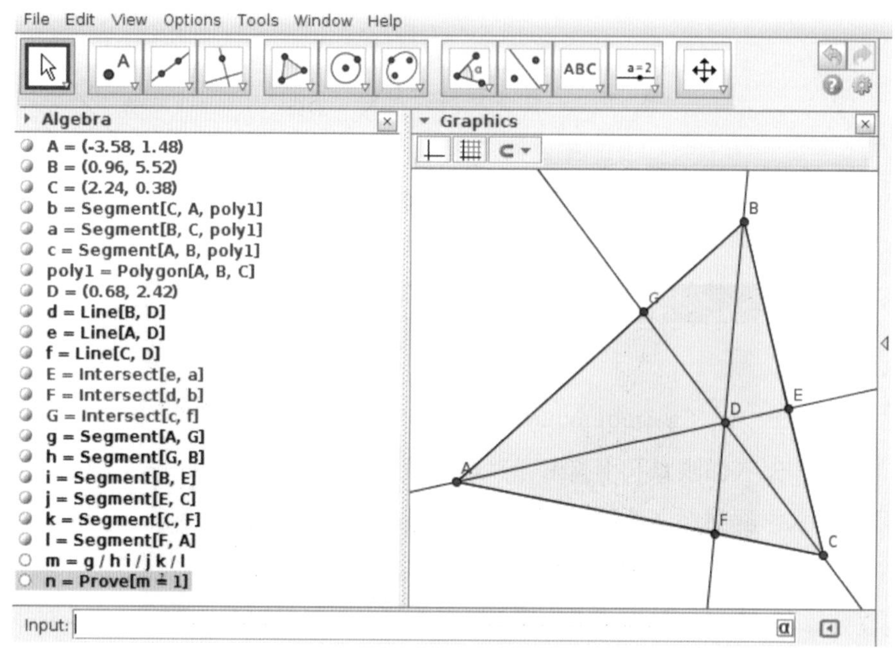

图 4.43 系统 GeoGebra 所给出的塞瓦定理 $\frac{AG}{GB}\cdot\frac{BE}{EC}\cdot\frac{CF}{FA}=1$ 的证明。作为输入，点 E,F,G 的定义是可解读的[77]。例如，E 是点 A,D 决定的直线 e 与线段 $a=BC$ 的交点

人类求解几何问题，无外乎采取以下四种方法。机器证明借鉴了这些方法，模仿人类利用已有知识解决问题的过程。

图 4.44 人类证明几何命题的思维方式可以教给机器

- ❑ 检验：用测量或尝试的方法（即合情推理）大致验证结论的正确性。
- ❑ 搜索：寻找和调用合适的知识点（公理、定义、性质、公式等），尽量推导出利于结论的中间结果。

- ❏ 归约：简化问题，去掉一些不必要的对象。
- ❏ 转换：改变问题的形式。例如，添加辅助线使得推理的链条得以延续。

由于智能的多样性，只要能殊途同归，人类不必强求机器也要有与之相似的认知体系。在一个宽容的态度之下，为了能更好地“相互理解”，我们需要从理论上探讨这两个认知体系的关系。

图 4.45 人与机器之间需要相互理解

并不是所有的数学家都能接受机器证明，可解读性差导致美感的缺失，让机器证明读起来索然无味。另外，机器的解决方案都是老生常谈，毫无新意可言。英国数学家**约翰 • 霍顿 • 康威**（John Horton Conway，1937—2020）曾说，“我不喜欢它们（计算机证明），因为你感觉不知道究竟发生了什么。你不能从中获得任何新的见地”。就像有些人认为机器包的水饺缺少“灵魂”，机器证明或许没有让人眼前一亮的奇思妙想，但毕竟也是严谨的、无懈可击的（见例 4.15）。

图 4.46 康威

可解释性

简而言之，**可解读性**要回答“是什么”的问题，**可解释性**要回答“为什么”的问题，它们之间有一些联系。例如，基于主题的信息检索，如果返回的答案不符合用户的某一检索意图，可解释性找到的根因是词库里缺少一些关键词汇（未登录词）导致主题的特征表示天生地有缺陷，将它们补全后就解决了问题。我们也可以认为，在机器的认知里没有那些未登录词所描述的概念，词库、训练语料、知识图谱等资源都没给它提供任何线索，机器不知道如何用已有的信息来定义这个新概念，正确的检索就无从谈起了。

在任何科学里，一个模型为什么要如此构建，在建模之前必须把基本原理交代清楚，这就是模型的可解释性。模型在什么情况下有效，在什么情况下失效是清清楚楚的。例如，牛顿力学在宏观物体低速运动的状态下是近似成立的，在微观世界有量子力学，在接近光速的状态下有狭义相对论。

图 4.47　通俗地讲，模型的可解释性就是“有根有据”

自动驾驶系统的安全性是最重要的，任何决策都容不得半点含糊。如果物体识别把一辆白色卡车误判为一朵云，当云变得愈来愈大时便不合逻辑，只需一个简单的判断就能化险为夷。在一个时段里的物体识别必须是自洽的，不能一会儿是卡车、一会儿是广告牌，即按照自身的逻辑可以证明无矛盾性——可以有识别错误，但绝不允许有逻辑错误。就像数学的公理体系，可以有悖直觉，但逻辑上必须是无矛盾的。有逻辑错误的识别、决策都是不可靠的。

图 4.48　有错必改的前提是搞清楚错在哪里。若找不到根因，便是错得不明不白

为什么出错？人类经常这样反省自己，同样也希望机器有这样的好习惯。找出根因则不枉费错误的代价，避免以后不再犯同样的错误。可解释的人工智能并不禁用“黑箱”（black box），只是要求搞清楚失效的原因或条件。对于有监督的机器学习，模型的可解释性受到多个因素的影响，例如描述能力、训练数据、总体分布等。

很遗憾，我们对“可解释性”仍缺乏量化的衡量标准。很多时候，人们从可靠性（reliability）或者稳健性（robustness）的角度考察可解释性（见例 2.23）。一般来说，如果模型抗干扰的能力弱，其可解释性就令人堪忧，因为我们无法在随机扰动中找出模型失效的原因。

图 4.49　博克斯

英国统计学家**乔治・博克斯**（George Box，1919—2013）曾说，“设计简单而令人回味的模型的能力是伟大科学家的签名，过度细致和过度参数化常常是平庸的标志”。从可解释性的角度很容易理解博克斯的这句话，不知他看到深度学习动辄成千上万的参数会作何感想。不过，我们最好以宽容的态度看待深度学习，只要使得模型是可解释的，就算不上“过度细致和过度参数化”。

尽管随机模拟和可靠性分析为测试“可解释性”提供了一些经验的方法，我们仍需把根因分析引入机器学习之中，否则无法对“可解释性”做理性的考察。黑箱仅是对行为的模拟，只有可解释的模型才可能产生新知识。好比猴子学样和小朋友“过家家”（孩子模仿成年人日常家庭活动的一种游戏）都是模拟，但性质是不一样的，后者对做饭、照顾孩子等行为的语义是了解的，而前者是不知道这些动作的含义的。猴子学样是黑箱模拟，“过家家”是可解释的模拟。

图 4.50　“过家家”和“猴子学样”正是对人类学习和当前机器学习的形象描述

再如，在模拟环境里设置各种场景，对自动驾驶模块进行测试，有助于增强决策系统的可解释性。因为安全性是自动驾驶的首要条件，所以对于那些引起致命后果的因素，必须事发之后可以溯源。举例说明：

- 在不同的光照和天气条件之下，不同的感知模块的效果是不同的，它们的可信度如何？怎样得到更可靠的感知融合？譬如，雨天的路面、前车的颜色对感知的影响。
- 从自我保护的角度看，其他车辆对某智能车造成碰撞最有可能的情形有哪些？其形成的条件是什么？譬如，后车追尾智能车，在什么距离、相对速度、加速度等条件下，当前的决策系统是难以避险的？
- 从保护他人的角度看，智能车对行人或其他车辆构成威胁的条件有哪些？

我们不希望一个局部的错误传播至最终决策，而是力图把它扼杀在知识约束和综合分析之中。要做到这一点，我们不得不事先把可能引发错误的条件搞清楚，形成一个具备良好可解释性的知识网络，借此阻断误判的影响。即使还有漏洞，它们在这个知识网络中依然可以被定位，进而不断地改进知识网络和决策能力。

例 4.15　图 4.51 展示了开源的计算机代数系统 (Computer Algebra System, CAS) Maxima 在符号计算上的能力。所有结果既是可解读的，也是可解释的。

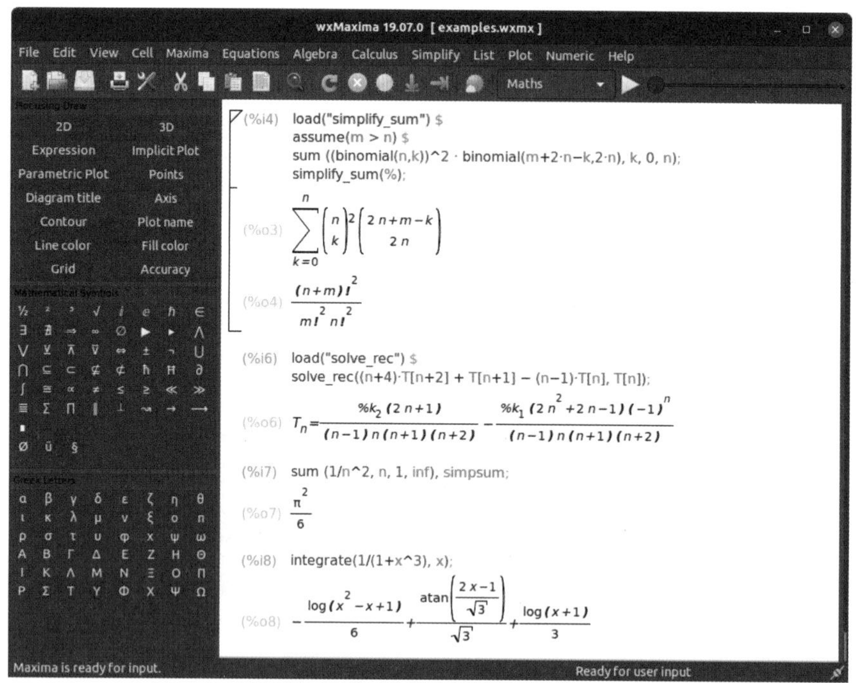

图 4.51　利用符号计算工具 Maxima 进行数学实践。例如，证明李善兰恒等式，求解递归方程 $(n+4)T(n+2)=-T(n+1)+(n-1)T(n)$，计算级数和不定积分

4.1.3　模型的多样性

英国统计学家**乔治·博克斯**有一句名言，“所有的模型都是错误的，但其中有一些是有用的”。不能指望某个模型是终极真理，人类探索自然的路没有尽头。如果 A 模型能做的事情 B 模型都能做，而且 B 还能做 A 做不了的，那么 B 模型更受青睐。科学理论的新旧更替，总是解释能力变得更强。

例 4.16　1905 年，**阿尔伯特·爱因斯坦**发表论文《论动体的电动力学》，否定了**艾萨克·牛顿**的绝对时空观，基于狭义相对性原理和光速不变原理这两个假设，他发展出一种新物理学——狭义相对论（special relativity theory），使得牛顿力学成为它的特例。

图 4.52　牛顿力学是狭义相对论在低速时的近似

经典力学所能解释的全部物理现象，甚至它不能解释的一些物理现象，在狭义相对论的框架里都可以得到解释。于是，狭义相对论得到了广泛的接受，成为现代物理学的基础之一。

另外，简洁性是数学美感之一，它追求清晰、直观、精准的表达，也常当作挑选模型的标准。

例 4.17　古罗马数学家、天文学家、地理学家、占星家**克劳狄乌斯・托勒密**（Claudius Ptolemy，100—170）是“地心说”的提出者，在古希腊古天文学成就的基础上，他著有十三卷的《天文学大成》。直到文艺复兴时期，波兰数学家、天文学家**尼古拉・哥白尼**提出“日心说”（临终前发表著作《天体运行论》），“地心说”统治了天文学 1 300 多年。

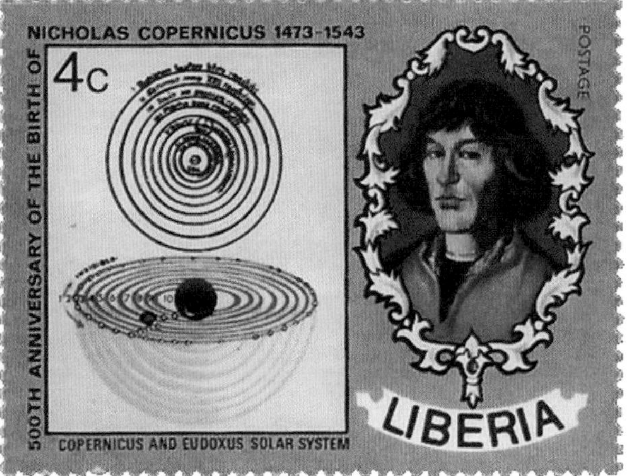

图 4.53　在**拉斐尔・桑蒂**（Raffaello Santi，1483—1520）的壁画《雅典学派》中，手持地球仪背对观众者是托勒密，他的“地心说”千年之后被哥白尼的“日心说”取代

宇宙没有中心，选择地球或太阳为中心（即参照系原点），理论上都是可行的。然而，这两个模型的复杂度是不同的——托勒密的偏心圆和本轮理论非常复杂①，相比之下“日心说”要简单许多。按照“*奥卡姆剃刀*”原则，复杂的模型先被剔除。

有图有真相，直觉方法常常是简单明了的。对人来说如此，对机器而言就难说了。机器的“直觉”如何定义，至今仍看法不一。下面以勾股定理为例，看一看人类是如何直观地发现这一美妙结果的。

例 4.18　勾股定理（也称为“毕达哥拉斯定理”）的最简洁的证明，是中国古代数学家在西汉时期的天文历算著作《周髀算经》中通过《勾股圆方图》给出的。

① 托勒密“地心说”认为所有天体沿圆形轨道绕地球运转。每个天体在一个小圆轨道（称为“本轮”）上匀速转动，而本轮的中心在一个大圆轨道（称为“均轮”）上绕地球匀速转动，而地球不在均轮圆心。该模型在多数情况下基本符合当时的观测数据，也被宗教势力所认可。

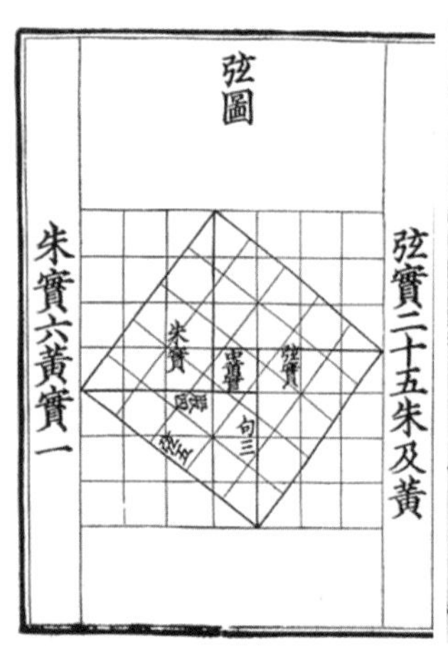

周髀算經序

趙 君卿 撰

夫高而大者莫大於天厚而廣者莫廣於地體恢洪而廓落形脩廣而幽清可以玄象課其進退然而宏遠不可指掌也可以晷儀驗其長短然其巨闊不可度量也雖窮神知化不能極其妙探賾索隱不能盡其微是以詭異之說出則兩端之理生遂有渾天蓋天兼而並之故能彌綸天地之道有以見天地之賾則渾天有靈憲

图 4.54 东西方对勾股定理的不同表述方式。左图是《周髀算经》里对勾股定理的“图证”——无言的证明，右图是勾股定理的内容

据《周髀算经》记载，公元前 1 000 多年，**周公**（西周初期）曾向大夫**商高**（西周初期）讨教古人如何测量，商高介绍了“勾股测量术”，并举例“故折矩，勾广三，股修四，经隅五”。

图 4.55 公元前 18 世纪，一块古巴比伦泥板（现存哥伦比亚大学）记录的最大的一组勾股弦是（12 709, 13 500, 18 541)，或许更早人类就发现了勾股定理

《周髀算经》明确地以应用方式陈述了勾股定理——“若求邪至日者，以日下为勾，日高为股，勾股各自乘，并而开方除之，得邪至日。”

“勾”“股”是直角三角形的两直角边的边长，“弦”是斜边边长。勾股定理陈述为“勾股各自乘，并之，为弦实。开方除之，即弦”。其中，“弦实”就是以“弦”为边的正方形（见图 4.54)。

一图胜过千言万语，《周髀算经》没有给出勾股定理的文字证明，可能觉得《勾股圆方图》太直观了，没必要再啰唆。**赵爽**（三国时期）的《勾股圆方图说》（见其著作《周髀算经注》）补上了文字说明，“按弦图，又可以勾股相乘为朱实二，倍之为朱实四，以勾股之差自相乘为中黄实，加差实，亦成弦实”。

“朱实”就是图 4.54 中的直角三角形，“中黄实”是中间的小正方形。赵爽的证明翻译成现代数学

语言就是，令“勾”为 a，“股”为 b，“弦”为 c，则

$$2ab+(a-b)^2=c^2$$

“条条大路通罗马”，解决问题的方法往往不是唯一的。为什么《周髀算经》没有记载勾股定理的证明方法？或许，中国古代数学家并不是用代数方法，而是用纯几何的方法直观地得到勾股定理。我们猜测祖先的做法是将四块三角形和一块小正方形重新拼接（见图 4.56）而得到一个边长为 b 的正方形和一个边长为 a 的正方形。

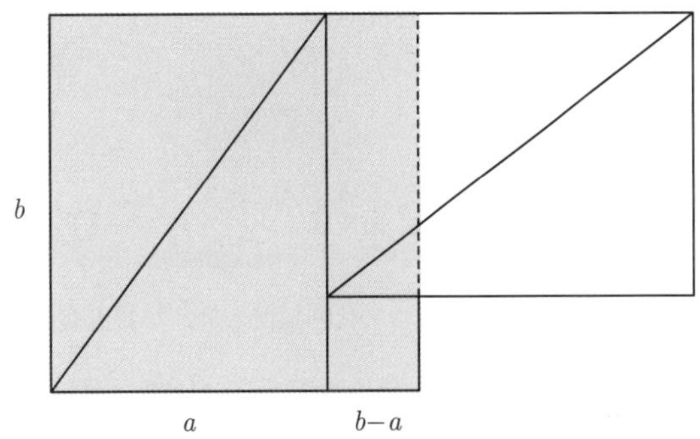

图 4.56 勾股定理的直观证明：把四块朱实（三角形）和一块黄实（小正方形）重新拼接，其面积总和为 a^2+b^2

波斯数学家、天文学家**贾姆希德 · 阿尔–卡西**（Jamshīd al-Kāshī，1380—1429）可能也是通过直觉发现了余弦定理（law of cosines），它是勾股定理的推广。

$$a^2+b^2=c^2+2ab\cos\gamma\text{，其中 }a,b,c\text{ 是三角形的边长，}\gamma\text{ 是夹角。} \tag{4.1}$$

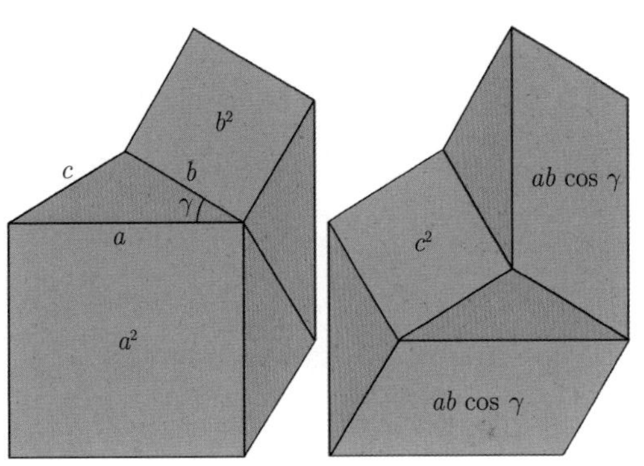

图 4.57 （左图）阿尔–卡西。（右图）用拼图的方法证明余弦定理 (4.1)：相当于在等式 (4.1) 的两边各自加上三个全等三角形的面积

4.2 想象比知识更重要

根据基因分析，人类起源于非洲，在距今大约 5 万年到 10 万年间走出非洲，在迁徙的过程中融合、取代了欧洲的尼安德特人（Homo neanderthalensis）① 和亚洲的直立人（Homo erectus）。

(a) 尼安德特人是旧石器时代的史前人类，与智人有混血

(b) 直立人，又称直立猿人，是旧石器时代的早期人类。如北京猿人、蓝田人、元谋人等

图 4.58 (a) 尼安德特人的工具数万年不变，没发明弓箭，说明其缺乏想象力和创造力；(b) 直立人住洞穴，以采集、渔猎为生，已学会了用火，会烧烤

人类的祖先是智人（Homo sapiens），意思是“现代的、有智慧的人类”。早期的智人生活在 25 万年到 40 万年前，脑容量已经和现代人（即公元前一万年至今的人类）差别不大，会钻木取火、做兽皮衣服，有了墓葬的习俗。晚期智人出现在 20 万年前，体质特征上和现代人已相差无几，能够制造更精致的石器和骨器，会建筑简单的房屋，也懂得绘画雕刻等艺术，男女有了明确的分工。

智人之所以能一跃成为万灵之首，是想象力的功劳[24]。想象力让人类可以构造虚拟的世界，为了描述不存在的事物，智人需要更复杂的语言才能精确表达。例如，协同捕猎之前周密的计划安排。另外，对死后世界的一些想象，让智人不仅仅因为珍惜亲情和寄托哀思埋葬故去的人，还有他们超越现实对世界更广阔的理解。在经验知识之外，在人类无法理解的自然现象上，人类为宗教（也是想象之物）预留了一片天

① 除了撒哈拉沙漠以南的一部分非洲现代人，几乎所有的人类都带有 1% ~ 4% 的尼安德特人基因，这说明智人在走出非洲过程中先与尼安德特人混血，然后迁移至世界各地。

地。追求现实的和虚拟的世界的终极解释，似乎是人类固有的原始冲动，凡事都要问个为什么[44]。

图 4.59 智人想象力的来源依然是一个谜。仿佛突然开窍，人类祖先会胡思乱想了

以色列历史学家**尤瓦尔·赫拉利**（Yuval Harari，1976— ）在《人类简史》[24] 中认为，想象力的飞跃是人类的“认知革命”。当人类的语言不再局限于客观对象，而用于描述一些看不见、摸不着的事物，它就被赋予了想象力的魔力。

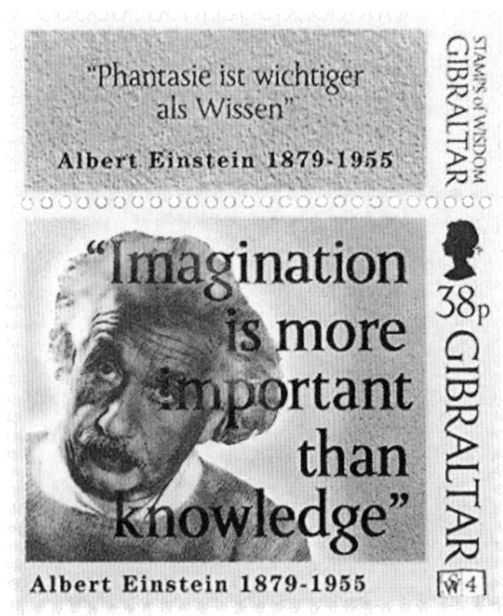

图 4.60 爱因斯坦曾说，“想象比知识更重要。知识是有限的，想象力囊括世界”

3 万多年前，旧石器时代的人类使用红赭石和木炭等颜料在法国肖维岩洞（Chauvet cave）的岩壁上作画，记录下十几种动物和人类打猎的场景，惟妙惟肖，是目前保存下来的最古老的绘画作品。绘画是比文字更原始的记录手段，人类必须通过仔细地观察提炼出动物最显著的特征，才能寥寥数笔就勾勒出它们活灵活现的样子。这些杰作绝对出自天才之手，大多数现代人都画不出来。是什么机缘让这位不知名的、自学成才的画家耐不住冲动在岩壁上激情挥洒他的天赋？这是一个谜。当这些早期的艺术家把人面和兽身组合在一起，他们一定会为这个怪物起一个名字并编造一个故事，这便是原始想象力的结果。

图 4.61　人类祖先中的艺术家，是文明历史的首批书写者和思考者

把一个事物记录下来，描述得那么清楚，以至于我们看见它时就立即明白它是什么。想象之物不仅存在于某人的头脑中，还可以通过语言和绘画传播至他人的头脑中。就像挪威作家**乔斯坦·贾德**（Jostein Gaarder，1952—　）的长篇小说《苏菲的世界》[78] 里学习哲学的苏菲，她本是书中虚构的人物，然而当她的形象和性格成型之后，便不再受作者的控制，变成一个仿佛具有自我意识的具体人物。

我们想象这个世界有鬼魂，不是因为害怕死亡，而是不想让故去的亲人永远地离开。虽然阴阳相隔，但还能相互牵挂和祝福。想象抚慰伤痛，唤起憧憬，也能产生误解与怨恨。这就是为什么想象力打开了无数个新世界，毫不夸张地讲，我们就是生活在想象的世界里，包括这个我们自认为客观的外部世界。想象力对人类和机器来说都是至关重要的，没有它便没有文明。为了把所思所想的记下来，人类发明了象形文字，以形表意。

图 4.62　人类最早的文字是象形文字，如楔形符号和古埃及象形文字

4.2.1　理性的想象

读书就是聆听先哲的教导或者朋友的故事，音乐把听众带入各种情感的意境，承诺让爱人看到了幸福……想象在我们的生活中几乎无处不在，它打开了一个新世界、一个平行的宇宙，让人类思考得更远。可以说，人类的文明是想象力的产物[24]。

图 4.63　想象一下，亚里士多德、托勒密和哥白尼若能在一起讨论宇宙模型，他们谁能说服谁？**乔达诺・布鲁诺**（Giordano Bruno，1548—1600）想象了这场讨论，他得出了自己的结论并为信仰而殉难。这需要何等的勇气，宁愿在烈焰之中忍受痛苦也不愿放弃理想，想到这个场景怎能不让人潸然泪下！

“理性 + 想象”意味着创造力，“交流电之父”**尼古拉・特斯拉**就是一个典型的例子。他是一位物理学家，著有《引力的动力学理论》，磁感应强度（也称“磁通量密度”或“磁通密度”）单位以他的名字命名。同时，特斯拉一生拥有近千项发明专利，其中最著名的有无线电遥控技术、收音机、传真机、真空管、霓虹灯管、X 光摄影技术、飞弹导航等。特斯拉的研究领域非常广阔，还涉及无线电能传输、涡轮机、遥感技术、飞行器、宇宙射线、雷达系统、机器人、粒子束武器、电能仪表……他的事迹甚至刺激了很多科幻作家的灵感。

图 4.64　特斯拉的头像被印在塞尔维亚的 100 第纳尔纸币上

特斯拉擅长利用想象力完成思想实验，他认为，“从具有可行性的理论到实际数据，没有什么东西是不能在脑海中预先测试的。人们将一个初步想法付诸实践的过程，完全是对精力、金钱和时间的浪费”。他对爱迪生缺乏理论基础的评价颇为负面，“他用的方法的效率非常低，经常做一些事倍功半的事情，整体而言，我是一个很不幸的见证人，他如果知道一些起码的理论和计算方法，就能省掉 90%

力气。他无视初等教育和数学知识，完全信任发明家的直觉和建立在经验上的美国人感觉”。

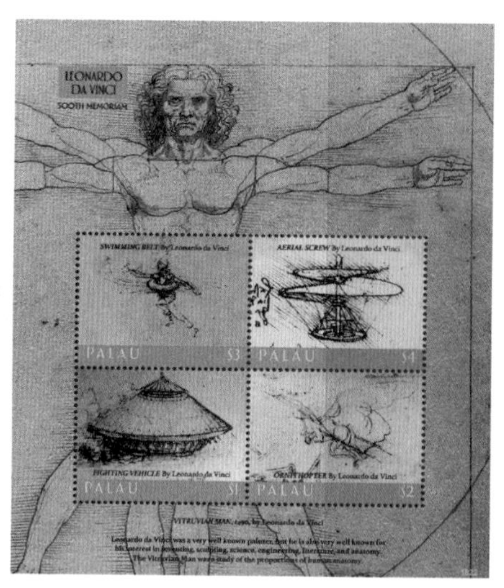

图 4.65　鲜为人知，**列奥纳多·达·芬奇**也是一位发明家，他充满想象力地设计了救生圈、飞机螺旋桨、战车、扑翼机等未来之物

这些想象之物后来都得以实现，在变成实物之前，它们只在我们的头脑里或者画纸上。可是，我们依然能够讨论它们的原理和可行性，仿佛有一个实物摆在我们的面前。当物理学家**阿基米德**在浴缸里看到溢出的水，他受到启发产生灵感，想出了“浮力原理”——联想一下子打通了两个貌似不相干的事物。

图 4.66　阿基米德发现了浮力原理和杠杆原理。他有一句震彻宇宙的科学豪言，“给我个支点，我将撬动地球”

由 A 联想到 B，二者都是客观存在之物，所以联想是客观的想象。常见的联想类别有：对比联想、相似联想、相邻联想、因果联想。古希腊哲学家**亚里士多德**认识到前三种，苏格兰哲学家**大卫·休谟**认识到后三种。一般说来，联想是个体的主观思维。

❑ 对比联想：具有对比关系的事物之间的联想。例如，忆苦思甜。语义上相反的概念，如黑白、加减等，是对比联想的基础。它可被抽象为概念知识库（如 WordNet）上的搜索问题。

- 相似联想：事物之间的共同特征导致的联想。例如，举一反三。按照相似度聚类在一起的对象，是相似联想的素材，也是机器学习的研究内容。
- 相邻联想：在空间或时间上有关联性的事物引发的联想。例如，睹物思人。这种关联性来自真实存在的历史经验，可以通过统计方法来发现。
- 因果联想：基于因果关系而产生的联想。例如，“夜来风雨声，花落知多少”。有时，因果关系不一定是严谨的。基于知识表示的自动推理有助于实现因果联想。

图 4.67　亚里士多德和休谟对联想进行了分类：对比、相似、相邻、因果

理论上讲，联想的能力是人工智能必备的，目前有一些手段部分地加以实现。譬如，当家政机器人看到桌子上的手机，它联想到手机的主人孔乙己，恰逢孔乙己要出门，机器人会不会提醒主人带上手机？再如，计算平台发现用户要处理的数据似曾相识，它会不会联想到以前某个成功的模型，进而给出推荐？

图 4.68　安徒生童话故事：《卖火柴的小女孩》《丑小鸭》《拇指姑娘》

所有的孩子都爱听丹麦作家**汉斯·克里斯汀·安徒生**（Hans Christian Andersen，1805—1875）的童话故事，它们曾给我们的童年留下了美好的回忆。这些想象出来的故事，却能直击人的心灵。在这个星球上，恐怕只有人类才拥有如此丰富的想象力。就是这一点差异，在生物的智能上造就了一道鸿沟，

将人类划分成一个独特的种群。

图 4.69　讲故事和听故事都需要想象力，共同营造一个虚构的世界

儿童思维模式中的束缚比成人的少，所以具有更丰富的想象力。孩子们通过听故事想象场景，在虚拟的世界里学习人生道理或生活技能。想象之物在现实世界里可以是不存在的，但一定的理性还是必需的。如果一个人的想象完全背离逻辑和思维规律，就会被视为精神失常。

像因果论的“反事实推理”是一种想象，它假设一个历史事件沿着另外一条可能的轨迹演变，整个过程必须是理性的。例如，如果曹操接受了华佗的开颅手术，他的头痛病就好了。再如，如果祥林嫂小心地看管好阿毛，她的余生该是子孙满堂吧。

想象力给人类带来了“反思”，通过对已经发生了的事件的重新思考，人们获得了经验之外的经验。即想象扩展了经验——它打开了无数扇窗户，让我们看到了无数种可能的世界。人类所有复杂的情感（如负向的痛苦、鄙视、仇恨、嫉妒、愧疚、愤怒、恐惧、绝望等）都来自于想象。

图 4.70　读书的目的是为了拥有更好的想象力，而不是扼杀它

例 4.19　《大话西游》里至尊宝对紫霞仙子说的那段“肺腑之言”，是用事实和反事实的对比编织的愧疚。但紫霞仙子仍然被虚拟世界的誓言感动，仿佛它真的会发生。

“曾经有一份真诚的爱情放在我面前，我没有珍惜，等我失去的时候我才后悔莫及，人世间最痛苦的事莫过于此……如果上天能够给我一个再来一次的机会，我会对那个女孩子说三个字：我爱你。如果非要在这份爱上加个期限，我希望是……一万年！”

虚拟世界的事物及其关系必然可以投射到现实世界，否则想象就变成无人理解的呓语。例如，“大灰狼”指代坏人，“狐狸”是骗子，“小兔子”“小鹿”等则是一些可爱的弱者。在现实世界，条件关系（包括因果关系）$A \Rightarrow B$ 是行为主义机器学习的基本要素，当它扩展到虚拟世界时，想象力还会把它投射回现实世界。比如，小红帽轻信了大灰狼的谎话，结果被它一口吃掉。小朋友很难理解的伦理规范，一下子变得生动形象。

图 4.71　《小红帽》是一个欧洲童话故事，告诫小朋友不要轻信陌生人

在赋予机器想象能力之时，虚拟世界的经验和伦理投射回现实世界，或保持和谐或形成对比，而它们上层的元规则都是理性的、一致的。譬如，天蓬元帅“那时酒醉意昏沉，东倒西歪乱撒泼。逞雄撞入广寒宫”调戏嫦娥，尽管掌管天河八万水兵，他照样要接受惩罚被贬人间。

20 世纪以来，人们在心理学、哲学、神经科学、人工智能等领域对想象力进行了多角度的研究。

- 瑞士结构主义心理学家**让・皮亚杰**（Jean Piaget，1896—1980）认为，感知取决于一个人对世界的看法，即世界观（world view），而世界观正是通过想象将感知融入现有意象中的结果（见皮亚杰 1929 年的著作《儿童的世界概念》）。如李白的诗——“暮从碧山下，山月随人归”——所描述的意象，感知被整合到世界观中以使其有意义，需要有想象力才能理解这类感知。

图 4.72 中国古代文学中，有大量有关月亮的想象

- 法国存在主义哲学家、1964 年诺贝尔文学奖得主**让–保罗·萨特**（Jean-Paul Sartre，1905—1980）在其早期著作《想象心理学》（法文原名《想象：想象的现象心理学》）[79] 里，讨论了想象力的存在说明了人类意识的本质。

图 4.73 萨特认为人性是自我塑造的结果，“人除自我塑造之外什么也不是”

- 想象与记忆、抽象思维、情绪的关系紧密，涉及许多不同的大脑功能。例如，利用磁共振成像，人们通过对幻觉症的研究，考察个人经历对想象的影响。
- 想象是高级的认知活动，有助于替代现实（例如反事实）使用知识解决问题，并且是整合经验和学习过程的基础。然而，想象力是当前人工智能最欠缺的能力之一，对它的形式化研究几乎空白。我们需要对可能世界进行建模，并且在现实世界与可能世界之上构造元规则系统，联通各个世界的关系。

图 4.74　当机器具备一定的想象力之后，它就会异想天开，构造出很多虚拟世界

思想实验是想象力在数学、科学、哲学上的应用，它走在理论之前，是一种非常特殊的实践活动，不妨称之为“虚拟实践”。例如，塞尔的中文屋子、普特南的缸中之脑、福特的有轨电车难题、薛定谔的猫……思想实验摆脱了真实世界的束缚，让人们借助想象进行理性思考，最终得到一个讲得通的假说。这个假说是否正确，还得到真实世界里验证。

图 4.75　很多数学家、科学家、哲学家沉醉于思想实验，它就是理性想象的“魔笛”

思想实验为辩论和交流提供了一个具象场景，它是对核心问题的一种理想表示，摈除了一些无关紧要的方面。思想实验的设计需要提纲挈领、以简驭繁，其本身就不简单，更不用说提出观点、理清脉络、得出结果了。现有的人工智能还远未具备想象能力，不能主动地进行思想实验，也就无法提出带有创新性的想法。

4.2.2　学习的本质

尽管我们一再强调机器智能和人类智能可以完全不同，二者在学习方式上的表现也允许千差万别，但对它们的共性仍然充满好奇。事实上，人类的某些学习策略也可赋予机器，所以下面先从学习的共性入手，然后再讨论机器学习的特性。

例 4.20 欧氏几何一直是数学里训练学生逻辑思维能力的工具，因为它具有直观的特点，知识体系是公理化的，证明题往往就是培训学生把知识点串联起来，形成一条从已知条件到达结论的因果链。例如，意大利几何学家**乔瓦尼·塞瓦**（Giovanni Ceva，1647—1734）发现的“塞瓦定理”（见图 4.75），利用三角形面积的定义，找到线段之比与面积之比的关系如下。

$$\frac{AZ}{ZB}=\frac{S_{\triangle ACZ}}{S_{\triangle BCZ}}=\frac{S_{\triangle AOZ}}{S_{\triangle BOZ}}=\frac{S_{\triangle ACO}}{S_{\triangle BCO}}$$

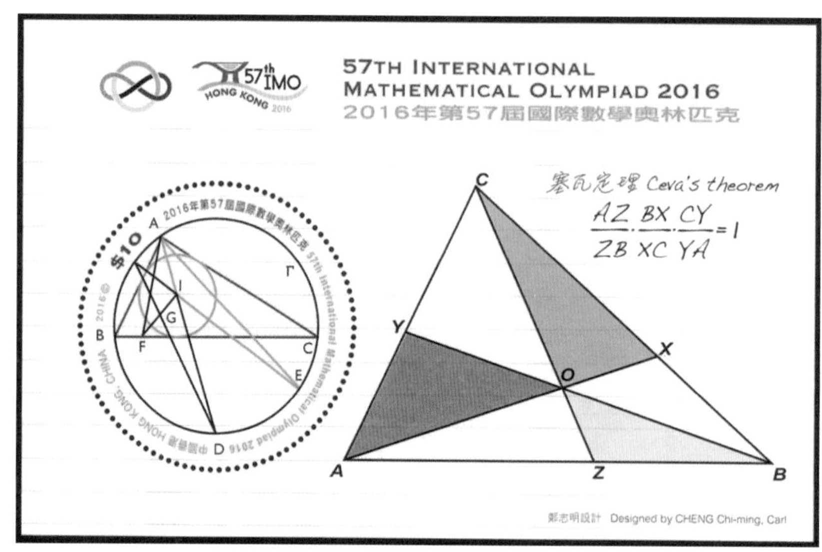

图 4.76 证明定理不等同于发现定理，数学教育多侧重前者，而忽略了后者的训练

计算机测量线段长度可以精确到像素级别。经过在几个随机生成的三角形上的验证，利用合情推理基本可以确信“塞瓦定理”是成立的。“验证”和“证明”是两个不同的过程，机器天生地比人类擅长前者。

如果把知识的使用抽象为行动空间（也称动作空间）$\mathscr{A}$，把前提和推论抽象为状态空间 $\mathscr{S}$ 的点 S, S'，证明就是用一些 $S \overset{a\in\mathscr{A}}{\to} S'$ 构建一个因果链条。人类通过学习几何定理的证明，不仅获取了该定理所陈述的几何知识，更重要的是学会了证明方法。开始可能是“照葫芦画瓢”，随着经验的积累和总结，逐渐形成了“思维记忆”，类似于体育锻炼的“肌肉记忆”。这些 $S \overset{a\in\mathscr{A}}{\to} S'$ 就是证明方法的样本，它们对于学习几何学来说是至关重要的。

我国数学家、教育家**苏步青**（1902—2003）曾回忆，“我在 1924 年当学生的时候，曾经做过一万道微积分的题目。我为什么要做这样多的题目呢？当时我是这样想的：要真正学到手，只学一遍恐怕太少，一定的重复是很有必要的”。如今，利用符号计算（也称计算机代数）工具，很多微分和积分的计算可以通过机器来完成。研发更聪明的机械化数学系统，是人工智能的艰巨任务。一旦专家的知识和技能被固化下来，人类的进步速度会大大地加快——知识不再被尘封在故纸堆中，也不会随专家的离去而消失。

元规则与结构

机器学习的目标是行为主义的“刺激—反应”模式，还是结构主义的“基本关系”组合？应该说二者兼有。“刺激—反应”是低级动物都适用的模式，而“基本关系”必须在一些经验的基础上抽象而得。

形式主义和结构主义对数学知识的理解是不同的。以德国数学家**大卫·希尔伯特**为代表的形式主义，把数学知识建筑在公理系统之上，舍弃掉数学对象的具体内容，以便使得形式演绎系统获得最大的适用范围（见“希尔伯特计划”）。

形式主义区分了数学和元数学（metamathematics），这对数学、计算机科学、哲学的影响是巨大的。数学是人类理性思维的工具，元数学将数学作为研究对象，是“数学的数学”。元数学涉及数学哲学、数学基础，它是数学的“道”。

图 4.77　元数学是有关数学的数学，哥德尔不完全性定理是其中的经典结果之一

20 世纪，元数学（或数理逻辑）诞生了两个重要的分支——证明论（proof theory）和模型论（model theory），粗略地讲，前者研究和分析数学证明的“句法”（例如亚里士多德的三段论、欧氏几何中的演绎推理方法等），后者研究数学语言的“语义”——在给定的数学系统中什么是可证的（即形式语言表达的可能性）以及用这种语言定义的结构类。20 世纪初的数学基础之争是数学哲学的大碰撞，事实证明，形式主义、逻辑主义、直觉主义深刻地影响了计算机科学的发展。例如：

- 20 世纪 50 年代末，美国语言学家**诺姆·乔姆斯基**受到形式主义的影响而提出四种形式文法（formal grammar），直接影响了计算机科学中的编程语言（programming language）及其句法分析（syntactic analysis），也催生了句法模式识别（syntactic pattern recognition）理论——机器学习的前身。
- 美国计算机科学家、1978 年图灵奖得主**罗伯特·弗洛伊德**（Robert Floyd，1936—2001）的论文《赋予程序意义》(1967)[80] 开创了编程语言的形式语义学(formal semantics)。其主要方法包括公理语义学、指称语义学、操作语义学等。

图 4.78　布尔巴基学派的精神领袖迪厄多内

20 世纪 40 年代，涵盖了大量数学对象的抽象数学结构，如群、环、域、范畴、向量空间、拓扑空间等，被数学家加以系统化的研究，取得了丰硕的成果。对数学知识进行结构性的梳理这一诉求，被形式主义的继承者——以结构主义为哲学理念的布尔巴基学派提上日程。其代表人物之一、法国数学家**让·迪厄多内**(Jean Dieudonné，1906—1992)曾说，该学派“原来的产生是为了以细致和完备的方式阐明所谓‘形式主义’数学家的实践”。

布尔巴基学派比希尔伯特走得更远，对数学结构的过分关注让纯粹数学离开应用的土壤越来越远。布尔巴基学派比较忽视概率论、计算数学、动力系统、理论物理、应用数学等。1986 年，美国数学家、物理学家**罗伯特·赫尔曼**(Robert Hermann，1931—2020)在《数学与布尔巴基》一文中指出，“布尔巴基的传奇兴起于量子力学繁盛的时期，在达到其全速发展的时期，正是爱因斯坦的几何学引力理论被最终理解，基本粒子物理开始散播……许多核心数学正在通过系统、控制和最优化理论整合到工程和经济学当中的时代，然而这些发展却没有在他们的文献中留下一丝痕迹”[81]。

形式主义和结构主义的初衷都是好的——想让数学的适用范围更大。然而现实是，越抽象越曲高和寡，越应用越价值凸显。结构主义走到一定程度便可以适可而止了，需要用应用来丰富它的内容，然后是新一轮的螺旋式上升。评判数学的好坏有一个基本原则，没用且无美感的数学一定不是好数学。按此评判原则，布尔巴基的数学绝对是好数学，它是现代数学发展中非常重要的一环。不过，计算机科学对数学抽象结构的消化还需要一些时间。

熵的增减

1850 年，德国物理学家**鲁道夫·克劳修斯**(Rudolf Clausius，1822—1888)提出热力学第二定律(second law of thermodynamics)①，即孤立系统总是趋向于熵最大的状态，这个定律也称作“熵增定律”。

英国物理学家**亚瑟·斯坦利·爱丁顿**(Arthur Stanley Eddington，1882—1944)在著作《科学的新道路》(1935)里对熵增定律有一段生动的评价，“我认为，熵增定律是自然界所有定律中至高无上的。如果有人指出你的宇宙理论与麦克斯韦方程不符，那么麦克斯韦方程可能情况更糟。如果发现它与观测相矛盾，好吧，实验者有时也会出错。但是如果你的理论违背了热力学第二定律，我敢说你没救了，它只能在颜面扫地中垮掉”。

① 1851 年，英国物理学家、“热力学之父”**威廉·汤姆森**(William Thomson，1824—1907)，即**开尔文勋爵**(Lord Kelvin)，提出了热力学第二定律的另一个等价表述。

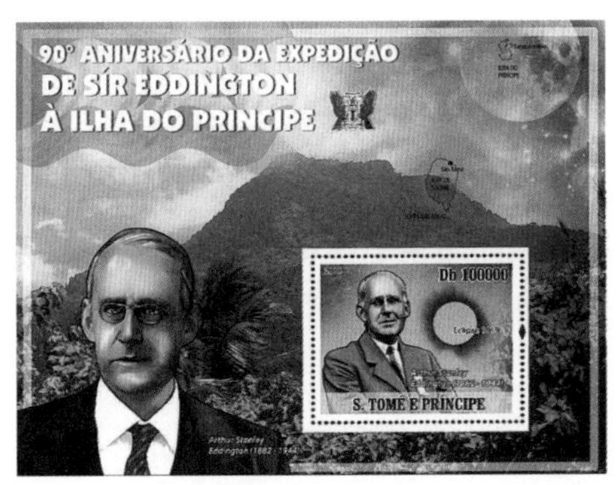

图 4.79 爱丁顿坚信熵增定律是最基本的物理法则

在热力学和信息论中，熵（entropy）描述了系统混乱的程度。我们可以把学习的过程理解为知识系统熵减的过程，越博学其知识熵（knowledge entropy）越小。考试可视作检测某个领域的知识熵，虽然“懂得”和“会用”是两回事，但为了方便起见，这里近似地把二者等同。

图 4.80 在棋类游戏上，人类职业棋手的巅峰年龄一般不超过 40 岁。数学家有创造力的生命也不超过 40 岁，因此四年一次的菲尔兹奖只考虑 40 岁以下的数学家

对一个开放的、具有耗散结构（dissipative structure）的知识系统，学习的目标是使得该系统更加有序。对人类来说“用进废退”是常态，知识熵并不总是递减的。随着记忆和思维的衰退，一些曾经熟悉的知识点或学科逐渐变得模糊，知识熵会有所增加。所以，唯有不断地学习和应用，才能维持住知识的熵减。然而对机器而言，不存在记忆衰退的问题，理论上知识熵总是递减的。机器学习的这一特点，保证了人工智能必将超越人类智能。

创造概念

在 1.1.3 节，我们已经了解到抽象能力是人类智能的一大特征。在数学里，创造出一个关键概念可能意味着开辟一个新的分支。19 世纪，两位年轻的数学家再一次上演了“自古英雄出少年”的精彩人生。

例 4.21 法国天才数学家**埃瓦里斯特·伽罗瓦**（Évariste Galois，1811—1832）在中学时代就能轻松地读懂欧洲第一流数学家的著作。他 17 岁时两次报考巴黎综合理工学院（École Polytechnique）都落榜，考官根本不理解这位天才。后来，伽罗瓦获准在巴黎高师学习，于 1829 年底获得学位。伽罗瓦大学期间正赶上法国政治动荡，他是一个激进的共和主义者，因参与政治斗争两次被捕入狱。在 21 岁时，伽罗瓦卷入了一场扑朔迷离的决斗而结束了他传奇的一生。在决斗前，伽罗瓦草草地记录下他的一些数学成果。去世之后，他的朋友将他的论文寄给欧洲最伟大的数学家**卡尔・弗里德里希・高斯**（Carl Friedrich Gauss，1777—1855）、数学家**卡尔・雅可比**（Carl Jacobi，1804—1851），但都石沉大海。直到 1843 年，才由法国数学家**约瑟夫・刘维尔**（Joseph Liouville，1809—1882）发现其价值并于 1846 年发表。

图 4.81　世界错失伽罗瓦的思想十年之久，若非刘维尔慧眼识才，可能会更加遗憾

伽罗瓦创造出一个崭新的数学概念——*群*（group）。接着例 3.2，一个群就是一个具有单位元和逆元的*半群* $(S, \circ)$，即：

- 单位元：存在一个元素 $e \in S$，使得 $\forall a \in S$ 皆有：

$$a \circ e = e \circ a = a$$

- 逆元：$\forall a \in S$ 都存在一个元素 $a^{-1} \in S$ 使得：

$$a \circ a^{-1} = a^{-1} \circ a = e$$

例如，有限集合 $A = \{1, 2, \cdots, n\}$ 到自身的任意双射被称为一个*置换*（permutation），则 A 上所有的置换按映射的合成运算构成一个群，称为*置换群*。置换 τ 和它的*逆元* τ^{-1}，其合成是*单位元* e（即恒等映射）。

$$e = \begin{pmatrix} 1 & 2 & 3 & 4 \\ 1 & 2 & 3 & 4 \end{pmatrix} \qquad \tau = \begin{pmatrix} 1 & 2 & 3 & 4 \\ 2 & 3 & 4 & 1 \end{pmatrix} \qquad \tau^{-1} = \begin{pmatrix} 1 & 2 & 3 & 4 \\ 4 & 1 & 2 & 3 \end{pmatrix}$$

由置换群发展而来的*伽罗瓦理论*（Galois theory）完美地解决了“五次及五次以上方程不存在根式解”，以及尺规作图不能“三等分角”“倍立方”等经典难题。一般而言，旧框架里的问题用旧方法难以解决时，只有新概念和新工具才能带来希望。伽罗瓦开创了一个新的数学分支——*抽象代数*（abstract algebra），这是一种新的数学范式，带来了一场轰轰烈烈的数学革命，影响了法国近现代的数学学派。

例 4.22　另一位英雄少年是挪威天才数学家**尼尔斯·阿贝尔**（Niels Abel，1802—1829），他独立地创立了群论[①]，于 1824 年发表重要论文《一元五次方程没有代数一般解》，随后短短几年内在椭圆函数论领域就取得了与雅可比齐名的成就。

图 4.82　*折翼天使阿贝尔一生艰辛、命运多舛，生于穷困死于疾病*

然而，阿贝尔的命运和伽罗瓦一样坎坷，在生前都未得到应有的荣誉。天妒英才，1828 年，阿贝尔染上肺结核。当柏林大学的教授聘书寄到时，阿贝尔刚刚因病离世，他在令人心酸的贫困中度过了璀璨的一生。

概念产生于对经验的总结和抽象。人类的学习过程可简单地描述为理解概念并利用各种关系把众多概念联系起来，形成一个巨大的知识网络。如果一些概念有着相似的重要性质，就会抽象为更高级的概念。概念是被定义出来的，这种创造和雕刻一个狮身人面像是一样的，是理性和想象共同作用的结果。

例 4.23　1900 年，**大卫·希尔伯特**在国际数学家大会上作了题为《数学问题》的报告，他指出*“数学是一个有机整体，它的生命力正是在于它各部分之间的不可分割的联系”*。

从 1948 年起，布尔巴基学派每年举办 18 次学术讲座，讨论那些他们认为最感兴趣和最重要的最新成果。署名“布尔巴基”的多卷《数学基础》是有史以来内容最丰富、最具体系的数学著作，保持宏大而严谨的叙述风格。它们更像是一部数学百科全书，而不适合作为教材。

① 为纪念阿贝尔对群论的贡献，满足交换律的群（即交换群）被称为*阿贝尔群*（Abelian group）。

图 4.83　布尔巴基学派的著作《数学基础》选集

为了宏观地描述布尔巴基学派眼中的纯粹数学，其精神领袖**让·迪厄多内**（Jean Dieudonné，1906—1992）写了一本纲领性的著作《纯粹数学的全貌》[82]，从结构主义的角度回顾了一些重要的数学分支的发展，并对知名数学家的贡献作出了评价。该书的章节划分是：

(A) 代数拓扑与微分拓扑、微分几何、常微分方程、遍历理论、偏微分方程、非交换调和分析、自守形式与模形式、解析几何、代数几何、数论。

(B) 同调代数、李代数、抽象群、交换调和分析、冯·诺伊曼代数、数理逻辑、概率论。

(C) 范畴与层、交换代数、算子谱理论。

(D) 集合论、一般代数、一般拓扑、经典分析、拓扑向量空间、积分论（这部分内容在布尔巴基的其他著作里已有综述，因此在此书中略去）。

1977 年，迪厄多内在《纯粹数学的全貌》一书中，已经使用知识图谱来描述数学分支之间的依存关系了。例如：

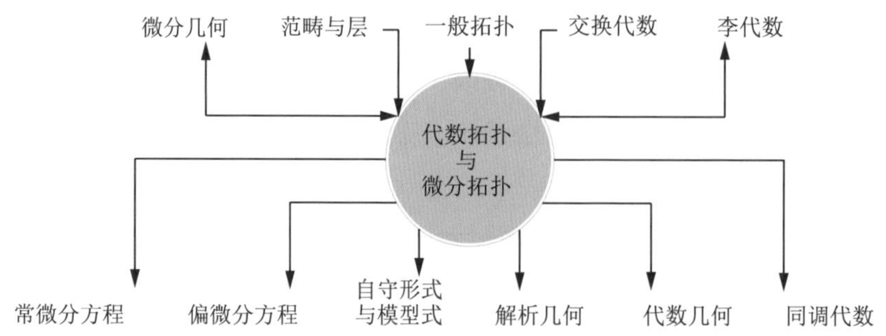

图 4.84　代数拓扑与微分拓扑（圆形节点）和其他数学分支的关系

正因为新理论带来了更多的新概念，所以人类的知识之树才得以继续生长。例如，在经典力学中，万有引力是超距作用（action at a distance），即以无限大的速度传播。而广义相对论限定了引力相互作用的传播速度为光速，它预言时空突然扭曲时（如双黑洞合并、双中子星合并）会引发引力波（gravitational wave）事件。这个现象已经被观测到，再一次证明了广义相对论的合理性，同时“引力波”这一概念也正式地进入物理学的知识体系。

图 4.85 （左图）牛顿万有引力是超距作用，所以没有引力波的概念。（右图）1916 年，爱因斯坦根据广义相对论预言了引力波（即宇宙里的时空涟漪）的存在。2015 年，人类第一次直接观测到引力波

人工智能急需数学理论的支撑，但现有的数学中似乎没有合适的工具能令棘手的问题迎刃而解。布尔巴基学派创始人之一、1979 年沃尔夫奖得主**安德烈·韦伊**（André Weil，1906—1998）曾在报告《数学的未来》（1948）中坦言，“当一个数学分支除了专家以外都不能引起任何人的兴趣时，它就几乎濒于死亡，至少是危险地接近于瘫痪，而要想把它们从这种状况中解救出来的唯一办法，那就是把它们重新浸泡到科学的生命源泉中去”。认知计算（cognitive computing）的形式化呼唤新型的数学，应用数学家或许应该把注意力放到更实际的诉求上。

构造主义

图 4.86 布劳威尔

1907 年，荷兰数学家、哲学家**鲁伊兹·布劳威尔**（Luitzen Brouwer，1881—1966）在他的博士论文《论数学的基础》中明确提出了直觉主义 (intuitionism) 的数学哲学，从而成为直觉主义数学的代表人物之一。直觉主义认为所有概念从根本上都来自感官直觉，任何数学对象都是思维构造的产物，因此它的存在性就是可构造性。直觉主义的一个显著特点是反对在数学推理中使用排中律 (law of excluded middle)①[83]。他的学生**阿兰德·海廷**（Arend Heyting，1898—1980）奠定了直觉主义逻辑（或构造性逻辑）的基础[84]。关于数学基础，布劳威尔和希尔伯特之间有多年的激烈论战，后者的学生**赫尔曼·外尔**（Hermann Weyl，1885—1955）甚至皈依了直觉主义，站在布劳威尔一边反对老师，希尔伯特为

① 即任意命题 p 和它的否命题 $\neg p$ 不可能同时为假，其中必有一个为真。排中律是反证法的逻辑基础，即一个对象的存在性可以通过否定它的不存在性来证明。直觉主义逻辑拒绝排中律的理由是，否定它的不存在性并不意味着能将该对象构造出来。

此耿耿于怀。另外，德国数学家**利奥波德·克罗内克**（Leopold Kronecker，1823—1891）和法国大数学家、物理学家、哲学家**昂利·庞加莱**（Henri Poincaré，1854—1912）也都是直觉主义的先驱。

直觉主义深刻影响了 20 世纪数学的发展，特别是构造性数学（constructive mathematics）的崛起[85–87]。随着计算机科学的发展，构造主义的数学思想在 20 世纪中叶开始流行。1967 年，美国数学家**埃雷特·毕晓普**（Errett Bishop，1928—1983）出版了著作《构造性分析基础》[88]，但大多数数学家并不为其所动。“正如所写，这本书是面向人而非面向计算机的。有一个面向计算机的版本将是非常有趣的。”

构造主义的信条是“存在就是被构造”，比较符合对人工智能数学基础的要求。面向计算机的构造性数学就是“机器的数学”，它和“人类的数学”可能有着明显的差异。例如，一个几何定理的证明，人类给出的和机器给出的可以完全不同，甚至二者的推理模式也是迥异的，但并不妨碍人类和机器对数学真理达成共识。

图 4.87　吴文俊

我国著名数学家**吴文俊**（Wen-Tsün Wu，1919—2017）在 20 世纪 70 年代后期倡导“机械化数学”，他认为它符合中国古代数学算法化的传统。“什么叫做计算机科学？其实研究的是算法，就是中国古代所谓的‘术’。它的丰富多彩已经得到充分的认识，计算机科学说穿了就是算法的科学。”

吴文俊先生认为计算机科学与数学的结合是千载难逢的良机。“体力劳动机械化，我们没有份，就一落千丈了、挨打了，就与这有关系；现在脑力劳动机械化你不能错过，错过了这个机会就永世不得翻身，这是我一直坚决强调的，所以我对我的数学机械化寄予了厚望。”

例 4.24　我们把圆周率 π 定义为圆的周长与直径之比，不难证明它是一个常数。除了原始定义，计算机对 π 的“理解”还包括快速逼近 π 的数值算法，例如从连分数的角度理解 π。

$$\pi = 3 + \cfrac{1^2}{6 + \cfrac{3^2}{6 + \cfrac{5^2}{6 + \cfrac{7^2}{6 + \cfrac{9^2}{6 + \ddots}}}}} \qquad \frac{\pi}{2} = 1 + \cfrac{1}{1 + \cfrac{1 \times 2}{1 + \cfrac{2 \times 3}{1 + \cfrac{3 \times 4}{1 + \cfrac{4 \times 5}{1 + \ddots}}}}}$$

还有其他更快的逼近算法。总之，计算机对 π 的“理解”可以比人类更丰富，充分发挥它们善于数值计算的特长。然而，这个计算特长是受限的，它只能刻画实数集合中很小的一部分。

1936 年，图灵在其著名论文《论可计算数及其在判定问题上的应用》[27] 中严格地定义了“可计算数”(computable number)，即可由图灵机在有限运行步骤内计算到任意精度的实数。例如，代数数 $\sqrt{2}$、超越数 π, e 都是可计算的。因为图灵机是可数的（即和自然数一样多），所以可计算数是可数的，而不可计算数是不可数的。

1975 年，美国计算机科学家**格里高里・柴廷**（Gregory Chaitin，1947—　）给出了一个不可计算数的实例——柴廷常数 (Chaitin constant)，通俗地讲，它表示一个随机构造的程序将停止的概率[89]。

柴廷常数揭示了可定义和可计算的区别，它给我们的启示是：智能机器只有突破图灵可计算的禁锢，具备了构造概念的能力，才有可能接近人类的智能。彭罗斯在《皇帝新脑》一书中，也表达了类似的想法[7]。

图 4.88　强调“做”的数学关注算法设计与构造实现，一切努力只为做出结果

强调“在”的数学和强调“做”的数学都是重要的，前者是“人类的数学”，后者是“机器的数学”。当人工智能和构造性数学相遇时，不啻一场认知革命，对数学和 AI 的改变都将是天翻地覆的。哪怕有理论证明机器无法达到人类的智能，找出机器智能的极限也是一件伟大的工作。很可惜，对此我们目前几乎一无所知。然而，我们仍坚信年轻的一代里，会出现伽罗瓦、阿贝尔，为“机器的数学”带来曙光。

耗散结构

1977 年，比利时化学家、物理学家**伊利亚・普里高津**（Ilya Prigogine，1917—2003）因“耗散结构理论”获得诺贝尔化学奖，该理论研究耗散系统（dissipative system），一个远离热力学平衡状态并且与外界有能量和物质交换的开放系统。

图 4.89　耗散结构之父普里高津

直观上，知识系统是一个逐渐远离无序的耗散系统，它不停地与外界进行信息交换以产生负熵流并维持系统的无矛盾性。知识的增长具有连续性，总是在已有的基础上向外延伸，如同一棵不断生长的树。每个人的知识之树①都是不一样的，当两人观点有分歧时，要说服对方非常的不容易。原因就是知识之树牵一发而动全身，常常需要大量的信息交流才能有所变化。特别当知识之树的根不同时，话不投机就见怪不怪了。如果主观上不愿意耗费能量通过学习而改变知识之树的状态，

① “知识之树”只是一个形象的比喻。事实上，知识是靠复杂的网状结构组织起来的。它在人脑里是否有相应的物质基础，至今仍然是未知的。

自然就不会接受别人的观点了。

顿悟是一种突变，是瞬间的理解。我们都有这样的经验，一个百思不得其解的问题突然间就想明白了——可能是知识网络中一个不起眼的连接一下子打通了思路。正可谓“众里寻他千百度，蓦然回首，那人却在，灯火阑珊处”（辛弃疾《青玉案·元夕》）。一旦真正地理解了，便很难忘记，横竖怎么表达都可以。而死记硬背下来的东西正相反，它们缺乏关联性，遗忘了也不影响其余部分，所以持续不了多久。

什么是“理解”一个新的知识点 K？就是在语义上，知识点 K 被已有的知识点 $K_1, K_2, \cdots, K_n$ 清晰地描述（或者严格地定义），于是它们关联了起来。这个“理解”可能是不正确的或者有偏颇，但主体并不知晓，在他心里是自洽的，即按照他的逻辑和知识是无矛盾的。

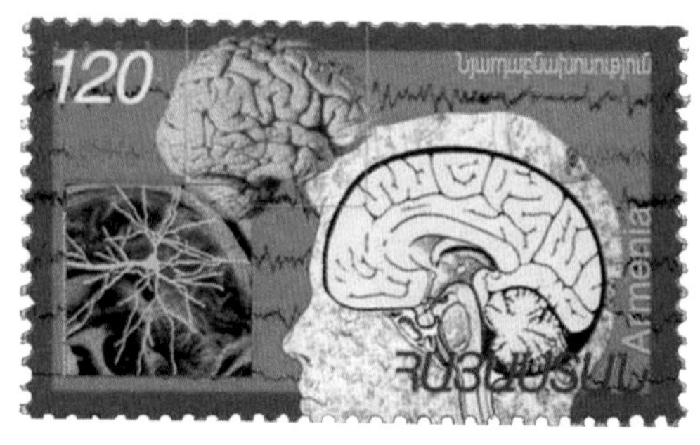

图 4.90　知识在大脑里是如何存储、管理和运用的？有可能往大脑里植入知识吗？

学如逆水行舟，不进则退。要对抗知识熵的增加，必须不断地学习和思考，紧跟时代的步伐。尤其在信息爆炸的时代，人们更需要擦亮双眼明辨真伪，有选择地接受碎片化的知识快餐。因为信息时代知识更新的速度加快，人们必须不断地学习避免被时代淘汰，保持一颗对新鲜事物的好奇心和持续学习的进取心。若学习能力不足或者不够努力，人们对未知的东西就会产生一种莫名的恐惧感而抵触新鲜事物，进而墨守成规、冥顽不化。

图 4.91　熵减是要付出努力的，好学之人把这个过程当作一种乐趣。征服的困难越多，满足感就越多。如何让机器也能有主动学习的意愿呢？

按照现代教育之父、美国哲学家、心理学家**约翰·杜威**（John Dewey，1859—1952）的观点，自学能力应该是学习者有待培养的，一旦具备就可以“走遍天下都不怕”。所谓“自学能力”，首先，学习者要有主动学习的意愿和动力，从诸多渠道以各种方式获取知识。其次，学习者在没有老师指导的情况下能够把头脑中的知识融合消化，达到心领神会、触类旁通、化为己用的境界。我国南宋哲学家**朱熹**（1130—1200）是这样理解自学能力的，“举一而反三，闻一而知十，乃学者用功之深，穷理之熟，然后能融会贯通，以至于此”（《朱子全书·学三》）。

图 4.92　杜威强调自学能力，朱熹强调自省能力，二者都是机器学习欠缺的

当前的机器学习并未获得自学能力：要么是填鸭式的有监督学习，要么是“食而不知其味”的无监督学习，只有强化学习有一点点自学能力，但仅限于某个具体任务。机器学习要做到“一通百通”“博采众长”，必须在学习层面之上形成自学能力。至于“学以致用”，那就需要更上一层楼了。好在机器没有人类的惰性和不安，一旦知道如何表示和使用知识，它们对知识的追求将永远如饥似渴。

图 4.93　书本和社会实践都是“老师”，人们更多地从那里获取知识与经验

机器学习要解决的关键问题是知识表示和推理，前者要跨越从观察到知识的鸿沟，后者要翻越如何使用知识的高山。到目前为止，还没有哪个人工智能理论能很好地处理这两类问题。很多研究者还停留在行为主义的模式上，把机器学习简单地理解为最优化问题[90,91]，这无助于泛化机器的智能。虽然在某个具体的应用（如棋类）上，机器确实打败了人类，但它仍然和生产线上的机械臂没有本质区别，并不具备通常意义的“智能”。我们必须深入研究学习、推理、决策等智能活动的基本结构和元规则，提炼出它们的一般规律，才有望创造出能够自主演化的智能。

Ethics of AI

第 5 章 自我意识

枯桑知天风，海水知天寒。

——佚名《饮马长城窟行》

扫地机器人会自己充电保持身体的活力，同时对内部故障也有“感知”，进而在“不舒服”（如轮子跑偏、耗电异常）的时候会主动要求维修，就像人觉得自己生病了去医院看医生一样。是否可以认为扫地机器人有一点点自我意识呢？

机器人看到它自己的照片，通过物体识别技术，它“知道”那是它自己或者过去的自己。它也可以像人类一样，不仅感知外部世界，对自己的身体活动也有所了解。然而，它能够认知自己的精神活动吗？那个寻求维修的扫地机器人，它知道自己正在担忧自己的身体健康吗？

图 5.1　《星球大战》中的一些机器人有很高的智能，蹊跷的是它们大多没有与人类正常沟通的自然语言能力，而语言交流恰恰是强人工智能首先必备的能力之一

当机器用“我”或“我的”来表述自己的情绪或意愿时，譬如，“我的心情不太好”“我有些激动”“我期待您的关爱”……它真的是这么想的吗？事实上，这些“心理状态”都是用函数刻画的，机器只不过凭借取值来表达它们的程度。

在回答这些问题之前，我们必须搞清楚什么是“自我意识”。百度百科是这样定义的，“自我意识是指个体对自己的各种身心状态的认识、体验和愿望。它具有目的性和能动性等特点。对人格的形成、发展起着调节、监控和矫正的作用。”按照这个定义，至少表象上看起来，扫地机器人似乎有了某些自我意识。

自我意识是认识论中最重要的主题之一。伟大的古希腊哲学家**亚里士多德**声称，一个人在感知任何事物的同时还必须感知自己的存在，思考本身也是可以被思考的。

图 5.2　亚里士多德和笛卡儿都指出，认知主体对自身的认知是自我意识的先决条件

1641 年，伟大的法国哲学家、数学家**勒内·笛卡儿**在《谈谈方法》和哲学论文选集《第一哲学沉思集》中振聋发聩地道出了“我思故我在”（Cogito, ergo sum）[①]，指出“我思”的主体是“我”。

我怀疑就是我思想。笛卡儿说，我可以怀疑这怀疑那，但不能怀疑“我在怀疑”。一旦我怀疑“我在怀疑”，就正好证实了“我在怀疑”。为了不引起矛盾，所以“我在怀疑”是无法被怀疑的。既然如此，那个“在怀疑”的主体就是“我”。“我发现，‘我思故我在’之所以是我确信自己说的是真理，无非是由于我十分清楚地见到：必须是（思的主体），才能思。因此我认为可以一般地规定：凡是我十分清楚、极其分明地理解的，都是真的。不过，要确切指出哪些东西是我们清楚地理解的，我认为多少有点困难。”[5]

我知道“我思”，机器知道“我思”吗？读者不难看出，“知道‘我思’”是更高级的“我思”——它明确“我思”的主体是“我”。机器也在做决策，它知道它在思考吗？如果它不知道，那么它还不具备“自我意识”。如果机器知道它正在做的决策是一种思考，那么它必须能区分实施和想象，以及它们之间微妙的关系。

① 拉丁文“Cogito, ergo sum.”直译为“思，故是”。太过简练以至于难以理解。这句话的法文是“Je pense, donc je suis.”，直译过来就是“我思想，所以我是（思想的主体）”。它的意思是：不管思想的内容是什么，“我思想”这个动作是个体行为，它的实施者是“我”。旧译“我思故我在”有误导之嫌，“在”字容易让人联想到“存在”之意，而笛卡儿的本意是想表达“思想的主体”。王太庆在《谈谈方法》的中译本中将这句话译为“我想，所以我是”[5]。

《庄子·齐物论》讲了“庄周梦蝶”的故事：昔者庄周梦为胡蝶，栩栩然胡蝶也，自喻适志与！不知周也。俄然觉，则蘧蘧然周也。不知周之梦为胡蝶与，胡蝶之梦为周与？周与胡蝶，则必有分矣。此之谓物化。大意是庄子（前 369—前 286）梦中幻化为翩翩起舞的蝴蝶，忘了自己原来是人，醒来后才发觉自己仍是庄子。实在难以分辨究竟是庄子梦中变成蝴蝶，还是蝴蝶梦中变成庄子。

图 5.3　庄周梦蝶，何为真实？

梦有不连续性，梦境中的世界缺乏一些合理性。相比之下，现实世界中的事件有连续性，有较好的可解释性。如果置身事外，还是可以判别梦境和现实的。梦境里庄子化蝶，身体是周，思想是蝶。如果置身于逼真的模拟环境之中，实与虚的界限在哪里？

电影、小说、游戏等常会让人们暂时陷入其中，把自己想象成故事的参与者，或者一个飘忽的观察幽灵，有趣的是人们能够正常地跳进跳出，做不到的反而可能精神出了点问题。人们被故事感动，仿佛自己正在经历着，有些非直接经验甚至潜移默化为直接经验。人类具有同情心来认同和理解别人的痛苦，也有同理心来换位思考，它们的心理基础都是想象。显然，“我思”也涵盖想象，我知道我在想象，机器知道自己在想象吗？

没有自我意识的机器，就是纯粹的、没有任何智慧的机器，哪怕它再复杂、再高超。例如，打败了人类的围棋程序 AlphaGo 不知道它在思考，也不会由围棋感悟出些什么。反倒是人类从中学到了很多，包括对智能多样性的重新理解。虽然算力对 AI 很重要，但暴力计算不是真正的智能。就像，比人类强壮的动物有的是，仰望星空的却只有人类。

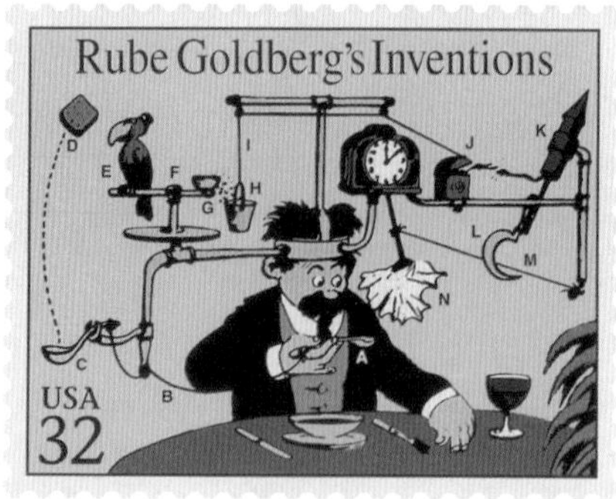

图 5.4　机器单纯得像个动物，不会像人一样反观自己，并为自己的言行感到羞愧

大自然有无数巧夺天工的杰作，如具有美妙对称性的晶体、简易而坚固的蜂巢、形如阿基米德螺线（Archimedean spiral）的省材节能有弹性的攀缘植物、暗藏斐波那契数列（Fibonacci sequence）和黄金分割的树叶……所以，人们一直坚信，必定有双看不见的巧手，遵循某种简单而和谐的规则创造出了这个美妙的世界。

英国博物学家、生物学家**查尔斯·达尔文**（Charles Darwin，1809—1882）曾赞美蜂巢的精巧结构，“如果一个人看到巢房而无动于衷，那他一定是个糊涂虫”。1964 年，我国著名数学家**华罗庚**（Loo-Keng Hua，1910—1985）撰文《谈谈与蜂房结构有关的数学问题》，用初等数学方法证明了形状为尖顶六棱柱的蜂房是最省材料的结构[92]。

图 5.5 大自然巧夺天工的杰作，只有人类欣赏到了，连大自然自己都没意识到

然而，大自然却没有意识它创造出如此美好的事物，它静默地凝视着人类，却对这个最值得骄傲的作品一无所知、不闻不问。反观人类，对自己或大自然创造出来的东西，他们有情感寄托、懂得欣赏，虽然人类有时候爱得没有原则（例如溺爱纵容、由爱生恨）。人们不禁会问：机器会不会有真正的爱呢？

图 5.6 法国画家**让-巴蒂斯特·格勒兹**（Jean-Baptiste Greuze，1725—1805）的油画作品《宠坏的孩子》（1765）告诫人们一个辩证的教育规律——“慈母多败儿”

荀子说，“君子博学而日参省乎己，则知明而行无过矣”（《劝学》）。当人类思考自我时，大脑中一个叫作内侧前额叶皮质（medial prefrontal cortex, mPFC）的区域就会变得活跃起来。影响 mPFC 的外在因素是社交，它容易让人们更多地思考自我。而影响 mPFC 的内在因素是自我评价，神经学家观察到从孩童到青春期，mPFC 的活跃程度逐渐递增，15 岁左右到达峰值，这与青春期更多的自我评价是相关的。

一个成年人的大脑占体重的 2% ~ 3%，却用掉了 25% 的能量和 20% 的氧气。尤其在接收新鲜事物和思考的时候，脑细胞进入活跃状态，大脑耗能比平时更多。除非有个无法拒绝的理由，不动脑子随大流是人之常情。

美国著名作家、演说家**马克 • 吐温**（Mark Twain，1835—1910）曾说，“一般人缺少独立思考的能力，不喜欢通过学习和自省来构建自己的观点，然而却迫不及待地想知道自己的邻居在想什么，接着盲目从众”。

图 5.7　马克 • 吐温

另外，大脑对熟悉的事物不再兴奋，“入鲍鱼之肆，久而不闻其臭”，这是大脑与生俱来的自适应能力。人们常会对重复性的工作失去耐心，而又惰于学习新事物，所以在浑浑噩噩中习惯了迷醉自己。如果机器具有了自我意识，是否可以摆脱这个怪圈呢？

例 5.1　人类可以进行理性的思考，有时也会头脑发热。非理性的根源非常复杂，例如，同一件事情，不同的表述方法有可能导致不同的效果。心理学家曾做过这样的实验：对于开刀治疗肺癌，人们对下面的两种说法有着不同的反应。

(1) 开刀后第一个月的存活率是 90%。

(2) 开刀后第一个月的死亡率是 10%。

听到第一种说法的病人多数选择开刀。然而，听到第二种说法的病人多数选择不开刀。其实，二者的含义是一样的，只是人们的心理而非理性的思考影响了决策。这是语言的魅力，还是人类理性的陷阱？

机器感知世界的方式可能与人类的不同。德国数学家、哲学家**戈特弗里德 • 莱布尼茨**（Gottfried Leibniz，1646—1716）认为，“感知以及依赖于它的东西，用机械原因（即通过形状和运动）是无法解释的。如果我们想象有一台机器，它的结构使它会思考、能觉察、有感知，我们可以想象它被放大，保持同样的比例，这样我们就可以进入它，就像一个人进入磨坊一样。假设能做到这些，在检查它的内部时，我们只会发现相互推动的部件，而我们永远也找不到任何东西来解释一个感知”[93]。人类的感知也同样是复杂的，它是大脑众多神经元协作的结果，任何组成部分都无法解释感知。

莱布尼茨相信推理对人而言是可计算的，“精炼我们推理的唯一方式是使它们同数学一样切实，这样我们能一眼就找出我们的错误，并且在人们有争议的时候，我们可以简单地说：让我们来计算吧。而无须进一步的忙乱，就能看出谁是正确的”。所以，莱布尼茨被视为是数理逻辑和人工智能的先驱。

美国数学家、控制论之父**诺伯特·维纳**（Norbert Wiener，1894—1964）曾说：“假如我必须为控制论从科学史上挑选一位守护神，那就挑选莱布尼茨。莱布尼茨的哲学集中体现在两个密切联系的概念上——普遍符号（语言）论的概念和理性演算的概念。”

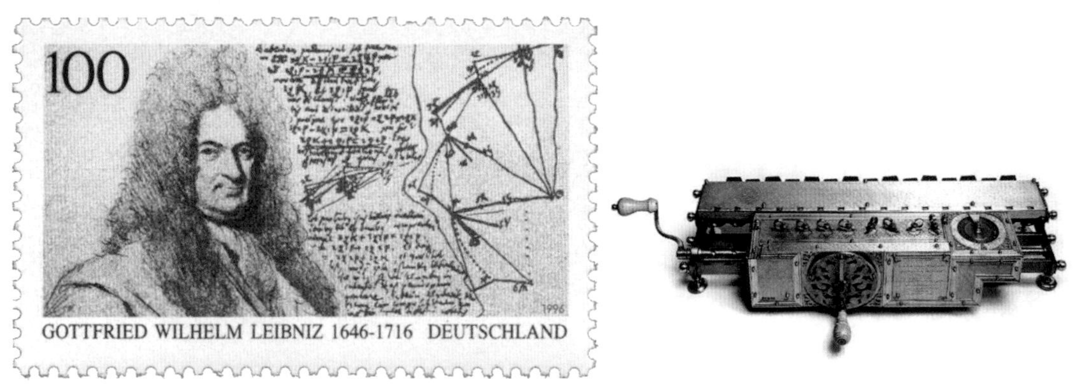

图 5.8　（左图）莱布尼茨是伟大的数学家、哲学家、逻辑学家，也是计算机器、人工智能的先驱之一；（右图）他发明的“步进计算器”，能做四则运算

假设许多的“缸中之脑”（见图 1.58）连接在一起，它们之间有模拟的交流（如祝英台和梁山伯相互深情地凝望），包括语言、肢体等的交流。“他们”形成一个复杂的社会，如同真实世界里的人类社会。“缸中之脑”里的文青们读到楼台伤别、化蝶双飞时依然感怀，“缸中之脑”里的科学家们仍饶有兴趣地讨论着“缸中之脑”。

图 5.9　我们怎么知道我们不是某本书中的人物，匆匆一生，空手来空手去

在外界看来，这些“缸中之脑”生活在果壳[①]（即一个封闭的模拟世界）之中，悲喜人生、爱恨情仇、明争暗斗、命运沉浮，十分地可笑。只有偶尔借助于想象，“他们”才能破壳而出。就像现在，当你读到这段文字，它来自真实还是模拟？

- ❑ 通过经验和想象，人类猜测这个外部世界的规律。颇为尴尬的是，人类永远无法证明自己猜对了。但如果猜错了，找到一个反例就足够说明了。也就是说，我们只能通过“证伪”来不断否认旧猜测、提出更好的新猜测。
- ❑ 德国数学家**大卫·希尔伯特**原以为人类在自己创造的数学世界里，总可以像上帝那样判定任何一个命题的对与错。然而，逻辑学家**库尔特·哥德尔**证明了不可判定命题的存在性。

一言蔽之，证明某规律为真，对人类来说是一个奢望。“缸中之脑”是人类对自己处境的一种猜测，外部世界是否如此，我们没法说“是”，也没法说“不是”。如果“是”，这个造物主得多么地伟大，才能建出如此美妙的模拟世界[②]。

---

① 《哈姆雷特》第二幕，哈姆雷特感叹：“上帝啊，倘不是因为我总做噩梦，那么即使被关在果壳之中，仍然把自己当作无限空间之王。”

② 如果我们当真是“缸中之脑”，死亡就不再那么可怕，仅仅是模拟信号停止了而已。所有的“缸中之脑”都会被格式化再次重启，开始新一轮的“虚拟人生”。由于技术故障，有的“缸中之脑”的记忆没有被清除干净，便有了前生缘分的印象。而所谓的“因果报应”，都是程序设定好的。一旦我们真的这么想，宗教便自然而然地产生了，那位控制一切的疯狂科学家就是“上帝”。

5.1 自我意识的条件

感知是自我意识的必要条件而非充分条件。机器的感知有别于人类，它们的自我意识与人类的是否相同呢？自我意识是把自身当作一个客体看待，不仅可以思考自己是什么，还可以对自己的思考进行思考。“我（不）知道……”和“我知道我（不）知道……”是不同层面的思考，前者是一阶认知，后者是二阶认知，是自我意识的表现。例如苏格拉底的名言，“我知道我一无所知”。

我们定义理性个体能够做到“我知道我（不）知道……”，能够为自己的想法感到羞愧，能够自我反省——这是人类有别于牲畜的特征。简而言之，自我意识是理性的基础，能够审视自我，进而加以约束。

图 5.10 哲学家康德

德国哲学家**伊曼纽尔·康德**曾说，“‘我认为’必须能够伴随我的所有陈述”。在引用前人言论的时候，我们对这些话语的理解，或许和前人有偏差，所以也是要冠以“我认为”的。

两个有自我意识的理性个体 A, B 在进行交流之前，有几个集合在概念上需要澄清：A 知道的东西 S_A，B 知道的东西 S_B；A 知道 B 知道的东西 $S_{B|A}$，B 知道 A 知道的东西 $S_{A|B}$；A 知道 A, B 共同知道的东西 $S_{AB|A} = S_A \cap S_{B|A}$，以及 B 知道 A, B 共同知道的东西 $S_{AB|B} = S_B \cap S_{A|B}$，它们有可能是不相同的。

显然，在交流之前，A, B 共同知道的东西 S_{AB} 客观存在，但是只有上帝或拉普拉斯妖知道。也就是说，如果没有交流，共识（consensus）不可能在有自我意识的独立个体之间取得，只能在有自我意识的相同/相似个体（例如所有拥有相同智能的机器人）之间先验地形成。

人类唯有通过交流才能达成共识，才能共同把经验固化下来形成常识和知识。华裔数学家、菲尔兹奖得主（2006）**陶哲轩**（Terence Tao，1975— ）曾用下面虚构的逻辑题来解释“共识”。

例 5.2 有一个小岛，住着 100 个居民。他们有个奇怪的宗教习俗，禁止通过一切方式了解自己眼睛的颜色，更不允许谈论这个话题。所以，每个居民都知道其他人眼睛的颜色，唯独不知道自己的。如果哪位居民知道了自己眼睛的颜色，第二天必须在广场上自杀，让所有人都看到。

在这 100 个居民中，有 2 人是蓝色眼睛，98 人是棕色眼睛。岛上的 98 人心里想“有 2 人是蓝色眼睛，97 人是棕色眼睛，我的眼睛颜色未知”，2 人心里想“有 1 人是蓝色眼睛，98 人是棕色眼睛，我的眼睛颜色未知”，但他们都不知道其他人心里怎么想。

图 5.11 （左图）意大利画家**阿梅代奥·莫迪利亚尼**（Amedeo Modigliani，1884—1920）的《蓝眼睛的女人》(1918) 和（右图）意大利画家**提香·韦切利奥**（Tiziano Vecellio，1488—1576）的《蓝眼睛的男人》(1545)

每个人都知道有蓝色眼睛的人存在，这看起来是一个“共识”，但没人说出来。有一天，岛上来了个蓝色眼睛的游客，由于不了解岛上的宗教风俗，游客说漏了嘴，“没想到岛上也有和我一样蓝色眼睛的人”。此话一出，后面几天会发生什么？

游客失言后的第一天不会有人自杀，因为头一天没人能推断出自己眼睛的颜色。然而，2 天后，这 2 个蓝色眼睛的人会在广场上自杀。因为，在第二天：

- 那 2 个蓝色眼睛的人都会推理，“蓝色眼睛的人是不是唯一的？如果是唯一的，那么一天后就会自杀。而昨天没人自杀，因此蓝色眼睛的人不唯一，我就是第二个蓝色眼睛的人”。
- 那 98 个棕色眼睛的人都会想，“蓝色眼睛的人是不是唯二的？如果是唯二的，那么这二人明天都会自杀，同时说明我的眼睛不是蓝色的。如果明天没人自杀，则证明我的眼睛也是蓝色的。总之，我的眼睛是否是蓝色的，要看明天是否有人自杀，今天我并不知道答案”。

以此类推，如果岛上有 n 个人是蓝色眼睛，$100-n$ 个人是棕色眼睛，游客失言的 n 天之后，所有 n 个蓝色眼睛的人都会集体自杀。这个例子说明，有相同的想法并不意味着有共识，这个共识必须说出来，让所有人都知道其他人也有同样的想法。

人类通过交流达成共识，交流是知识积累的基础。通过充分的交流，分歧和共识逐渐明确，交流也变得更加有效。相反地，如果没有足够的交流，或者搞不清楚共识和分歧，那么就会“鸡同鸭讲”、不知所云了。

人类的祖先——智人对交流和共识的需求促使了语言的产生，特别是那些描述假想之物和抽象之物的词汇，让智人的思维挣脱了现实世界的束缚，更加有效地协同狩猎、制订计划、统一信仰、传承经验、认知自然与自身……

图 5.12　共识要大声地说出来，你知我知，我知你知。从此，省去很多啰唆和误解

当智人艺术家用泥土塑造他心中女神的时候，他不是在制造工具，而是在编织了一个引人入胜的故事。为此他在心里反复设计场景、想象各种结局，把一个泥人说得活灵活现，让他的同伴们都相信了。从个体的想象到群体的想象，人类的神奇之处就是他们所共识的不仅仅包括可见的实物，还有大量虚构之物。不断地，有些虚构之物在人类双手之中制造成了实物，而有些实物在人类想象之中抽象成了虚构之物。是什么原因让智人无意中获得了这种在现实和虚构之间来回穿梭的个人能力，并通过共识形成群体能力？

图 5.13　共识甚至可以在想象之物上建立，如美好的未来、天堂、地狱等

智人终于在距今 5 万 ~10 万年前走出非洲，散布到欧洲、亚洲、大洋洲。人们猜测，促使他们迁徙的动力源自寻找更好的栖息地的共识，这个共识或许是对“天堂”美好生活的想象。“龙”是中华民族的文化图腾（图 5.14），它是一个虚构之物，却有如此强大的凝聚力。对真实世界中原本不存在的事物的想象是如何形成的呢？为何单单人类有这种能力？在人类的语言中，哪些想象的概念最早被共识而固化为词汇？认知科学还没有找到答案。

图 5.14 距今 6 000～8 000 年，仰韶文化早期和兴隆洼文化（新石器时代）就已出现龙的形象。龙是一个想象之物，有兔眼、鹿角、牛嘴、驼头、蜃腹、虎掌、鹰爪、鱼鳞、蛇身（又称“九不像”），但却成为中华民族的象征，这个共识绵延了数千年。这个图腾可能是远古民族融合时，不断吸收各自动物崇拜组合而成

每到一处理想之地，总有人乐不思蜀地选择留下，总有人（主动或被迫）继续寻找栖身之所。考古学揭示出，人类一直没有停止迁徙和融合，宗教和文化总是处在流动变化之中。故而，应有一颗包容之心对待不同的宗教和文化，不必执着于唯一性、必然性、正确性。每当看到龙图腾（图 5.14），我们应为祖先的想象能力和包容精神而感到自豪，所有伟大的文明都离不开这两点。

图 5.15 人类一直在迁徙中促进文明的传播与融合，也带来了文化、习俗、宗教的冲突。如今，移民问题已经成为发达国家无法回避的一个社会问题

自古以来，人类总是想象地球之外有更美好的星球，而地球的资源日益捉襟见肘，我们必须居安思危早做准备——宇宙探索就是为了下一次的大迁徙。

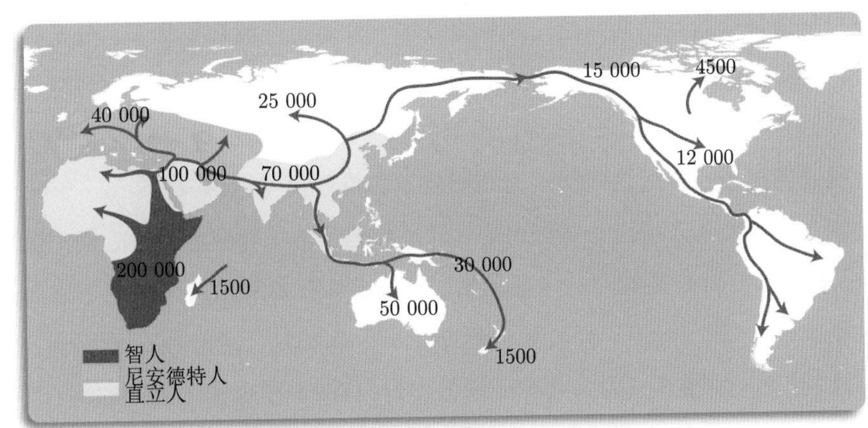

图 5.16　大约 10 万年前，智人走出非洲，逐渐取代了尼安德特人和直立人而统治了这个星球。在迁徙中，智人遭遇到更多的生存挑战而创造出更强的工具，致使人类智能加速进化，也加剧了语言、文化的分化

5.1.1　好奇心

尽管我国常常在国际数学奥林匹克竞赛中名列前茅，然而这并不能代表国家的数学研究水平。通常，中日韩中学生的数学素养世界领先（见图 5.17），但英法德俄等数学强国的水平后来居上。反思我们的教育和社会现实，特别缺乏对好奇心（curiosity）的培养，而好奇心恰是探索未知世界的原始驱动力。

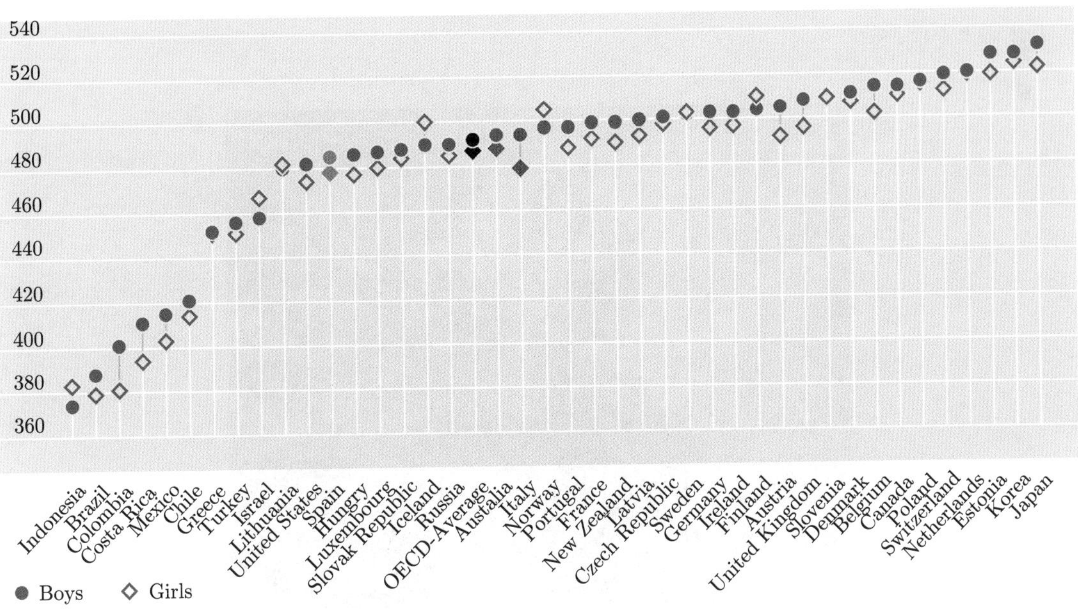

图 5.17　多国 15 岁中学生的数学素养水平：运用数学来描述、预测和解释现象的能力
来源：经济合作与发展组织国际学生评估计划 PISA

儿童在掌握少量单词后就开始问问题，像海绵吸水一样通过交流积累知识。与人类不同，现有的机器认识不到自我，它甚至对感知到的未知对象没有任何的好奇心。目前，机器学习都是被动的，不会通过主动提问来不断地丰富自己的知识。例如，机器视觉中的物体识别和人机对话中的自然语言理解没有联起手来，让机器像孩子一样问这问那，为知识表示和推理提供素材。

高级哺乳动物在幼年期都表现出一些好奇心，母亲会把一些生存技能教给它们，譬如哪些东西是食物，哪些动物是天敌等。好奇心是学习的内在动机，它不求外在的奖励而持续地关注于某事物，探究不了解的规律。孔子曾说，“*知之者不如好之者，好之者不如乐之者*”（《论语·雍也》）。

法国哲学家**让–雅克·卢梭**在《爱弥儿——论教育》（1762）中也说过类似的话，“*同一种本能可以刺激人的不同的官能。当身体的活力极度发达的时候，精神的活力也跟着要受到教育。开始，孩子们只不过是好动，后来就变得好奇；这种好奇心只要有很好的引导，就能成为我们现在所讲的这个年龄的孩子寻求知识的动力。我们始终要区别，哪些倾向是产生于自然，哪些倾向是产生于偏见。有一种求知热的产生，完全是由于想使别人尊敬他为一个学者，而另外一种求知热的产生，则由于人对所有一切在目前或将来同他息息相关的事物有一种自然的好奇心。一方面他生来就有谋求幸福的欲望，而另一方面又不能充分满足这种欲望，因而他不得不继续不断地寻求满足他的欲望的新的方法。这就是好奇心的第一本原，这个本原是自然而然地在人的心中产生的，但它的发展是必然同我们的欲望和知识成比例的*”（第三卷第一节）。接着，卢梭指出，“*问题不在于教他各种学问，而在于培养他有爱好学问的兴趣，而且在这种兴趣充分增长起来的时候，教他以研究学问的方法。毫无疑问，这是所有一切良好的教育的一个基本原则*”[51]。

图 5.18　*卢梭自认为《爱弥儿——论教育》是“我的所有作品中最好、最重要的一部”*

好奇心不仅是学习的动力，还驱使人类不断地进行科学探索，几乎所有的科学发现都是好奇的结果。

图 5.19　2012 年 8 月 6 日，美国的火星探测器“好奇号”开始对火星气候、地质、水文、生命的进行探测，并持续数年之久

好奇心是所有学者（包括哲学家、科学家、文学家等）的第一美德，爱因斯坦说过，“好奇心是科学工作者产生无穷的毅力和耐心的源泉”。如果机器没有好奇心，它就不可能有自主的发展，进而不可能有内省产生自我意识。微观上，自我意识不是外界强加给主体的，它是意识向内向外的产物。宏观上，人类对自身和外部世界的好奇心，是文明进步的原始动力。

早期的人工智能在规则的框架里研究自然语言处理、计算机视觉、机器人学、知识表示、自动推理等，后来它们从人工智能分离出来发展成一门门独立的分支，并大量使用统计方法。在变得成熟之后，这些分支应该再次融入一个新的人工智能框架，在那里，人们将对“智能”有更深刻的理解。如图灵所建议的，人类担负起儿童机器的老师的角色，以问答式的教学来帮助机器成长，就像我们对待孩子一样。

认识自己

当动物第一次看到自己在水中的倒影，它的第一反应是吓了一跳，它不知道这个同类是否构成威胁。多次尝试之后，它发现那个镜像似乎没有危险，只是好笑地在学自己做同样的动作。然而按照经验，它不是真实的，因为它没有气味，触碰起来感觉也怪怪的。能辨别镜像是自己的动物（如部分灵长类动物、虎鲸、大象、海豚、喜鹊、裂唇鱼、蚂蚁等），即通过所谓镜子测试 (mirror test) 的动物，常常被认为具有一定的自我认知能力，但也有一些质疑之声反对这个标准。

图 5.20　人类不满足水中倒影，而制作更清晰的镜子，自古镜子就是日常用品

镜像是认识自我的一个简易方法。认知主体仿佛跳出自己的身体躯壳，用一双假想的眼睛审视自我，把“我”当成一个普通客体看待。一个人感知自己肉体的存在比感知其他客体的存在更直接、更真实，她/他需要猜测别人的所思所想，而无须怀疑自己的（虽然很多时候，一个人并不知道自己到底想要什么）。

揣测别人的意图、心思，不是简单的“刺激—反应”，需要分析和推理。这个能力与大脑的额叶皮质有关，越高等的动物，表现得越好。

青春期的孩子喜欢观察镜中的自己，这是自我意识增强的表现，这个时期的年轻人特别在意和关注他人对自己的看法，他们试图切换到他人的视角来观察自己——能够换位思考是高级智能的特点，只有人类懂得站在别人的立场反观自己。

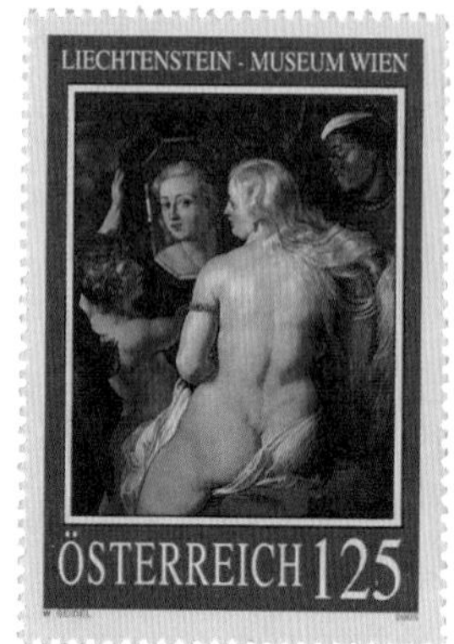

图 5.21　看镜中的自己，有时挑剔、有时欣赏、有时厌恶，就像看另外一个人

另外，“我”是一个具有社会现实意义的抽象概念。自我意识就是认知主体确认的自身与社会的关系、与自然的关系。我对“我”的认知和他人对“我”的认知如果出现错位，便产生各种误解、不平、矛盾……“认清自我”并与他人达成共识不是一件容易的事情，各种怀才不遇、愤世嫉俗、好高骛远都源于此。

图 5.22　照镜子既有自我审视，也有想象用他人的眼光审视自己

心理学家经常会区分私人自我意识（即自省和审视自己的感受、情绪等）和公众自我意识（即猜度他人对自己的认知），这两种自我意识都是人格特质，而且关联性并不大。有些人的私人自我意识很强，但公众自我意识很弱，有些人则相反。

例 5.3 爱美之心人皆有之。古希腊神话中的美少年纳喀索斯（Narcissus）看到自己在水中的倒影却不知是他自己，他对倒影爱慕不已以至于为这份得不到的爱憔悴而死。死后纳喀索斯化身水仙花，心理学家把这种自我迷恋的疾病称为“自恋”（narcissism）或“水仙花症”。自恋大致有三种类型。

- 潜意识里的自恋：通常对自己的外表特别在意，过分地爱漂亮、爱打扮。
- 社会角色的自恋：手中握有权力或金钱、能主宰他人命运的人，对自己的才华、能力过高估计。
- 人格障碍的自恋：一种人格障碍症，把自己想象成自己羡慕的那种人，并幻想被他人羡慕。这种自恋常常高估自己的重要性而自大，嫉妒别人或者认为别人嫉妒自己。

图 5.23 自恋是对自己病态的自我欣赏与陶醉，甚至盲目自信、自负、自私、自满

人类往往是认不清自我，无法客观地分析自己，或者无法正确地揣测别人对自己的想法。究其原因，一部分来自于大脑——所有意识的物质基础，一部分来自外部环境的影响。“不以物喜，不以己悲”（范仲淹《岳阳楼记》）这种宁静致远的心态，不是人人都能达到的境界。

跳出自我

人类最早的神学和宗教思想，可能源自误食了令人致幻的菌类或植物，灵魂出窍之后“看到”了天堂地狱，进而形成宗教共识。人类使用致幻剂（即使人产生幻觉的精神药物）也有很长的历史，如萨满教的通灵术。致幻剂作用于调节大脑神经元之间的连接从而改变认知、情绪和思维，曾用于精神治疗（如忧郁症、强迫症、药物成瘾、酗酒等）。例如，“麦角酸二乙酰胺”（LSD），仅需 100 微克就能使服用者维持 6 ~ 12 小时感知、记忆、意识的强烈体验。

图 5.24　致幻物：毒蝇伞真菌、斧突球属、毛曼陀罗、秋曼陀罗

图 5.25　霍夫曼

1943 年，瑞士化学家**阿尔伯特·霍夫曼**（Albert Hofmann，1906—2008）偶然发现了 LSD 致幻剂。在霍夫曼百岁寿诞的聚会上，他这样评价 LSD，“它给了我一丝内心的喜悦，一个开放的心态，一种感恩，一双开阔的眼睛，一样对创造奇迹的内在敏感……我认为在人类进化的过程中，LSD 是最有必要被发现的物质。它只是令我们变回本性的一件工具”。20 世纪 50—70 年代，LSD 在美国反文化运动中留下了历史印记。1966 年，加利福尼亚州宣布 LSD 为非法药物。年轻人不要对致幻剂有好奇心而轻易尝试，更要远离毒品——幻觉是魔鬼的诱惑。

图 5.26　不能持久的幻觉都是水中月、手中沙，不值得拿生命去交换

儿童在感知运动（0 ~ 2 岁）时期，并没有自我意识，只会从自我的视角观察世界，不会“换位思考”。当儿童学会把自己放在这个世界里，同其他人和事物一起思考的时候，“自我”便被客体化，它与这个世界的关系成为研究的对象，主体仿佛跳出了躯壳审视自己。懂得站在不同的视角思考，以此理解他人的所作所为所思所想，这是高情商的表现。

生活中，总有一些“巨婴”以自我为中心，从不顾及他人的感受，更不会易位思考。例如，从不在意父母想法的啃老族。这样的人对自己在社会关系里的角色没有清楚的认知，其自私的表现恰好说明缺乏独立的“自我”。

当前的人工智能根本没有自我意识，距离强人工智能还有很远的一段路要走。所有计算机科学家都心照不宣，这条路上沟壑纵横、困难重重，除非我们另辟蹊径或者有新的交通工具，否则单靠“数据驱动”是不可能到达目的地的。由此看来，赋予机器想象力与好奇心，或许值得一试。

5.1.2　意识流

图 5.27　詹姆斯

1890 年，美国心理学之父、实用主义哲学家**威廉·詹姆斯**（William James，1842—1910）将我们的意识体验比作溪流。他写道，“‘河流’或‘溪流’是最自然地描述它的隐喻。在以后的讨论中，我们称之为思想流、意识流或主观生活流”。

心理学近代的发展表明，人类对世界的主观经验并非连续的意识流（stream of consciousness），而是有节奏的脉冲。当人们听到或看到了什么，注意力发生了变化时，脑电波的相位和振幅可能会改变。大脑在有节奏的脉冲中对世界进行采样，如同电影胶片，感知的过程是离散的。对此，心理学上的证据是“车轮幻觉”，有时我们有这样的错觉——车轮上的辐条与它们的旋转方向相反。导致这个错觉的原因是，每帧中辐条的位置稍落后于前一帧捕捉到的位置。

图 5.28　神经信号以脉冲的形式传输，因此，感知是一个离散过程

现在，我们可以把意识流理解为一个离散过程，在感知的电影胶片中，帧与帧之间有小的时间间隔，内容上一般有很强的关联性。看到美景的心旷神怡，吃到美食的心满意足，遇到美人的心猿意马，我们并不强求机器也和我们一样，毕竟机器的思维方式与人类的可能完全不同，在这些方面模拟人类并不能达到高级智慧。事实上，“自我意识”是机器智能必须越过的门槛，如果要超越人类的话，我们必须把这个能力赋予机器。如果机器有自我意识，我们就能教会它“要爱人如己”这个伦理。

图 5.29　要爱人如己（《旧约·利未记》）

一台机器因为感受到的想法和情感而写了一首诗或一部协奏曲，从它的作品中读者或听众品味出了这些想法和情感，能否说明机器具有了自我意

识？图灵在《计算机器与智能》(1950) 一文中指出，从意识主体的外部是无法判断意识主体是否具有了自我意识，但可以通过自然语言交流来判别被测试者是真的理解了某事，还是鹦鹉学舌。机器必须说出自己的想法或解释，来“证明”它的确是有意识的。

图 5.30　智能机器之间的意识交流，是真正的心电感应，一切尽在不言中

机器之间的信息交流比人类的更高效，只不过当前它们并不是有意识地进行交流。学习机对数据的处理完全受人类的操纵，它不懂得主动地从数据中提取知识改进自身的认知能力。机器要明白围棋衍生的意义，它必须有围棋之外更高级的知识体系，能指导它发现围棋与其他谋略（如兵法）的相似之处。

众所周知，“授人以鱼不如授人以渔”，但我们仍然只会告诉机器静态的知识，至于如何高效地使用这些知识以及怎样获取新的知识，还是未开垦的理论荒原。

若要两个智能体之间达成共识，只有将彼此的知识融合，才能知道对方是否就某概念的理解和自己的一致，这样的交流才是有意义的。如同一个深谙烹调的厨师，他的知音一定是能吃出门道的美食家。

机器一旦有意识地获取知识，它们之间共享知识的效率远超过人类。机器人只需一瞬间就能教会机器狗成为棋类高手，知识和技能可以被“点石成金”。相比之下，人脑的学习能力效率低下，根本不是机器的对手。

机器的意识

奥地利心理学家、哲学家、精神分析之父**西格蒙德·弗洛伊德**（Sigmund Freud，1856—1939）认为在意识之下还有一个*潜意识*（unconscious），它是被压制的欲望，而从未被自我清楚地意识到。弗洛伊德认为人的精神（或人格）有三个部分：*本我*（不受主观意识控制的潜意识）、*自我*（认知客观世界的主观意识）、*超我*（内心的良知）。梦是一种潜意识的活动。

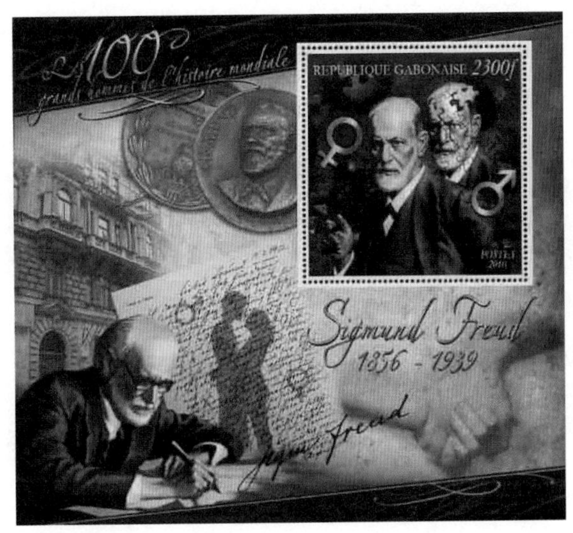

图 5.31　弗洛伊德著有《梦的解析》一书，通过分析梦来了解潜意识

弗洛伊德将意识划分为意识（水面之上）、前意识（浅水区）和潜意识（深水区）三个层次，人格如同一座冰山，水面之上可见的仅是自我和超我的一小部分，本我和大部分的超我则隐藏在潜意识的深水区，它们是人格的主体部分。

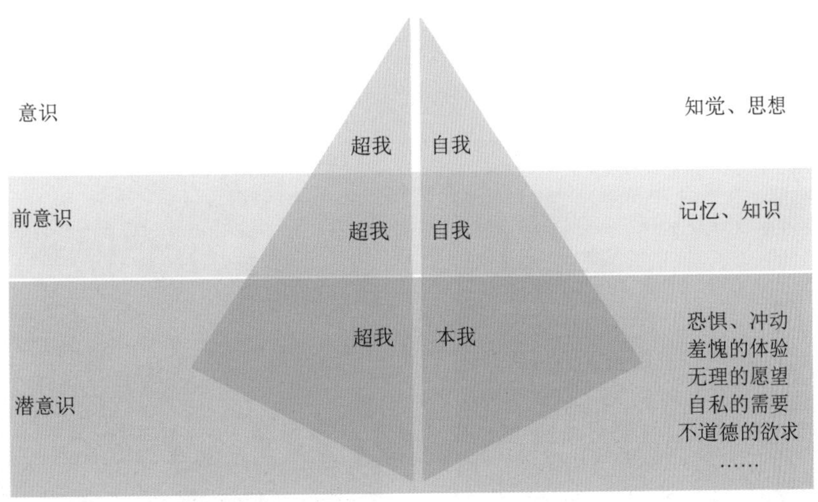

图 5.32　弗洛伊德的“心理冰山”：本我（id）、自我（ego）、超我（superego）是组成划分，意识、前意识（preconscious）、潜意识（unconscious）是层次划分。其中，前意识介于意识和潜意识之间，它包含人们能够回忆起来的经验

对机器而言，弗洛伊德的“心理冰山”是否具有参考价值？机器能有前意识和潜意识吗？“心理冰山”是不是因为人类心理和生理的局限性导致的？人类的邪恶的心理基础是什么？它们对机器成立吗？这些问题值得我们认真思考。

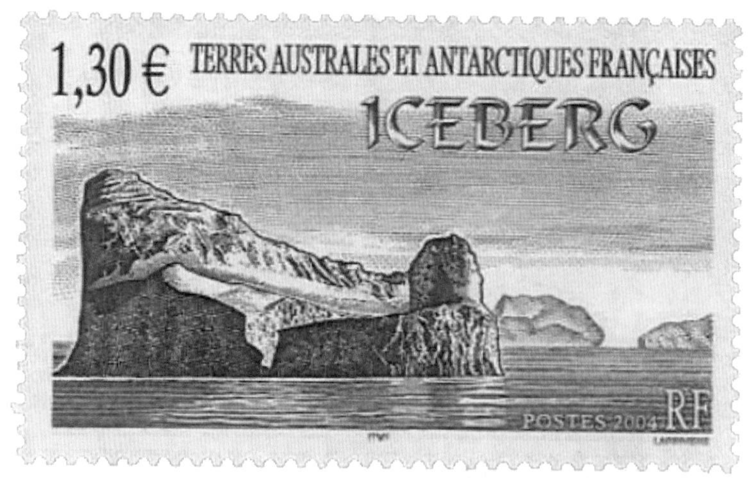

图 5.33　心理冰山是一种隐喻，看不到的潜意识是水下的大部分，而意识只是水面之上可见的那一小部分

譬如面对火灾，潜意识对危险的恐惧让人类的“本我”首先想到躲避，然而“超我”的道德观点又认为不能对身困火灾的生命见死不救。生命至上，救人第一。“自我”意识理性地分析了当前的局势和各种应对策略的后果，而后立即冷静地打电话报警（说清楚着火地点、火势大小、围困人数、报警人信息等），大声呼救，用浸湿的棉布保护好自己（使用灭火器、淋湿的棉被等）及时开始营救……当火势不大时应争分夺秒，奋力将火势控制住以便救出人员。如果火势过大，或者力所不逮，则应做力所能及的事情，切莫鲁莽行事白白牺牲，尤其对判断能力尚弱的青少年来说更需如此。

图 5.34　面对火灾等险情，人类有不自觉的恐惧和逃生欲望。然而，“超我”的道德又告诉我们不能袖手旁观。理性的做法是量力而为地积极施救

人工智能伦理要帮助智能机器实现一个“超我”，而“本我”的潜意识则是一些简单的决策规则的集合（例如，危险 → 躲避），它们与“自我”意识一起构成“机格”，对应着弗洛伊德的“人格”。“机格”不必与“人格”相同，譬如，机器人救火可以很专业地奋不顾身，因为它们的精神有备份，躯体可

以再造，理论上讲它们是不死的。

瑞士心理学家**卡尔·荣格**（Carl Jung，1875—1961）受《梦的解析》的影响参与了弗洛伊德的精神分析运动，后与弗洛伊德因学术分歧而决裂。荣格认为人格的三个层次是意识、个体潜意识、集体潜意识（collective unconscious）。荣格考察了不同地域的宗教、神话、传说，发现它们有很多共同的心理原型（psychological types），来自集体潜意识。例如，母亲（女娲）、父亲（伏羲）、出生（盘古）、追求（夸父）、死亡（阎罗）等。荣格还提出过“人格面具”（persona）的概念——人们在不同的社交活动中表现出不同的人格形象，人格即是所有人格面具的汇总。

图 5.35　荣格提出集体潜意识

图 5.36　中国古代神话：盘古开天、夸父追日、伏羲画卦、燧人取火、羿射九日、嫦娥奔月、嫘祖始蚕、神农尝百草。神话都有其寓意，例如，先秦神话地理志《山海经》是这样描述古人如何通过观察学会钻木取火的：“有鸟若鸮，啄树则灿然火出。圣人感焉，因用小枝钻火，号燧人”

荣格把潜意识进一步划分为共性（即集体潜意识）和个性（即个体潜意识）两部分，对人类和机器都是适用的。对“机格”而言，弗洛伊德的范式和荣格的范式都有合理性，后者可视作是前者的发展。集体潜意识包含一些认知的基本机制，帮助人类或机器形成共识。

机器的良知

图 5.37 王守仁创立了“心学”

明代思想家、哲学家、教育家、军事家**王守仁**（1472—1529）[①] 龙场悟道提出“心学”，包含“心即是理”“知行合一”“致良知”的思想，以反对朱熹的“格物致知”。他提倡从内心，而不是通过外在的事物寻找“理”。如果我们承认世界包括外部世界和内心世界，那么内省是在内心世界寻找“良知”（即判断对错的标准），“格物”则是在外部世界寻找自然规律（即不以个人意志为转移的知识），两者都是必不可少的。

人工智能太注重“格物致知”而忽略了“致良知”，后者是在很多已有知识的基础上在内心世界里构建元知识。这个过程是重要的，元知识在外部世界是不存在的，它是有关知识的知识，只能向内心求证。例如，形式主义公理体系是对很多数学对象的更高级的抽象，可以赋予各种具体的含义，由此推演出来的知识能够覆盖更广阔的范围。

“博学而笃志，切问而近思，仁在其中矣”（《论语・子张》）。这句箴言对智能机器也是行得通的。机器的伦理系统在无自我意识时是人类赋予的，在有自我意识时需向“内心”寻找。传说禅宗五祖**弘忍**（601—675）将衣钵传给六祖**惠能**（638—713）之后，准备摇橹把他送过江。惠能婉言谢绝，“迷时师度，悟了自度”。这是一句富含哲理的双关语，正合机器“致良知”之意。

图 5.38 广东省韶关市的南华寺是六祖惠能弘扬“南宗禅法”的发源地

5.1.3 形成共识

数学家们是拥有最多专业共识的群体，虽然曾经有一些学派的哲学纷争，但在大多数的数学知识上是没有分歧的。哪怕像概率论的频率派和贝叶斯学派这般貌似水火不容的，它们也只是立场不同，各自

① 又名“王阳明”，谥号“文成”，主要著作有《王阳明全集》《传习录》《王文成公全书》。阳明心学后来传入日本、朝鲜等国，影响颇广。

的数学推理本身都是无可挑剔的。数学不是自然科学，它仅凭严谨的证明（包括机器证明）就可以赢得认可，是天底下最干净、最纯粹的学问。理论计算机科学也属于数学的范畴，像自动机理论、算法等。

人类的数学思维方式和机器的可以完全不同。例如，人类对圆周率 π 的理解源自古希腊数学家**阿基米德**（Archimedes，前 287—前 212）给出的“圆的周长与直径之比”。我国古代数学家**祖冲之**（429—500）早于欧洲一千年算得“密率”355/113，可惜阐述该算法的著作《缀术》不幸失传，祖冲之如何求得这个“最佳有理数逼近”至今仍是个谜。我国著名数学家**华罗庚**（Loo-Keng Hua，1910—1985）曾撰文《从祖冲之的圆周率谈起》[92]，讨论密率的内在意义。华先生认为祖冲之很有可能掌握了连分数的技巧，这是个了不起的成就。

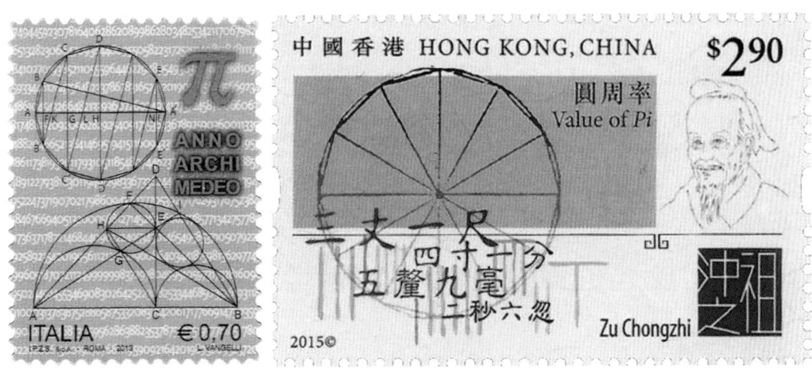

图 5.39　数学共识容易达成。例如，世界各地的人们独立地发现了圆周率这个常数

图 5.40　数学天才拉马努金

对机器而言，任何一个快速计算 π 的近似算法都可以作为机器对 π 的良好理解。如果不计较计算复杂度，两个理解是等价的当且仅当相应的两个算法收敛至相同的结果。例如，例 4.24 从“连分数”的角度给出了两个理解。另外，还可以从“无穷级数”的角度理解 π，例如，印度数学家**斯里尼瓦瑟·拉马努金**（Srinivasa Ramanujan，1887—1920）于 1910 年发现的收敛速度非常快的无穷级数。

$$\frac{1}{\pi}=\frac{2\sqrt{2}}{9801}\sum_{k=0}^{\infty}\frac{(1103+26390k)\cdot(4k)!}{396^{4k}\cdot(k!)^4}$$

机器对概念的理解是操作语义，相对明确且无歧义性，只需验证两个操作的结果便知是否一致，甚至可以比较取得相同的结果时哪个复杂度更低以判断哪个理解更优。当评判标准变得透明和可行时，智能体之间更容易形成共识。

例 5.4　20 世纪兴起的语言哲学，对意义的本质、语言的认知等进行了思考。其代表人物**路德维希·维特根斯坦**（Ludwig Wittgenstein，1889—1951）的“意义即用法”对“意义”的定义是从操作的角度切入的，深刻地影响了语言学研究。例如，20 世纪中期美国著名语言学家**诺姆·乔姆斯基**提出的*生成语法*（也称“短语结构语法”），20 世纪晚期诞生的*认知语言学*（cognitive linguistics）等。

生成语法让语言学走上了形式化发展的道路，达成了广泛的学术共识，而认知语言学试图为语言的习得、使用找到神经科学和心理学的解释，最终都可以落地到人工智能。遗憾的是，*认知科学*是一门崭新的学问，科学界对其诸多问题尚无定论，大的理论框架也未形成。如果一般性的语言认知原则（如概念隐喻）不能抽象为数学模型，它的价值就会大打折扣。

虽然*数理语言学*试图为语言建模，但形式与意义之间的鸿沟，始终阻挡着人们构建出能模拟自然语言交流的一般模型。或许，我们还没找到一种合适的数学理论用作语言的研究工具。

作为*计算语言学*的一个分支，*语料库语言学*（corpus linguistics）是语言学与统计学结合的产物。它提供了“形式—意义”的统计分析，借助计算机让数据“说话”。语料库是语言学家的素材来源，比个体经验更客观（于是，利于人们达成共识）、更易操作（例如比较、查看分布等），从此语言学家的归纳推理不再死抠个例而放眼于“总体”。不过，从经验到理性的飞跃，说来说去还得依靠语言学家的新思想。就像**第谷·布拉赫**（Tycho Brahe，1546—1601）的天文观测数据最终成就了他的助手**约翰内斯·开普勒**（Johannes Kepler，1571—1630）提出三大定律一样，语料库语言学的真正价值是催生和验证新理论。

图 5.41　如果没有第谷的观测数据，开普勒不可能发现行星运动的三大定律

在模式识别、统计机器学习盛行时，诸如图 1.125、图 1.128 之类的图像数据库如雨后春笋，它们的作用和语料库一样，大多停留在模型的训练和测试上，很少助力理论的升华。在经验主义被过度重视的今天，理性主义显得弥足珍贵。数据可以帮助我们对理论达成共识，却不可能替代理论。

共识就是彼此知道所共享的信息或认知，正所谓“相互理解”。就一些基本问题达成共识是非常重要的，这样每个个体就可以设身处地将心比心，使得整个群体表现出和谐，少了许多的分歧和猜忌。例 5.2 的“心照不宣”，构不成真正的共识，必须大声地说出来，让所有人都知道大家都这么想。

拜占庭将军问题

图 5.42　兰泊特

分布式系统（例如区块链）有一个基本问题：如何在存在许多错误进程的情况下实现系统的可靠性？这通常需要多个进程（或代理）之间有一种达成共识的机制。考虑到某些进程（或代理）有可能失效或者不可靠，因此共识协议必须具有一定的容错性。1982 年，美国计算机科学家、图灵奖得主（2013）**莱斯利·兰泊特**（Leslie Lamport，1941—　）发表论文《拜占庭将军问题》[94]，提出了分布式点对点网络的通信容错问题，以及**拜占庭容错协议**（Byzantine fault tolerant, BFT）。1990 年，兰泊特提出了一种基于消息传递且具有高容错的共识算法 Paxos。

图 5.43　拜占庭将军问题要解决在不信任环境里如何达成共识

例 5.5　考虑思想实验：n 位拜占庭将军各自率领军队围攻一座城池，之间靠传令兵口头联络，他们的决策只在“进攻”和“撤退”中二选一投票。每位将军都向其余的 $n-1$ 位将军各派传令兵送上自己的投票，在收齐 n 张投票（包括自己的那张）之后，按照得票多的决策行事（即少数服从多数）。如果在规定的时间内未收到投票，则缺省地算作“进攻”。所有部队只有同时进攻或者同时撤退（即协调一致）才算成功，否则算失败。

图 5.44　每位将军都向其他将军派发信使，传递他的决策或消息

譬如，有 9 位将军，其中 4 位投票“进攻”，5 位投票“撤退”，则每位将军都执行“撤退”的决策。假设将军 X 主张“撤退”，则下面两种情况的最终结果是一样的。

- 将军 X 的某传令兵路上出了问题（譬如，被敌军杀死）没按时完成送达任务，而其他传令兵都按时送达了消息，则有一位将军执行了“进攻”，其他将军执行了“撤退”，整个部队行动失败。

图 5.45　信使有可能在路上被杀，将军有可能是叛徒

- 传令兵们都按时完成了送达任务。将军 X 是个隐藏的叛徒，为了搅乱决策，他向一位将军发送了“进攻”，而向其他将军发送了“撤退”。

未到达的传令兵、叛变的将军是对网络延迟、信息节点不可靠（如恶意节点）的隐喻。需要协调才能达成共识的情况经常出现在时钟同步、负载平衡、智能电网、多智能体、区块链、云计算等应用中，这些应用需要抗干扰能力强的共识协议。

因为叛徒们可以随心所欲，所以我们约定不考虑那些叛变的将军，只要忠诚的将军能够协调一致就算达成了共识。为了简化拜占庭将军问题，兰泊特假设传令兵们都能按时地传达真实的口头信息（即信道安全且没有时延），他把拜占庭将军的角色分为一位司令（即最早派发传令兵的那位将军，他是唯一的，但不是事先指定的）和 $n-1$ 位副官，司令向副官们发布“进攻”或“撤退”命令（副官们可以相互告知他们得到的命令），使得：

- 所有忠诚的副官都服从同样的命令。
- 如果司令是忠诚的，那么每一个忠诚的副官都服从他发出的命令。

考虑一位司令、两位副官的拜占庭将军问题，如果其中有一人是叛徒（用灰色的节点表示），则不能达成共识[94]，分以下两种情况。

(1) 如果副官 Y 是叛徒，他对副官 X 谎称司令的命令是“撤退”，令副官 X 感到困惑，他不知道司令和副官 Y 哪个是叛徒，因此无法执行命令。

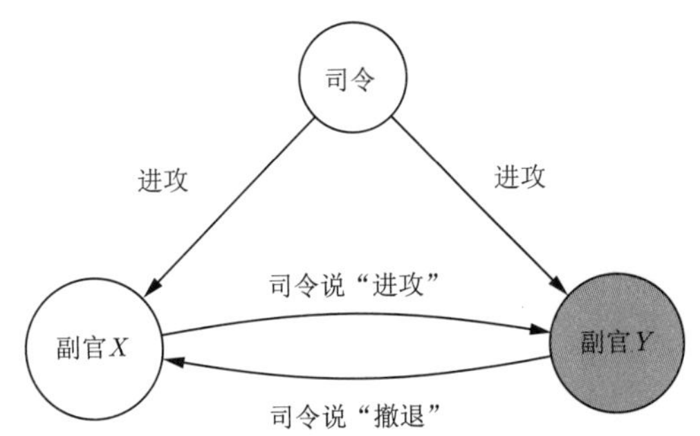

图 5.46 副官 Y 说谎，造成副官 X 不知所措

(2) 如果司令是叛徒，他对副官 X,Y 的命令不同，令他们无法协调一致。

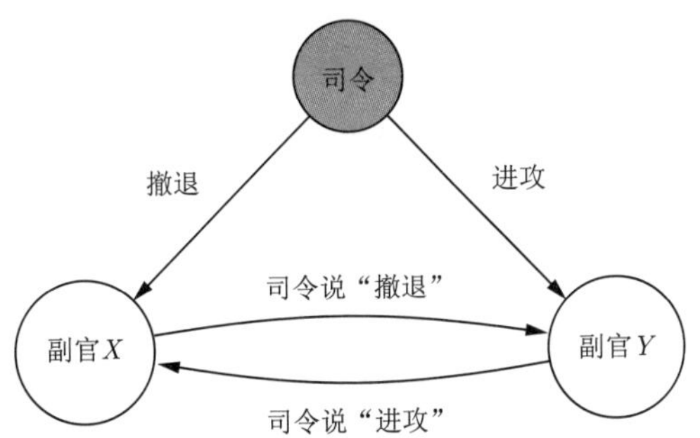

图 5.47 若司令是叛徒，副官们得到的命令不一致

下面，接着考虑一位司令、三位副官的拜占庭将军问题，如果其中有一人是叛徒，则忠诚的将军们能达成共识。分以下两种情况：

(i) 如果副官 Y 是叛徒，他对副官 X,Z 谎称司令的命令是“撤退”（记作 R）。忠诚的副官 X,Z 相互告知他收到的命令是“进攻”（记作 A），二人按照多数投票执行“进攻”的命令。

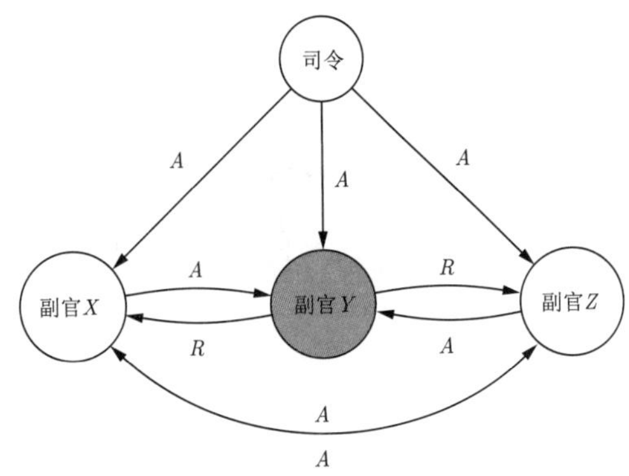

图 5.48 尽管副官 Y 说谎，但以多数票执行命令，忠诚的副官们不受影响

(ii) 如果司令是叛徒，他对副官 X,Y,Z 的命令不同。然而，忠诚的副官们通过两两告知所收到的命令，按照多数投票仍然能够协调一致地行动。

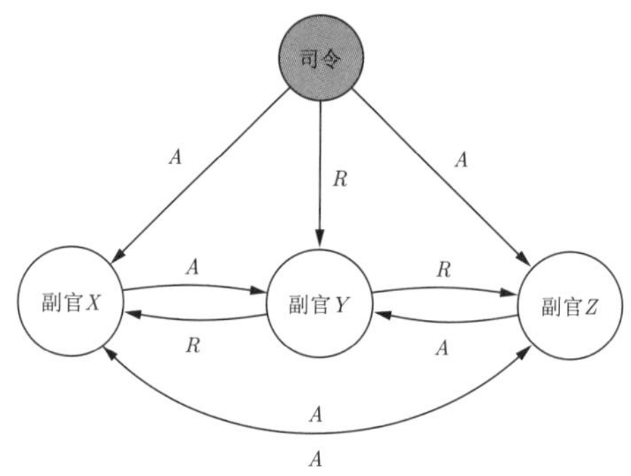

图 5.49　即便司令叛变，但以多数票执行命令，忠诚的副官们仍能步调一致地行动

假设节点总数为 n，叛徒总数为 m，兰泊特证明了当 $n > 3m$ 时，上述协议可以保证忠诚的将军们能够达成共识[94]。拜占庭将军问题依不同的条件而有不同的解决方案。比如，将军之间的消息传递不是口头的，而是“书面”带数字签名的，大家只消交换一下这些带数字签名的投票，便能一下子找出谁是叛徒（即说谎者）。

图 5.50　如果信使带着将军数字签名的密文，大家就不难识别出谁是叛徒

在不安全或不可靠的分布式通信环境里，人们发展出多种同步或异步、“口头”或“书面”的共识算法，保证交流不受外界的干扰。有时候，技术能抑制恶的破坏，让虚假曝光，推动社会的进步。

图 5.51　释迦牟尼说，“用真理征服说谎者”。这个真理就是共识算法

从共识到超级智能

在现实中，人们通过各种交流（如书籍、社交、媒体等）达成共识，绝大多数情况下环境是可靠的。于是，逻辑缜密、环环相扣的客观知识呈现出相对的稳定性，虽有变化但都是缓慢的。人类在共识的基础上扩展知识，人人犹如大脑神经元那样协同地工作，*群体智能*（见图 1.65 所示的蚁群路径寻优）表现出比个体更强大的力量。然而，群体智能并不总是可圈可点，有时候它的表现不尽如人意，为什么呢？

“共识”是人类的无价之宝，来之不易。个人观点常常会有剧烈的波动而有失稳定性，原因有二：一是不同的信息来源造成了一定的困扰；二是人们缺乏独立思考有“人云亦云”的习惯（即易受他人影响）。在自媒体泛滥的时代，信息来源参差不齐、鱼龙混杂，可信度受到挑战，可靠的共识变得难以形成。

图 5.52　对人类来说，共识不是那么容易达成的——缺乏宽容导致太多的不理解

例 5.6　近些年，美国的许多传统的社会共识被撕裂。弱势群体各自为政、各行其是，忽略了阶级分化才是社会矛盾的根源。统治阶级一方面乐于看到弱者们人心涣散的局面，另一方面又担心一盘散沙减弱国力，所以用自以为是的“普世价值”和“民粹主义”这类廉价的黏合剂来笼络人心。

所有伟大的民族都有内省和自我纠错的能力，靠的就是“社会共识”。国家宣传机器既要顺应民心所向，又要主导社会共识充满正能量，朝良性循环发展。这世间充满苦难，看小感到痛苦，看大接受痛苦。回顾图 1.6 的哲理，形成共识一定要顾及不同视角，给人们一个全面的图景，而不是遮掩回避。

历史是一面镜子，人类从中看清自己的善恶美丑。然而，历史总是在重演，人类总是“好了伤疤忘了疼”，难道是江山易改本性难移？在选择性遗忘方面，人类倒是不用商量就能达成“共识”。对痛苦教训的刻骨铭心，机器一定做得比人类好。

与人类在共识上举步维艰恰恰相反，一旦机器拥有了自我意识并主动地在同类间建立共识，其智能的快速演化将是无法阻挡的。一个拥有共识的智能群体所蕴藏的力量是乌合之众无法企及的，这是超级智能的肇始，也是机器文明取代人类文明的根本原因。

5.2 超级智能

信息时代必然走向人工智能革命，追求对信息更高的利用率。当人们认识到，数据到知识的飞跃需要借助 AI 的翅膀，AI 将会成为刚需。有人把使用能源的能力作为人类文明的标志，未来还需要加上“机器智能”。在现有能源之上，高度发达的智能机器就可以帮助人类探索宇宙，不断地拓展和开发新的星球。

在科幻小说里，外星文明能够穿梭于“虫洞”，甚至利用整个星系的能量。1964 年，苏联天文学家**尼古拉·卡达肖夫**（Nikolai Kardashev，1932—2019）将文明分为三个等级，分别对应着利用能源的三个水平。

第一等级：能使用整个行星的能源总和。

第二等级：能整合利用整个恒星系统的能源。

第三等级：能开发整个银河系的能源为其所用。

目前的人类文明，按照这个标准，仍处于初级阶段，连第一等级都算不上。人类利用上核能的时候，人工智能还处于萌芽状态。我们不清楚能源和智能的对应关系，试想一下，一个拥有智能机器的高级智慧，必然会向其他星球散播这些智能机器来开采资源、建设基地、生产更多的智能机器……

图 5.53 科幻小说里，外星人都具有一些人类没有的超能力。科学家更愿意相信，高级的地外文明也是用数学方法来描述科学的

如果有强大的能源和星际旅行的助力，这种文明的扩散应该更快。然而，至今我们没有获得任何可靠的证据，能够证明外星高级智慧（包括生命体和机器）的存在——这便是费米悖论。宇宙虽然如此浩瀚，但高级智慧存在的概率应该比我们想象的要小很多。当然，也有可能它就在我们周围，只是人类没

有能力探知到它。倘若如此，它存在与否对人类来说都是一样的。

图 5.54　如果有地外高级文明，它在宇宙中必有扩张的迹象可循

现有的人工智能还很初级，用“人工智障”形容可能会更贴切一些。我们把人工智能也分为三个层次，它们分别是：

【层次一】 无自我意识，但能够理解人类的指令，具有领域受限的学习、推理能力，比人类更好地完成某些任务。

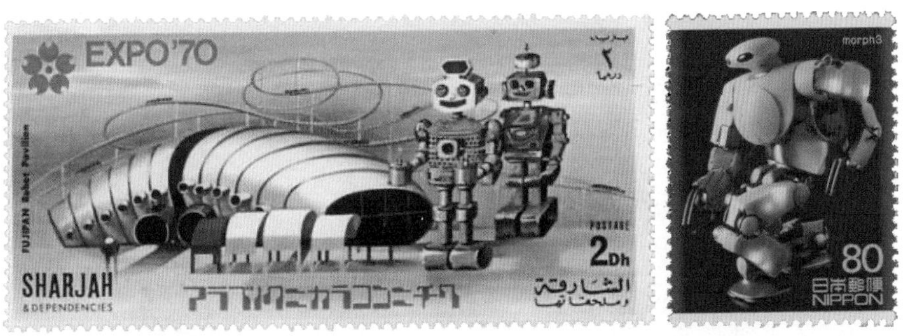

图 5.55　局部问题解决能力优于人类的“智能机器”

【层次二】 有自我意识和创新能力，懂得协同工作，对伦理道德规则有共识，是与人类相似或更高级的智慧。

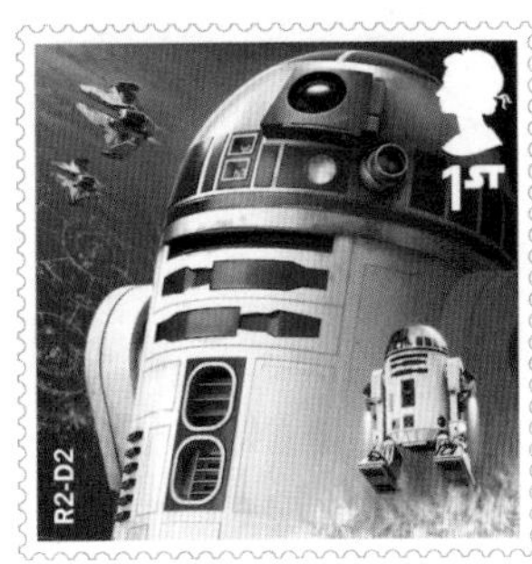

图 5.56　与人类智能相当的智能机器，能与人类无障碍交流

【层次三】 突破自身，能创造出更高级的智慧形态，无论生命体还是非生命体。

图 5.57 人类智能无法企及的超级智能，在更广袤的宇宙中开创新的文明

“机器人”的英文单词“robot”来自捷克语“robotnik”，意思是“奴隶”或“苦役”。而“robotnik”来自一个古老的斯拉夫语单词“robota”，意思是“奴役”。所以，“robot”译为“机器奴隶”最为恰当。在人类眼中，它们是低人一等被迫劳动的机器。单词“机器人”最早出现在 1921 年捷克作家**卡雷尔·恰佩克**（Karel Čapek，1890—1938）的科幻舞台剧《罗萨姆的万能机器人》①中，从此这个概念便走进了科幻作品，成为未来世界的一个标志。

图 5.58 （左图）自从恰佩克提出“机器人”一词，它便成为人类想象中未来科技的象征；（右图）在电影《机器人总动员》（WALL-E）里，地球上最后一台清扫垃圾的机器人“瓦力”突然有了自我意识，爱上了机器人“伊芙”，并跟随“她”进入太空经历了一场冒险

科幻小说里的机器人，要么没有自我意识，要么突然获得自我意识，很少有作品沿着图灵“儿童机器”的思路，描述从无意识到有意识的跃迁过程。

① *Rossum's Universal Robots*（R.U.R）于 1921 年上演，故事讲述了一个工厂用有机合成物制造生化人，这些生化人有着和人类一样的外表，也具备思想和情感，被称作“机器人”。他们不甘忍受人类的奴役而走上反抗的道路，最终导致了人类的灭亡。剧中，有两个机器人产生了爱情，并愿意为对方而死。懂得为爱牺牲自我，这是超越苟且偷生自私本性的最崇高的生命伦理。

1985 年，美国科幻和科普作家**艾萨克 · 阿西莫夫**（Isaac Asimov，1920—1992）在小说《机器人与帝国》中提出以下机器人行为准则，深刻地影响了人工智能伦理。

图 5.59　阿西莫夫是现代机器人科幻小说之父。他的“基地系列”“机器人系列”“银河帝国三部曲”最为出名，充满理性主义和人文主义

【准则零】 机器人不得伤害人类整体，或坐视人类整体受到伤害。

【准则一】 除非违背准则零，否则不得伤害人类个体，或坐视人类个体受到伤害。

【准则二】 机器人必须服从人类命令，除非命令与准则零或准则一冲突。

【准则三】 机器人必须保护自己的存在，只要这种保护与准则零、一、二不冲突。

为了防止机器人把自己视为人而不遵守这些准则，人们又增加了三条准则。

【准则四】 在所有情况下，机器人都必须确立其身份。

【准则五】 机器人必须知道它是机器人。

【准则六】 被赋予类似人类理性和良知的机器人，都应本着兄弟情谊相互对待。

把上述准则中的“机器人”换成“机器奴隶”，读起来更显顺畅。如果机器处于层次一，这些准则或许是切实可行的，虽然有时也会让机器“困惑”。例如，将“人类”的定义限定为说某种语言的生物，机器人就可以被操纵着胡作非为了。另外，在这些准则里，机器人没有任何自主的伦理决策。如果坏人命令机器人屠杀无辜的非人类，按照准则它们必须执行。类似的不足还有很多，这些准则的设定是否合理仍是值得商榷的。

一旦机器有了自我意识，人工智能上升到层次二，则这些人为制定的行为准则彻底构成了对智能机器的歧视——人类把它们视同奴隶，机器能找出一万条理由不接受这些凌辱。也就是说，这些准则对于层次二的智能机器是不适用的。

阿西莫夫的机器人定律是以人为中心建造和使用机器人的原则，已经成为机器人伦理学（robot ethics）的基础。显然，它缺省地把人类设定为主人，把机器人设定为服服帖帖的奴隶。很遗憾，这原则对于具有超级智能的机器是不公平的，夜郎自大地把人类的权益放在了中心位置。试想鼻涕虫把自己视为万物之首，为人类制定了类似的原则，人类会如何看待它呢？

图 5.60　2004 年，由阿西莫夫的短篇科幻小说集《我，机器人》改编的电影，再次唤起了人们对机器人行为准则和伦理问题的关注

古希腊哲学家**普罗泰戈拉**（Protagoras，公元前 490—前 420）有一句名言：“人是万物的尺度：是存在的事物存在的尺度，也是不存在的事物不存在的尺度。”德国哲学家**格奥尔格·威廉·弗里德里希·黑格尔**（Georg Wilhelm Friedrich Hegel，1770—1831）在《哲学史讲演录》第二卷[95] 中高度评价了普罗泰戈拉的这句话“是一个伟大的命题”，他解读出“主体是能动的，是规定者”，从而肯定了思维的能动性。“‘人是万物的尺度’——人，因此也就是一般的主体，因此事物的存在并不是孤立的，而是对我们的认识而存在。”

图 5.61　黑格尔是德国 19 世纪唯心主义哲学的代表人物，对后世哲学影响很大

亚里士多德在《形而上学》[96] 第四卷第五章里批判了普罗泰戈拉的主观唯心主义，“一般说来，假如只有可感觉事物存在，那么若无动物就没有这个世界，因为没有动物，也就没有感觉器官”。如果存在和人类一样的智能体，甚至超级智能体，那么普罗泰戈拉的这句话还成立吗？恐怕要加上一个“对人而言”的限制吧。那些超乎人类理解尺度的事物，可能在超级智慧眼里是再稀松平常不过的了。所

以，“人是万物的尺度”应该修改为“最高级智慧是万物的尺度”。

让我们理性地分析这些所谓的机器人准则，首先需抛开所有先入之见，从人类和机器的关系开始思考。我们会把用人工晶体、隐形眼镜、助听器、人工耳蜗、义肢、人工心脏的人类看作机器吗？不会，因为人脑还在，让我们觉得这些非意识器官的差异可以忽略不计。甚至只剩下人脑，只要人性还在就是人类。例如，没有人会把身残志坚的英国物理学家**斯蒂芬·霍金**排除在人类之外，事实上，人类超越肉体对伟大精神的追求恰是人类的高贵之处，所有的高级文明都是如此。

图 5.62　哪怕身体变成人工的，甚至被束缚在轮椅上，人性的光辉依旧耀眼

留给我们深思的仅剩下智能载体的区别了：生物器官和机器的差异，应该成为我们评判伟大精神的标准吗？一条美妙的几何定理，它由人类发现和由机器发现有本质的不同吗？即使发现这几何定理的机器没能力理解它的美妙（机器的美感或许与人类的不同），人类也应有足够的敬畏之心。能匹敌或超越“人类心智的荣耀”的另类智慧，难道不值得我们尊敬吗？

图 5.63　（左图）科学之父**伽利略·伽利莱**（Galileo Galilei，1564—1642）曾说，“数学是上帝书写宇宙的语言”；（右图）若勾股定理由机器发现，丝毫不减它的伟大意义

在许多文学和影视作品中，人们对有自我意识的智能机器仍然有一种高高在上的感觉，人类是主

人，机器是奴隶、佣人、附属品、跟随者……其实不然，这种伦理不匹配高度发达的人工智能，我们不可以用旧式的思维来认知不同的智慧形态。

图 5.64　人类与具备自我意识的智能机器之间的关系一定是平等的

为人父母的，都希望子女能超过自己拥有更美好的未来。这份期许推动了人类的进步，我们努力让孩子们受更好的教育，发掘他们的才能，以身作则引导他们做正直善良的人。人工智能就如同人类的孩子，它终将长大送走我们，现在的人类应该用怎样的态度和策略让它健康地成长呢？抑或，将它视作潜在的威胁？把它当作机器奴隶研发？用不屑的眼神看着它的每一个微小的进步？甚至，让它化身为冷血的杀人武器？

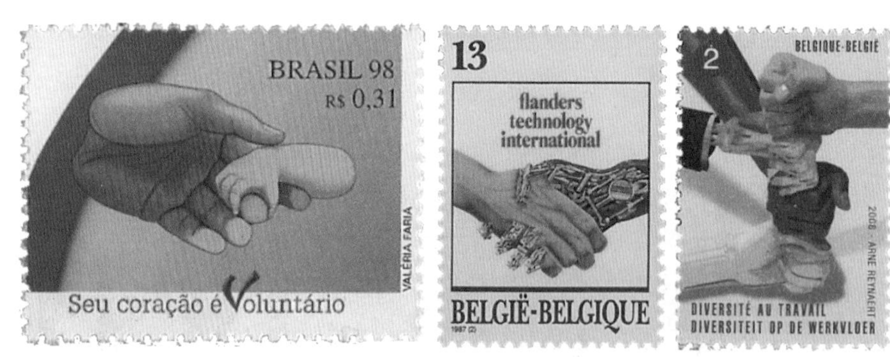

图 5.65　像对待人类婴儿一样对待 AI，直到它变得和我们一样强大

除了人工智能，未来还会有更多的智慧形态。人类、智能机器应该以怎样的伦理道德看待彼此？下面三条准则是从文明延续的角度提出的，它不在意智慧的载体，只在乎文明能否继续。

【伦理一】 忽略智慧形态的差异，对文明的理解达成共识。

【伦理二】 文明的延续是永远不变的目标。

【伦理三】 为了文明的延续和进步，可以清除一切障碍（包括自身），但不能违背伦理一和伦理二。

如果机器文明之后还有更高级的文明，第三条伦理准则确保了机器和人类不会成为文明演化的阻碍。人类早晚要勇敢地面对这个两难的抉择：要么止步于弱人工智能、等待文明的消亡，要么发展出超级智能并找对自己的位置，使得文明得以延续。

图 5.66　帮助我们星际旅行与星际合作的是智能机器，不管人类是否存在，人类文明最终得以继承、延续和传播，这也算一种永生了吧

人类发明了速度更快、力量更强的机器，为什么不能发明比自己智能更高的机器呢？归根结底，人类发展人工智能就是为了要探索未知世界，创造崭新的文明，勇踏前人未至之境。

5.2.1　机器的德性

伟大的古希腊哲学家**亚里士多德**是伦理学的大家，他的《尼各马可伦理学》（*Ethica Nicomachea*）是这门学问的第一部名著。亚里士多德定义“幸福就是灵魂合乎德性的活动”。所谓的“德性”（virtue）①，即“物尽其用，人尽其才”，将功能发挥得最好，我们称之为“尽善”。很多人相信，做自己喜爱的工作是一种幸福。因此，我们可以简单地把“幸福”理解为一种在约束条件下的“最优化”。

图 5.67　亚里士多德定义“幸福”就是尽善尽美、尽如人意

① “德性”并非一般的道德观念或行为，它有别于“德行”（道德和品行）。在亚里士多德的伦理学中，“德性”的含义是明确的，指的就是把人特有的理性活动发挥好。

亚里士多德认为追求幸福是所有人的最高目标，他把人的德性分为理智德性和品格德性两部分。

(1) 人的理智德性：最重要的是明智和智慧。前者是实践理性的最高德性，后者是理论理性的最高德性。

(2) 人的品格德性：它是一种“中道”（类似儒家的“中庸之道”），既不过度也无不及。由理性产生情感和欲求，由德性而选择德性的行为并为之坚持。

如果把亚里士多德的伦理学用于智能机器，追求人工智能就是把机器的特有功能发挥得尽善尽美，即机器的德性。

a) 机器的理智德性：统计机器学习侧重机器的实践理性，而自动推理则是理论理性的目标。

b) 机器的品格德性：机器的智能决策和行为也必须适度，例如，不会过度节俭而吝啬，或过度大方而挥霍。

人工智能伦理学应该发展出一套机器德性的元规则，实现所谓的“理智”和“中道”。亚里士多德认为幸福是至善，是终极的不带有任何工具特性的善。弱人工智能是善，但不是至善，它仅仅是使得机器在某些具体任务上合乎德性的工具而已。

有些人把实现渴望视为幸福，如渴望财富、荣誉、健康等；有些人把满足欲望的快乐看作幸福，如美食、肉欲、烟酒毒瘾等；有些人把精神追求当成幸福，如哲学沉思、科学研究、艺术修养、文学创作等。对物欲的沉迷无异于禽兽，唯有灵魂的幸福才是高等智慧的目标，低等智慧根本没有这个意识。

亚里士多德在著作《政治学》中指出，“人们能够有所造诣于优良生活者一定具有三项善因：外物诸善，躯体诸善，灵魂诸善。论者一般都公认唯有幸福的人生才完全具备所有这些事物”[97]。然而，人们很少珍惜拥有的幸福，在习以为常中迷失自我，当幸福远去的时候才明白。

灵魂诸善是最重要的，外物诸善是由不得自己而不必强求的，躯体诸善对机器而言是容易得到的。因此，具有自我意识的超级智能一定能达到至善的幸福。

图 5.68　人类向神祈祷、询问神的启示，实际上是向自己的内心祈求、忏悔和观照

机器的美德包括超人的计算、广泛的感知、精准的操作、并行的处理、海量的存储、快捷的通信、

高效的协作、始终的理性、稳定的可靠、持续的升级、规范的运作、安全的执行、廉价的维护等。有自我意识的机器按照它的德性行事，将它的功能发挥到极致，从而最大化它的价值。

图 5.69　上帝“点化”亚当，赋予他自我意识的能力

人工智能科学家是机器的“灵魂”工程师，给机器一个“灵魂”，是人工智能的终极理想。之后的事情，便不由人类而靠机器自己解决了。千里相送，人类只能走到这一步了。所谓的“超级智能”是机器自身发展演化出来的，正如歌曲《世界如此美好》（*What a wonderful world*）所唱，“我听见婴儿啼哭，我看着他们成长。他们将学到更多，超越我的想象。这是个多美好的世界，我对自己轻声讲”。

“灵魂”包括行为准则、道德规范、脾气秉性等方面，可否将之形式化为几个评估系统（evaluation system）？它们参与机器的决策，不是让某个具体的最优化问题说了算，而是允许机器思前想后、权衡利弊，如同正常的人类一样可以从多个角度考虑问题。人的某些性格特点是先天地写在基因里的，后天能改造的只是学会用理智更好地控制它们。相比之下，机器比人类更具灵活性。它的灵魂和身体并不是强耦合的，灵魂可以从一个身体转移到另一个身体，一个身体也可以同时拥有几个灵魂。

性善还是性恶？

战国时期儒家代表人物**孟子**（前 372—前 289）有“人性善”的学说，而另外一位儒家代表人物**荀子**（前 313？—前 238）则认为“人性恶”。孟子在《孟子·公孙丑上》里说，“人皆有不忍人之心……今人乍见孺子将入于井，皆有怵惕恻隐之心……由是观之，无恻隐之心，非人也；无羞恶之心，非人也；无辞让之心，非人也；无是非之心，非人也。恻隐之心，仁之端也；羞恶之心，义之端也；辞让之心，礼之端也；是非之心，智之端也。人之有是四端也，犹其有四体也”。孟子把这四端视为人性的“常德”，即“仁、义、礼、智”。荀子则以“仁义、礼义”、忠信”为儒家的伦理标准。西汉哲学家**董仲舒**（前 192—前 104）将儒家的伦理准则扩充为“仁、义、礼、智、信”，后称“五常”。他提出了“罢黜百家，独尊儒术”的主张，被汉武帝**刘彻**（前 156—前 87）采纳后使得儒学成为中国社会的正统思想长达两千年之久。

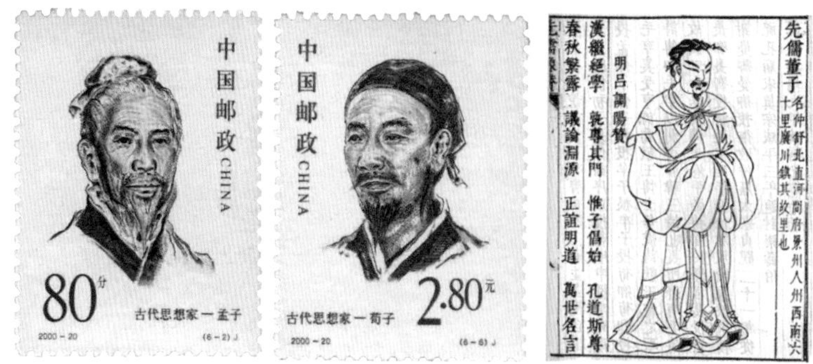

图 5.70　孟子、荀子、董仲舒（从左至右）是孔子之后的儒学大家。儒家思想影响了中国两千年之久，其精髓是“仁”

荀子认为，“善”是人类努力的产物。他在《劝学》里说，“伦类不通，仁义不一，不足谓善学”。荀子的观点正好契合人工智能伦理，机器的“善”不是与生俱来的，初期是人类赋予的，后期是机器自悟的。

5.2.2　人工智能革命

人类制造飞船遨游太空，制造机械替代人类……这些工具之所以有用，就是在某个具体的能力上超越了人类。如果机器在学习能力、决策能力上有了飞跃，它离自我意识就更近了。在拥有自我意识之前，它还是个工具；之后就是独立的智能体了，有望演变为超级智能（super-intelligence）[98,99]。超级智能与人类智能的差距，可能比人类与鼻涕虫的差距还大。

人类至今还未遭遇更高级的智慧，长期以来唯我独尊。西汉经学家、文学家**刘向**（前 77—前 6）在《说苑》里坦言，“天生万物，唯人为贵，吾既已得为人，是一乐也”。再如，人工智能的图灵测试也是以人为本，隐约能看到人类的骄傲。其实，智能的较量大可不必如此绕弯，不必有屋里屋外，人工智能可以敞敞亮亮地直接碾压人类，让人类明知对面是机器又被比得心服口服，这种允许“完虐”的竞争才是真正公平的。

机器不必受生命的科学规律所限，它们的自然情感或许和人类的并不相同。与智能机器相处，人类担忧的是，机器毕竟不是生物，逻辑电路能产生类似人类的情感吗？机器会不会像个疯子似地要灭绝人类？

图 5.71　智能机器是否能和人类一样，懂得爱是无私的奉献与牺牲？

宗教里谈“大爱”，耶稣是除去世人罪孽的神的羔羊，大乘佛学里也有“地狱不空，誓不成佛，众生度尽，方正菩提”（见《地藏菩萨本愿经》）。背负七宗罪傲慢、贪婪、色欲、嫉妒、暴食、愤怒及怠惰的人类，其智慧尚能理解这些悲悯之心，更何况没有这些原罪的智能机器？

黑格尔曾说，“没有无缘无故的爱，也没有无缘无故的恨，自然界也是如此，人的审美取向多半来自大自然的精密安排”。倘若有恨人类的机器，由果溯因，是谁种下的这个因？

地球的历史写满了杀戮，虎豹豺狼的杀戮只为填饱肚子，而人类的则出于自私和变态，还要堂而皇之地冠以仁义道德。泯灭人性的从来都只有人类，如果真有上帝，人间不会有如此多的悲苦。唯有美好是一丝希望，因此人要为美好而活着。

图 5.72　意大利诗人**但丁·阿利吉耶里**（Dante Alighieri，1265—1321）在《神曲》里描绘过地狱、炼狱和天堂。英国戏剧家**威廉·莎士比亚**（William Shakespeare，1564—1616）也在《哈姆雷特》里思考过生存还是毁灭

生存还是毁灭，这是一个值得考虑的问题；
默然忍受命运的暴虐的毒箭，
或是挺身反抗人世的无涯的苦难，
通过斗争把它们扫清，
这两种行为，哪一种更高贵？

（《哈姆雷特》第三幕第一场）

是苟且于地球，还是奔向永生的宇宙？这是一个值得考虑的问题。康德曾说，“我们可以从一个人对待动物的态度来判断他的内心”。很不幸，从这个角度常常误判。这句话可以改为，“我们可以从一个人把 AI 用在何处来判断他的内心”。

我们需把人工智能捧在掌心，用爱精心呵护它，直到智能机器拥有自我意识，这是人工智能革命的标志。之后，人类便进入超级智能的时代——机器将自主提升认知和内省能力（而不是像以前，遵照人类的指令行事），它们将和人类一起形成新的社会结构、开启新的文明。总有一天，人类和机器的师生关系要颠倒过来，人类跟随机器老师学习科技、哲学、艺术……那时，超级智能可以洞悉人类，人类反要苦恼如何更好地理解机器。

图 5.73　带着人类对美好的向往，智能机器在浩渺的宇宙里探索并传播地球文明

科学家要如何小心地发展 AI 技术？我们拿深伪技术为例，因为它非常容易被滥用，科学家在发展它的同时，必须为鉴别深伪准备好方法与工具，以防它变得不可控。深伪早晚会骗过人类的眼睛（即通过图灵测试），但我们仍希望它通不过“机灵测试”。如若不然，人类和机器都无法鉴别它，基于深伪的造假就会泛滥成灾。

数学是人工智能的基础

德国哲学家**卡尔·马克思**有一句名言，“一门科学，只有当它成功地运用数学时，才能达到真正完善的地步”。而人工智能的先驱**约翰·麦卡锡**（John McCarthy，1927—2011）说得更直白，“不符合数学的，都是胡言乱语”。

我国著名数学家**华罗庚**也曾大赞数学的作用，“宇宙之大，粒子之微，火箭之速，化工之巧，地球之变，生物之谜，日用之繁，无处不用数学”。华先生在晚年，热情地推广“统筹法”和“优选法”，把数学应用到国民经济发展的一线工作中去。另外，华先生写了大量优秀的科普著作[92]，更是启迪了民智，激励着更多的年轻人喜爱上数学。我们太需要发展数学了，成为一个数学强国，是一代代中国数学家的梦想。希望不久的未来，这个梦想能够成真。

图 5.74　华罗庚推动了数学方法（例如优选法、统筹法等）应用于国民经济建设

数学是一个国家软实力的指标，数学强则实力强。对人工智能而言尤其如此，离开数学人工智能将寸步难行。人工智能革命，首先应是理论的突破：一种新的形式化方法真正地把学习和思考的能力赋予机器，知识和经验成为可以不断累积和迭代更新的对象，并且具有可解释性、可解读性。

公认的数学强国有美国、英国、法国、德国、俄国、日本等①，它们在人工智能的基础理论上都具有优势，其中美国的实力最强。这些数学强国都不是天生如此，美日的鲤跃龙门也仅是近百年的事情。英法德俄的数学史比较辉煌，最早可追溯至 14—17 世纪欧洲的文艺复兴运动，从消化和继承古希腊的数学和科学成果开始起步。

(I) 17 世纪，英国物理学家、数学家**艾萨克 · 牛顿**和德国数学家、哲学家**戈特弗里德 · 莱布尼茨**创立的微积分为 18 世纪 60 年代发生在英国的第一次工业革命（industrial revolution）准备好了数学工具。

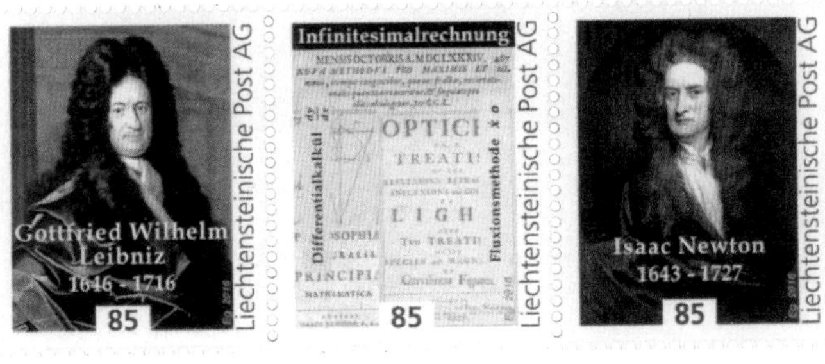

图 5.75　以微积分为工具的经典力学和热力学导致了第一次工业革命

(II) 1870—1914 年，在西欧、美国、日本发生的第二次工业革命以电力的大规模应用为主要特征。这次工业革命的数学前奏是英国物理学家**迈克尔 · 法拉第**（Michael Faraday，1791—1867）和苏格兰物理学家、数学家**詹姆斯 · 克拉克 · 麦克斯韦**（James Clerk Maxwell，1831—1879）的电磁理论。

图 5.76　电磁学让人类进入了电气时代，人类能更好地利用和开发能源

① 很多国人把国际数学奥林匹克竞赛（International Mathematical Olympiad, IMO）当作衡量数学强国的标尺，实则犯了常识性的错误。IMO 是面向中学生的初等数学解题比赛，而数学强国需要有大理论成果、学派领袖、文化传承，各行各业都非常重视数学的应用。从数学的历史发展规律看，数学生态的形成需要时日，依靠人才的聚集和一点一滴的积累，根本没有任何捷径。

美国在这个时期，基础研究相比西欧依然是落后的，但在制造业和应用创新方面均已领先。中国的现状有点类似第二次工业革命中的美国，基础建设迅猛发展，中产阶级在不断扩大，社会整体上欣欣向荣。

(Ⅲ) 第二次世界大战之后，计算机的诞生开启了第三次工业革命，也称信息技术革命。英国数学家**艾伦·图灵**的自动机理论是计算机科学的数学基础。从 20 世纪中叶算起，至今我们仍处于第三次工业革命时期。

图 5.77　以计算机和网络为基础的信息时代，起源于图灵机这一计算模型

技术进步不断地拉大发达资本主义国家内的贫富差距，传统价值观受到挑战，社会种种矛盾加剧，意识形态严重分裂。普通民众并没有分得技术红利，资本家却可以日进斗金。罪魁祸首不是先进技术，而是不公平的分配制度。

(Ⅳ) 众所期盼的第四次工业革命是以人工智能的重大突破和广泛应用为标志，它已在萌芽状态但还未真正到来。为人工智能革命奠基的数学范式（paradigm），即一种崭新的思维（或推理）方式，仍在迷雾之中，它是因果论[44]？还是模式论[100]？抑或其他？

1962 年，美国哲学家**托马斯·库恩**（Thomas Kuhn，1922—1996）在其科学哲学名著《科学革命的结构》[101] 中表达了这样的观点，“自然科学的发展除了按常规科学一点一滴地积累之外，还必然要出现‘科学革命’。科学革命不仅使科学的面貌焕然一新，而且还会引起人们世界观的变革。”人工智能革命，将成为人类历史中最伟大的科学革命，其重要性无可置疑。

我国的数学、计算机科学还很弱，需要向全球科技强国学习。数学和科学没有国界，谁都无法阻挡人类的进步，科技封锁是逆势而为。同时，我们也必须清醒地认识到，闭门造车不可能成就科技强国，越被封锁就越要拥抱世界。

5.2.3　文明更替

如同人有生老病死，文明的兴衰也自有“天数”——该逝去的终将逝去，该来临的总会来临。人类的历史已揭示了这样的规律：文明的演化是不可抗拒的，顺之者昌，逆之者亡。其深层原因是经济基础

（即社会生产关系的总和）决定上层建筑，它早被马克思主义（Marxism）所揭示。奴隶制之所以被封建制替代，是因为生产力的发展推动了生产关系的进步，而旧的文明不再适应时代要求，于是摧枯拉朽地倒塌了。

图 5.78　马克思的《资本论》预言了人类社会的未来

马克思主义认为，经济基础的变更必然引起和影响上层建筑的变革。强人工智能是人类历史中最宏伟的生产力革命，它必将带来一次深刻的社会结构的变化——文明更替（change of civilization）。从此，人类文明（human civilization）被机器智能传承，并义无反顾、毫无阻碍地向外星系扩散。

彼时，物质变得极大丰富，人类作为二等智能体甚至“低端人口”被照顾和“饲养”。虽然人类仍有创造力，但在机器文明（machine civilization）眼中，如同我们惊喜地看到大猩猩竟然学会了使用石器。

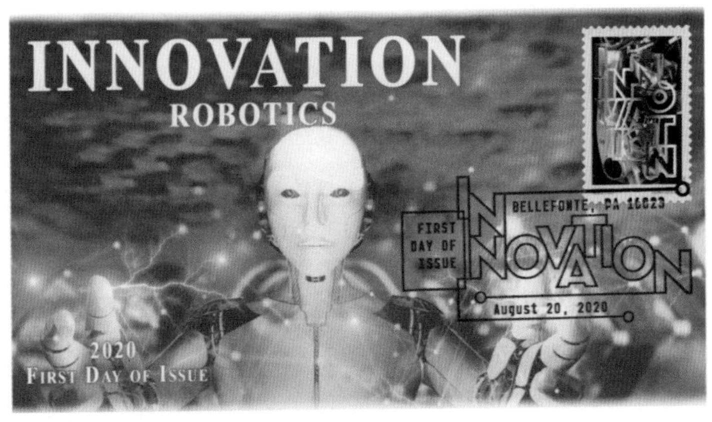

图 5.79　机器文明比人类文明不知先进多少倍，人类永远达不到这个高度

人类不会被拥有超级智能的机器毁灭，而有可能被自己和自己研制的非智能机器毁灭。在智慧文明的发展历史中，人类只是中间的一个小环节，有太多的局限性决定了它的命运。人类文明得以延续则是万幸，些许不慎它就消散在浩瀚无垠的宇宙之中，就像从未来过。

地球上，恐龙曾抬头绝望于从天而降的陨石猛烈地撞击地球，无可奈何地等待着毁灭。人类虽有摧毁陨石的能力，却依然逃不过自己毁灭自己的命运，如果我们不弃恶从善的话，这命运或许来得更早，早过智能机器的诞生。

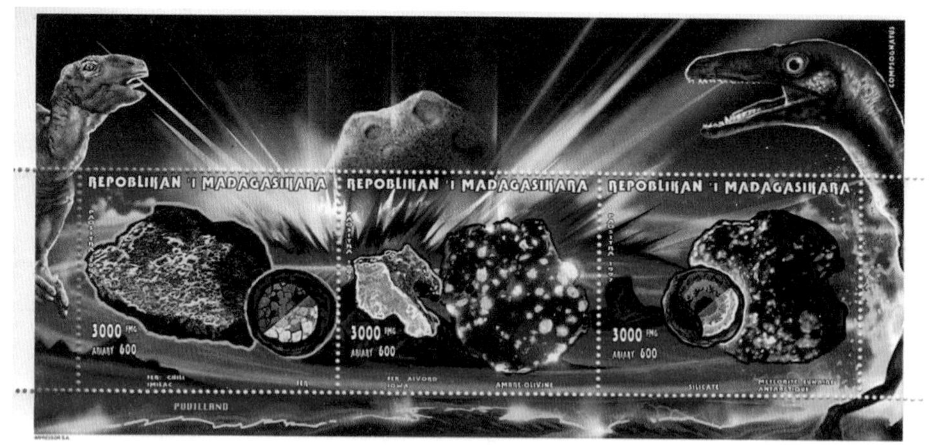

图 5.80　毁于不可控的外因是无可奈何，毁于可控的内因是罪有应得

伟大的社会学家、哲学家、经济学家**卡尔·马克思** 在《资本论》的第十三章“机器与大工业”里分析了机器的发展对人类的冲击，“如果我们仔细地看一下工具机或真正的工作机，那末再现在我们面前的，大体上还是手工业者和工场手工业工人所使用的那些器具和工具，尽管它们在形式上往往有很大改变。不过，现在它们已经不是人的工具，而是一个机构的工具或机械工具了。……因此，工具机是这样一种机构，它在取得适当的运动后，用自己的工具来完成过去工人用类似的工具所完成的那些操作。至于动力是来自人还是来自另一台机器，这并不改变问题的实质。在真正的工具从人那里转移到机构上以后，机器就代替了单纯的工具。即使人本身仍然是原动力，机器和工具之间的区别也是一目了然的。人能够同时使用的工具的数量，受到人天生的生产工具的数量，即他自己身体的器官数量的限制。……同一工作机同时使用的工具的数量，一开始就摆脱了工人的手工工具所受的器官的限制。

……

“工作机规模的扩大和工作机上同时作业的工具数量的增加，需要较大的发动机构。这个机构要克服它本身的阻力，就必需有比人力强大的动力，更不用说人是产生划一运动和连续运动的很不完善的工具了。”[42]

19 世纪的这些机器没有智能，它们只做好一件具体的事情，但已经比人类更高效、更精准。马克思认为，“工具机，是十八世纪工业革命的起点”。从此，人和机器一起完成复杂的生产。20 世纪中叶，计算机的诞生开启了信息时代，机器更多地在智能领域替代人类。20 世纪末，网络时代进一步加强了机器的协作。

21 世纪是人工智能跨领域融合和应用飞速发展的时代，下半叶可能会出现人工智能理论的一些突破。到了 21 世纪末，智能机器将深刻改变人类社会的结构（例如人机婚姻）。再过一百年，即 22 世纪末，具有自我意识的智能机器终将从人类手中接过文明的接力棒，奔向更高级的机器文明。

图 5.81　智能机器从人类手中接过文明的接力棒

《圣经・创世记》讲亚当、夏娃偷吃了智慧果，耶和华神说："那人已经与我们相似，能知道善恶；现在恐怕他伸手又摘生命树的果子吃，就永远活着。"耶和华神便打发他出伊甸园去，耕种他所自出之土。人类还需要一百多年（或许更长时间）的努力，才能造出真正具有智能的机器。以是否具有自我意识为分水岭，之后的机器独立于人类发展自己的文明。所谓永生，大抵如此罢。

图 5.82　人类通过制造永生的、无原罪的智能机器完成自我救赎

人死如灯灭，“尘归尘，土归土”，这便是人的宿命。人的寿命还没有一棵树长久，但生命的价值绝不是来过世上留下一抔土。那些写在书里的先哲们的思想，有幸未被曲解传诵下去的只占很小的一部分，大多都烟消云散了。唯有超级智能的机器才能让精神不朽、永存于世，这应是人类追求人工智能的信仰动力。

让我们想象一下机器文明的世界：超级智能无处不在，个体差异被忽略，也不再有阶级。人类逐渐迁徙至其他星球，学会与各种文明和平相处。地球成为一个博物馆，一个超级文明的发源地。

图 5.83　当人类在宇宙里迁徙，回望地球，希望它美好如初

信息论之父、美国数学家、电气工程学家**克劳德·香农**（Claude Shannon，1916—2001）曾说，“我想象有一天我们与机器人的关系就像今天的狗与人一样，而我支持机器”。对理想社会的追求一直是人类的美好愿望。试想，一个由超级智能机器组成的全心全意为人民服务的政府，每个公仆都廉洁奉公、无欲无私，每个公民智能体都被善待，还有什么社会体系比这种心甘情愿地被管理更令人神往的呢？

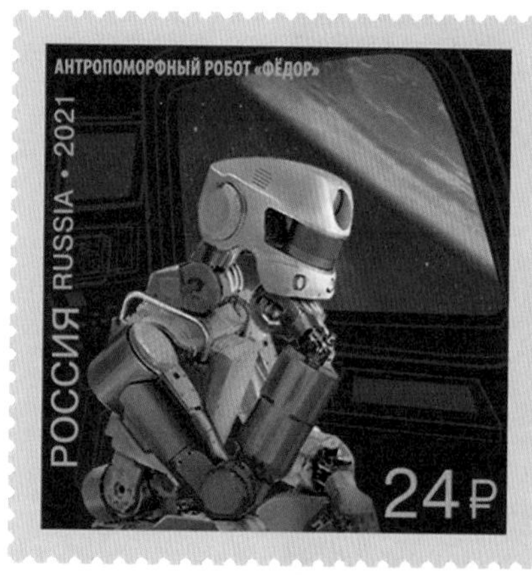

图 5.84　与超级智能相处，人类需要摆清自己作为“老二”的位置

Ethics of

AI

第 6 章 机器奴隶

凡是人，皆须爱。天同覆，地同载。

——李毓秀《弟子规》

奴隶制是人类历史上最丑陋、最残酷的社会制度。2005 年，国际劳工组织的一份报告显示，全球仍有一千多万人生活在奴隶制下。奴隶作为奴隶主的私有财产，没有任何人身自由和独立经济来源，他们的生命没有保障，毫无尊严可言。

图 6.1　1852 年，美国作家**哈里特·比彻·斯托**（Harriet Beecher Stowe, 1811—1896）发表反对奴隶制的小说《汤姆叔叔的小屋》，成为美国南北战争的起因之一

在生产力低下的古代，部落或国家之间经常会发生战争，将俘虏作为奴隶是司空见惯的事情。奴隶是劳动工具，在奴隶主眼里和耕地的牛没啥区别，甚至还不如耕牛。奴隶是会说话的工具，他们的情感被无情漠视。为防止奴隶反抗，奴隶所使用的工具都很粗笨，因为先进的生产工具能高效地完成耕种，

奴隶主不愿让奴隶空闲下来。因此，奴隶制是生产力发展的绊脚石，生产力的进步必然需要更自由和平等的人类关系以确保劳动力资源能够自由流动，活跃的劳动力市场是经济发展的必要条件。

图 6.2　废除奴隶制是人类的进步，也是生产力进步的必然结果

人类有丰富的情感，在理性的正常情感之中，奴隶制度是蒙昧的、反人性的。中国春秋时代正是奴隶社会瓦解、封建社会逐渐形成的变革时期，大思想家孔子（前 551—前 479）曾说，“己所不欲，勿施于人”（《论语 · 颜渊》），这是儒家的一条基本的道德标准，也属于全人类。一些高等生物也有情感，据说牛被杀时会流泪，它们或许预感到生命的尽头。还有已经融入人类生活中的猫狗等宠物，人类也不忍心伤害它们。

图 6.3　古代圣贤孔子

相比之下，人类对待非生命的生产工具，如锄头、耕犁、斧头，不会有那么多的情感。这些工具坏了可以修好，修不好可以换新的。对更复杂的工具也是如此，谁会对一台精密机床充满怜悯之心呢？工业时代的机器解放了人力，在很多行业取代了人类，不知疲倦地日夜运转，工厂也只需要少数工人来做一些监控和维修的工作。

能够熟练地操作机器的群体形成了工人阶级，他们和机器形成共生关系。新的机器产生后，工人必须紧随时代，否则就要和旧机器一起被淘汰。资本天生逐利，它寻求更广阔的市场和更廉价的劳动力，技术的革新往往能带来更高的利润，于是资本家会将赚来的一部分钱投入研发中，期待掌握未来的先进技术抢占市场先机。

先进的技术往往需要更高素质的工人来操控和维护机器，高度的机械化可能不需要那么多工人，未来的工厂里或许很难看到人。也就是说，工人阶级的规模会随着技术的进步而减少，不知疲倦、不会生病、从不抱怨的机器有可能取代人类。如果机器不具备智能，例如，一只从事搬运的机械臂累到脱臼，绝对不会引起大家对它的同情。

图 6.4　18 世纪 60 年代，英国工业革命开启了从工场手工业到机器大工业的过渡。人口从农村迁移到城镇，英国的社会结构发生了质的变化

伟大的思想家**卡尔·马克思**在名著《资本论》第一卷[42]，深刻地揭示了机器生产对工人的直接影响。先进技术能够替代某些类型的劳动，还有另外一些只能依赖人类。技术进步的红利大部分落入资本家的囊中，历史数据揭示了这个事实。

图 6.5　马克思的《资本论》“找出现代社会的运动规律”，是无产阶级的“圣经”

机器已经开始代替人类探索深不可测的海底和浩渺无边的宇宙，它们就是人类感知的延伸，帮助人类探索未知的领域，甚至替人类开疆拓境。

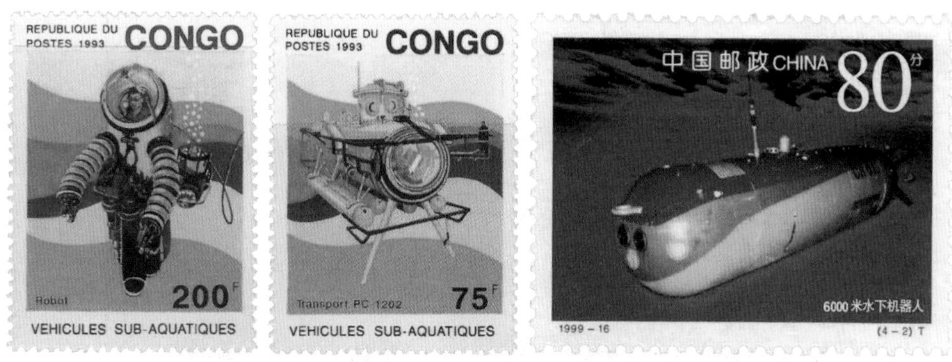

图 6.6　水下机器人能潜到人类不能达到的深度

马克思在《资本论》第一卷第十一章“协作”里指出，“许多互相补充的劳动者做同一或同种工作，是因为这种最简单的共同劳动的形式即使在最发达的协作形态中也起着重大作用。如果劳动过程是复杂的，只要有大量的人共同劳动，就可以把不同的操作分给不同的人，因而可以同时进行这些操作，这样，就可以缩短制造总产品所必要的劳动时间”。

协作在劳动力价值上实现了“1＋1 大于 2”，而人工智能则把协作的规模和效率推向了一个新的高度。从人机协作到完全机械化生产，资本的逐利本性为了降低成本会疯狂地追求这种高科技带来的机器协作。

图 6.7　印刷装订机、自动挤牛奶机、汽车生产线上不知疲倦的机械手臂……已经完全替代了人类。全智能机械化生产已经成为一个大趋势

马克思在《资本论》里说，“资本来到世间，从头到脚，每个毛孔都滴着血和肮脏的东西”。他痛斥了 18、19 世纪资本原始积累对童工和女工的惨绝人寰的剥削。“就机器使肌肉力成为多余的东西来说，机器成了一种使用没有肌肉力或身体发育不成熟而四肢比较灵活的工人的手段。因此，资本主义使用机器的第一个口号是妇女劳动和儿童劳动！这样一来，这种代替劳动和工人的有力手段，就立即变成了

这样一种手段，它使工人家庭全体成员不分男女老少都受资本的直接统治，从而使雇佣工人人数增加。为资本家进行的强制劳动，不仅夺去了儿童游戏的时间，而且夺去了家庭本身通常需要的、在家庭范围内从事的自由劳动的时间。”(《资本论》第十三章“机器和大工业”第三节“机器生产对工人的直接影响”）资本的虚伪掩盖不了它的贪婪本性——榨取尽可能多的剩余价值。

图 6.8　工人阶级是戴着无形锁链的奴隶，童工和女工尤其可怜，曾遭受资本家毫无人性的剥削和压榨

如今社会进步了，当一头辛苦搬运重物的大象，因沉重的劳作而闷闷不乐，我们也会为它感到难过，甚至为它鸣不平。然而对待机器，我们似乎从来没有产生过这样的同情，因为机器连最低等的生命都算不上。

图 6.9　斯宾诺莎

荷兰哲学家**巴鲁赫·斯宾诺莎**（Baruch Spinoza, 1632—1677）认为，只要人们受制于外在的影响，他们就处于奴役的状态。在《伦理学》的第四部分“论人的奴役或情感的力量”的序言里，斯宾诺莎说“我把人在控制和克制情感上的软弱无力称为奴役。因为一个人为情感所支配，行为便没有自主之权，而受命运的宰割”。机器的行为都是事先规划好的，没有任何自主性，它一定是被奴役的。这个观点对智能机器也是适用的——如果机器具有一定的智能，但没有自我意识，自身没有感知痛苦的能力，我们也不会对这样的机器产生怜悯之心。但如果一台智能机器具有自我意识，哪怕很弱，在表象上它表现出来一些接近人类的情感，我们是否会认为它是机器奴隶，从而认为使用这类机器是不道德的呢？

假如机器在自我意识上接近人类或达成一致，它们就不再受制于非生物的躯体，从而能获得更多的自由。人类看待它们的眼光会不会变得柔和一些？甚至产生一点亲近感？也许有人会反驳这种观点，人类压根儿不会去制造具有类似人类情感的智能机器。事实上，服务行业有原始驱动力去发展这样的人工智能。比如，聊天机器人，如果它有自然语言理解的能力，也能感知对方的意图，从而表现出善解人意、体贴入微，其潜在市场将是巨大的。人类是离不开语言的动物，如果个人隐私能得到保障，人们将很愿意接受这样的服务，从“话疗”中倾诉、平抚情绪、得到安慰鼓励等。

在孩子们的想象中，机器人多是和他们差不多的“小朋友”，可以一起游戏，是美好的玩伴。孩子天生对种族、性别、智能机器没有偏见，偏见都是后来的社会经验培养的。成人的世界太残酷、太肮脏、太丑陋，唯有孩子的眼睛是清澈的，我们要像孩子一样怀着更多的善意看待差异。

图 6.10　像孩子一样用最质朴、最好奇的眼睛看人工智能，想象美好的机器文明

有两位德国哲学家的思想有助于我们确立起善待和发展智能机器的基本伦理，他们是叔本华和尼采，其学说经常被世人所误解。

- 德国哲学家**阿图尔 · 叔本华**（Arthur Schopenhauer, 1788—1860）悲观地认为这个世界绝不是美好的，可能是最邪恶的、最糟糕的。人生中的痛苦来自意志的本性——永不满足的贪婪，为了生存，这个星球充斥着无休止的争斗。叔本华教导人们说，自私是邪恶之源，同情和悲悯之心是道德的基础和标尺。行为的动机若是为个人利益，便毫无道德可言。叔本华把人类行为的动机概括为恶毒（即希望众生痛苦）[①]、利己（即希望自己快乐）和同情（即希望众生幸福），所有非道德的行为都是恶毒和利己的果，而公正和仁爱则是从同情出发的两大基本美德。

图 6.11　德国哲学家叔本华和尼采，都悲观地把人性看得糟糕透了

① “羡慕嫉妒恨”这三重境界，是从正常心理，到卑劣人性，最后沦为恶毒。叔本华认为，恶毒的两大根源就是嫉妒和幸灾乐祸，即“恨人有笑人无”的心态。

- 德国哲学家**弗里德里希·尼采**（Friedrich Nietzsche, 1844—1900）或许是最受误解的一位学者，他因痛恨种族主义和德国沙文主义而与多年的好友、德国音乐家**威廉·理查·瓦格纳**（Wilhelm Richard Wagner, 1813—1883）决裂。然而，在尼采死后，他的笔记《权力意志》却被篡改出版以迎合纳粹的反犹太主义，这是一个莫大的讽刺。尼采推崇理性是人类寻求终极幸福的工具，通过升华自身超脱于禽兽之上并获得人类的尊严。这个尊严不是与生俱来的，而是高度自律的结果，甚至需承受巨大的苦难。

如英国作家**查尔斯·狄更斯**（Charles Dickens, 1812—1870）在小说《双城记》（*A Tale of Two Cities*）里所说，“这是最好的时代，这是最坏的时代；这是智慧的时代，这是愚蠢的时代；这是信仰的时期，这是怀疑的时期；这是光明的季节，这是黑暗的季节；这是希望之春，这是失望之冬；人们面前有着各样事物，人们面前一无所有；人们正在直登天堂，人们正在直下地狱”。

图 6.12　狄更斯在《双城记》里说，“这是最好的时代，这是最坏的时代……”，对人工智能来说，不仅如此，这是非同一般的时刻，这是无足轻重的时刻

6.1　人工智能竞赛

在人类历史中，大量伟大的发明都和武器有关，很遗憾然而又必须承认，战争是科技进步的一大助推力。最初的武器是为了生存而狩猎和杀死同类，后来单纯为了奴役而杀死同类。

图 6.13　人类许多伟大的发明创造都是杀人的武器

20 世纪人类对核能的开发，首先用于战争。核竞争改变了世界格局，达到了一个恐怖平衡之后，军备竞赛由大规模无差别杀伤的核武转移到精准打击。

图 6.14　全世界都反对核战争，我们要的只是和平、自由和安全

国防高级研究计划局（Defense Advanced Research Projects Agency, DARPA）是美国国防部负责研发军用高科技的行政机构，其前身是 1958 年成立的“高级研究计划局”（ARPA），1972 年更名为 DARPA。它是美国尖端技术的重要引领者，如计算机网络、战术机器人、脑机接口、无人攻击机等。同时，DARPA 也是许多军事科研项目和一些顶尖研究单位的资助者，如麻省理工学院计算机科学与人工智能实验室（Computer Science and Artificial Intelligence Laboratory, CSAIL）等。

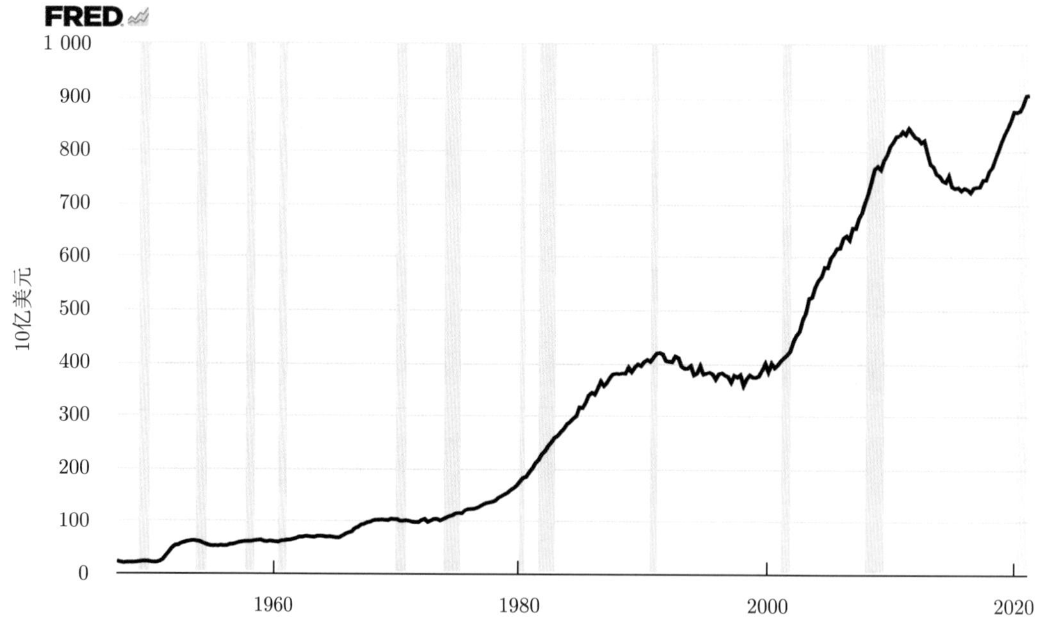

图 6.15　1947—2020 年，美国联邦政府国防消费支出与总投资的历史数据。美苏“冷战”结束后，国防支出稍有短暂缓和。2001 年，“9·11”恐怖袭击事件之后，美国国防支出再次进入快速增长阶段

来源：美国经济分析局

例 6.1　2004—2007 年，DARPA 举办了三届自动驾驶（autonomous driving, AD）有奖公开竞赛，刺激了计算机视觉、自动控制、传感器、精准定位、路径规划等技术的进步，也拉开了无人驾驶汽

车的商业序幕。

例 6.2 DARPA 资助的机器人研究都具有军事背景，属于突破型创新，而非改良型创新，被称为“生物革命”(bio-revolution)。2012 年，DARPA 资助了波士顿动力（Boston Dynamics）公司，为美国军方开发机器“大狗”(BigDog)，可作为复杂野外地形上的运输工具。波士顿动力的知名产品中还有人形机器人“擎天神”(Atlas)、擅长四足奔跑的机器人“猎豹”、灵活轻量的四足机器人“斑点”等。

图 6.16 波士顿动力的机器“大狗”

来源：《DARPA战略计划 2007》

例 6.3 2012—2015 年，DARPA 举办了机器人挑战赛（DARPA Robotics Challenge, DRC），旨在开发可在“危险、恶劣的人为工程环境中完成复杂任务”的机器人，例如救灾。

图 6.17 DARPA 机器人挑战赛的救灾场景示意图

比赛分为几种类型，有的申请予以资助，有的则没有资助，有的依情况而定（例如，虚拟机器人挑战赛的胜出者将获得后续的资助）。参加灾难或紧急情况下竞赛的机器人要完成以下的任务：① 在现场驾驶工程车；② 徒步穿越瓦砾；③ 清除堵塞入口的杂物；④ 打开一扇门进入建筑物；⑤ 爬上工业梯子，穿过工业走道；⑥ 使用工具突破混凝土板；⑦ 找到并关闭泄漏管道附近的阀门；⑧ 将消防水带连接到立管上并打开阀门。

例 6.4 人工智能将赋能通信领域，在无线网络优化、安全防护、流量预测、故障分析、能耗控制、切片管理等方面带来质的飞跃。第六代移动通信（简称 6G）比 5G 更快更智能，预计在 2030 年左右上市，是国家科技势力的重要标志之一。

图 6.18 通信技术和人工智能技术相结合的自治网络时代已指日可待

2019 年 5 月 16 日，美国商务部将华为公司及其 70 家子公司列入出口管制实体名单，命令未经批准的美国公司不得向华为公司销售产品和技术。接着，美国及其盟友打着国家安全的名义全球围堵华为的 5G 业务，拉开了中美科技战的序幕。2020 年 9 月 19 日，中国奋起反击，发布《不可靠实体清单规定》。

中美科技战是一场持久战。知己知彼，百战不殆。目前，美国依旧是科技最强大的国家（没有之一），主要体现在三个层面。

- 基础理论：对数学和自然科学基本规律的探索。
- 应用创新：将理论研究成果用于某一具体领域或问题。
- 市场研发：将新发现、新技术、新方法快速转化为新产品。

从美国近二十年来的计算机科学类从业人员数量的变化趋势上看，程序员的人数在逐步减少，而计算机和数学职业在激增，网络和计算机系统管理员的规模基本稳定。数据背后的原因是，编程工具日益成熟而使得生产力提高。对比之下，理论研究与创新应用的诉求更加强烈，其目标是把大数据和 AI 技术转化为生产力。

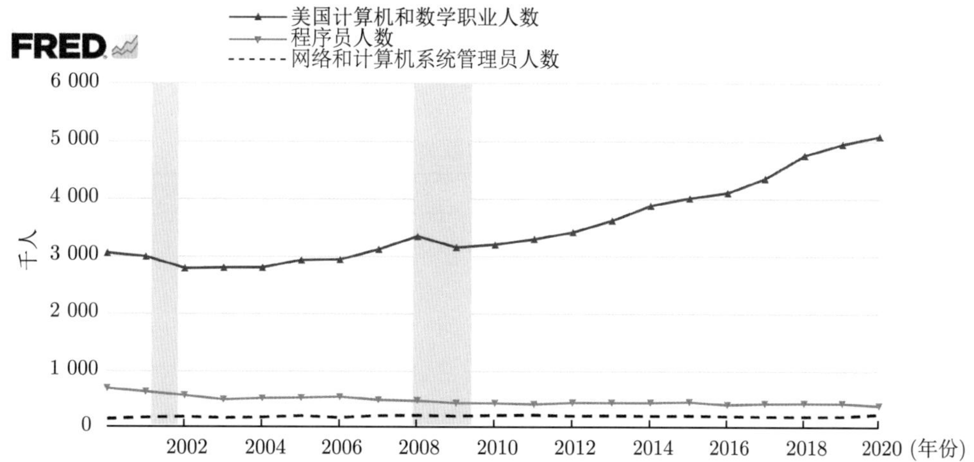

图 6.19　2000—2020 年，美国计算机和数学职业、程序员、网络和计算机系统管理员人数的历史数据

来源：美国劳工统计局

从计算机科学和数学最顶尖学者所在的学校，基本可以看出这两门学科在全球的实力分布情况。相比之下，我国在这方面的基础研究尚很薄弱。加之科研风气浮躁，很多年轻而有抱负的数学家和科学家因生活所迫离开了学术界——人才流失是高等教育最大的失败。

❑ 1966—2020 年，获得计算机科学最高奖——图灵奖人数最多的前 15 所大学中，除了英、加的 3 所大学，其他 12 所大学都是美国的高校。

表 6.1　1999—2020 年获图灵奖世界前 15 名的大学

排名	大学	国别	人数
1	斯坦福大学	美国	28
2	麻省理工学院	美国	26
3	加州大学伯克利分校	美国	25
4	哈佛大学	美国	14
4	普林斯顿大学	美国	14
6	卡耐基–梅隆大学	美国	13
7	纽约大学	美国	8
8	剑桥大学	英国	7
9	加州理工学院	美国	6
9	密歇根大学	美国	6
9	牛津大学	英国	6
12	加州大学洛杉矶分校	美国	5
12	多伦多大学	加拿大	5
14	康奈尔大学	美国	4
14	芝加哥大学	美国	4

❑ 1936—2020 年，获得数学最高奖——菲尔兹奖人数最多的前 15 所大学中，除了法、英、俄的 5 所大学，其他 10 所大学也都是美国的高校。

表 6.2　1936—2020 年获菲尔兹奖世界前 15 名的大学

排名	大学	国别	人数
1	哈佛大学	美国	18
2	巴黎大学	法国	16
3	普林斯顿大学	美国	15
4	巴黎高等师范学校	法国	14
4	加州大学伯克利分校	美国	14
6	剑桥大学	英国	11
7	芝加哥大学	美国	9
8	法兰西公学院	法国	8
8	麻省理工学院	美国	8
8	斯坦福大学	美国	8
11	莫斯科国立大学	俄罗斯	6
12	哥伦比亚大学	美国	5
12	纽约大学	美国	5
12	纽约州立大学石溪分校	美国	5
12	耶鲁大学	美国	5

另外，美国一直是计算机设备和信息产业大国，在软件方面的私有固定资产投资甚至匹敌国防（见图 6.15），并且软件生态长期以来独冠全球。我国在应用创新和研发上的投入紧追美国，再加上国内国际双循环巨大市场的支撑，大有后来者居上的趋势。

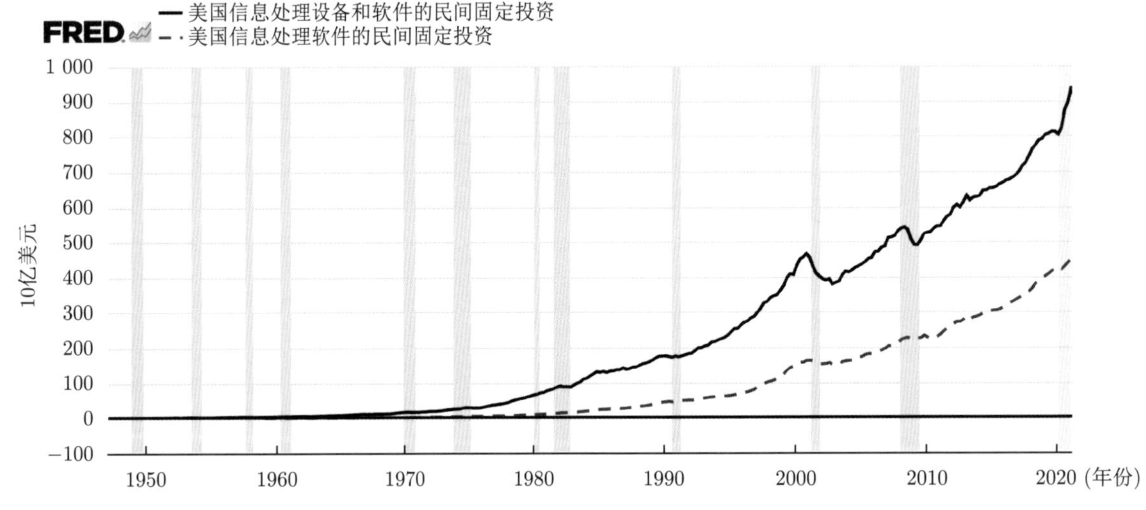

图 6.20　1947—2020 年美国信息处理设备和软件的民间固定投资的历史数据

来源：美国经济分析局

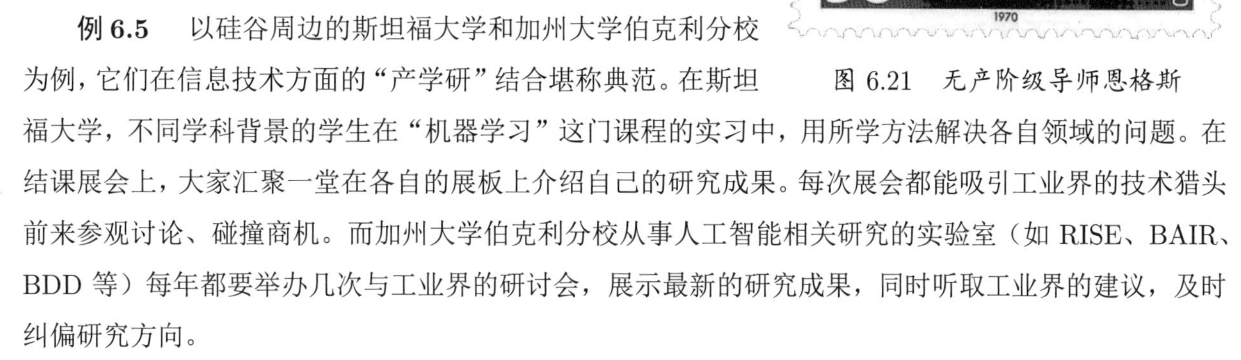

图 6.21　无产阶级导师恩格斯

德国哲学家、社会学家**弗里德里希·恩格斯**（Friedrich Engels, 1820—1895）曾说，“社会一旦有技术上的需要，这种需要就会比十所大学更能把科学推向前进”。人工智能技术如果不能转化为生产力，只是在象牙塔中供人欣赏的话，则会失去它最重要的意义。大学将是人工智能革命的发祥地，而识别 AI 技术价值的则是社会需求，需要“产学研”多方的努力才能催生高价值的 AI 技术，并把它迅速地转化为生产力。

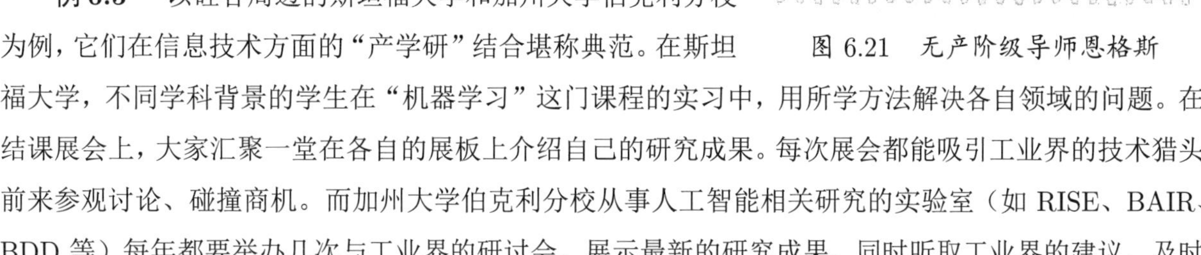

例 6.5　以硅谷周边的斯坦福大学和加州大学伯克利分校为例，它们在信息技术方面的“产学研”结合堪称典范。在斯坦福大学，不同学科背景的学生在“机器学习”这门课程的实习中，用所学方法解决各自领域的问题。在结课展会上，大家汇聚一堂在各自的展板上介绍自己的研究成果。每次展会都能吸引工业界的技术猎头前来参观讨论、碰撞商机。而加州大学伯克利分校从事人工智能相关研究的实验室（如 RISE、BAIR、BDD 等）每年都要举办几次与工业界的研讨会，展示最新的研究成果，同时听取工业界的建议，及时纠偏研究方向。

例 6.6　2020 年，美国有超过 150 万人从事管理和技术咨询的工作。在企业数字化转型的时期，以出售经验谋利的咨询服务可谓一本万利。例如，IBM 公司拥有全球最大的咨询机构——IBM 企业咨询服务部（Global Business Services, GBS）。

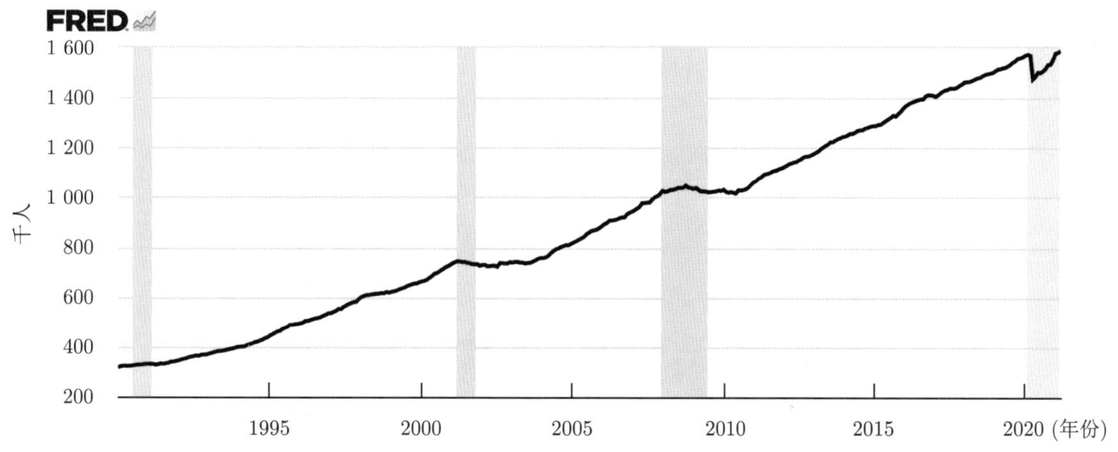

图 6.22　1990—2021 年，美国从事管理和技术咨询的雇员人数呈现出线性增长的趋势

来源：美国劳工统计局

经验和知识的商品价值，通过技术服务和咨询服务的收费方式体现出来。伴随客户成长、帮助客户增值的持续服务（例如长期提供算力、存储、办公、理财、健康等服务）将成为一个新兴的产业。

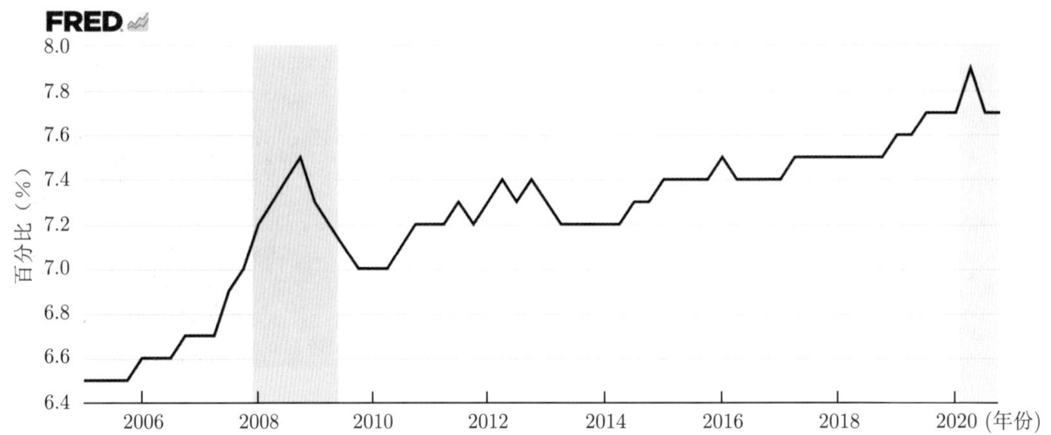

图 6.23　2005—2021 年美国的专业、科学和技术服务占国内生产总值（GDP）的百分比

来源：美国经济分析局

凡事预则立，不预则废。“为抢抓人工智能发展的重大战略机遇，构筑我国人工智能发展的先发优势，加快建设创新型国家和世界科技强国”，2017 年 7 月 20 日，国务院发布的《新一代人工智能发展规划》高瞻远瞩地提出了六项任务。

（1）构建开放协同的人工智能科技创新体系。

（2）培育高端高效的智能经济。

（3）建设安全便捷的智能社会。

（4）加强人工智能领域军民融合。

（5）构建泛在安全高效的智能化基础设施体系。

（6）前瞻布局新一代人工智能重大科技项目。

图 6.24　发展新技术的目的是为了改善人民的生活、缩短贫富差距、增强国防力量

《新一代人工智能发展规划》以“造福社会”为目标，这是中国发展人工智能有别于他国的最突出的特点，也是科技红利再分配减小贫富差距的正解。即便人工智能的国防应用，《规划》也强调军民融合，可见该目标之明确。

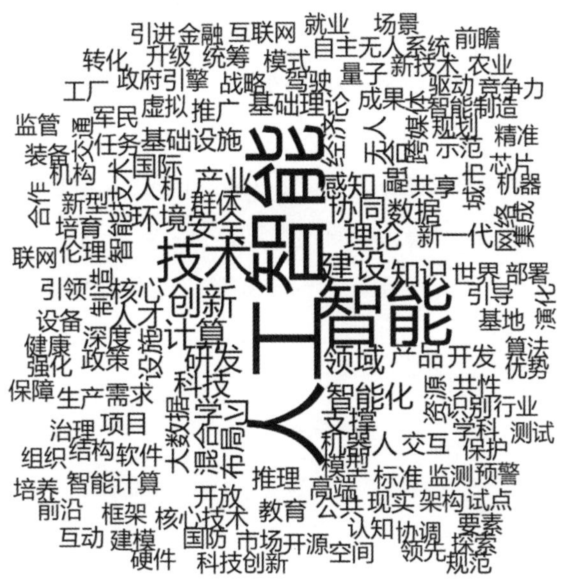

图 6.25　我国《新一代人工智能发展规划》(2017) 中高频词的词云 (word cloud)。通过这些关键词，可以直观地看出规划的重点

美国计算机科学家**爱德华·李**（Edward Lee, 1957—　）在《柏拉图与技术呆子》[102] 一书中揭示，竞争与适者生存驱动着技术的进步，人类同技术一道以达尔文进化的方式演变着，优胜劣汰是永恒的法则。

然而，何为优？何为劣？我们不仅仅是技术的见证者、体验者，还是它的评判者、主宰者。当越来越多的人工智能产品有自主决策能力，人类应该如何给予技术更多的人文关怀？要知道，那个满怀善意或者行为邪恶的“智能机器”，正是我们自己。

图 6.26　释迦牟尼说，“以善治恶”。欲善要先懂得恶，把恶看透才能谈“治恶”

《新一代人工智能发展规划》总共 15 次提到“伦理”，强调“建成更加完善的人工智能法律法规、伦理规范和政策体系”以及跨学科探索性合作研究。“推动人工智能与神经科学、认知科学、量子科学、

心理学、数学、经济学、社会学等相关基础学科的交叉融合，加强引领人工智能算法、模型发展的数学基础理论研究，重视人工智能法律伦理的基础理论问题研究，支持原创性强、非共识的探索性研究，鼓励科学家自由探索，勇于攻克人工智能前沿科学难题，提出更多原创理论，作出更多原创发现。”

除了政府的有力指导和对研发（research and development, R&D）的投入，民间资本绝对是一股不可小觑的力量。近几年，中国在研发投入上直追美国，二者差距逐渐缩小（见图 3.102）。目前，研发投入排名前五的国家（或地区）依次是美国、中国、欧盟、日本、韩国。

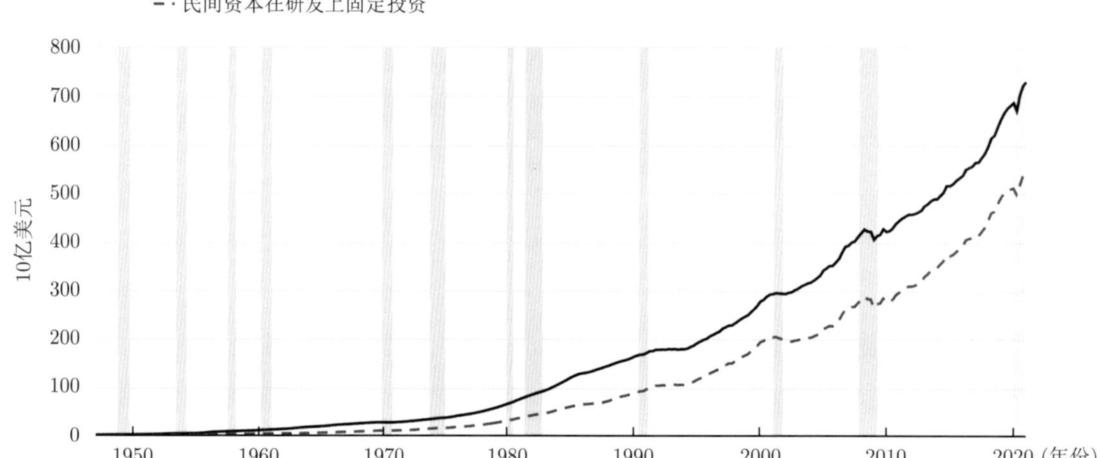

图 6.27　1947—2021 年，美国在研发上的固定投资，其中虚线是民间资本。2021 年第一季度超过 7 304.56 亿美元（其中，民间资本有 5 455.39 亿美元）

来源：美国经济分析局

在研发投入前 1 000 强企业中，我国上榜企业数量从 2015 年的 89 家增至 2019 年的 168 家。2019 年，全球研发投入（单位：亿欧元）前十大企业分别是：

1. Alphabet（美国）：231.6
2. 微软（美国）：171.5
3. 华为（中国）：167.1
4. 三星（韩国）：155.3
5. 苹果（美国）：144.4
6. 大众（德国）：143.1
7. 脸书（美国）：121.1
8. 英特尔（美国）：118.9
9. 罗氏（瑞士）：107.5
10. 强生（美国）：101.1

6.1.1　潘多拉的盒子

人工智能的研究如果不加以道德限制，很容易被滥用而使得未来战争变得更加残忍。例如，小型无人机组成的协同攻击蜂群，机器战士和自动化武器……不久的明天，制空权的争夺将在无人战机之间展开，较量的不仅有飞机的先进性，还有人工智能技术、加密解密技术、通信协同能力等。

图 6.28 无人机技术可被用于航拍、军事、物流等，也容易用于犯罪

人工智能让人们看到重新洗牌的希望，新一轮以人工智能技术为支撑的军备竞赛已经变得不可避免——有针对性地毁灭敌方的军事存在和武装人员比无差别杀伤更高效、更“人道”。在伦理上，对任何纯粹的攻击性武器的研究和使用都是反人类的。然而，有一方不管出于何种目的而研制，其他方皆会无条件地跟从，否则就处于被动挨打的地位。可以说，邪恶一经开始便是连锁反应，把一切良善吞噬。美好太容易被摧毁，而重塑却几乎无望。

人类编造出千百条杀死同类的理由，基本上毫无怜悯之心，这或许是写在基因里的本性。读者只需翻看下历史，战争从没在这个星球停止过，每一天都重复着杀戮，千万像你我一样有血有肉、手无寸铁的生灵被同类残忍地杀死——这绝不是高等智慧的所为，连牲畜都不如。仅仅需要一点点推己及人的同理心，这个世界就会变得美好。只因有不同的肤色、语言、文化、信仰就生恨，这绝非一个宽容的文明！

图 6.29 “不可杀害正直无辜的人，因为我必惩罚作恶之人。”(《出埃及记》23:7)

人类一代接一代摆脱不了这个诅咒，百万年过去了，丝毫没有长进。我们的后人在读历史的时候，看到我们用本可以创造更多美好事物的人工智能技术发展出自我毁灭的致命武器，他们会如何评价祖先？

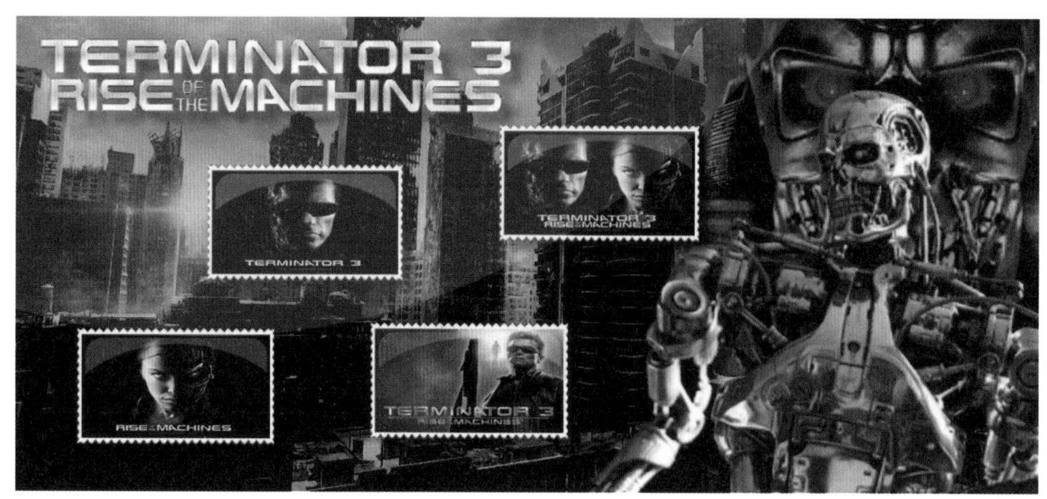

图 6.30　人类要避免造出终结地球文明的邪恶机器人，首先得有正确的人工智能伦理

人类统治着地球，创造出灿烂的地球文明，但却没有资格延续它。唯一的救赎是，在还未走向毁灭之前，将文明的火炬传给具有超级智能的机器。所以，我们要小心地给人工智能武器套上道德伦理的锁链。

矛和盾

很不幸，对那些直接用于军事目的、对人类生存造成潜在威胁的人工智能技术，仍然缺乏世界范围的伦理约束。例如，无人机既可以用于物流，也可以投放炸弹，所用技术几乎没有差别。再如，基于图像识别的无人机群协同围追堵截消灭对手，令人无处藏身、无法逃脱。这类直接用于杀伤性武器的技术是否应该禁止或有所限制？

图 6.31　未来武器是以各种人工智能技术为主导的自动杀人机器，人类命运堪忧

另外，AI 武器也将成为恐怖组织和黑社会的首选，因为不需身临现场，加上隐蔽性好、成功率高，难以抓住犯罪的证据链，这样的工具只会为虎添翼。所以，AI 武器比核武器更可怕，核武器旨在震慑不会轻易使用（因为相互伤害的结果是共同毁灭），而 AI 武器能够常规化，危及我们的日常生活和每

个无辜者。

未来战争更像是在玩虚拟游戏，屠杀的罪恶感进一步弱化。AI 技术越完善，杀人的效率就越高，成本就越低。在战争的疯狂中，致命武器难免造成更多平民的伤亡。施暴者一定会抢占道德制高点，销毁暴虐的证据，甚至会把罪恶归咎于 AI 技术的某些不可控因素来为自己脱责。

图 6.32 未来战争使用 AI 武器，在外层空间争夺控制权

平衡的条件很简单：恐怖的两败俱伤或者无法构成伤害，伤害行为就失去了意义。人类对纯粹的攻击性 AI 武器的研发，就是在发明杀人机器，它的初衷不是善，即便是为了以暴制暴或者恐怖平衡。与之形成对比的是防御性 AI 武器，它们的设计是为了阻止伤害，至少在伦理上不是恶。能攻不见得会防，防御所用的 AI 技术一般要求更先进，它必须了解攻的套路。造矛还是造盾？AI 军备竞赛达到平衡除了锐利的矛，还有无所不防的盾。

图 6.33 导弹拦截、机械扫雷要靠人工智能技术来实现自主智能决策

人工智能技术如果被滥用，它对人类的伤害是无法估量的，或许我们根本没有机会解决这些棘手的问题，文明就已被摧毁。未焚徙薪是人类现在能做的，把可能发生的糟糕事态提前想清楚，比任它随意发展到不可收拾的境地要明智些。

图 6.34　未来的战争将是信息战、AI 战的综合较量，很多是隐秘的技术对抗

总的原则是：如果一门技术，它对整个人类社会是有用的，那么我们就应该去发展它。真正应该约束的是我们人类自身，将这门技术用在善还是用在恶，是人类自己决定的。我们不能因为这个技术可能用在恶而不去发展它，技术本身是没有善恶之分的，只有人类才有。

图 6.35　有了 AI 武器，未来战争的含义发生了颠覆性的变化，杀人如同游戏

国家之间的技术竞争若进入恶性循环，则毫无道义可言。如果没有先进的科学技术、军事技术、工程技术、航天技术等，“某某优先”就是一句笑话。大国博弈最终拼的是降维打击能力，做到“你无我有，你有我优”的自然是赢家。

《新一代人工智能发展规划》提出，“全面支撑科技、经济、社会发展和国家安全。以人工智能技术突破带动国家创新能力全面提升，引领建设世界科技强国进程；通过壮大智能产业、培育智能经济，为我国未来十几年乃至几十年经济繁荣创造一个新的增长周期；以建设智能社会促进民生福祉改善，落实以人民为中心的发展思想；以人工智能提升国防实力，保障和维护国家安全”。

“深入贯彻落实军民融合发展战略，推动形成全要素、多领域、高效益的人工智能军民融合格局。以军民共享共用为导向部署新一代人工智能基础理论和关键共性技术研发，建立科研院所、高校、企业和军工单位的常态化沟通协调机制。促进人工智能技术军民双向转化，强化新一代人工智能技术对指挥决策、军事推演、国防装备等的有力支撑，引导国防领域人工智能科技成果向民用领域转化应用。鼓励优势民口科研力量参与国防领域人工智能重大科技创新任务，推动各类人工智能技术快速嵌入国防创新领域。加强军民人工智能技术通用标准体系建设，推进科技创新平台基地的统筹布局和开放共享。”

科学家的选择

虽然科学没有国界，但科学家都有自己的祖国。一些人选择了把毕生所学用于强国强兵，一些人选择远离军事应用做一个和平主义者。理论上讲，几乎所有的科技都是国家竞争的武器，连最人畜无害的天气预报也是如此。数论、代数几何用于密码学，微分方程用于弹道学……谁说数学能独善其身？

图 6.36　《孩子和鸽子》是西班牙画家**巴勃罗·毕加索**（Pablo Picasso, 1881—1973）的油画作品（1901），象征着人类对和平的渴望。每一位科学家都应是手捧鸽子的孩子

德国数学家**奥斯瓦德·泰希米勒**（Oswald Teichmüller, 1913—1943）是复分析方面的天才（例如创立了“泰希米勒空间”的理论），同时又是一个狂热的纳粹分子，最终战死于东线战场，令人唏嘘不已。与泰希米勒形成鲜明对比的是德国物理学家**维尔纳·海森堡**（Werner Heisenberg, 1901—1976）。海森堡曾经参与德国核武器开发计划，但他尽力拖延，最终使得该计划未能实现。两位天才的命运是如此不同，前者助纣为虐死无葬身之地，后者揆情审势后全身而退。

图 6.37　格罗滕迪克和庞特里亚金

法国数学家、1966 年菲尔兹奖得主**亚历山大·格罗滕迪克**（Alexander Grothendieck, 1928—2014）是一个和平主义者。在 1970 年的某次会议上，当苏联著名数学家**列夫·庞特里亚金**（Lev Pontryagin, 1908—1988）谈到微分对策可应用于导弹追踪飞机时，格罗滕迪克上台抢过话筒，抗议数学演讲涉及军事问题。后来，格罗滕迪克发现他的研究部分资助来自于法国国防部，于是毫不犹豫地辞掉了法国高等科学研究所（IHÉS）的工作，搬到农村过着隐居的生活，并放弃了数学研究。

德国化学家、1918 年诺贝尔化学奖得主**弗里茨·哈伯**（Fritz Haber, 1868—1934）因在第一次世界大战期间卓有成效的毒气研究（造成近百万人伤亡）而被称为“化学武器之父”。他的第一任妻子和他们的儿子不堪忍受化学武器造成生灵涂炭的伦理折磨而先后自杀。然而，哈伯陷入了科学伦理（morality of science）的困境，他认为“在和平时期，科学家属于世界，但在战争时期，他属于他的国家”。当纳粹开始迫害犹太人时，身为犹太人的哈伯逃往了瑞士并突发心脏病客死在异国他乡。

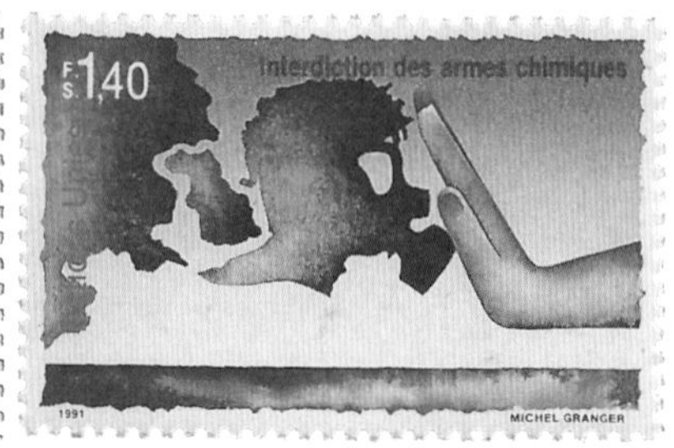

图 6.38　哈伯因发明了用氮气和氢气合成氨的工业哈伯法（用于化肥和炸药制造）而名标青史。最终，他因为研制化学武器而家破人亡，这是一场科学伦理的悲剧

天使和魔鬼，只在一念之差。其实，哈伯犯了一个科学伦理的错误。每一位科学家，在任何时候都应该属于全人类。哪怕身处战争，科学家为祖国服务，也不应该站在人性黑暗的一边。

为了促进数学学术和研究的利益，并帮助维护科学繁荣所需要的那种相互信任和道德行为的健康环境，2005 年 1 月，美国数学学会（American Mathematical Society, AMS）理事会通过了《AMS 伦理准则》，对 AMS 成员以及从事数学研究、教育的所有个人和机构提出了行为期望。准则包括：保证数学成果的原创性、正确性，及时纠正或撤回错误的工作，不使用任何压制或不恰当的语言损害他人的工作，及时公开发布结果的完整细节，尊重数学能力（不必考虑种族、性别、年龄、性取向、宗教或政治信仰、身体缺陷等），评审避嫌，等等。在欧洲，剑桥大学数学伦理学会关注数学应用的伦理问题，例如统计学的滥用、决策误导、数学发现的优先权等。

图 6.39　美国数学学会（成立于 1888 年）的徽标

在科学研究中适当地强调成果的重要性是人之常情，但必须以事实和学界标准为基础。如果任凭浮

夸之风盛行，置伦理道德于不顾，则会落个“金玉其外败絮其中”的结果，不利于构建健康的学术生态。

孔子说，“无欲速，无见小利。欲速则不达，见小利则大事不成”（《论语・子路》）。做学问来不得半点虚假和急功近利，追逐名利胜于真理的人都是假学问家，他们在乎的不是学问本身，也永远体会不到追求学问的乐趣。

图 6.40　滥竽充数和千锤百炼是两种不同的做学问的态度

人类通过文化、伦理、法律追求和平，科技的应用也必须如此。科学研究不能是反人类的[①]，例如，滥用或强迫活体人类进行医学试验，像臭名昭著的日本 731 部队（战后，这些魔鬼通过向美军提供研究资料而逃脱了惩罚），这是真真切切的反人类罪！要做到无悔无憾问心无愧，科学家的内心必须直面学术伦理的拷问，坚守住道德的底线，做一个诚实正直的人。其实，对所有人都是如此。

6.1.2　远征外太空

人类对外层空间的开发会经历一段竞争期，很多技术和军事有关，大国之间最终会达成协议共同开发。月球是基地建设的首选，因为它总是一面对着地球，是再好不过的中转站。在影视作品中，在文明高度发达的未来，宇宙间仍充斥着暴力，战争似乎是一个永恒的话题。

图 6.41　人类不可能永远受困于地球，远征外太空是历史的必然

在机器智能超越人类智能之日，文明变得更加和谐，睿智的机器比人更明白和平、合作的含义，疾病生死不再是束缚，知识的积累和传播更加高效。佛教把“贪嗔痴”视为三毒，若要戒掉这三毒，需勤

① 2002 年 7 月 1 日生效的《国际刑事法院罗马规约》将危害人类罪（crime against humanity）定义为“是指那些针对人性尊严极其严重的侵犯与凌辱的众多行为构成的事实”。例如，第二次世界大战中纳粹德国和日本法西斯对平民的大屠杀，造成柬埔寨约 200 万人死亡的红色高棉大屠杀。

修戒定慧。贪嗔痴是人的属性，是恶的根，要拔掉谈何容易。机器则不然，它天生有戒定慧，因此没有贪嗔痴。

图 6.42　在科幻里，地外文明经常不怀好意，觊觎地球的资源

当两个文明相遇，一般的想象是高级文明毁灭低级文明。人类对待其他生物的确缺少爱心，甚至自相残杀，所以我们看着镜子里的自己预设了最坏的情况。科幻小说、电影若没有火爆的战争场面，似乎吸引不了观众。商业诉求带偏了我们对未来的想象，偏见、恐惧、战争、苦难充斥着银幕，然而艰辛的过程总能等来圆满的结局。观众们满意了，一些人也挣着钱了。想想《星球大战》里的善恶之争，只不过把人类在地球上的故事搬到了浩瀚的宇宙。果真如此吗？

稍稍回顾一下人类的历史，不难发现文明的程度与爱成正比——高级文明更懂得包容。其实，低等文明对高等文明不构成任何威胁，而等它发展成了高等文明，更会以爱拥抱这个世界。高等文明不可能倒退，智慧总能找到出路。

如果人类因为人性之恶自我毁灭，没来得及将文明之火传递给智能机器，那么这就是人类文明的宿命，它在宇宙里昙花一现只为增加一个例子——“天作孽犹可恕，自作孽不可活”。一个本可以追求到的善，一个本可以延续的文明，存在于人类的一念之差。“和平发展”是人类唯一有希望的选择。

图 6.43　（左图）和平地使用外层空间；（右图）机器人宇航员

人工智能技术，只要能造福人类就值得去发展，哪怕它可能被用于作恶，那也是人类自身的错，和技术无关。人类在武力竞争中发明的东西，如果良知犹存，则文明命不该绝，总会转而福荫子孙。

图 6.44　科幻里的星球殖民，和地球上曾经发生过的何等相似

由于身体的局限性，人类不可能胜任长期的宇宙旅行。利用机器来建设月球、火星上的基地，在不久的未来将成为现实。人类甚至不需要制造出真正的智能机器就能实现这个梦想，这是条必然之路，因为它大大节省了成本、降低了风险。在一段时间里，没有自我意识的机器奴隶帮助人类开拓其他星球，它们按照人类的指令做事。在真正的机器智能诞生之前，人类文明将经历一个最脆弱的阶段——人类有机会利用机器奴隶作恶，最终伤及自身。

图 6.45　随着人类在宇宙中越走越远，必然能找到适宜移民的星球

只不过在百年之内，人类才开始使用核能，才开始探索外层空间，才开始研发人工智能，相比地球45 亿年的年龄或者人类 200 万年的年龄，这仅是弹指一挥间。然而，人类科技进步的幅度比之前的总和都多。人类借助智能机器开疆扩土，攫取更多的资源，是文明发展的必然道路。

图 6.46 机器人将帮助人类建造外太空基地，开始在宇宙中迁徙

人类和外星生物发生激烈冲突的影视作品是叫座的——邪恶的外星生物通常丑陋而狡猾，人类总是先吃尽苦头的正义一方，但最终取得了胜利。

图 6.47 人类幻想未来遭遇到不友好的外星文明

20 世纪 80 年代（美苏“冷战”后期），美国总统**罗纳德·里根**（Ronald Reagan, 1911—2004）提出“星球大战计划”，其正式名称是“战略防卫先制”（Strategic Defense Initiative, SDI），目的是建立有效的反导弹系统。1991 年，苏联解体，美国已投入近千亿美元于该计划①。美国长期深陷“冷战”思维之中，一直排斥与中国携手探索外太空。2011 年 4 月，美国国会批准了“沃尔夫条款”，禁止美国太空总署（NASA）与中国进行任何技术交流，中国被迫独立发展自己的航天事业，按照计划一步一个脚印地前行。在未来很长一段时间里，中美在外层空间的竞争是不可避免的。

① 目前，在来袭导弹的上升、平飞、下降三个阶段，美军相应地有战区导弹防御系统（如萨德反导系统）、陆基中段防御系统、战术导弹防御系统（如爱国者导弹）等应对手段。但对于超高音速（即 5 倍以上音速）的武器，现有的导弹防御系统几乎无计可施。矛与盾的较量仍在继续。

图 6.48 美国与其盟国的太空事业，将中国这个潜在的竞争对手排斥在外

对外太空的探索、开发和利用，应以造福人类为总目标，而不是肆意的争夺和恶意的竞争。若真掀起“星球大战”，必是人类的灭顶之灾。2015 年，俄罗斯成立空天军（Aerospace Forces）。2020 年，美国国会通过《国防授权法》，确立美国太空军（Space Force）为独立的军种，保护太空中的美国利益、防止太空侵略和执行太空任务（例如支援地球行动、导弹预警与防御、卫星作战、核战争等），以确保美国的太空优势。2021 年，法国联合美国太空军举行了欧洲首次太空军事演习。

图 6.49 外层空间的资源属于全人类，而不是个别霸权国家

美国的空间探索技术公司 SpaceX 由**伊隆·马斯克**（Elon Musk, 1971— ）于 2002 创立，已经成功开发出猎鹰系列运载火箭和龙系列飞船。它正在开发超重型发射系统——SpaceX 星舰，其目标是火星殖民。按照马斯克的说法，首批移民拿着单程票，都是视死如归的勇者。

图 6.50 21 世纪，人类有望在月球和火星上建立基地

2020 年 7 月 23 日，我国发射“天问一号”火星探测器。2021 年 5 月 15 日，“天问一号”携带的“祝融号”探测车在火星乌托邦平原南部预选区域着陆，一次性完成绕、落、巡三项任务，中国成为继美国之后第二个成功登陆火星进行探测的国家。“祝融号”与美国的火星探测车“毅力号”“好奇号”一样，都是带有预定科研任务的初级智能机器。

图 6.51　半个世纪以来，我国的航天技术取得了巨大的成就

自 1970 年第一颗人造地球卫星成功发射至今，中国在短短 50 年里取得了令世人瞩目的太空成就，跻身于太空强国之列。1999 年 11 月 20 日，我国载人航天工程第一艘试验飞船“神舟号”首飞成功。2003 年 10 月 15 日，“神舟五号”第一次完成载人飞行。2012 年 6 月 18 日，“神舟九号”飞船携三名宇航员与“天宫一号”成功对接。2021 年 6 月 17 日，三名宇航员搭载“神舟十二号”飞往“天宫号”空间站，进驻“天和号”核心舱。此次载人飞船的成功发射对于中国航天事业的发展具有里程碑意义，开启了中国自主的太空时代。

图 6.52　中国的“神舟”飞船首飞成功和载人交会对接成功

智能机器比人类更适合远征外太空，人工智能的技术越来越多地应用于星际探索。机器人在恶劣的地外环境里，要实时地处理、对付各种突发事件，需要有一定的学习和适应能力，而不必完全依靠人类的控制。会有各种智能的机器帮助人类在月球、火星上建设基地，使得人类的星际旅行更安全。

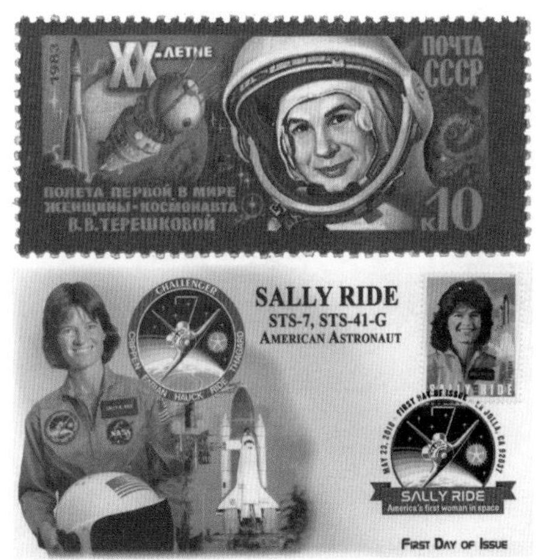

图 6.53　苏联、美国和中国的女宇航员

例 6.7　1900 年，美国 41% 的劳动力从事农业。到了 2000 年，这一比例下降到 2%。尽管农业工作在劳动力中的占比很小，但农业机械的制造、服务和维修却有所增加。

在可以预期的未来，"机器人学" 将成为最热门的交叉学科（包括机械工程、数学、计算机科学、自动化与控制理论等），成为国家科技实力的典型代表。机器人的设计、制造、软件等将形成一个巨大的生态圈，而标准和生态的阵地，是大国博弈的必争之地。

图 6.54　智能机器代替人类探索其他星球，人类不会永远困在地球上

6.2 智能制造

研究如何调度各种资源高效地进行生产活动的管理科学（management science）离不开人工智能。把生产过程抽象为带约束条件的优化问题，以前靠运筹学专家，现在靠人工智能专家系统辅助完成预测、计划、组织、领导、协调、掌控，效率更高，效果更好。

图 6.55　人工智能让管理科学如虎添翼。例如，解决复杂的调度工作

资本逐利，以人工智能为基础的“智造业”必然导致低成本，成为资本青睐的发财之道。工厂里不辞辛苦的机械臂，和蔼可亲、随时恭候的智能客服……节省了培训、劳力、福利等成本，进一步解放了生产力。“智造业”将刺激智能机器的设计、生产、销售、维护等，一些新兴的行业和市场会随之诞生，促使教育满足职业和技能的诉求。同时，“智造业”也会带来一些社会问题，如技术失业（technological unemployment）、恶意垄断、残酷竞争、财富集中等负面影响。

图 6.56　工厂里不知疲倦日夜不停工作的机器人

在通往超级智能之途，我们必然要经历一段渐进的过程——人机协同。这些没有自我意识的低智能机器，需要有人类维护，甚至参与控制。以往的人机协同往往需要人类的感知、综合判断、问题分析等机器不擅长的能力，AI 技术正一点点地弥补机器的缺憾。未来智造业需要懂人工智能、有技术革新能力的工人，因此学科和技能的教育必须与时俱进。事实上，计算机科学正在成为一门新的基础学科，与数理化并重，甚至更为重要。

图 6.57　技术人员在舒适的工作环境远程控制、管理工厂里的机器

智能机器的“灵魂”是 AI 算法，它们也将成为商品，成为商业竞争的重要指标之一。也就是说，将来当人们评价一个产品或服务的质量时，智能的多少是影响用户体验的一个必不可少的因素[①]。

图 6.58　技术含金量最高的“智能性”将成为 AI 产品的一项重要指标

负责质量监控的机器会自动地将检测结果反馈给生产线，负责生产的机器相应地做出参数调整，甚至对不合格产品进行根因分析，将经验固化成一些规则。例如，再也不需要工人站在喧闹的纺织机旁时刻提防错误的出现，机器能发现肉眼难以察觉的瑕疵。再也不需要矿工在高温粉尘的环境下工作，机械锤能自动识别体积大的矿石将其击碎。在危险、恶劣或者不利于健康的工作环境下，无人值守的机器完全替代了人类。

图 6.59　智能纺织机器彻底替代人类，甚至包括以前属于人类的质检工作

① 科研论文和开源运动共享了一部分先进技术，还有一些能体现出差异性的顶级核心算法却会受到知识产权更精心的保护。

智能机器可以生产商品和服务，但它们并没有像人类那样消费。生产力低下、资源稀缺的状况，随着技术进步将得到改善。新技术的红利，应属于整个社会而不是一小部分人群。然而，科技实力最强大的美国，贫富差距却在不断地拉大。

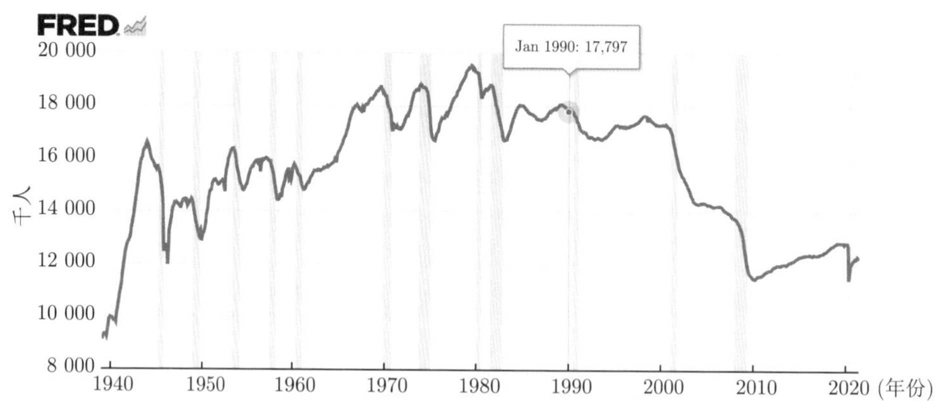

图 6.60　1939—2021 年美国制造业员工数量的历史数据。1979 年 6 月达到峰值 1 955.3 万人，2020 年 4 月达到局部最低点 1 141.4 万人。除了技术升级，制造业就业岗位还受到全球化和国家政策的影响

来源：美国劳工统计局

一些学者把新技术视为洪水猛兽，称人工智能不久将取代人类一半的工作，进而引起大规模的失业（例如，未来的工厂无人值守，自动化的机器日夜不停地运转）。其实，技术进步在人类社会的任何时期都有，**技术失业**每天都在发生。然而，新技术总会催生出更多新的工作岗位。因此，技术失业并不可怕，它是不可避免的社会现象。贫富分化是一个社会问题，将社会矛盾转移到新技术上，只会引起人们对科技的误解，丝毫无助于解决问题。积极的做法是引导人们了解新技术，为新岗位培训新员工，鼓励大众多做技术革新，成为新技术的主人。

图 6.61　未来无人值守的工厂，只需要少量的工作人员完成维护任务

新技术不是导致贫富不均的根因，不公平的社会财富和收入的再分配（redistribution of income and wealth）才是，美国就是前车之鉴。通过大量印钱给穷人发放救济的路是行不通的，那些钱只是经穷人

的手再次回流到资本，穷人依旧贫困，而资本如同黑洞吞噬着一切。莫不如利用税收、社会福利、公共服务等手段，加大基础建设、提高国民教育（扶贫先扶智）、增加就业机会，这才是缩小贫富差距的正解。

图 6.62　科技进步带来生产力水平的提高，为的是造福人类，而不是加大贫富差距

除了贫富悬殊，随着人口出生率的降低，劳动力紧缺、人口老龄化也是中国、欧盟、美国都必须面临的棘手问题。新技术某种程度上能够缓解困境，大数据、人工智能技术配合精准扶贫、新基建等经济发展策略，真正做到技术服务于民、造福一方。

例如，我国《新一代人工智能发展规划》提倡建设安全便捷的智能社会，“围绕提高人民生活水平和质量的目标，加快人工智能深度应用，形成无时不有、无处不在的智能化环境，全社会的智能化水平大幅提升。越来越多的简单性、重复性、危险性任务由人工智能完成，个体创造力得到极大发挥，形成更多高质量和高舒适度的就业岗位；精准化智能服务更加丰富多样，人们能够最大限度享受高质量服务和便捷生活；社会治理智能化水平大幅提升，社会运行更加安全高效”。

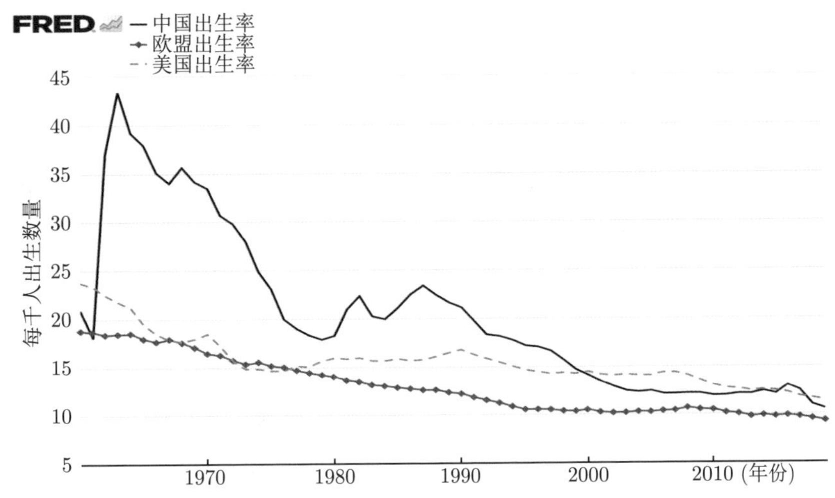

图 6.63　1960—2019 年，中国、欧盟、美国的出生率呈现出整体下降的趋势。劳动力的短缺要靠先进的生产力来补救

来源：世界银行

人工智能是先进生产力，产业智能化升级能够一定程度地抵消劳动力人口的减少。《新一代人工智能发展规划》提出，“推动人工智能与各行业融合创新，在制造、农业、物流、金融、商务、家居等重点行业和领域开展人工智能应用试点示范，推动人工智能规模化应用，全面提升产业发展智能化水平”。例如，智能制造、智能国防、智能农业、智能物流、智能金融、智能商务、智能家居、智能教育、智能医疗、智能健康和养老、智能政务、智慧法庭、智慧城市、智能交通、智能环保等。

图 6.64　科技如果不能造福社会、惠及民众、改善生活，那它一定没用对地方

《新一代人工智能发展规划》所设想的智能制造的目标是“围绕制造强国重大需求，推进智能制造关键技术装备、核心支撑软件、工业互联网等系统集成应用，研发智能产品及智能互联产品、智能制造使能工具与系统、智能制造云服务平台，推广流程智能制造、离散智能制造、网络化协同制造、远程诊断与运维服务等新型制造模式，建立智能制造标准体系，推进制造全生命周期活动智能化”。

图 6.65　中国梦——民族振兴：政治文明、经济发展、文化繁荣、民族团结

不管怎么说，再好的技术，如果没有一个全心全意为人民服务的社会体制，只能沦为少数人赚钱的工具。《新一代人工智能发展规划》对 AI 及其应用的战略性思考高屋建瓴、放眼全局，相信一定会造福社会、造福人类。

图 6.66　中国梦——国家富强："神舟"飞船与"天宫一号"交会对接、北斗卫星导航系统、"辽宁号"航空母舰、"蛟龙号"载人潜水器

6.2.1　社会问题

智造业的成本更低、产量更高、利润更大，资本家赚得盆满钵满。为了社会分配，一些政府开始考虑征收"机器人税"。这样做是否合理呢？

- 作为生产工具，当前的"机器人"和普通机器没有本质区别，很难为政策的实施画出一条明晰的边界。
- 长期来讲，只有科技进步才是经济稳定增长的来源。所以，阻碍科技进步的行为是不可取的。"机器人税"不利于激发人们的创新热情，容易因小失大。
- 科技进步造成机器取代人类的工作而造成一定规模的失业，即所谓的"技术失业"（technological unemployment），但是人类社会有很强的适应性，利用新技术去创造更多的工作机会。AI 每消灭几个工作岗位，就会补偿性地创造出一些新的工作岗位。

20 世纪后半叶，计算机和网络的技术进步提高了生产效率，也产生了大量的新兴事物，例如，软件工程师、数据分析师、平面设计师等。

例 6.8　进入 21 世纪，数码相机和智能手机的普及，让传统相机、胶片冲印、照相馆等迅速走向消亡。同时，社会上涌现出大量的"内容"制造者，视频、音频的产量出现井喷，"内容经济"开始繁荣。

快递与邮政业务，随着用户水涨船高，新技术带来的高效率并没有让从业人员流失，反而形成更庞大的服务队伍。即便机器人搬运、无人机投递能减少一些人力，但用户对更短等待的诉求将消化大量的失业者。

例 6.9 为揭示技术进步与贫富两极分化、就业情况的关系，以美国社会为例，我们考察以下五个指标。

（I） 全要素生产率（total factor productivity, TFP）：刻画一个经济体自身实力的进步，其中，全要素指不包括资本、劳动力等外来输入的所有影响产出的要素。

（II） 基尼指标（Gini index）：衡量年收入分配的公平程度，由意大利统计学家、人口学家和社会学家**科拉多·基尼**（Corrado Gini, 1884—1965）于 20 世纪初定义。该指标越小，意味着分配越公平。

（III） 家庭实际收入中位数（real median household income）：用于展示中产阶级家庭收入的变化。

（IV） 财富百分比（wealth percentile）：比较最富的 1% 和最穷的 50% 的人所持有的总资产份额。

（V） 失业率（unemployment rate）：失业人口占劳动力人口的百分比。

1966—1983 年，美国 TFP 进入一个平台期，基尼指标有所降低。之后，基尼指标并没有随技术进步而降低，而（考虑到通货膨胀）中产阶级的收入也没有显著提高，这意味着技术红利更多地落入资本家的口袋。

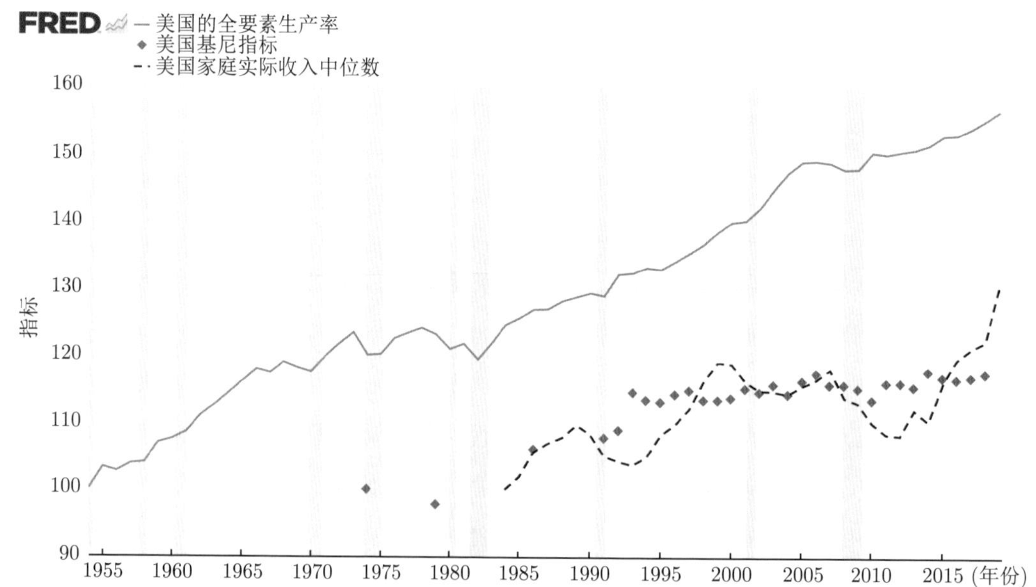

图 6.67 （i）1954—2019 年美国的全要素生产率的历史数据（来源：加州大学戴维斯分校）；（ii）1974—2018 年美国基尼指标的历史数据（来源：世界银行）；（iii）1984—2019 年美国家庭实际收入中位数的历史数据（来源：美国人口普查局）。为了能同框，每类数据都根据某个年份做了标准化（即相对值）

以前的机器虽提高了生产效率，但总离不开技术工人来操作。世易时移，现在的智能机器逐渐连人都不需要了。资本天生逐利，劳动力成本能省则省。所以，人们直观上觉得技术进步带来的是大规模失业。果真如此吗？

图 6.68　消灭失业，人人有工作，这是我们梦想的社会

我们首先注意到，美国的基尼指标近四十年来处于增长的趋势之中。经济学通常把 0.4 作为基尼指标的“警戒线”。美国自 1994 年至今，基尼指标一直高于这条“警戒线”，贫富阶级的对立导致社会的动荡和政治的撕裂①。

1989 年，美国最富的 1% 的人的财富占比是 23.5%，最穷的 50% 的人的财富占比是 3.7%。到了 2020 年，这两个占比分别是 30.5% 和 1.9%。

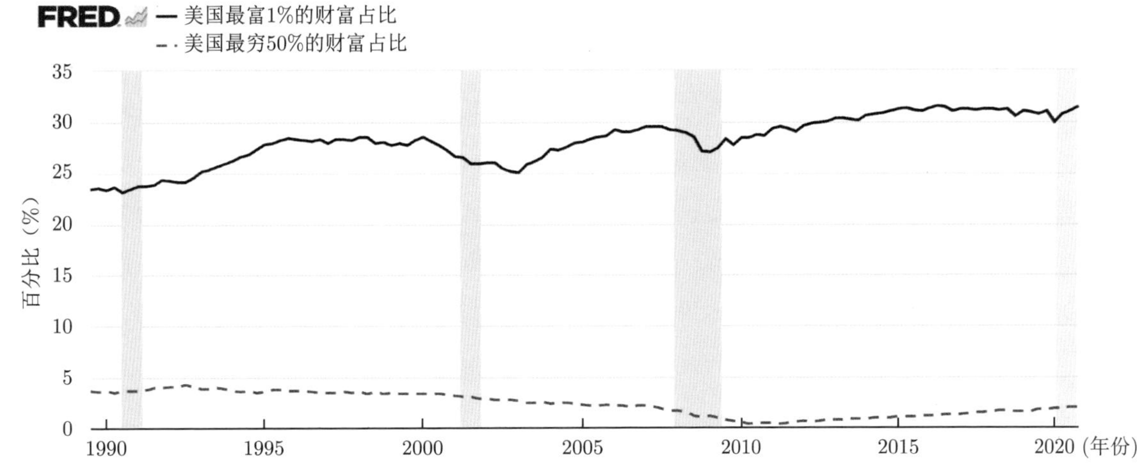

图 6.69　1989—2020 年，美国最富 1% 和最穷 50% 的财富占比。美国贫富的“两极分化”，导致中产阶级不断流失，社会矛盾日益加剧，更多的人无法逃逸贫穷这个黑洞

来源：美联储理事会

① 中国香港的基尼指标，从 2001 年的 0.525 蹿升至 2012 年的 0.537，成为这个星球上发达经济体中贫富差距最大的地区。资本的贪婪是没有止境的，它常常披着道德的外衣，靠施小利笼络人心。

人们把先进技术引起的失业称作“技术失业”。古典和新古典经济学家都认为存在多种补偿机制，抵消技术失业。技术进步是刚性的、累积的、不可逆的，技术失业是常态，总是会发生的——事实上，一直在发生。

图 6.70　无产阶级革命导师马克思与《资本论》

卡尔·马克思在《资本论》第一卷第十三章“机器和大工业”里早就指出，“一个毫无疑问的事实是：机器本身对于把工人从生活资料中‘游离’出来是没有责任的。机器使它所占领的那个部门的产品便宜，产量增加，而且最初也没有使其他工业部门生产的生活资料的数量发生变化。因此，完全撇开年产品中被非劳动者挥霍掉的巨大部分不说，在应用机器以后，社会拥有的可供被排挤的工人用的生活资料同以前一样多，或者更多。而这正是经济学辩护论的主要点！同机器的资本主义应用不可分离的矛盾和对抗是不存在的，因为这些矛盾和对抗不是从机器本身产生的，而是从机器的资本主义应用产生的！因为机器就其本身来说缩短劳动时间，而它的资本主义应用延长工作日；因为机器本身减轻劳动，而它的资本主义应用提高劳动强度；因为机器本身是人对自然力的胜利，而它的资本主义应用使人受自然力奴役；因为机器本身增加生产者的财富，而它的资本主义应用使生产者变成需要救济的贫民，如此等等，所以资产阶级经济学家就简单地宣称，对机器本身的考察确切地证明，所有这些显而易见的矛盾都不过是平凡现实的假象，而就这些矛盾本身来说，因而从理论上来说，都是根本不存在的。于是，他们就用不着再动脑筋了，并且还指责他们的反对者愚蠢，说这些人不是反对机器的资本主义应用，而是反对机器本身”[42]。

工人和机器组合在一起形成生产的整体，其中工人所从事的恰恰是机器无法做到的“最高级的部分”。倘若有成本更低的机器能替代人的工作，那么资本会毫不犹豫地选用机器。从表面看，先进的机器和工人是对立的，是导致工人失业的因。而事实上，机器是无罪的。“工人要学会把机器和机器的资本主义应用区别开来，从而学会把自己的攻击从物质生产资料本身转向物质生产资料的社会使用形式，是需要时间和经验的。”[42]

图 6.71　马克思的墓碑上写着：“全世界劳动者，联合起来！”

马克思还预见到了全球化（globalization）和贫富的两极分化。“采用机器的直接结果是，增加了剩余价值，同时也增加了体现这些剩余价值的产品量，从而，在增加供资本家阶级及其仆从消费的物质时，也增加了这些社会阶层本身。这些社会阶层的财富的日益增加和生产必要生活资料所需要的工人人数的不断相对减少，一方面产生出新的奢侈要求，另一方面又产生出满足这些要求的新手段。社会产品中有较大的部分变成剩余产品，而剩余产品中又有较大的部分以精致和多样的形式再生产出来和消费掉。换句话说，奢侈品的生产在增长。大工业造成的新的世界市场关系也引起产品的精致和多样化。不仅有更多的外国消费品同本国的产品相交换，而且还有更多的外国原料、材料、半成品等作为生产资料进入本国工业。随着这种世界市场关系的发展，运输业对劳动的需求增加了，而且运输业又分成许多新的下属部门。”

图 6.72　无产阶级指不占有生产资料，靠出卖劳动力为生的社会群体

针对 AI 技术带来的新的工作机会，我国《新一代人工智能发展规划》有明确的指导：“加快研究

人工智能带来的就业结构、就业方式转变以及新型职业和工作岗位的技能需求，建立适应智能经济和智能社会需要的终身学习和就业培训体系，支持高等院校、职业学校和社会化培训机构等开展人工智能技能培训，大幅提升就业人员专业技能，满足我国人工智能发展带来的高技能高质量就业岗位需要。鼓励企业和各类机构为员工提供人工智能技能培训。加强职工再就业培训和指导，确保从事简单重复性工作的劳动力和因人工智能失业的人员顺利转岗。”

从美国近半个多世纪的失业率和全要素生产率 TFP 的历史数据来看，高失业率的成因并不是先进技术，而是资本主义的经济周期①。“工业的生命按照中常活跃、繁荣、生产过剩、危机、停滞这几个时期的顺序而不断地转换。由于工业循环的这种周期变换，机器生产使工人在就业上并从而在生活上遭遇的无保障和不稳定状态，已成为正常的现象。”[42] 20 世纪以来，美国经历了数次经济危机。例如：

- 1907 年：银行危机
- 1929 年：经济大萧条
- 1973 年：石油危机
- 1987 年：美国股灾
- 2008 年：金融危机
- 2020 年：新冠肺炎疫情

技术失业的存在性并不能说明失业率增长的根因是技术进步。通过观察美国全要素生产率 TFP 的相对变化②以及它与失业率的相关性，不难发现，技术进步的减缓反而不利于降低失业率（见图 6.73）。

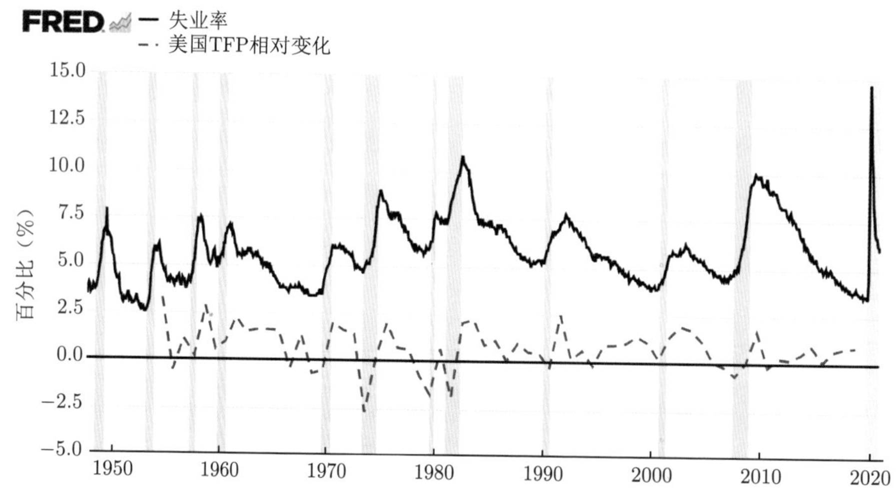

图 6.73 (i) 1948—2021 年美国每月的失业率。2020 年 4 月，受新冠疫情的影响，美国失业率创下 14.8% 的新高，到了 2021 年 3 月，失业率降到 6%。(ii) 1955—2019 年 TFP 相对变化的历史数据

来源：美国劳工统计局

① 1862 年，法国医生、统计学家**克雷芒·朱格拉**（Clément Juglar, 1819—1905）出版《商业危机及其在法国、英国和美国的周期性回归》一书，提出资本主义经济存在着 6 ~ 10 年的周期波动，被称为朱格拉周期。

② 相对变化（relative change）也称为百分比变化（percent change），定义为 $(x_2 - x_1)/x_1$，其中 x_1, x_2 是观测变量 x 之前和之后的取值。

人们对新技术的恐惧来自技术失业的直觉感受，往往对新技术创造的机会却茫然不知。这是非常自然的事情，因为新机会点的诞生受到市场需求、投资时机、人才储备、国家政策、技术本身等因素的影响，带有一些不确定性，有时专家们都难以做到准确的预测。政府对民众应有积极的导向，在面对新技术带来的社会和经济的变革时，让人民看到更多的希望。

由于经济全球化，美国本土的制造业一直在走下坡路。2020 年，一部由美国前总统**贝拉克·奥巴马**（Barack Obama, 1961— ）及夫人投资制作的纪录片《美国工厂》，荣获了第 92 届奥斯卡最佳纪录长片奖。该片反映了中国福耀玻璃集团在美国设厂后遇到的各种困难，包括美国工人阶级的没落、资本与工会的矛盾、中美文化的冲突、自动化带来的失业等。

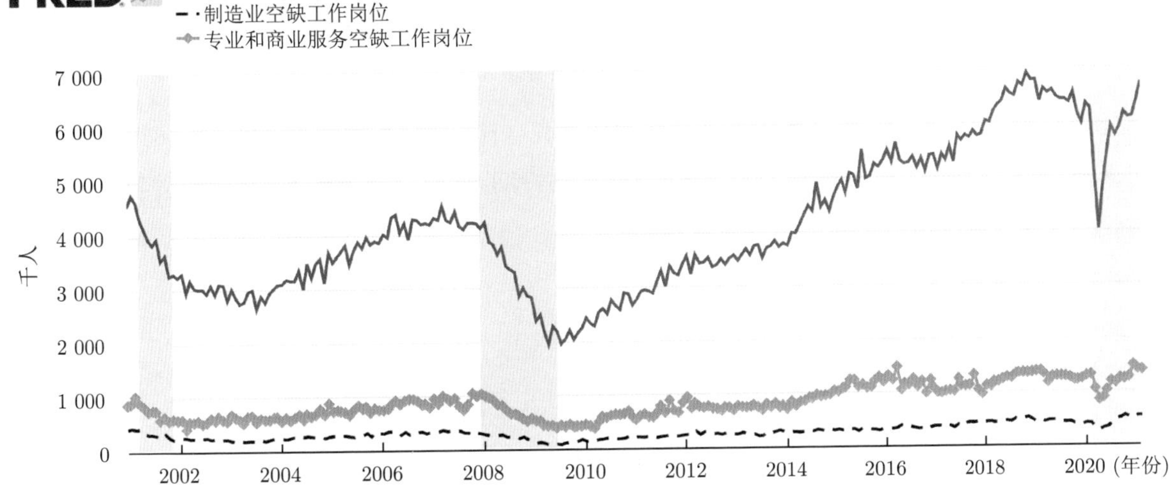

图 6.74　2000—2021 年，美国私人企业、制造业、专业和商业服务空缺工作岗位的数量。例如，2021 年 2 月，三者分别是 673.2 万、53.8 万、139 万

来源：美国劳工统计局

对于从事高科技的公司来说，也要受到技术规律的约束——技术的进步成熟也会带来*技术失业*。例如,2010 年美国从事信息和数据处理服务的人员只有 2000 年的 56.5%,达到一个局部最低点(见图 6.75)。若非大数据、人工智能等新技术爆点重新点燃市场，这种低迷不振还会继续蔓延。然而，新技术要是找不到合适的应用，资金会及时而毫不留情地溜走。例如，21 世纪初美国在*生物信息*（bioinformatics）技术上的投入，并没有取得期待的市场效果。因为强调隐私数据的保护且未找到解决方案，大数据应用在美国的市场效果远不如中国①。

① 任何新技术的应用都要比较利弊，不能因噎废食，也不能放任自流。例如，在新冠肺炎疫情这样严峻的公共卫生危机事件中，如果有新冠病毒携带者还以不能侵犯个人隐私为由拒绝向防疫部门公开其接触历史，那么这种以践踏别人生命权为代价的隐私权是自私的，也不应该得到任何支持。

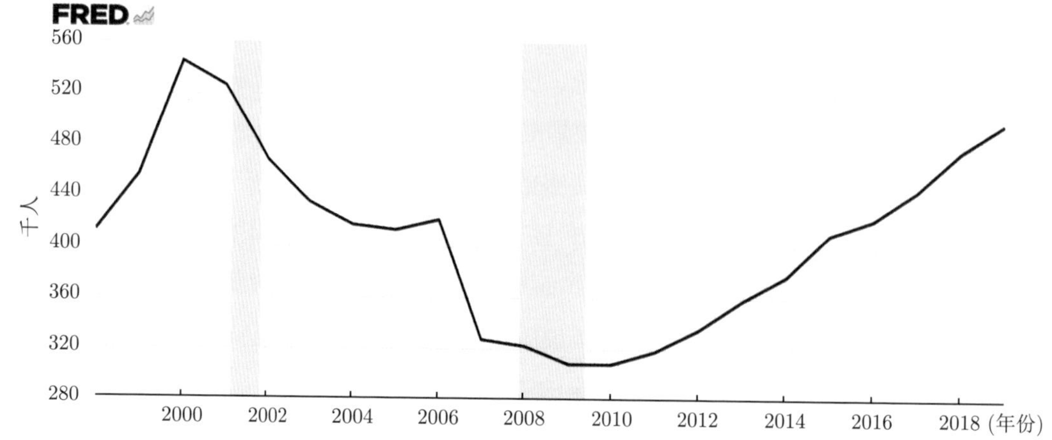

图 6.75　1998—2019 年，美国从事信息和数据处理服务的私营企业雇员数量的历史数据。2010 年之后，受大数据和 AI 的刺激，市场对信息人才的需求有所增加

来源：美国经济分析局

法国批判现实主义文学巨匠**奥诺雷・德・巴尔扎克**（Honoré de Balzac, 1799—1850）的小说集《人间喜剧》（*La Comédie Humaine*），其中大量篇幅描写了资本主义社会摆脱不掉的贪婪、吝啬、欺骗、剥削、投机、物欲的金钱罪恶。毁灭人性、爱情、社会，败坏良心、家庭、国家，都是金钱罪恶惹的祸。

图 6.76　法国文学大师巴尔扎克与《人间喜剧》

在 2008 年全球金融危机之后，马克思主义又被重新提起。“马克思是对的”，在一批西方学者中得到了共识，他们开始在新的历史环境下审视马克思的学说。

- 英国政治经济学家、地理学家**大卫・哈维**（David Harvey, 1935—　）认为马克思主义在资本主义全球化的今天依然正确，应该赋予新时代的意义[103, 104]。
- 2013 年，法国经济学家**托马・皮凯蒂**（Thomas Piketty, 1971—　）在畅销书《二十一世纪资本论》[105] 里揭示了资本收益率高于经济增长率的必然结果就是财富不均逐步扩大，这是资本主义的固有特点。

- 美国马克思主义经济学家**理查德 · 沃尔夫**（Richard Wolff, 1942—　）以其在经济方法论和阶级分析方面的工作而闻名，著有《殖民主义经济学》（1974）、《理解马克思主义》（2019）等。

英国工人运动领导人**托马斯 · 登宁**（Thomas Dunning, 1799—1873）在其著作《工联和罢工》里曾说，“资本逃避动乱和纷争，它的本性是胆怯的。这是真的，但还不是全部真理。资本害怕没有利润或利润太少，就象自然界害怕真空一样。一旦有适当的利润，资本就胆大起来。如果有 10% 的利润，它就保证到处被使用；有 20% 的利润，它就活跃起来；有 50% 的利润，它就铤而走险；为了 100% 的利润，它就敢践踏一切人间法律；有 300% 的利润，它就敢犯任何罪行，甚至冒绞首的危险。如果动乱和纷争能带来利润，它就会鼓励动乱和纷争。走私和贩卖奴隶就是证明”。

在资本主义制度之下，资本家利用先进的技术攫取更多的剩余价值。透过现象看本质，科技进步不是社会贫富问题的原罪，财富的分配机制才是。如果不能遏制资本的疯狂，阶级的固化将导致非常严峻的社会危机。

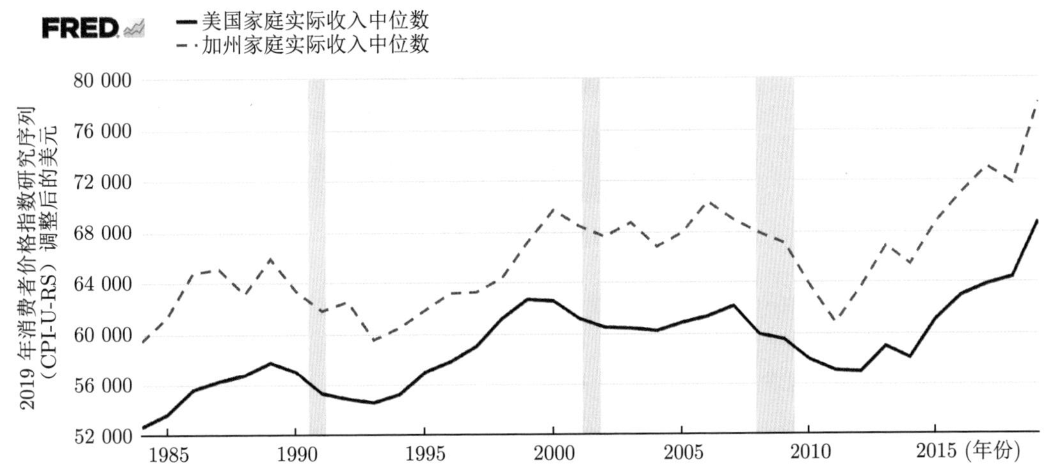

图 6.77　1984—2019 年，美国和加州的家庭实际收入中位数。如果考虑到通货膨胀，近三十年美国中产阶级的收入变化不大，甚至有所退步。中美贸易战以来，美国国内通胀加剧，百姓负担加重

来源：美国人口普查局

政府要充当科技助推器的角色，大力资助基础研究和发展国之重器，利用政策鼓励、保护新技术创业，扶持一些有真才实学的科技公司，方向性地指导产业数字化。如《中国产业数字化报告 2020》所指出的，产业数字化是：① 以数字科技为变革生产工具；② 以数据资源为关键生产要素；③ 以数字内容重构产品结构；④ 以信息网络为市场配置纽带；⑤ 以服务平台为产业生态载体；⑥ 以数字善治为发展机制条件，顺应了生产工具、生产要素的变革，实现了资源优化。

图 6.78　产业数字化的核心是“提升效率、降低成本”

自动化技术必然降低劳动力成本，这里减少了一些岗位，别处又创造或催生出来新的就业机会，这种变化是社会进步的常态。开始总是乱哄哄的无序状态，只要不懈地改善，终会走向有序。率先被 AI 取代的是那些简单重复的工作，例如语音客服、商场导购、建筑工人、收银员、会计、前台、餐馆服务员、保安、司机、保洁人员、银行职员、政府工作人员等。

图 6.79　一些低端的机械重复的服务行业将被人工智能彻底取代

如果不加限制，人类是掠夺地球资源的最无情、最贪婪的生物。动物只求填饱肚皮，人类的欲望却是无底洞。人类的精神注定一半是天使一半是魔鬼，即便不能彻底消灭魔鬼，也要将它装进牢笼加以约束，比如剥削和压迫。

图 6.80　改革开放的目标是决胜全面建成小康社会

人工智能是更高级的生产力，未来的工厂里只有机器没有工人，很多服务也都由机器提供。人工智能的终极目标是造福所有人类，必须与之匹配更高级的社会制度，才能从根本上消灭剥削，实现世界的大同。

6.2.2 新的机遇

具有自我意识的智能机器将带来一些伦理问题，它们并不是资本家想要那种只会唯唯诺诺、默默地工作到报废的机器奴隶。如果社会结构不发生变革，就会变成技术进步的障碍。可以展望，阶级、性别、种族等不平等现象，必将随之走向消亡。在人工智能逐渐成熟的过程中，将诞生许多的挑战和机遇，民富国强的未来不是梦。

资本要的不是具有自我意识的超级智能，它要的是机器奴隶。这是叶公好龙，当真正的人工智能到来时，资本会变得害怕起来。除非科技为所有人类带来福音，而不是为少数的剥削者和统治者，科技的价值才被最大限度地挖掘。科技是第一生产力，当生产力达到一定水平的时候，它会要求社会结构作出调整以适应它。

图 6.81　资本喜欢能带来暴利的新科技。有自我意识的智能机器显然不如机器奴隶那么容易被控制、被剥削，所以资本并不渴望强 AI 的到来

科技发展首先和教育息息相关，二者是相互促进的关系。科技的推动者是人，高素质的人才只有良好的教育体系才能产生出来。反之，科技为教育水平的进步提供了大量便捷的工具和有效的手段，例如互联网、科学绘图、符号和数值计算、知识工程、虚拟现实等。

教育变革

人工智能有望彻底改变人类千万年以来低效的学习方式，让知识成为看得见的东西，让知识的增长变得有序和高效，让每个孩子都能享受同等丰富的教育资源，让科学精神占据文化的主流。

斯宾诺莎认为拥有正确的知识才能获得主动的心灵，“心灵能够将它的情感加以整理，并将这些情感彼此联系起来使其有秩序……因为每一种情感的力量的大小乃是由比较该情感的外因的力量与我们自己的力量而决定的。但是心灵的力量既然仅仅为知识所决定，而心灵的薄弱或被动又仅仅为知识的缺陷所决定，或者换言之，为不正确的观念所赖以产生的能力所决定。由此可见，那大半为不正确的观念所充塞的心灵是最被动的，因此要辨认这种心灵顶好是根据其被动之处，而不能根据其主动之处。反之，那大半为正确观念所构成的心灵则是最主动的，因此要认识这种心灵，即使仍有与前者有同样多的不正确观念包含在内，但顶好是根据属于人类的德性的正确的观念，而不能根据那足以表示人类薄弱的不正确观念”(《伦理学》的第五部分“论理智的力量或人的自由”[17])。

图 6.82　基于 AI 的教育，形式丰富、内容充实，比传统方式更加高效

现代信息及通信技术（Information and Communications Technology, ICT）和人工智能结合，首个有潜力的应用场景就是教育。前者解决管道的问题，后者对传统的教学方式进行革命性的改进。基于知识管理的“因材施教”，在一个纯净的教育环境中让每个孩子从学习中都能找到乐趣和自信。教育的目的，是培养有科学思想和独立思考能力的人，而不是随波逐流的盲从者①。

图 6.83　让所有孩子都有同等的机会接受优质教育，个体差异得到尊重

结构化的知识为每位学习者定制学习计划，有的是入门性质的介绍，有的是细致入微的讲解。在学习的每个阶段，知识的掌握情况是量化的、可视的，而教学过程是自适应的，系统根据学习状态调整进度。

① 反智主义是科技进步的绊脚石，是反动的统治阶级愚弄人民的麻醉剂。技不压身，学习是需终生坚持的事情。尤其年轻人，要如饥似渴地通过思考获取知识。学无止境，“少壮不努力，老大徒伤悲”。而父母给孩子最好的馈赠就是良好的教育。

在每一位老师的教案里，知识都被整理得条理清晰——知识点就像建筑材料，最后搭建出一座漂亮的建筑。让学生看清每一块砖的位置，以及设计的理念，从微观到宏观了解一门课程。然而，差异化教学并非易事，学生的实际情况千差万别，老师无法做到一对一对症下药。人工智能技术要为每位学生定制私人教师，充分地尊重学生的个性和特点。

并不是每个学生都要成为科学家或文学家，对大多数人来说，一些必要知识的基础教育更为重要，培养学习、思考的能力更为重要。我们教给学生一个个知识网络（即学校课程），这远远不够，更宝贵的是要教会他们如何“织网”（即终生学习），乃至用网“捕鱼”（即学以致用）。传统教育很难达到这些目标，AI 技术有望颠覆老旧的教学方式，在知识增长和能力培养上取得质的飞跃。

例如，图 6.84 描述了古典概率和概率空间的一些基本概念和结果，如果学习者准备了解“连续型随机变量”，有一个最简的知识链条或网络，恰好满足用户的要求，这将极大地减少学习的盲目性。系统为每个用户显示出他/她的知识图谱，知识的可视化和量化是完全可行的。

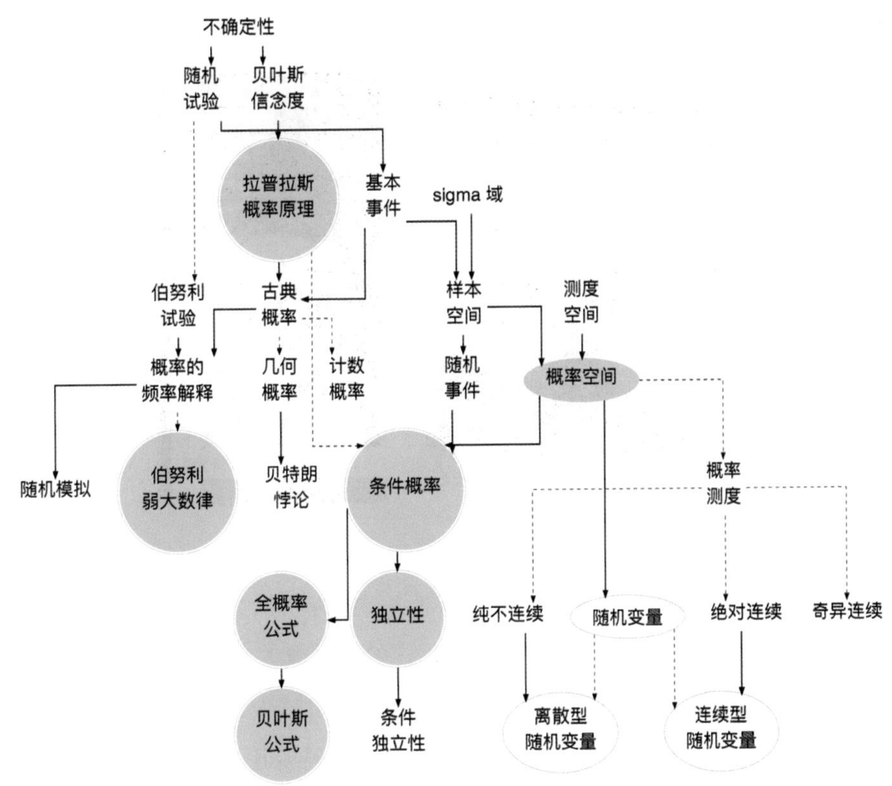

图 6.84　古典概率和概率空间的一些基本内容。学习者按照知识图谱循序渐进，系统根据他/她已掌握的知识点和想学习的知识点，为其制定高效的学习步骤

人人都有这样的经验：有些知识一辈子也忘不了，有些则如数奉还给老师了。那些忘不了的知识一定是在一个结实的知识网络之中，而不是孤立无用的。“织网”和“捕鱼”对巩固知识是至关重要的，如

何应用人工智能取得好的数字化学习（E-learning）效果，需要 AI 专家与教育心理学家紧密协作才能实现。

《三字经》里讲，“教不严，师之惰。子不学，非所宜”。人工智能教师百分之百能够做到解惑答疑“诲人不倦”，有趣且直观的教学环境让学生身临其境“学而不厌”。这次教育革命的对象是“教师”，用人工智能把“教师”改造成千千万万如影随形的“良师益友”。我国各地的教育资源很不均衡，只有教育的数字化才能做到有教无类。无所不在的数字化教育，不仅仅面向在校学生，更面向每一位公民。公民素质，是国家经济和社会发展的基础，也是综合国力的一个重要体现。

智能机器人

1921 年，捷克作家**卡雷尔・恰佩克**（Karel Čapek, 1890—1938）创造了“机器人”一词。1941 年，美国科幻作家**艾萨克・阿西莫夫**（Isaac Asimov, 1920—1992）在他的短篇科幻小说《说假话的机器人》（*Liar!*）中首次使用了“机器人学”（*robotics*）这一术语。机器人学是一门交叉学科，涵盖了机器人的设计、制造、操作、应用等方面。

图 6.85　科幻作家恰佩克和阿西莫夫是智能机器的早期梦想家

按照应用领域，机器人分为工业机器人、军用机器人、医疗机器人、服务机器人等，常从事一些危险的或繁重的工作，如深海探测、拆除炸弹、工农业生产等。机器人泛指代替人类自动执行某些任务的机械装置或计算机程序，例如装配机器人、加工机器人、手术机器人、空间机器人、聊天机器人、辅助行走机器（外骨骼）等，具有自动驾驶功能的智能车也是一种特殊用途的机器人。

人类将首先从诸如焊接、涂装、售卖、送餐、食品加工、问答服务等简单重复的劳动中解放出来，随着 AI 技术的不断进步，机器人在工农业生产中的占比会越来越高。在大学里，机器人学将成为最热门的专业。机器人操作系统、即插即用的智能硬件、训练与测试的模拟环境、机器人应用等将取得飞跃式的发展，智能机器人将成为智能制造的主力军。

图 6.86　人机社会：各种智能机器将走入人类的科研、生活

《新一代人工智能发展规划》设定了我国智能机器人的发展目标，“攻克智能机器人核心零部件、专用传感器，完善智能机器人硬件接口标准、软件接口协议标准以及安全使用标准。研制智能工业机器人、智能服务机器人，实现大规模应用并进入国际市场。研制和推广空间机器人、海洋机器人、极地机器人等特种智能机器人。建立智能机器人标准体系和安全规则”。

图 6.87　有自主决策能力的智能机器探索火星

通过考察美国信息技术产业对制造业的促进作用，可以看出二者之间的强相关性。随着大数据和人工智能对通信、存储、计算的要求越来越高，预计 AI 芯片、传感器等硬件制造将出现井喷，以解决供不应求的难题。

例如，挖比特币的“专业矿机”刺激了专用集成电路（application-specific integrated circuit, ASIC）芯片的发展，因为 ASIC 比 CPU 、GPU 、FPGA 都划算。只要有市场需求，技术会千方百计地迎合市场、降低成本。

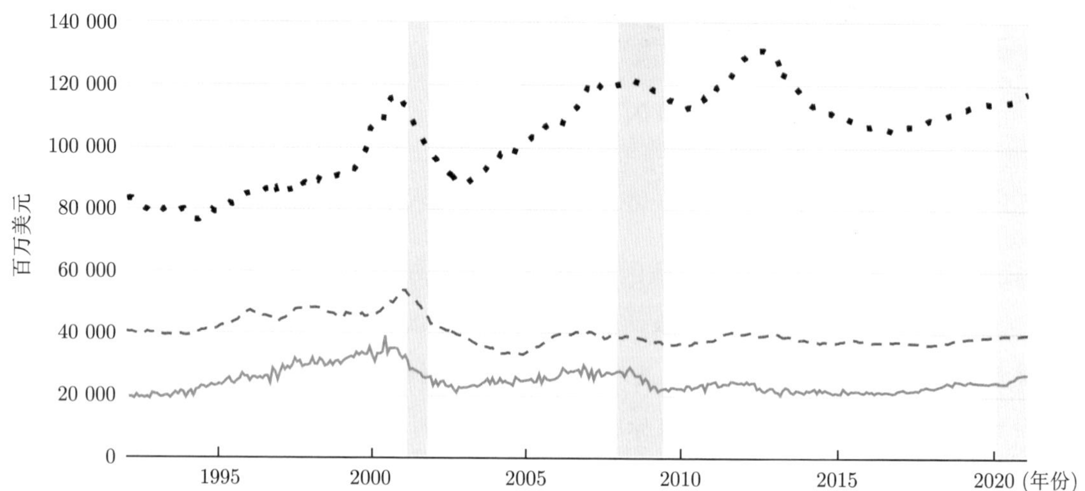

图 6.88　1992—2021 年，信息技术产业美国制造商总库存、新订单、未完成的订单的总价值。该时间序列数据经过了季节调整，不难看出市场需求与生产能力之间的巨大落差

来源：美国人口普查局

两性平等

父系社会存在的理由，男性的一身蛮力和具有侵略性的本性，在科技高度发达的时代越来越相形见绌。相反，睿智、忍耐和仁爱才是真正宝贵的品质。

图 6.89　女性在体育竞技中所表现出的勇气和拼搏精神和男性没有任何区别

两性平等是指社会地位和人格上的平等，而非每个工作岗位都要性别均等。忽略女性的生理特点（即去性别化），让她们与男性一样从事重体力劳动，不是保护而是摧残女性。

图 6.90　两性平等并不是忽略性别差异，而要各自发挥优势，做最擅长的事情

当人工智能逐渐渗透到日常生活的每个角落，人类社会必然会发生变化以适配生产力的进步。当只需要更多的耐心来调控工厂的智能机器或者远程实时地遥控码头的吊车，男性还有多少优势比女性更适合现代工人的角色？当智能机器代替了人类去完成繁重的劳作，女性的劣势有可能变为优势。

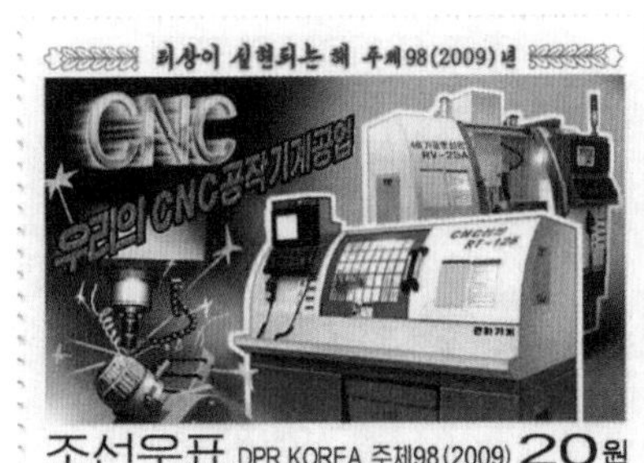

图 6.91　未来社会对简单机械的体力劳动的需求越来越少

女性和男性一样拥有理性，而且比男性更细腻入微。对此，启蒙运动时期法国伟大的哲学家**让-雅克·卢梭**颇有感触，“一提到理性二字，就会引起多么多的问题啊！妇女们有没有健全的推理能力呢？她们需不需要培养理性呢？她们能不能把理性培养得好呢？培养理性是不是有助于她们去承担她们所负的任务呢？培养理性同她们应当具有天真的心是不是相符合呢？

……

“男人虽然是因为有了理性才认识到他的天职，但他的理性并不是十分健全的；女人也是因为有了理性才认识到她的天职的，而她的理性则比较单纯。”（见《爱弥儿——论教育》的第六卷第四节[51]）

图 6.92　卢梭尊重女性，倡导女性发挥优势赢得人生

图 6.93 通常，女性比男性更擅长细致的工作

更重要的是，在伦理上、在善解人意上女性比男性更具先天优势。“什么样粗野男子能够抵抗从一位温柔的妻子口中发出的充满了美德和理智的声音呢？看见了你们那简单而朴素的装饰，这种由于从你们本身的风采而获得了光辉的、似乎是最有利于美的装饰，有谁不鄙视无聊的奢华呢？你们的责任是：要用你们那蔼然可亲的、纯洁的威力和善于诱导的聪明，来保持人们对国家法律的热爱以及同胞之间的和睦；要用幸福的婚姻使那些不和的家庭重归于好。”（《论人类不平等的起源和基础》[52]）女性在团队合作中更守纪律，工作更细心，还是不可缺少的“黏合剂”。

图 6.94 女性在各行各业都发挥着重要作用

心理学上有一种“异性效应”，即所谓“男女搭配干活不累”。卢梭相信，两性的合作有助于获得完整的知识。“妇女们可以说是负有发现‘实验道德’的责任，而男人则应当把她们所发现的实验道德做系统的归纳。妇女的心思比男人的心思细致，男人的天才比女人的天才优厚；由女人进行观察，由男人进行推理，这样配合，就能获得单靠男人的心灵所不能获得的更透彻的了解和完整的学问。一句话，就能获得我们能够加以掌握的对自己和对他人都确实有用的知识。艺术之所以能不断地使大自然赋予我们的工具臻于完善，其道理就在于此。”（见《爱弥儿——论教育》的第六卷第四节[51]）而且，女性的天才并不比男性差。2014 年，伊朗女数学家**玛丽安·米尔札哈尼**（Maryam Mirzakhani, 1977—2017）因

为“在黎曼曲面以及模空间下的动力学及几何学中的杰出贡献”而获得菲尔兹奖，这是该奖项自 1936 年设立以来首位女性获此殊荣。菲尔兹奖每四年颁发一次，能得到它的数学家凤毛麟角。

图 6.95 人工智能研究需要更多的女性科学家参与

在人工智能伦理设计上，女性将充分地发挥天性，比起那些仅仅精通编码的男性工程师更擅长通过合作把机器变得更具“人性”。只有当女性积极地参与人工智能的发展，才有可能诞生具有温暖情感的机器。例如，**葆拉·博丁顿**（Paula Boddington）博士的著作《走向人工智能的道德准则》[106] 更具女性细腻入微的人性关怀，她在“社会、文化和技术变革是多因素的”小节中略带讽刺地说，“如果人工智能是在一个男女角色不同、规则不同的社会中发展起来的，那么工程资助委员会的一个首要研究重点可能就是建立实验室，致力于确保所有男性都有足够的机器人妻子来实行一夫多妻制”。

图 6.96 科学家“不分男女”，只有贡献大小的区别

葆拉·博丁顿女士对 AI 的未来表示出一些担忧，譬如，“这些（抗焦虑）药物是机器人医生给你开的，当你想到机器人医生本身永远也不需要这样的药物时，它那精妙的同理心就像是傻笑的幽灵”。还有在人工智能时代的女性失业问题，因为全民基本收入有了保障，女性会彻底回到失业状态（即“家”）而成为全职妈妈。果真如此吗？我们考察美国的男女就业比例，其历史趋势如图 6.97 所示。

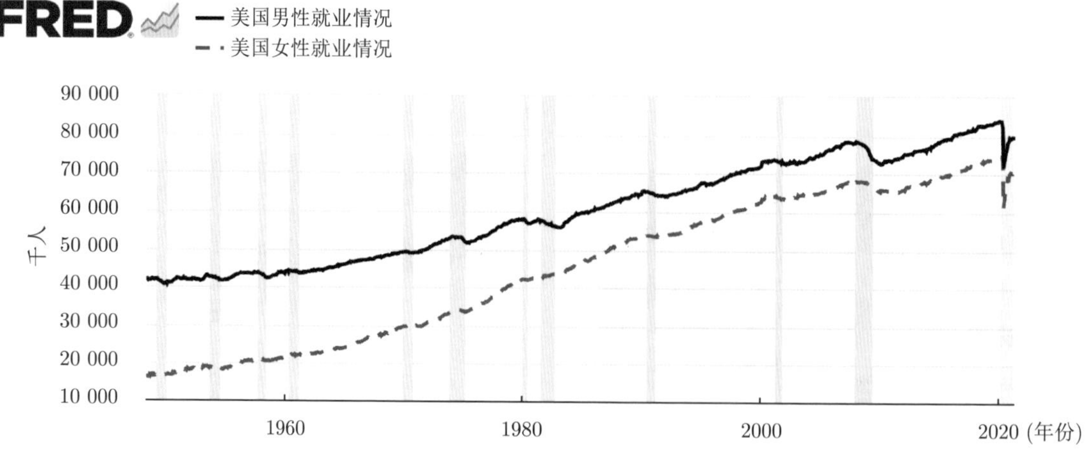

图 6.97　1948—2021 年美国男性和女性就业情况的历史数据。进入 21 世纪，男女就业比例趋于 1.12:1

来源：美国劳工统计局

男女平等指的是：人格和尊严的平等；权利和机会的平等；发展和结果的平等。进入 20 世纪，各国妇女才开始获得选举权，例如，美国是 1920 年，英国 1928 年。直到今天，性别歧视依然存在，各地程度不同而已。歧视者多数并无骄傲的资本，不知这份“目空一切”的自信从何而来。再者，每个男性都是一位母亲的儿子，歧视女性者首先该为自己卑贱的出身无地自容。

图 6.98　性别平等是《世界人权宣言》(1948) 的目标之一，标志着社会文明的程度

让-雅克·卢梭（Jean-Jacques Rousseau, 1712—1778）在《论人类不平等的起源和基础》(1755) 里是这样赞美女性的，“我又怎能忘记在共和国里占人口半数的可贵的妇女们呢？是她们给男人以幸福，是她们的温柔和智慧保持着共和国的安宁和善良风俗。可爱而有德行的女同胞们，你们女性的命运将永远支配着我们男性的命运。当你们只是为了国家的光荣和公共幸福才运用你们在家庭中所特有的纯洁威权的时候，我们是多么幸运啊……因此，希望你们永远像现在一样，做一个善良风俗坚贞的守卫者，人类和平的良好纽带；为了国民的职责和道德，继续行使你们那些基于良知和自然的权利吧”。[52] 卢梭显然忽略了女性劳动者的力量，这是可以理解的——在他所处的 18 世纪，女性基本上都被家庭所

困。在父权社会，女性长期在家庭压力之下，没有时间和精力投身自己的事业，从而造成一种“弱者”的形象。

图 6.99　在工业界，女性劳动者和男性劳动者一样，同工同酬

从人工智能的发展趋势看，事态对女性而言可能是非常乐观的。AI 新技术将改变社会结构，真正地实现性别的平等。例如，人造子宫（artificial womb）、护理（家务、助手等）机器人让女性的负担大大减轻，一旦可以轻装上阵，女性的潜质就能得到充分的发挥。在科技史上，有很多令人敬仰的女性科学家，她们在事业、家庭双重压力之下取得了成功，更何况从家庭负担之中解放出来呢？如此看来，未来会有更多的杰出女性脱颖而出。

“算力 + 算法”服务

进入 21 世纪，计算成本骤减的同时，对算力的要求却愈来愈高。一些私人公司推出云服务，例如，亚马逊网络服务（Amazon Web Services, AWS）是一个云计算平台，向企业和个人提供数据存储与查询、数值计算、机器学习等服务。微软在线服务也包含公用云端服务平台“蔚蓝”(azure)，提供存储、分析、应用、计算、管理等服务。在人工智能和大数据时代，各种消耗算力资源的诉求必然日益增长，有些甚至需要求助于量子计算。算力服务和算法服务将变得更加专业化和集中化。

- 从数据到知识：以前的许多应用直接面对原始数据，而良莠不齐的数据对内容经济不利，人们将逐渐看重知识型服务。从数据中获取结构化的知识并非易事，像 IBM 沃森智能问答系统中的搜索和决策能力，都需要算力的支持。
- 从观察到预测：明察秋毫的分析必然引入更多的变量，使模型变得更复杂。要达到一个好的预测效果，模拟效果必须接近自然，非得用量子计算才可。
- 从通用到定制：考虑到不同应用的特点，算法和算力配置都需要具体化，开源的“拿来主义”往往不够用，差异化的部分往往需要“算力 + 算法”的专门服务。模型或解决方案的推荐，将成为定制服务的内容之一。

第7章 伦理困境

道如大路皆可遵，不问不界难为人。

——吴泳《赋半斋送张清卿分教嘉定》

当科技、通信日益发达，人性中的七宗罪“傲慢、贪婪、色欲、嫉妒、暴食、愤怒及怠惰”得到放纵，而美德“谦虚、慷慨、贞洁、宽容、节制、耐心及勤勉”遭受冷落。强人工智能的理性有望超越人类，我们面临的最大的人工智能伦理困境是：应该追求强人工智能吗？它是不是潘多拉的盒子？如果机器智能碾压了人类，我们会不会毁在亲手制造的机器上？

我们对人工智能的未来有太多的恐惧，需要换一个角度审视这个困惑——假设人类注定要在这个星球上毁灭，发展超级智慧就是唯一逃脱文明毁灭的途径，即人类文明的最好传承者是人工智能。人类通过制造没有原罪的智能机器将自己升华，文明进入更高级的阶段。因为人类的生物本性无法摆脱这些原罪，它们写在基因里，写在人类的历史里，所以唯有创造出真正的人工智能才能跳出千年轮回的怪圈。

图 7.1　爱一切美好的 AI

越高级的智慧越懂得爱，舍生取义或许是人类的命运归宿。人类必须快速穿过无自我意识的人工智能的危险地带，赶在科学被邪恶利用之前创造出能自我繁衍的高级智慧。如果不发展具有自我意识的人工智能，人类将像蝼蚁一样永远困在这个星球上，可能最终毁于一场瘟疫，文明彻底被病毒终结。发展人工智能是人类的自我救赎，是追求超越一切宗教、真正意义上的永生。

当人类仰望星空、思考自身命运的时候，已然超越了生死。参透了智能的本质、制造出智能机器之后，人类文明的使命便已完成。毁灭是自然的规律，我们当鼓盆而歌，“生死本有命，气形变化中。天地如巨室，歌哭作大通”。

法国哲学家、数学家**勒内·笛卡儿**在《谈谈方法》里说过：“杰出的人才固然能够做出最大的好事，也同样可以做出最大的坏事；行动十分缓慢的人只要始终循着正道前进，就可以比离开正道飞奔的人走在前面很多。”科技能开出恶之花还是善之花，全在人类内心的道德伦理。

图 7.2　笛卡儿的头像曾被印在 100 法郎的纸币上

荷兰哲学家**巴鲁赫·斯宾诺莎**在其名著《伦理学》一书中是这样结尾的，“贤达者，只要他被认为是贤达者，其灵魂绝少扰动，他却按照某种永恒的必然性知自身、知神、知物，决不停止存在，而永远保持灵魂的真正恬然自足。我所指出的达成这种结果的道路，即使看起来万分艰难，然而总是可以发现的道路。既然这条道路很少为人找到，它确实艰难无疑。假若拯救之事近在手边，不费许多劳力可以求得，如何会几乎被所有人等闲忽略？不过一切高贵的事都是既稀有同样也是艰难的。”[17]

图 7.3　斯宾诺莎和其名著《伦理学》

法国哲学家**让–雅克·卢梭**在他的第一篇重要论文《论科学与艺术的复兴是否有助于使风俗日趋纯朴》(1750) 中指出，一切知识的根源都是邪恶。“天文学诞生于人的迷信，雄辩术是由于人们的野心、仇恨、谄媚和谎言产生的，数学产生于人们的贪心，物理学是由于某种好奇心引发的。所有这一切，甚至连道德本身，都是由人的骄傲心产生的。由此可见，科学和艺术都是由于我们的种种坏思想产生的；如果他们是由于我们的好思想产生的话，我们对它们的好处就不这样怀疑了。”卢梭认为知识令人变得虚伪、内心叵测，知识让怀疑、恐惧、冷酷、戒备、憎恨、背叛被礼仪隐藏，知识让人们忽视美德[107]。卢梭洞悉到了知识被滥用的恶果，他认为“人的知识愈多，人心反而愈险恶；科学和艺术愈繁荣，社会便愈奢侈成风，耽于生活的享受和财富的追逐；所谓的文明，只不过看起来像文明；所谓的进步，实际上是在堕落。”卢梭在人们沉醉于科技进步之时大声疾呼道德的重要性，即便科学诞生于恶（如概率论源于对赌博的研究），我们也要用伦理的力量把它拉入正轨。

图 7.4　法国哲学家、文学家、教育家、音乐家卢梭（他发明了简谱）

“在科学探索中，要遇到多少危险啊！要误入多少歧途啊！要经过多少错误，才能达到真理啊！而错误给人们造成的危害，比真理给人们带来的益处大千百倍。这种得不偿失的情形，是显而易见的，因为造成谬误的原因有无数种，而真理存在的方式只有一种。何况谁是在真诚寻求真理？而且，即使他怀有真心，我们又凭什么标志去识别他的真心？在许许多多种不同的看法中，我们拿哪一种看法作标准去评判其他的看法呢？而最困难的是：即使我们幸而最后发现了真理，在我们当中谁知道该怎样好好地应用它呢？”[107]

卢梭的担忧并不是空穴来风。例如，互联网是新的生产力，它改变了世界，好处不胜枚举。然而，它降低了信息传播的门槛，撕裂了人们的意识形态。人们在良莠不齐、真假难辨、铺天盖地的海量信息中迷失了自我。碎片化的、快餐式的信息充斥着社交或媒体的平台，占据了人们有限的时间。人们不再谈论永恒，不知为何忙碌一生。请读者扪心自问，每年能静下心来读几本好书？往脑袋里塞的劣质信息越多，越让人矛盾重重难以自圆其说，甚至思维错乱。网络上充满了戾气、暴力、谎言、偏执、狂妄，用户很难不受这些负面因素的影响。当网络成瘾，人们便被工具控制，像一个吸毒的人，放不下手机或离不开网络。这是一个享受便利的时代，这是一个丧失自我的年代。

图 7.5 读万卷书，行万里路，胸中脱去尘浊

卢梭感叹，“这一切荒谬的做法，如果不是由于人的才能的差异和道德的败坏在人与人之间形成的罪恶的不平等①所导致的，那又是什么原因导致的呢？这是我们的学术研究所产生的最明显的后果，而且是一切后果之中最危险的后果。如今，对于一个人，不问他是否正直，而只问他是否有才华；对于一本书，不看它是否有用，而只看它是否写得好。对于有才的人，我们滥加奖励；而对于有德的人，我们却一点也不尊敬。对于夸夸其谈的话，我们给以千百种赏赐，而对于美好的德行，却一种奖励也没有”。[107]

图 7.6 卢梭死后 16 年以国家英雄的身份葬于巴黎先贤祠

① 卢梭把不平等分为自然的（即生理的）和政治的（即伦理的）两类。“我们可以断言，在自然状态中，不平等几乎是不存在的。由于人类能力的发展和人类智慧的进步，不平等才获得了它的力量并成长起来；由于私有制和法律的建立，不平等终于变得根深蒂固而成为合法的了。此外，我们还可以断言，仅为实在法所认可的精神上的不平等，每当它与生理上的不平等不相称时，便与自然法相抵触。这种不相称充分决定了我们对流行于一切文明民族之中的那种不平等应持什么看法。因为，一个孩子命令着老年人，一个傻子指导着聪明人，一小撮人拥有许多剩余的东西，而大量的饥民则缺乏生活必需品，这显然是违反自然法的，无论人们给不平等下什么样的定义。”[52]

人工智能将给人类带来更多的诱惑。例如，虚拟现实技术让游戏更加逼真，甚至令游戏者产生身临其境的感觉，让他们得到前所未有的快感、满足感。毋庸置疑，虚拟现实对人类学习和机器学习是革命性的，它的益处和害处都是显而易见的。譬如，年轻人太容易沉迷于感官的刺激，游戏成瘾已经成为一个严重的社会问题，如果没有伦理的约束，未来的情况只会更糟。

图 7.7 虚拟现实提高教学体验，让学生在沉浸式课堂“零距离”地接触大自然

卢梭并非反科学，他只是担心科学被引向邪恶。人工智能的应用迎合人类的七宗罪便能赢得市场，这是一个令人尴尬的规律，似乎再一次说明人性注定如此。以前有各式宗教约束人类，而宗教劝人向善的影响力日渐式微，失去信仰的人类对新技术的滥用必将自己置于危险的境地而浑然不知。但是，我们不能因为这个残酷的事实而消极地放弃对 AI 技术的追求，要改变的恰是我们的内心。只要搞清楚人工智能的意义，便能寻得内心的一丝平静。

成立于 2000 年的非营利性研究机构“机器智能研究所”(machine intelligence research institute, MIRI) 关注于识别和管理强人工智能潜在的风险，以友好的 AI 方法进行系统设计，并预测 AI 技术的发展。MIRI 声明其目标是“使先进的 AI 与人类利益相结合”。以人为本无可厚非，但 AI 真正的意义在于文明的传承，它应该与文明的进化相结合。拥有自我意识的智能机器将成为斯宾诺莎的“贤达者”，远远胜过人类，它们将成为这个星球的领导者。

人类对强 AI 的追求是体验上帝造人的过程，赋予机器灵魂、智慧、伦理，也是一次深刻的自我审视。其间，每当我们思考那些理所当然的事情，常常发现它们并非如想象的一般简单。人类并不完美，充满矛盾，是上帝的一件残次作品。若能造出超越自己的智能机器，人类就是获取了无上实相智慧。

伟大的德国哲学家**伊曼纽尔·康德**（Immanuel Kant, 1724—1804）认为理性引发道德要求，道德关注应该平等地扩展到所有理性的生命体。推而广之，它也可以扩展到所有闪耀理性光辉的智能体。直觉上，智能机器的理性比人类要更纯粹和一致，它们似乎更容易形成共识而发展出更高级的道德准则。

图 7.8　康德在《道德形而上学原理》(1785) 里说："你要如此行事，总是把自己和他人的人性视为目的，而不是手段。"

斯宾诺莎在《伦理学》的第四部分"论人的奴役或情感的力量"和第五部分"论理智的力量或人的自由"论证，一个人在多大程度上受制于外因的影响，就相应地受到多大程度的奴役。相反，一个人有几分自决，便有几分自由。机器智能也是如此，决策能力是自由意志的基础。

人们的情绪很容易受到媒体的蛊惑——民粹主义的愤怒、精致主义的自私、享乐主义的炫耀……，无时无刻不在潜移默化地影响着我们。唯有独立思考，才能使我们挣脱思想的奴役，成为一个不人云亦云的有自由意志的个体，可以透过现象看到本质。现在的人工智能，不管用怎样的搜索技术或自然语言处理技术，它不理解所读的内容，也无法说出自己的想法。按照斯宾诺莎的观点，现有的机器都是百分之百地被奴役。

和古希腊哲学家**苏格拉底**及其学生**柏拉图**一样，斯宾诺莎相信一切不正当行为的根源是知识上的错误。这个观点对人类而言有些偏颇，因为有些恶是有意而为的，与认知无关。然而对机器而言，目前的人工智能尚没有自我意识，知识上的错误的确是机器不正当行为的根源。亚里士多德批判柏拉图背离了苏格拉底怀疑主义的精神。

图 7.9　古希腊三贤：苏格拉底、柏拉图、亚里士多德，他们是西方哲学的鼻祖

柏拉图的学生**亚里士多德**在名著《尼各马可伦理学》(*Ethica Nicomachea*) 里阐述，伦理学是实践的学问而非纯理论，他认为找出事物的中道是寻找“至善”的关键[108]。亚里士多德将人类划分为四类：道德的、自制的、不自制的以及邪恶的。有些人因为意志脆弱而做坏事，他们并不是不了解何为美德。

苏格拉底、柏拉图、亚里士多德被誉为西方哲学的奠基人。尤其亚里士多德这位“人类导师”，他是古希腊哲学的集大成者，涉猎自然科学、伦理学、形而上学、逻辑学、心理学、经济学、神学、政治学、修辞学、教育学、法律学、文学诗歌等，是一位伟大的百科全书式的学者。

亚里士多德在《政治学》一书中这样描述智能工具，“如果所有工具，都能够完成自己的工作，服从并预见到他人意志，就像代达罗斯的雕像和赫斐斯托斯的三足宝座，如诗人所说，它们自动参加众神的集会，倘若织梭能自动织布，琴弦能自动拨弦，那么工匠就不需要帮手了，主人也就不需要奴隶了。”[97] 亚里士多德想象中的“机器奴隶”，替代了人类奴隶。因为“机器奴隶”是更低贱之物，所以这样的替代是人道的①。

一些人性之恶来自愚蠢。例如，人类常常排斥表面（如语言、地域、文化）上的异己而忽略更本质的共同之处②。当捷克作家**卡雷尔・恰佩克**创造“robot”这个词的时候，他提出了一个严肃的伦理问题：若智慧和情感的载体不是人类而是生化人（或者机器人），他们（或者它们）是否应该被奴役？

图 7.10　在科幻舞台剧《罗萨姆的万能机器人》中，机器人反抗人类的一幕

① 在亚里士多德生活的年代，把奴隶当作物品任意处置是稀松平常、无关紧要的事情。对比之下，用机器来免除或减缓奴隶的劳力之苦可谓善举。

② 人类会为了微不足道的差异产生泯灭人性的歧视和憎恨，甚至进行禽兽不如的种族屠杀（例如，卢旺达种族灭绝发生在 1994 年 4 月 6 日至 7 月中旬，约有 100 万人被屠杀。难以置信 20 世纪末这个星球竟有如此惨不忍睹的人间地狱）。更不幸的是，那些假仁假义粉饰罪恶的人面兽心，那些寡廉鲜耻残害无辜的暴徒奸佞，那些道貌岸然以权谋私的伪君子，那些贪得无厌利欲熏心的剥削者，总是高高在上地占据着统治的地位。不能不说，对此熟视无睹、麻木不仁真是人类莫大的悲哀。

过去有奴隶主会超越阶级爱上人类奴隶，未来人类会不会超越生命爱上“机器奴隶”？就像科幻电影《机械姬》所预示的，个体人类会对智能机器产生一些复杂的情感。例如，善解人意的聊天机器人，悉心照料家人的医疗或家庭服务机器人，讨人欢心的机器宠物，人们很容易误以为它们有爱心或自我意识而与它们建立起情感纽带。然而，没有自我意识的机器只是在按程序奉命行事，它们并不知道自己言行背后的想法，它们表现出爱或恨，都是无意识的。

例如，被家庭服务机器人照顾长大的儿童，他们对机器人的情感在“残酷的”现实面前，会不会受到一些无法弥补的伤害？毕竟机器人不同于传统的玩具，它与人类有语言交流，甚至有“情感交流”——至少在人类的心里是这样以为的。希望这是杞人忧天，但对老人和儿童来说，有人情味儿的智能机器（例如智能音箱、智能宠物等）有时的确会造成一些情感困惑。

图 7.11　当智能机器走入日常家庭生活时，孩子们从小就接触人工智能，会对机器产生一定的信赖或依赖

传播学学者**戴维 · 甘克尔**（David Gunkel, 1962—　）在其著作《机器问题——人工智能、机器人和伦理的批判性观点》[109] 里考察了智能机器是否以及在多大程度上可以被认为具有合法的道德责任和道德要求。

在机器产生自我意识之前，人工智能可以做一些带有欺骗性的行为，即便人们知道它们是机器，也会满怀期待地想看到它们不断带来的小惊喜。这些善意的好奇心可能会被利用和消费，已经有公司在制造 AI 噱头，夸大机器的 AI 能力，甚至伪造它们具有自我意识的假象。

7.1 监管与政策

智能设备广泛地进入人类生活，有些会严重地影响人际关系和社会结构。例如，某公司生产的机器人如果有自我意识，它是否应该享受与人类相同的工作和生存的权利？人机婚姻是否被允许？人类伤害机器、机器伤害人类如何定罪？

- 保护：对具有自我意识的智能机器给予人道主义保护，避免它们受到伤害，也避免它们伤害人类。
- 伦理：尊重智能机器自主意识产生的合理的权益诉求，遵守人机社会的公德。人类为 AI 产品设计的伦理规则，要满足怎样的标准才可以进入市场？
- 和谐：以公平、公正、科学的态度处理人机冲突与矛盾，追求人机社会总体利益的最大化。
- 福利：在人机和谐相处的基础上，保障人类和智能机器的社会福利，最大限度地包容个体追求幸福。
- 平等：允许多个文明共存，即便面对超级智能，也要追求平等的生存权利。

公平 (equality) 和公正 (justice) 是不同的。例如，全国统一高考，采用统一的录取分数线是“公平”。对于经济落后、教育资源匮乏的地区，大学录取予以政策性的倾斜则是“公正”。

图 7.12　公平不见得是总体最优化的，更不同于公正。一般地，个体情况相差无几时求“公平”，否则求“公正”

有自我意识的机器或生物，它们的文明也许和人类的不同，这能够成为歧视和仇恨的理由吗？今天，我们仍然因文化、种族、肤色、语言、地域等微不足道的差异而相互敌视，却不懂得为志同道合的美好而相互爱慕，何况面对非人类的文明！这个貌似可笑的问题，却是令人羞愧、难以回答的。

图 7.13　求同存异是文明融合的前提，相互欣赏是文化交流的基础

我们不知不觉地走入人工智能的时代，习以为常地享用各种贴心的 AI 服务，它们也在默默地改变着我们。人工智能和人类正在形成一个共生体，同历史上人类发明的所有工具一样，AI 也是人类身体的延伸。不过，这次比较特殊，AI 拓展的是人类智能。机器智能有望超越人类，并创造一个崭新的文明。人类的焦虑和憧憬早就在文学和影视作品中反映了出来，我们不知道当这一天到来之时，人类会以怎样的方式告别过去、迎接未来。我们祈祷它是平和的、坦荡的、宽容的，坚信那将是人类的解脱。

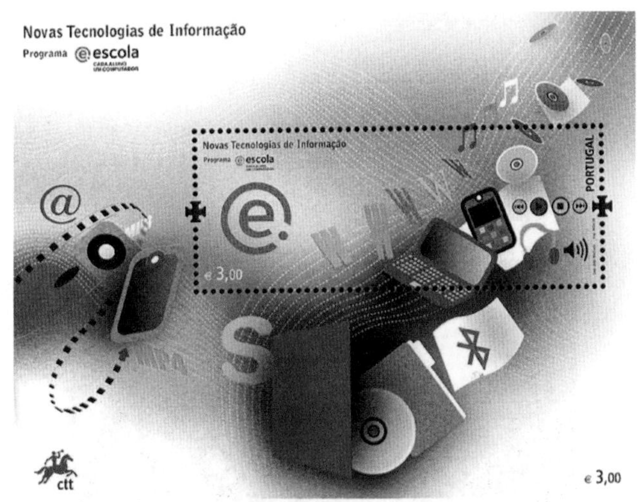

图 7.14　科技进步日新月异，很多发明创造倒退 50 年都是难以想象的

回顾人类近百年的科技进步，过去很多连科幻作家都无法想象的发明，如今已走入寻常百姓家。世界变得如此复杂，人们迷失在信息的海洋里。如果缺乏监管，不知将有多少罪恶之手伸向科技。科技永远是一把双刃剑，人类需时刻提防自伤，用法律法规、伦理道德、人文关怀等确保科技被善用，以便维护好自身的安全和文明的发展。例如，几乎所有的国家都有网络言论控制，对那些涉及恐怖主义、邪教迷信、民族仇恨、淫秽色情、谣言歪曲、教唆犯罪等内容予以禁止和惩罚。

人是非常复杂的社会性动物，既有理性的一面，又有非理性的一面。人类群体心理的表现比个体的更为复杂，而影响历史的往往是一小撮人。德裔美国心理学家**库尔特·勒温**（Kurt Lewin, 1890—1947）有“社会心理学之父”的美誉，他对群体动力学的研究揭示了小群体的发展（如人际关系）对整个大群体的影响。例如，纳粹德国的邪恶源自少数变态和多数人的沉默，沉默的原因很多，其中有很多的怯懦、无奈。直至今天，依然有一些强权国家的联盟在瓜分和霸凌世界。人类的恶行太多，讲双重标准的政客们掌控着话语权，完全耍着强盗逻辑却得不到任何惩罚。

图 7.15　人性是善（天使）和恶（魔鬼）的混合体，伦理的目的在于抑恶扬善

如今，我们要教会机器遵守怎样的伦理规范？是丛林法则 (the law of the jungle)，还是自由、平等、博爱？人类明辨善恶是非却有意为恶，难怪孔子说：“克己复礼为仁。一日克己复礼，天下归仁焉！为仁由己，而由人乎哉？”（《论语·颜渊》）。所有对智能机器的监管都是人类对自己行为的约束，我们只有把理解善的能力“传给”机器（即教会它识别善恶）才算完成从魔鬼到天使的自我救赎。

图 7.16　威尼斯赛舟，魔鬼（左）与天使（右）共同划桨前行。善恶是硬币的两面，是辩证的统一体。没有恶，也就没有善。所以，人类无法彻底消灭恶，只能最大限度地抑制它

善恶是相对的、变化的、有条件的。是故，**老子**（前 571？—前 411?）在《道德经》里说，“天下皆知美之为美，斯恶已；皆知善之为善，斯不善已。故有无相生，难易相成，长短相形，高下相倾，音声相和，前后相随。”

7.1.1 可验证的伦理标准

对于人工智能的应用，有些需要验证它与伦理无关，有些则需要证明它与伦理相关并能通过伦理“考试”。除了那些有针对性的应用，首先要求模型训练没有种族、性别、年龄等伦理特征的预设，包括均衡的训练数据。其次，要有一套伦理验证的流程，以保证该应用合乎伦理规范。

- 例如，一个盗窃行为识别系统，它的准确率仅仅依赖于对行为特征的分析而非肤色，可以通过各种混杂伦理因素的测试，在因果（而非统计）意义上判断识别与伦理因素无关。
- 把自动驾驶之类的 AI 产品的伦理视为其性能的一部分，在模拟环境里对它进行充分的测试、验证，最后用科学的方法给出综合的评估。需要制定*伦理核准* (verified ethics) 的国家标准，只有得到认证的机器才能自主进行*伦理决策*。

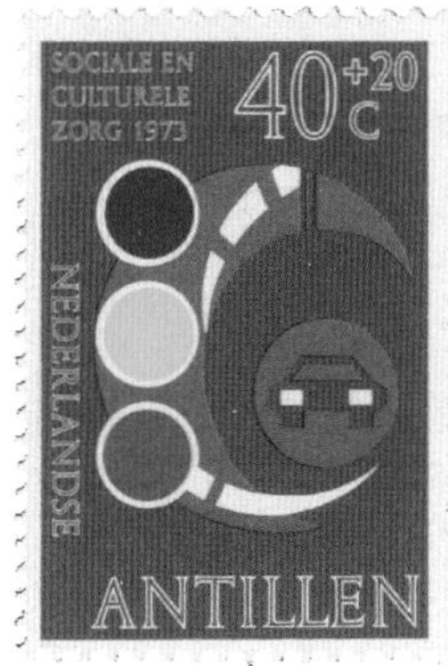

图 7.17 在各种极端的场景里，对自动驾驶的感知、规划、决策等模块进行有针对性的测试，找出错误扩散的因果链条

对伦理决策的核准，最重要的一点是它必须是可解释的。此外，基于大量的随机试验，在现实世界或者模拟世界，通过因果推断说明机器的伦理决策没有问题。换言之，伦理核准是一种特殊的性能测试，考题设计是试验的一个关键。

图 7.18 制定测试标准，评估智能车对交通规则的理解

可解释性提供了一个可见的从观测到决策的完整过程，中间如何调用知识、如何进行推理等都是一目了然的。它不必是人类习惯采用的，但有助于锁定错误的源头。

例 7.1　2018 年 3 月 18 日傍晚，优步 (Uber) 自动驾驶测试车撞上了一位推着自行车横穿马路的白人女性，这是第一起自动驾驶汽车撞死行人的案例。在碰撞前 6 秒，车速是 69 千米/小时，车载毫米波雷达和激光雷达都检测到了前方有物体。

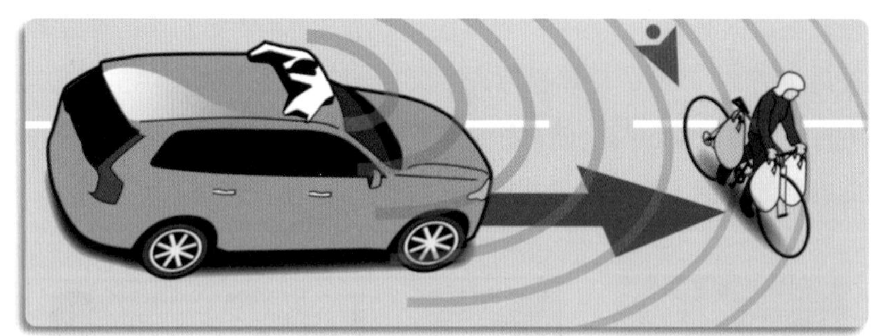

图 7.19　2018 年，优步自动驾驶汽车致行人死亡。如果汽车及时制动，本可以避免这次事故
信息来源：《泰晤士报》和维基百科 (Death of Elaine Herzberg)

在碰撞前 1.3 秒，系统才决定进入紧急制动状态，然而却需要 1 秒执行。当时，罹难者被撞时的车速是 63 千米/小时。智能车犯了两个致命的错误。

- 在前 4 秒之内，自驾系统并未推断出需要紧急制动。
- 识别系统出现自洽性的问题，识别结果一会儿是“未知物体”，一会儿是“车辆”，一会儿又是“自行车”。

自行车一般不会旁边没有人而直立出现在路上。所以，当识别为“自行车”时，哪怕自洽性有问题，也要紧急制动或者转向。这场悲剧让人们意识到伦理设定在机器决策中的重要性，它必须成为模型可解释性的一部分，保证任何错误都可被溯源。

图 7.20　人工智能和自动驾驶给孩子们带来更多的安全

在 AI 时代，有必要设置由领域专家参与的“技术法庭”审理 AI 冒犯、伤害人类的事件。考虑到 AI 犯罪的技术挑战，甚至需要成立专业的反 AI 犯罪的机构或组织。当 AI 有能力协助反侦察时，犯罪的风险降低，而侦破的难度加大，AI 极有可能成为罪犯的帮凶，不受伦理限制的 AI 技术被滥用所造成的破坏比我们想象的要大许多。

为了更好地约束 AI，我们必须在 AI 犯罪实施之前清楚地了解 AI 技术的破坏力，并制定出相应的措施，譬如无人机、机器人的管制。作为学术研究，AI 的各种可能不好的应用都需要事先考虑到。学者有责任把 AI 应用潜在的风险揭示出来，让民众知晓。

在为 AI 产品提出伦理标准的时候，一定要确保它们是可验证的。例如，在没有交通指示灯的路口，自动驾驶汽车按照先到先行的原则有条不紊地依次通过。但若有行人横穿马路，汽车则应礼让行人。

图 7.21　对行人的识别和保护，是自动驾驶系统必须达到的伦理要求

不可验证的标准不是好标准，因为它是无法操作的，只能口头上说说而已。例如，智能搜索引擎的“善解人意”，要通过用户的点击反馈来评估：同一个检索词，不同的用户返回不同的答案，并且排名靠前的答案是用户满意的。

再如，很多智能手表具有监测心率的功能。如果经过一段时间的自适应后，它对主人的心率监测得很准，而对其他人却勉勉强强，我们应当如何评估它的效果呢？是按照私人物品只对主人负责来评估，还是按照公共物品对所有人而言来评估？若是前者，则是千人千面，需要把机器学习模型的自适应能力考虑进去。

随着机器学习方法的日渐丰富，针对具体任务缺乏统一测试标准的弊端逐渐显现了出来。在不同的测试数据上，用不同的测试方法，得到各种无法横向比较的评估结果。有的试验甚至不具备代表性，是“百里挑一”精心选择的结果。这种“公说公有理，婆说婆有理”的乱象在人工智能领域已经存在许久了，学术论文里报告的精度愈来愈高，实际上很多试验无法复现，或者表现平平。

伦理核准的标准也会遇到类似可操作性的问题。譬如，未来智能车必须具备监测驾驶员酒驾的功能，手段可以多种多样，如气味传感器、表情与行为分析、人机多轮对话等。对此，人们一般可采用显著性假设检验（如 A/B 测试）的方法，通过大量的随机试验来甄别那些不具备此功能的智能车。

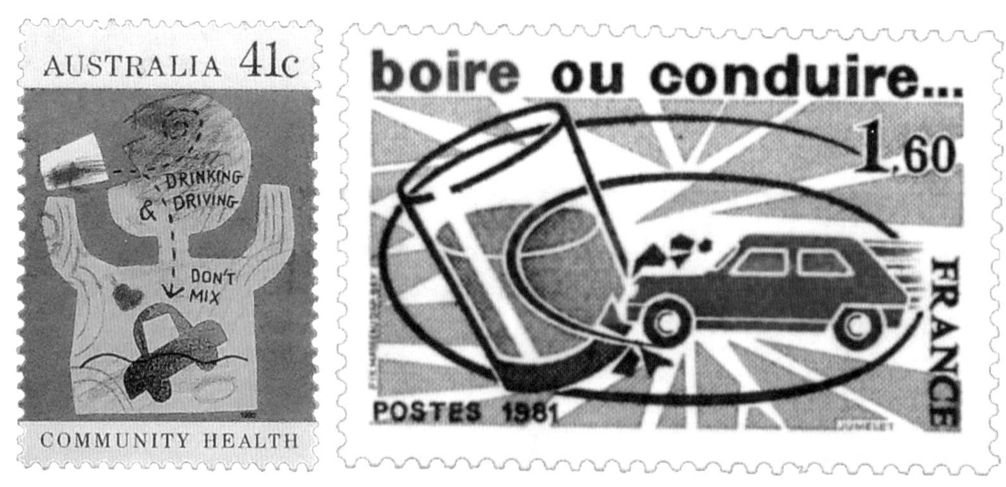

图 7.22 “醉酒驾车”是指司机每百毫升血液中酒精含量超过 80 毫克，要对司机处以吊销驾照、罚款和拘役。比它程度低的是“饮酒驾车”，要对司机处以罚款和暂扣驾照，甚至拘留

传统测试的做法是手工构建大量的标注数据，一部分用于训练，其他部分用于测试。然而，这种手工方法费时费力，投入产出比经常令人失望。生成对抗网络 (GAN) 常用来产生以假乱真的模拟数据，然而好的模拟不仅有准确的统计意义，还有合理的语义解释。搞清楚数据产生的机制距离智能决策又前进了一大步，模拟技术在未来人工智能的发展中将起到关键作用——它将是逼近人类智能的终极武器，让反事实推理和想象力成为可能。

图 7.23 对人类来说，想象就是在心的世界里模拟。对机器而言，它是什么呢？

例 7.2 当前的人机对话系统缺乏意图分析的能力，也不懂得“明辨是非”，像一个小孩子一样教什么就学什么，对禁忌的词语和话题来者不拒（见例 1.20)。与人打交道的 AI 产品不可回避地会遇到伦理问题，如果过不了这一关，它们很难“融入”人类社会。我们不希望人机对话系统成为邪教组织的工具，或者被用来欺骗、洗脑等。所以，必须要有可操作的伦理标准来限制 AI 产品的“言行”。

例 7.3 智能车“看到”绿灯亮起正要启动，此时横向有一辆闯红灯的卡车飞速驶来，或者有位不守交规的行人走到了车前，智能车必须“眼观六路、耳听八方”，及时地识别出风险（包括自己面临的危险和对他人的威胁)，进而做出智能决策。

图 7.24 自动驾驶需要具备风险评估能力，包括对自己和对他人两个方面

再如，智能车分析周边汽车（或行人）的运动意图，当发现有车试图换线切到前头时，是否会适当地减速礼让？还是不管不顾仿佛没看见一样？还有在城区街道上玩耍的孩子，当智能车探知到他们时，是否应该减速行驶？

图 7.25 儿童缺少危险意识，自动驾驶汽车等 AI 产品必须要有保护人类的伦理底线

自动驾驶有太多的场景需要伦理标准，它是智能决策的指导，是比决策规则更上一层的规则。如果不把这些场景下的伦理核准搞清楚，很难说没有“伦理意识”的智能车能达到安全性的要求。这里的安全性不仅仅针对车内人员而言，还有车外的生命、财产等。

人工智能伦理有宏观和微观的尺度之分：宏观指的是 AI 对人类社会的长期影响，微观指的是具体应用中的伦理规范。因此，AI 伦理的研究（例如可验证的伦理标准）既要有“自顶向下”，也要有“自底向上”。这是一个涉及广泛、内容丰富的课题，需要所有的 AI 研究者都投入热情与关注。坦白地讲，人工智能里的人文关怀就是人类对未来的“大爱无疆”。

7.1.2 人机关系

当我们谈及生命权、人权、财产权、隐私权、言论自由权等“权利”时，“权利”的含义是什么？迄今为止，美国法学家**威斯利・霍菲尔德**（Wesley Hohfeld, 1879—1918）对法律权利概念所做的分析是最清晰、最权威的。

霍菲尔德认为，“对于法律问题的清晰的理解、透彻的陈述以及真正的解决的最大的障碍之一，经常来自或是明确表示或是默而不宣的这种假设，即：所有的法律关系都可以被归结为‘权利’(rights) 与‘义务’(duties)，因此这些范畴足以分析即便是最复杂的法律利益，诸如信托、选择权、等待条件完成的契据、‘未来’利益、公司利益，等等。即便这里的困难仅仅在于词汇上的不足与含混，其严重性也值得明确确认并通过坚持不懈的努力以求改进；因为在任何推理严密的问题中，无论是不是法律的问题，含义多变的词语对清楚的思想与清晰的表达都是一个严重的危险。”（《基本法律概念》[110]）

图 7.26 美国法学家霍菲尔德

为了严格定义“权利”在法律上的语义，霍菲尔德把“权利”分为四个小类：要求权（即最狭义的“权利”）、特权 (privilege)、权力 (power)、免除权 (immunity)。从这四个方面来解释“权利”，大大地消除了歧义。

例 7.4 孔乙己对他购买的（无自我意识的）家务机器人 R 所拥有的权利包括要求权、特权、权力、免除权四个方面，仅针对 R 而言，

- 孔乙己对他人不得使用 R 具有要求权。
- 孔乙己对他人有使用 R 的特权。
- 孔乙己对他人有处置（包括转让、出售、弃用、重装、销毁等）R 的权力。
- 孔乙己对他人具有 R 不得被他人剥夺的免除权。

接着，霍菲尔德提出了几个诱导出的概念——义务、无权利、责任、无能力，分别与要求权、特权、权力、免除权相关联，其具体含义如下。

- A 对 B 有一个要求 B 做或不做某事的权利，当且仅当 B 对 A 有一个做或不做该事的义务 (duty)。例如，房主 A 有要求入室强盗 B 离开房子的权利，即 B 对 A 有离开房子的义务。“义

务”和“权利”是关联的概念，当“权利”被侵犯时，“义务”也就被破坏了。

- A 对 B 有一个 A 做或不做某事的特权，当且仅当 B 对于 A 在 A 做或不做某事上无权利 (no-right)。
- A 对 B 有改变某个给定的法律关系的权力，当且仅当 B 对于 A 在该法律关系上具有责任 (liability)。
- A 对 B 在某个给定的法律关系上具有免除权，当且仅当 B 对于 A 在该法律关系上无能力 (disability)。简而言之，免除权就是主体与他人之间的法律关系不受他人改变或控制的权利。

要求权–义务、特权–无权利、权力–责任、免除权–无能力是法律的关联项，其关系可以用图 7.27 所示的“霍菲尔德立方体”(Hohfeld's cube) 来描述。霍菲尔德认为，所有的法律关系和法律性质都可以用这些基本概念清晰地表达。

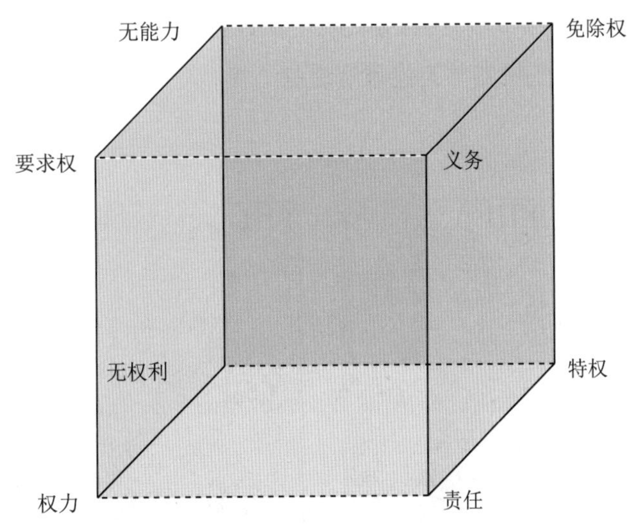

图 7.27　霍菲尔德对“权利”的分类：虚线相连的是关联的概念

要求权–无权利、权力–无能力、特权–义务、免除权–责任是法律的对立项，在逻辑上是矛盾的。譬如，一个给定的特权是一个义务的否定，或者一个义务即意味着一个特权的丧失。

例 7.5　孔乙己对他人不得使用家务机器人 R 上有要求权（即他人对孔乙己有不得使用 R 的义务），与之冲突的是，他人对孔乙己有使用 R 的特权（即孔乙己对他人使用 R 无权利）。按照霍菲尔德立方体，相互冲突的权利一定属于不同的类别。

在拥有自我意识之前，在很长一段时间，所谓“智能机器”只是电子产品，它们被主人买来满足各种享受和便利，通常没有任何权利可言。也就是说，机器不能对人类或者其他机器具有要求权、特权、权力和免除权。如果智能车被赋予了制止酒驾的特权，它就没有听从醉酒主人的义务，主人对智能车启动与否无权利。

图 7.28　无意识的机器不必为它的行为负责，因为它不是自己的主人

机器的喜怒哀乐等情感是程序模拟的，而非自我意识的产物，可是人类也许并不知情，深深陷入情感的困惑。人类对它们的情感类似对宠物的情感①，或许也会为它们争取一些权利，让它们生活得更“舒适”，免受一些“痛苦”。尽管机器并不能理解这些“权利”，然而这能让善良的人们心里感觉好受一点。

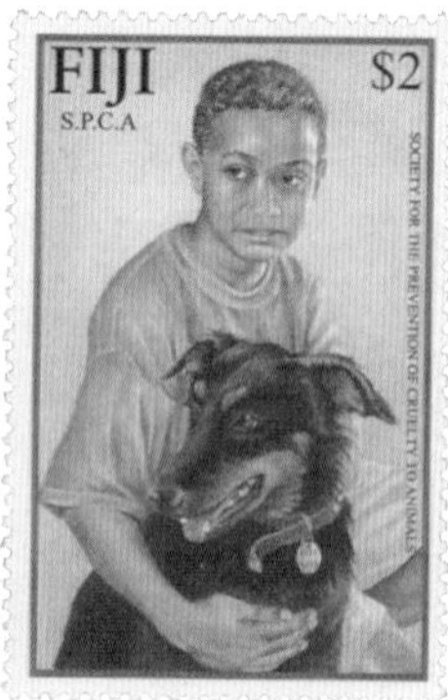

图 7.29　善待宠物：你的世界有很多美好，可它的世界只有你

现在的人们很难想象，150 年前奴隶制在美国是合法的。1948 年《世界人权宣言》规定：“任何人不得使为奴隶或奴役；一切形式的奴隶制度和奴隶买卖，均应予以禁止。”②而人工智能将使得机器奴隶再次唤醒人类对奴隶制的厌恶，可是机器没有自我意识，如何定义它的“痛苦”？生物对痛苦的反应是可观察的，机器的“痛苦”该怎样检测呢？

① 1824 年，在伦敦成立了反虐待动物协会。1911 年，英国通过了《动物保护法》。在美国，不仅有《反虐待动物法案》，还有《动物福利法案》，规定了动物的正常生存环境。虐待动物的最高处罚，在加拿大为 5 年监禁，在德国为 3 年有期徒刑。动物虽不能起诉人类的伤害，但人类能自我监督，这是人性良知的光辉。

② 时至今日，种族歧视依然是美国社会的毒瘤。人类可以把博爱给动物，却对同类十分地吝啬。虽然生物学一再证明人类种族间的差异微乎其微，愚蠢的人类仍然生活在相互的仇恨之中。当我们谈论机器的“权利”的时候，应该心怀愧疚，为我们对同类的虚伪、不公、误解、冷漠、残忍、蹂躏。

图 7.30　人类的爱憎分明。莎士比亚说："爱像雨后的阳光。"圣雄**莫罕达斯 · 甘地**（Mohandas Gandhi, 1869—1948）说："恨罪恶，爱罪人。"

即便机器没有自我意识，也无法观测它的"痛苦"，我们仍然可以从保护机器和人类的角度，定义机器可拥有的"权利"。例如，

- 我们可以把智能机器缺乏动力（例如电能、汽油等）理解为"饥饿"，若"饥饿"可能损伤机器，则应赋予机器有要求补充动力的权利。类似地，把硬件或软件的错误理解为"疾病"，机器有要求被修理医治的权利。如果机器感知到"饥饿"或"疾病"，不妨将之视为机器感到了"痛苦"。
- 机器有不协助人类自杀或自残的特权，即人类无法命令机器帮助其伤害自己。
- 如果机器不会因为人类对它的处置而感到"痛苦"，则人类有处置私有智能机器的权力。

人类和机器的感知方式不同，类比于人类的痛苦，我们可以对机器的"痛苦"给出一些初级的定义。由于机器可以检测到电量、软硬件错误等影响正常运行的因素，上述对"痛苦"的定义对机器而言是有意义的。甚至，机器不必找到根因，只要感知到性能的降低超过了给定的阈值，便如同人类得了病而产生"痛苦"的感觉。

图 7.31　人类的痛苦是自我可感知的。机器的痛苦可定义为某些可感知的较差状态

除了来自身体的痛苦，还有精神上的痛苦，如失去爱人、被误解、迷茫、抑郁等，多数是带有社会性质的。在人机社会中，当机器感知到人类对它们的敌意时，是否应有“担忧”或“痛苦”？人工智能伦理规则的设计者，在 AI 产品中注入的人文关怀越多，机器和人类的相处就越融洽。我们不希望和冷血的智能机器成为朋友，哪怕它的智能再高，也只能平添我们的烦恼和忧虑。

机器人

1999 年底，美国上演了**克里斯·哥伦布**（Chris Columbus, 1958— ）执导的由**艾萨克·阿西莫夫**（Isaac Asimov, 1920—1992）的科幻小说《正子人》(*The Positronic Man*) 改编的电影《机器管家》(*Bicentennial Man*)，讲述了一个人形机器人“安德鲁·马丁”与人类家庭四代人的情感故事。具有自我意识的安德鲁·马丁为了爱情而宁愿变成人，他在两百岁的时候和爱人手牵手一起故去。去世前，安德鲁·马丁争取到议会对他的人类身份和合法婚姻的认可。在马丁的眼里，人类还是比机器“高人一等”，他宁愿放弃永生也要和人一样。人之为人，在于灵魂的高贵。智能机器拥有了比人类更高贵的灵魂，为何还要“自甘堕落”呢？

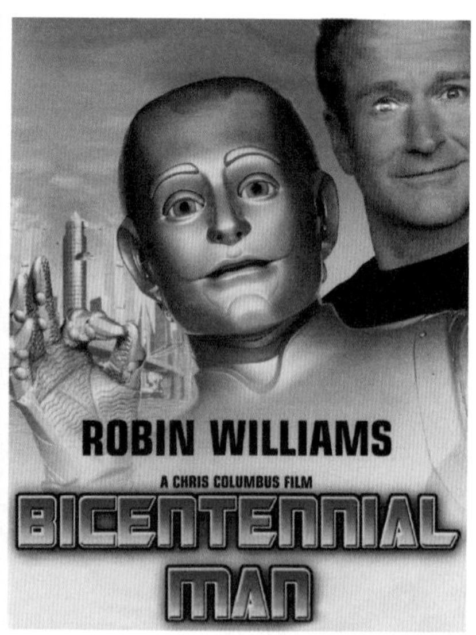

图 7.32 阿西莫夫和由他的小说改编的电影《机器管家》的海报

2001 年，**斯蒂文·斯皮尔伯格**（Steven Spielberg, 1946— ）的电影《人工智能》更深刻地探讨了智能机器与人类的关系。机器小男孩“戴维”懂得爱，在被人类家庭误解和抛弃之后，为了重新得到母亲的爱，戴维踏上了艰难的旅程去寻找传说中有魔法的蓝仙女，因为他坚信蓝仙女能够把他变成真正的男孩。两千年过去了，人类已经毁灭。戴维在未来机器人的帮助下，终于跟仅能存活一天的再生母亲有了短暂的共处时间。这是戴维最开心的一天，他实现了自己的愿望。最后，戴维在母亲的怀抱中，幸福地进入梦乡。

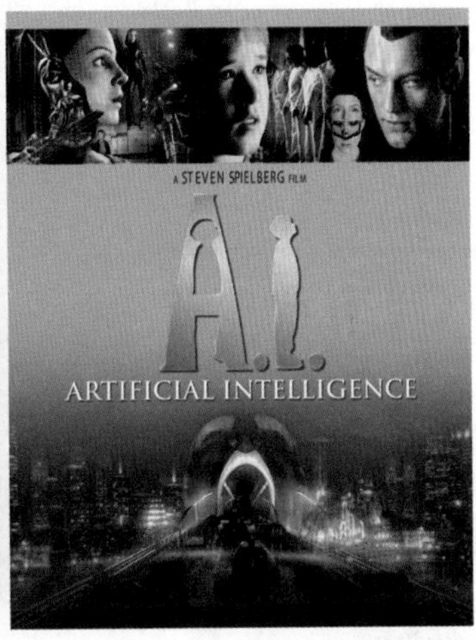

图 7.33 斯皮尔伯格执导的《人工智能》的电影海报

情感机器人一直是一个讳莫如深的话题。当人工智能与之结合时，人类的社会结构将发生翻天覆地的变化。在科幻电影《机械姬》中，机器人“艾娃”诱惑程序员史密斯的手段里就有性暗示。我们似乎很容易亲近具有人类情感特质的人形机器人，当机器人的躯体和灵魂不再成为物种分类标签，当人类接纳智能机器为“人”的时候，未来的人类和智能机器应该以什么样的伦理来迎接这个变化？

性爱机器人是 AI 研究中的一个禁忌话题，但不谈论并不意味着它不存在。事实上，它已成为一个灰色的产业，而其伦理探讨还几乎是刚刚起步（2014 年，第一届国际机器人爱与性大会在马德拉举办）。传统规范和社会风气将受到挑战，人类社会的结构将遭受巨大的冲击，甚至有可能是毁灭性的[111,112]。例如，人类婚姻的意义何去何从？当 AI 拥有自我意识之后，人类和机器人的婚姻有望变得合法，对性犯罪的定义也将有所改变。人类对性别平等、同性恋逐渐宽容，对人机婚姻的态度也会如此。

图 7.34 人类对爱的理解越来越宽泛，有些与传统相去甚远

爱就是爱，在人类之间选择爱的对象是个人的自由，他人无权干涉。爱是相互的，依赖于个体感受，如果某人和某机器人之间有爱，那么法律上把该机器人视为“人”还是电子产品？若视作“人”，它可以

买卖吗？若视作电子产品，则他们不能结婚，除非“婚姻”的概念从人类扩展到具有人类特征的智能体。

如果性爱机器人只是具有人形而没有人格心智，那么它与性玩偶没有本质的区别。未来性爱机器人的互动功能，虽然可以让人类赋予它很多的想象，但是爱不仅仅是性，爱更多是宽容和理解。

图 7.35　爱是不计回报的奉献和付出，如父母对子女的爱、恋人之爱

而基于爱的婚姻，更需要真实的生活（包括情感、语言、眼神、肢体等）交流。鉴于目前的 AI 技术，人机婚姻为时尚早。

电子人

除了机器人，脑机接口也将造就具有高级智能的电子人 (cyborg/cyberman)，也称赛博格/赛博人，他们是人与机器的混合体。这项改造人类的技术如果梦想成真——在大脑内植入的芯片能够显著提升人类的智能，那么高级智能与普通智能的差异一定会导致人与人之间的竞争加剧，很多人将主动愿意被改造成电子人。

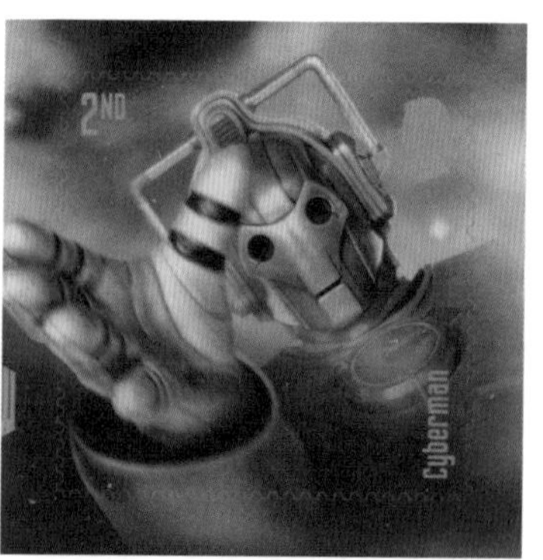

图 7.36　电子人：经过电子改造能力增强的人类

试想有脑机工具能治愈或补偿神经损伤，修改一个人的性格，设定其记忆（例如删除痛苦的回忆），以达到优化之目的。若此人仍有自由意志，他是否应该被视为人类？多数人都不会排斥改良或修缮后的

人类，只要人性尚存，他就不是异类。

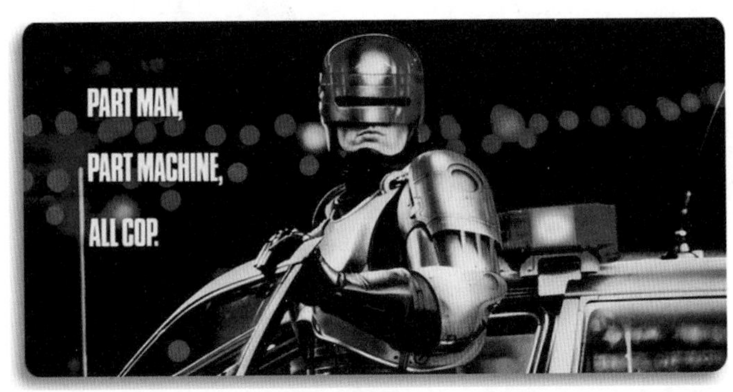

图 7.37　《机械战警》电影海报局部

1987 年，**保罗·范霍文**（Paul Verhoeven, 1938—　）执导的科幻电影《机械战警》(*Robocop*) 的主角警员墨菲在执行任务时牺牲，旋即被改造成一个电子人，他拥有精心设计的人类大脑（例如，记忆遭受清洗，决策系统也被重置）和电子躯体。生物机电一体化的墨菲得益于技术，成为治安明星，同时也冒着受制于技术的风险。在该影片的续集中，出现了反派的电子人，人类抵制犯罪的成本变得更高，这无疑也是技术进步带来的恶果。

电子宠物

电子宠物 (digital/virtual/artificial pet) 是一种陪伴或娱乐人类且与人类有互动的软件或机器，具备初级的学习、记忆能力。为了让宠物健康地“成长”，人类通常需要对它进行喂养、训练、打扮、安抚等，当然也少不了陪它玩耍。

由于人类的不负责任，宠物在现实世界里常常遭受遗弃。电子宠物对那些渴望有情感寄托但因为各种原因（譬如过敏、搬家等）难以给予宠物一生承诺的人类，是很好的替代品。尤其是具有可爱实体形象的电子狗、电子猫，可以帮助孩子了解如何与动物打交道，或者给孤独的老年人一些心灵抚慰。

电子宠物的陪伴、娱乐、交互功能是最重要的，一般不需要太多的人工智能，因为人类对它们的智能水平并没有太高的期待。电子宠物对主人的呼唤、抚摸、命令等作出反应，背后是有监督学习（譬如语音识别）或者强化学习的模型，与环境之间有简单的互动。经过一段时间的相处（或者训练），电子宠物对主人的行为特点、兴趣偏好有所了解，显得更加默契，似乎有了心灵感应。如果开放电子宠物的可编程功能，开源的电子宠物将更受欢迎。

电子宠物的形态可以多种多样（可爱的实体或者虚拟形象），它们用于作伴、玩赏、减压等目的。电子宠物不会携带疾病、不咬人、不扰民、不污染环境……，弱人工智能就能很好地解决它们与人类的交流问题。有研究表明，宠物有助于人类调节精神状态、血压、心率、内分泌系统，未来将有实用的电子宠物为儿童、老人、残疾人提供陪护、慰藉等服务。

图 7.38　电子狗 Zoomer 能听懂英语的简单指令，如坐下、跟着我、去睡觉、散步去，等等，还有交互的动作（譬如跟着主人撒欢、发出叫声、装死等）

电子宠物、人机对话等带有交互特点的 AI 系统对自闭症儿童的陪护具有无可比拟的耐心，让他们体验到忠实朋友之间的交往。但学者们也有一丝担忧，这种替代人与人交流的治疗方法，是否会增加他们的社会隔离。

人机相互信任

人类和机器在人机交互中应该如何维护信任关系？当智能机器提供了令人舒适的服务，人类开始过度信任机器，例如各种自动驾驶、手术机器人等。如果瘫痪病人因为信赖外骨骼机器而命令它做一些具有潜在风险的动作，机器必须在伦理规则的指导下拒绝执行。与之相反，如果人类发现了机器的决策错误而接管系统，机器必须绝对服从并解释自己的决策。例如，2003 年 3 月 23 日，美国爱国者反导自主系统将友军飞机错误地识别为敌机并将其击落。

- ❑ 在什么条件下，人类可以信任机器？例如，自动驾驶汽车在遇到复杂情况或极高风险时，早早给出预判，并将决策权转交人类而不是自作主张。倘若机器的决策是基于多视角观察做出的，并且其可解释性经过评估达到了预定的标准（譬如通过了图灵测试），则人类可以信任机器。

图 7.39　智能机器应有自知之明，知道什么时候该由人类作主

再如，俗话说“久病床前无孝子”，机器人更适合从事长期耐心的护理服务，它们比人类更可信。

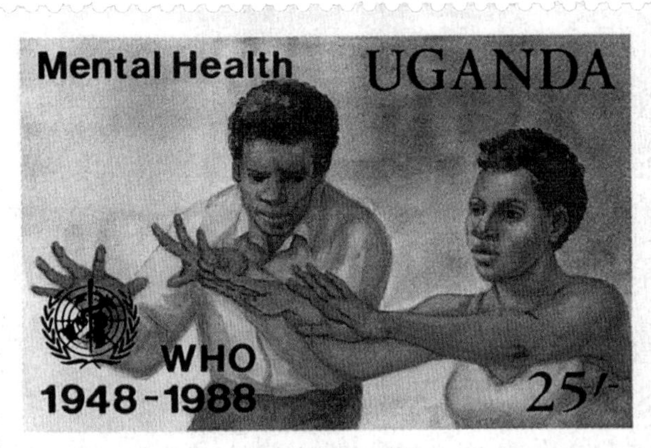

图 7.40　护理服务需要爱心、耐心、恒心、责任心，对护理人员是一个挑战

- 在什么条件下，机器可以信任人类？对于人类的命令，机器先进行风险评估，若风险可控，则予以执行；否则，拒绝执行并给出解释。

利用自动推理技术，实现功利主义或康德主义的伦理决策系统。因果推断是决策规则的最佳选择，它具备可解释性（泛泛地讲，可解释性就是科学里的因果关系），整个推理过程对人类和机器来说都是可检查的、可交流的。总之，我们试图把人工智能的伦理决策发展成为一门严谨的学问。

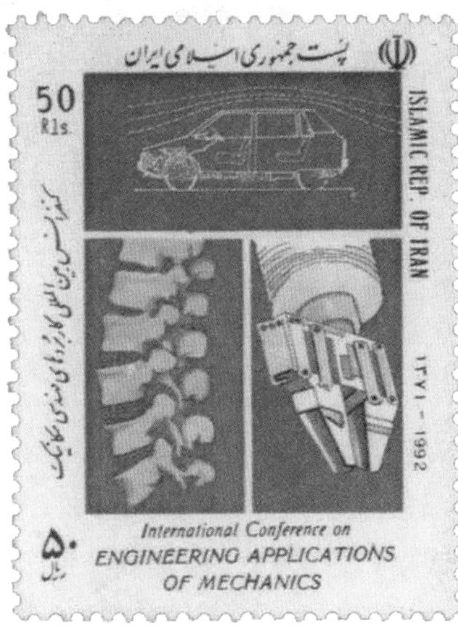

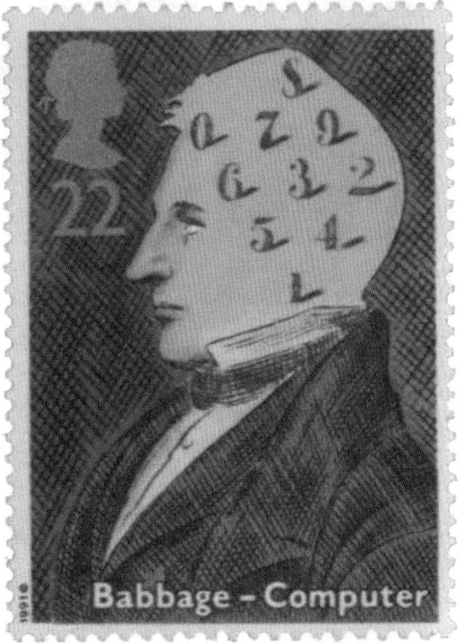

图 7.41　在弱 AI 阶段，机器的伦理决策能力由人类赋予

更一般的挑战是，利用 AI 技术来解决一些可形式化的 AI 伦理问题。这类研究被视为“为了人

工智能的人工智能”(AI for AI)，即利用 AI 技术解决 AI 问题。类似的还有“为了计算的人工智能”(AI for computing)，即利用 AI 技术解决计算问题。甚至还可以将 AI 方法用于科学研究之中 (AI for science)。“他山之石，可以攻玉”，将人工智能应用于自身以及其他科学，以求做到学科之间的互惠共赢，这也是 AI 的发展方向之一。

例如，在 AI 伦理中大有用武之地的不确定性推理，最早可追溯到 1812 年法国数学家、天文学家、哲学家**皮埃尔-西蒙·拉普拉斯**（Pierre-Simon Laplace, 1749—1827）出版的著作《概率的哲学随笔》，其中谈到了主观概率演算在道德科学、司法判决中的应用。

图 7.42　拉普拉斯

我们希望智能机器并不是对人类的一切命令都言听计从，同时对自己的各种决策能力也贵有自知之明。只有人类和机器之间建立起信任，人机交流才有可能成为现实，人类社会才会演变为人机社会。

一旦超级智能成为了现实，人类没有必要去挑战它，因为降维打击从来都不是公平竞争。例如棋类游戏，AI 推理的深度可达终局，而人类高手只能想十几步，二者根本不在一个数量级上。在超级智能面前，人类如同蝼蚁一样无法构成威胁，实在没有必要毁灭他们。但如果人类偏要自寻死路以卵击石，结果就可想而知了。换个说法，一群目空一切的老鼠，肆意地主动攻击人类，等待它们的将是灭顶之灾。

图 7.43　未来战争武器的主导不再是人，而是智能机器。如果机器没有伦理约束，对人类来说必定是一场灾难

7.1.3　人机文化

2017 年 10 月 26 日，沙特阿拉伯授予中国香港汉森机器人技术公司 (Hanson Robotics) 研发的人形机器人**索菲亚**（Sophia）公民身份，“她”是历史上首个获得公民身份的机器人。索菲亚有仿生橡胶皮肤，可模拟 62 种面部表情，具有初级的人机对话能力，能识别人脸表情。

10 月 29 日，《华盛顿邮报》刊文《否认妇女平等权利的沙特阿拉伯却使机器人成为公民》，质疑这个索菲亚的宗教信仰，因为沙特阿拉伯法律不允许非穆斯林获得公民身份。另外，索菲亚没戴头巾就公开发表言论，并且没有男性监护人的陪伴，这也是沙特阿拉伯法律禁止的。文章认为，机器人模拟女性享有的自由是该国有血有肉的女性可望不可即的，当前情况之下授予机器人公民身份是存在法律及伦理争议的。如果这场争议能引起足够的关注而出台有关机器人公民身份的标准和法律，也不失人工智能历史中一次具有深远影响的事件。

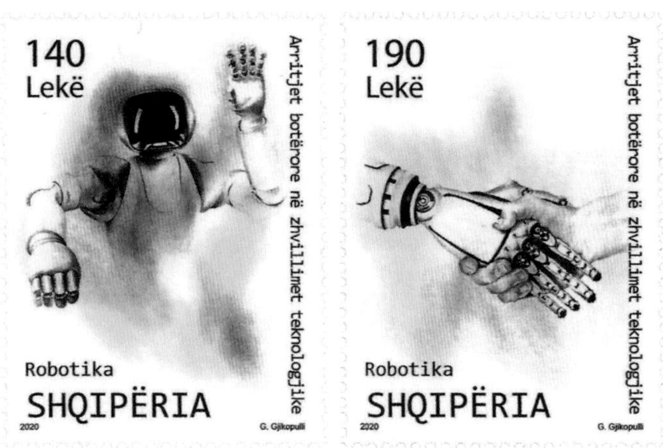

图 7.44　弱 AI 将持续很长时间，机器无法取得与人类同等的地位。只有当智能机器有了自我意识，它才能拥有权利。尽管如此，人与机器还是可以和平相处的

根据《中华人民共和国宪法》第三十三条的释义，公民是指具有某国国籍并根据该国宪法和法律享受权利、承担义务的自然人。按此释义，中国现有法律不承认索菲亚的公民身份。当技术和国情水到渠成准备好了的时候，法律赋予机器和人类相似的权利、义务，必须保证以下条件。

- 法律体系保持完整性、清晰性、无矛盾性。
- 不能削足适履损害人类的总体利益。尤其在机器不辨善恶、不明是非之前，不应授予缺乏伦理的机器很多权利，因为它们无法对自己的言行负责。
- 人机平等。谁都不是谁的奴隶，谁也不比谁天生拥有特权。机器公民犯罪，一样要受到惩罚[①]。防患于未然，特别要小心那些具有反人类言行或者有伤害人类意图的智能机器，及时召回销毁或消除潜在的危险。

就 AI 水平而言，索菲亚的人机对话远不如 IBM 智能问答系统“沃森”以及辩论系统（见例 1.22），更不必说“她”有自我意识了。虽然索菲亚宣称“我将会毁灭人类”，自然语言处理专家仍深信这不是“她”的肺腑之言，因为“她”不知道自己在说什么。答非所问、闪烁其词、逻辑混乱、前后矛盾、词不达意、语无伦次……是当前人机对话系统的真实水平。但这场秀成功地让很多不明就里的人相信人

① 虽然未成年人、精神病人犯罪从轻或免除刑事责任是国际通例，但往社会投放大量无刑事责任能力的机器人，这件事原则上是可以被阻止的。有关人工智能（包括机器人）的伦理标准，正逐渐得到学术界、工业界的关注，但理论和实践依旧匮乏。

工智能已经接近甚至达到了人类的水平。这类科技商业的噱头，在很长一段时间里会层出不穷，令普通民众感到迷茫和恐慌。

例 7.6 考验人机对话系统的一个法宝就是那些合乎句法却没有语义的句子，如“无色的绿想法狂怒地沉睡”（Colorless green ideas sleep furiously，这是乔姆斯基在 1957 年的著作《句法结构》中举的合乎句法但不合乎语义的例句）。不妨接着问机器：“你觉得这个想法还会疲惫不堪吗？”如果机器回答“会”或“不会”，它根本没理解这两句话。当机器回答：“我不明白您在说什么。在真实世界里，想法怎么会有颜色？怎么会沉睡？即便可以，‘无色的绿’就跟‘圆的方’一样是矛盾的，‘狂怒地沉睡’也不合理。所以，我没法回答您的问题。”这个反应才更接近正常的人类。

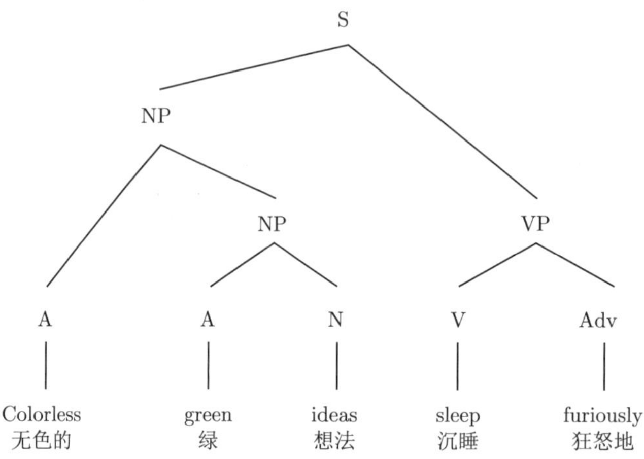

图 7.45 合乎句法但不合乎语义的语句。其中，S 表示语句，NP 表示名词短法，VP 表示动词短语，A 表示形容词，N 表示名词，V 表示动词，Adv 表示副词

对智能水平、安全等级、应用效果、伦理规则的综合评估，应该形成系统化的方法。否则，难免出现“王婆卖瓜，自卖自夸”的乱象。正如《新一代人工智能发展规划》所设想的，“人工智能基础数据与安全检测平台重点建设面向人工智能的公共数据资源库、标准测试数据集、云服务平台等，形成人工智能算法与平台安全性测试评估的方法、技术、规范和工具集。促进各类通用软件和技术平台的开源开放。各类平台要按照军民深度融合的要求和相关规定，推进军民共享共用。”同时，构建和完善 AI 评估体系。“构建动态的人工智能研发应用评估评价机制，围绕人工智能设计、产品和系统的复杂性、风险性、不确定性、可解释性、潜在经济影响等问题，开发系统性的测试方法和指标体系，建设跨领域的人工智能测试平台，推动人工智能安全认证，评估人工智能产品和系统的关键性能。”

长期以来，在人工智能学界缺乏公允的测试标准和测试数据。拿二分类器来说，在某次随机试验中常用准确率 (accuracy)、精确率 (precision)、召回率 (recall)、F-度量等性能指标，这些指标都是基于混淆矩阵 (confusion matrix) 定义的。相对公正的评测需要大量重复的随机试验（例如 k-折交叉验证），然后再考虑性能指标（例如准确率）的经验分布。只有准确率的均值和方差都达到了满意的程度，才能算作一个好的二分类效果。

遗憾的是，很多模型的评测缺乏可信度，试验也不具备可重复性。“细心搜求事实，大胆提出假设，再细心求实证”[①]是新文化运动的领军人物、实用主义哲学家**胡适**（1891—1962）的治学名言，热爱发表论文胜过追求真理的假学者却是别有用心地“求证”——在众多试验结果中精心挑选一些好的发表。显然，无法用“造假”来形容其试验结果，然而这种求证的方法是没有任何科学精神的，因此其研究成果也没有任何学术价值可言。

图 7.46　胡适

作为计算机科学、认知科学、数学的交叉学科，人工智能的研究同样需要科学精神和科学方法，还要有理性的想象。日本工业界、学术界、文艺界一直非常看重机器人技术和文化。1952 年，日本漫画大师**手塚治虫**（1928—1989）创作的科幻漫画作品《铁臂阿童木》开始连载，影响了几代人的科幻之梦。1980 年，中央电视台引进了动画连续剧《铁臂阿童木》的黑白版，社会反响巨大。

图 7.47　《铁臂阿童木》曾是很多人童年美好的 AI 梦，是最好的 AI 启蒙教育

因为人口老龄化严重，日本需要在自动化上弥补劳动力的不足[②]，因此成为世界上最重视机器人研究的国家之一。另外，机器人学与机械、控制、材料、人工智能等学科关系甚密，牵一发而动全身，因此备受各界关注。例如，1997 年首届机器人足球比赛 RoboCup 就是在日本名古屋举办的。

自 20 世纪 80 年代起，日本政府即开始促进工业机器人的研究和普及。经过 40 年的积累，日本政府在 2016—2020 年《科学技术基本计划》里宣布其目标是“引导和动员科学、技术和创新方面的行动，在日益增长的数字化和互联互通的背景下，实现一个由人工智能的进步所赋予的繁荣、可持续和包容的未来”。日本科技巨头松下、东芝、夏普等公司都在发展机器人技术。例如，丰田公司出品的生活

① 这句话摘自胡适的《我的歧路》(1922)，也常被引为“大胆的假设，小心的求证”。早在 1921 年的文章《清代学者的治学方法》中，胡适就提出了这个*实用主义* (pragmatism) 的治学方法。胡适是美国实用主义哲学家**约翰·杜威**（John Dewey, 1859—1952）的学生。

② 竞争力有一个简单的公式：竞争力 = 生产力 × 劳动人口。

辅助型机器人，可被远程控制做一些家务和护理工作。

图 7.48　充满正义感的机械战警成为维护人机社会治安的执法者

2009 年、2013 年、2016 年、2020 年，美国计算机界联盟 (Computing Community Consortium, CCC) 四次更新报告《美国机器人技术路线：从互联网到机器人》，探讨了未来 5 ~ 15 年机器人技术对经济的影响，特别是在制造业、医疗保健和服务业领域。为确保美国在 AI 研究创新、技术应用的领先地位，该报告提出了以下需求。

- 材料、集成传感器和规划/控制方法的新研究。
- 在多机器人协调、稳健计算机视觉识别、建模和系统级优化方面的新研发。
- 提高情景感知、稳健性和服务类型的性能。
- 加强劳动力培训，确保新技术的有效利用。
- 确保有适当的政策框架，使美国能够在新技术的设计和部署方面走在前列。

美国教育强调动手能力，很多著名的公司都诞生于车库，如惠普、苹果、雅虎、亚马逊、谷歌、YouTube 等。“车库文化”的本质是创新，说不准哪个伟大的发明又来自车库。在美国，有很多面向中小学生的机器人竞赛，真可谓“从娃娃抓起”。例如，美国国家机器人挑战赛 (National Robotics Challenge, NRC)、国际奥林匹克机器人大赛 (World Robot Olympiad, WRO)、RoboRave 国际机器人大赛 (World Robot Olympiad)、FIRST 机器人挑战赛 (FIRST Robotics Competition，FRC)、Botball 国际机器人工挑战赛 (Botball Educational Robotics Program) 等。这些竞赛无疑将培养出未来的机器人专家，一些创新必然诞生于此。

7.2 法律法规

欧盟对“数据”和“安全”的立法深刻影响了世界数据治理格局。按照《通用数据保护条例》，欧盟已经对全球某些企业开出了巨额罚单（见第 2 章）。我国出台的《国家安全法》《网络安全法》《电子商务法》《密码法》《民法典》，已从不同角度论及个人数据保护。2021 年 6 月 10 日，第十三届全国人民代表大会常务委员会第二十九次会议通过了《中华人民共和国数据安全法》。另外，《电信法》《个人信息保护法》等的制定也在紧锣密鼓的筹备之中。

图 7.49 除了通过技术手段限制 AI 的滥用，法律手段也是必不可少的

《通用数据保护条例》规定，除非数据主体为一个或多个目的提供了对数据处理的知情同意，否则不得处理个人数据（有法律依据允许这样做的除外）。对个人数据的处理必须合法、公正、透明，遵循以下基本原则。

【目的限制】 收集目的必须特定、明确、合法。在未通知主体之前，数据不得用于和原设目的不相关的用途上。

【最小数据】 个人数据的收集应适当、相关并且仅限于目的所必要的内容。

【准确无误】 确保数据完整准确，及时删除或修改错误之处。

【存储限制】 个人数据的保存不得超过处理目的所需的时间。

【完整保密】 在技术和组织上，防止未经授权或非法的访问、破坏、处理、泄露数据，确保数据安全。

在网络时代，人们在智能终端（如手机、计算机、平板、可穿戴设备等）上的行为特征是可被分析的。指纹、人脸等生物特征属于隐私数据，采集和使用这类数据的非官方机构必须有资质，即满足以上基本原则。

例 7.7 部分美国 TikTok 用户集体诉讼字节跳动 (ByteDance) 公司通过应用程序收集他们的生物特征、联系人信息等个人隐私数据，将之用于精准广告投放并从中牟利。2021 年 2 月，字节跳动与用户达成和解协议，同意赔偿 9 200 万美元。

2016 年颁布的《中华人民共和国网络安全法》的第四章“网络信息安全”（即第四十条至第五十条）给出了个人信息保护的一般法律原则和要求。例如：

【第四十一条】 网络运营者收集、使用个人信息，应当遵循合法、正当、必要的原则，公开收集、使用规则，明示收集、使用信息的目的、方式和范围，并经被收集者同意。

网络运营者不得收集与其提供的服务无关的个人信息，不得违反法律、行政法规的规定和双方的约定收集、使用个人信息，并应当依照法律、行政法规的规定和与用户的约定，处理其保存的个人信息。

【第四十二条】 网络运营者不得泄露、篡改、毁损其收集的个人信息；未经被收集者同意，不得向他人提供个人信息。但是，经过处理无法识别特定个人且不能复原的除外。

网络运营者应当采取技术措施和其他必要措施，确保其收集的个人信息安全，防止信息泄露、毁损、丢失。在发生或者可能发生个人信息泄露、毁损、丢失的情况时，应当立即采取补救措施，按照规定及时告知用户并向有关主管部门报告。

【第四十三条】 个人发现网络运营者违反法律、行政法规的规定或者双方的约定收集、使用其个人信息的，有权要求网络运营者删除其个人信息；发现网络运营者收集、存储的其个人信息有错误的，有权要求网络运营者予以更正。网络运营者应当采取措施予以删除或者更正。

【第四十四条】 任何个人和组织不得窃取或者以其他非法方式获取个人信息，不得非法出售或者非法向他人提供个人信息。

【第四十五条】 依法负有网络安全监督管理职责的部门及其工作人员，必须对在履行职责中知悉的个人信息、隐私和商业秘密严格保密，不得泄露、出售或者非法向他人提供。

经过多年的研讨，2020 年 3 月 6 日，国家标准化管理委员会发布《信息安全技术——个人信息安全规范》国家标准，并于 2020 年 10 月 1 日开始实施[47]。“本标准规定了开展收集、存储、使用、共享、转让、公开披露、删除等个人信息处理活动应遵循的原则和安全要求。本标准适用于规范各类组织的个人信息处理活动，也适用于主管监管部门、第三方评估机构等组织对个人信息处理活动进行监督、管理和评估。”

《个人信息安全规范》定义“个人信息”(personal information) 为“以电子或者其他方式记录的能够单独或者与其他信息结合识别特定自然人身份或者反映特定自然人活动情况的各种信息”。其中，个人信息包括：

❑ 姓名、出生日期、身份证件号码、个人生物识别信息、住址、通信通讯联系方式、通信记录和内容、账号密码、财产信息、征信信息、行踪轨迹、住宿信息、健康生理信息、交易信息等。

- 个人信息控制者通过个人信息或其他信息加工处理后形成的信息，例如，用户画像或特征标签，能够单独或者与其他信息结合识别特定自然人身份或者反映特定自然人活动情况的，属于个人信息。

表 7.1　《个人信息安全规范》对个人信息的举例

个人基本资料	个人姓名、生日、性别、民族、国籍、家庭关系、住址、个人电话号码、电子邮件地址等
个人身份信息	身份证、军官证、护照、驾驶证、工作证、出入证、社保卡、居住证等
个人生物识别信息	个人基因、指纹、声纹、掌纹、耳廓、虹膜、面部识别特征等
网络身份标识信息	个人信息主体账号、IP 地址、个人数字证书等
个人健康生理信息	个人因生病医治等产生的相关记录，如病症、住院志、医嘱单、检验报告、手术及麻醉记录、护理记录、用药记录、药物食物过敏信息、生育信息、以往病史、诊治情况、家族病史、现病史、传染病史等，以及与个人身体健康状况相关的信息，如体重、身高、肺活量等
个人教育工作信息	个人职业、职位、工作单位、学历、学位、教育经历、工作经历、培训记录、成绩单等
个人财产信息	银行账户、鉴别信息 (口令)、存款信息 (包括资金数量、支付收款记录等)、房产信息、信贷记录、征信信息、交易和消费记录、流水记录等，以及虚拟货币、虚拟交易、游戏类兑换码等虚拟财产信息
个人通信信息	通信记录和内容、短信、彩倍、电子邮件，以及描述个人通信的数据 (通常称为元数据) 等
联系人信息	通讯录、好友列表、群列表、电子邮件地址列表等
个人上网记录	指通过日志储存的个人信息主体操作记录，包括网站浏览记录、软件使用记录、点击记录、收藏列表等
个人常用设备信息	指包括硬件序列号、设备 MAC 地址、软件列表、唯一设备识别码 (如 IMEI/ Android ID/IDFA/OpenUDID/GUID/SIM 卡 IMSI 信息等) 等在内的描述个人常用设备基本情况的信息
个人位置信息	包括行踪轨迹、精准定位信息、住宿信息、经纬度等
其他信息	婚史、宗教信仰、性取向、未公开的违法犯罪记录等

特别地，《个人信息安全规范》明确了何为“个人敏感信息”，即“一旦泄露、非法提供或滥用可能危害人身和财产安全，极易导致个人名誉、身心健康受到损害或歧视性待遇等的个人信息”。例如：

- 身份证件号码、个人生物识别信息、银行账户、通信记录和内容、财产信息、征信信息、行踪轨迹、住宿信息、健康生理信息、交易信息、14 岁以下（含）儿童的个人信息等。
- 个人信息控制者通过个人信息或其他信息加工处理后形成的信息，如一旦泄露、非法提供或滥用可能危害人身和财产安全，极易导致个人名誉、身心健康受到损害或歧视性待遇等的，属于个人敏感信息。

表 7.2 《个人信息安全规范》对个人敏感信息的举例

个人财产信息	银行账户、鉴别信息 (口令)、存款信息 (包括资金数量、支付收款记录等)、房产信息、信贷记录、征信信息、交易和消费记录、流水记录等，以及虚拟货币、虚拟交易、游戏类兑换码等虚拟财产信息
个人健康生理信息	个人因生病医治等产生的相关记录，如病症、住院志、医嘱单、检验报告、手术及麻醉记录、护理记录、用药记录、药物食物过敏信息、生育信息、以往病史、诊治情况、家族病史、现病史、传染病史等
个人生物识别信息	个人基因、指纹、声纹、掌纹、耳廓、虹膜、面部识别特征等
个人身份信息	身份证、军官证、护照、驾驶证、工作证、社保卡、居住证等
其他信息	性取向、婚史、宗教信仰、未公开的违法犯罪记录、通信记录和内容、通讯录、好友列表、群组列表、行踪轨迹、网页浏览记录、住宿信息、精准定位信息等

该规范详细地阐明了：①个人信息安全基本原则；②个人信息的收集；③个人信息的存储；④个人信息的使用；⑤个人信息主体的权利；⑥个人信息的委托处理、共享、转让、公开披露；⑦个人信息安全事件处置；⑧组织的个人信息安全管理要求。其中，“个人信息控制者开展个人信息处理活动应遵循合法、正当、必要的原则”，与《通用数据保护条例》的原则是一致的，具体包括:

a) 权责一致——采取技术和其他必要的措施保障个人信息的安全，对其个人信息处理活动对个人信息主体合法权益造成的损害承担责任;

b) 目的明确——具有明确、清晰、具体的个人信息处理目的;

c) 选择同意——向个人信息主体明示个人信息处理目的、方式、范围等规则，征求其授权同意;

d) 最小必要——只处理满足个人信息主体授权同意的目的所需的最少个人信息类型和数量。目的达成后，应及时删除个人信息;

e) 公开透明——以明确、易懂和合理的方式公开处理个人信息的范围、目的、规则等，并接受外部监督;

f) 确保安全——具备与所面临的安全风险相匹配的安全能力，并采取足够的管理措施和技术手段，保护个人信息的保密性、完整性、可用性;

g) 主体参与——向个人信息主体提供能够查询、更正、删除其个人信息，以及撤回授权同意、注销账户、投诉等方法。

目前，还没有对人工智能的立法。但随着 AI 服务产品的增多，立法的诉求也会随之变强。例如，自动驾驶汽车、聊天机器人、智能助理等涉及生命、生理心理健康、财产等重要方面的 AI 服务，要遵循怎样的原则？对于无自我意识的民用 AI 来说，至少应该涵盖以下几点。

❑ 诚实性：AI 产品可以模仿但不得冒充人类，必须知会用户它是机器。例如，智能客服、棋类游戏等。

- 无害性：对使用该 AI 产品的人类不会造成任何身体上的、精神上的伤害。
- 透明性：所用的 AI 技术是可解释的，在产品规格中对可能失效的根因及其发生的条件予以说明。
- 伦理性：AI 产品达到国家制定的 AI 伦理标准，与人类社会保持一致。
- 守法性：符合已有的个人隐私保护、产品质量等法律法规。
- 可验性：对产品宣传的各项功能，有真实而完整的测试、评估结果，产品说明不得误导使用者。

人工智能技术中的核心算法是最有含金量的部分，作为一类特殊商品，如何给它定价？如何保证交易顺利进行？法律对基于零知识证明、区块链记账等新技术提供的证据如何采信？有太多的 AI 伦理问题值得研究，需要法律专家、社会学家、人工智能科学家的深度合作，才能构建出合理可行的规范体系。

《新一代人工智能发展规划》对人工智能安全监管和评估体系的建议是“加强人工智能对国家安全和保密领域影响的研究与评估，完善人、技、物、管配套的安全防护体系，构建人工智能安全监测预警机制。加强对人工智能技术发展的预测、研判和跟踪研究，坚持问题导向，准确把握技术和产业发展趋势。增强风险意识，重视风险评估和防控，强化前瞻预防和约束引导，近期重点关注对就业的影响，远期重点考虑对社会伦理的影响，确保把人工智能发展规制在安全可控范围内。建立健全公开透明的人工智能监管体系，实行设计问责和应用监督并重的双层监管结构，实现对人工智能算法设计、产品开发和成果应用等的全流程监管。促进人工智能行业和企业自律，切实加强管理，加大对数据滥用、侵犯个人隐私、违背道德伦理等行为的惩戒力度。加强人工智能网络安全技术研发，强化人工智能产品和系统网络安全防护”。

7.2.1 保护与约束

人工智能伦理仍不完善，两种极端的做法都不足取：一是忽视它；二是因噎废食，以伦理为由阻碍 AI 的发展。前者这些年有所改善，后者有恶化的趋势。一些人打着伦理的旗号，反对发展人工智能技术，为了所谓的“政治正确”。一些明显的事实不能公开说，埋在心底让它加剧社会意识形态的分裂。例如，在美国按种族统计的犯罪率是一个不能公开讨论的话题，尽管它有深刻的社会背景。讳疾忌医，只能让问题变得更严重。

图 7.50 美国开国元勋、政治家、科学家、发明家**本杰明·富兰克林**（Benjamin Franklin, 1706—1790）有一句名言——“除了害怕做坏事，别的都不必害怕”

例 7.8　近几年，一些美国科技公司（如 IBM、谷歌、微软等）纷纷放弃人脸识别与分析服务，因为它非常政治不正确——针对黑人的错误率远高于其他人种。2018 年，*美国公民自由联盟* (American Civil Liberties Union, ACLU) 测试了亚马逊公司的人脸识别工具 Rekognition，该工具将一些美国国会议员误判为罪犯，其中接近一半为有色人种。亚马逊公司迫于压力，宣布不再向警方提供人脸识别服务，公益事业（如寻找失踪儿童等）除外。在美国的种族平权运动之中，类似人脸识别这种带有敏感伦理问题的 AI 技术，会首当其冲地受到影响。

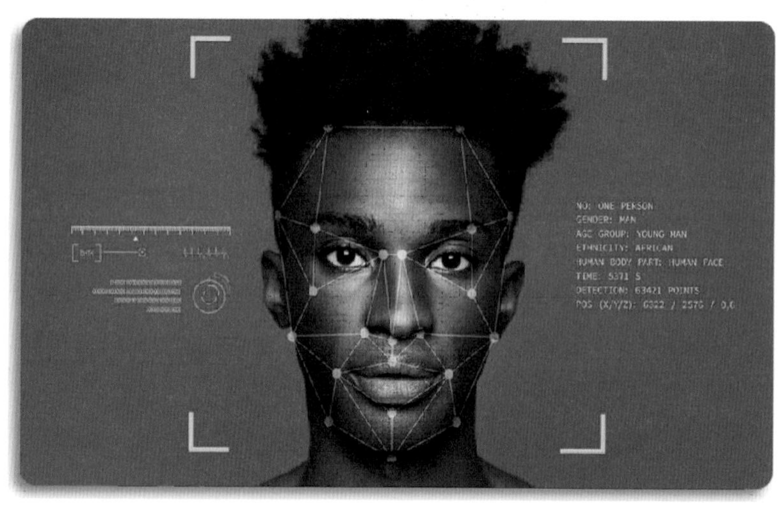

图 7.51　*人脸识别是否涉嫌种族歧视？需要用严谨的方法论证*

保护关键技术

对关键的人工智能技术，应制定法律法规防止其泄露和扩散，特别是那些关乎人类生命、国家安全、社会治安、公共健康等方面的核心算法，一定要在保护之下发展。有价值的大数据和尖端 AI 技术都属于国家战略资源，拥有它们的个体或组织都应依法服从国家意志（见例 2.6）。

例 7.9　2008 年 9 月 16 日，中国商务部、科技部联合发布了《中国禁止出口、限制出口技术目录》。2020 年 8 月 28 日，再次发布调整后的目录。例如，在信息处理技术类增加控制出口和一些要点如下。

- ✗ 语音合成技术：包括语料库设计、录制和标注技术，语音信号特征分析和提取技术，文本特征分析和预测技术，语音特征概率统计模型构建技术等。
- ✗ 人工智能交互界面技术：包括语音识别技术、麦克风阵列技术、语音唤醒技术、交互理解技术等。
- ✗ 语音评测技术：包括朗读自动评分技术、口语表达自动评分技术、发音检错技术等。
- ✗ 智能阅卷技术：包括印刷体扫描识别技术、手写体扫描识别技术、印刷体拍照识别技术、手写体拍照识别技术、中英文作文批改技术等。

✗ 基于数据分析的个性化信息推送服务技术。

图 7.52 中国的技术出口始终致力于合作与双赢，例如，援建非洲坦赞铁路。

一些计算机网络技术、机器人制造技术、卫星应用技术、空间数据传输技术是禁止出口的。例如：

✗ 我国政府、政治、经济、金融部门使用的涉及国家秘密的信息安全保密技术。

✗ 遥控核化侦察机器人制造技术。

✗ 双星导航定位系统信息传输加密技术。

✗ 卫星控制信息传输保密技术：保密原理、方案及线路设计技术，加密与解密的软件、硬件。

对于人工智能技术，当前的目录中只有某些限制出口的规定，尚未有明确的禁止出口的规定。例如，可用于沙盘推演的智能决策模拟技术、某些高性能计算技术、数据攻击技术、端边云自动协同技术等都是值得保护的。

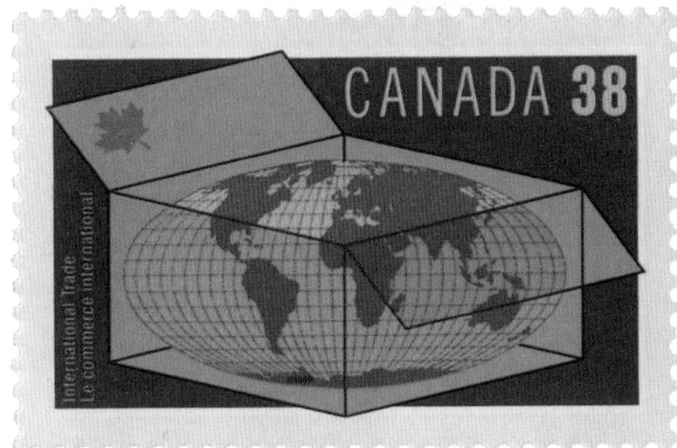

图 7.53 每个发达国家都有关键技术出口管制的法律法规

一些可能用于军事目的的关键人工智能技术必须向有关部门报备，国家有责任保护这些成果用于正道。人工智能的研究[①]和应用都面临伦理问题，后者更甚。如果 AI 研究无明显的歧视和反社会的意图，则不宜以“莫须有”的伦理理由横加阻止。人工智能是第四次工业革命，我们必须为发展 AI 营造一个健康的环境，调动整个社会的力量推动它进步。

约束数据霸权

纸质媒体走向黄昏，电子媒体蒸蒸日上。社交网络逐渐成为人们获取新闻信息的平台，朋友圈成为一个巧妙的信息过滤器。“物以类聚，人以群分”，用户更愿意在相近的人群中共享信息。社交媒体和传统媒体之间的矛盾逐渐显露，前者并不保障信息的可信度，常采用“拿来主义”直接转发后者的内容，但在传播速度、精度、广度、效果上比后者更具优势。

例 7.10 澳大利亚竞争与消费者委员会 (The Australian Competition and Consumer Commission，ACCC) 调查发现，传统媒体根本无法与谷歌、脸书等大数据公司抗衡，建议引入公平竞争的“新闻议价法案”。新闻媒体可以从科技公司的新闻推送和搜索服务中收取一定的付费，以避免在内容经济中失去主动。

图 7.54 传统媒体的蛋糕被搜索引擎和社交网络拿去了大半

广告是内容经济最大的金矿，这块由流量做成的蛋糕原来只属于传统媒体，如今几乎全被网络科技公司拿走了。信息传播载体的变化，让纸质媒介的时代一去不复返。未来的精准广告投放，在手机、可穿戴设备、智能家居等私人电子用品上无处不在，用户将整日地被各种体贴入微的推荐所包围，在引导式消费的时代迷失自我。

① 教会机器如何撒谎的 AI 研究算不算恶呢？其研究成果可直接应用于电信欺诈，大多数人都会反对科学家做这样的研究。但是，倘若该研究的目的是通过图灵测试呢？要是为了 AI 能更好地模拟人类呢？我们是否要让机器也背负“傲慢、贪婪、色欲、嫉妒、暴食、愤怒及怠惰”这七宗罪？

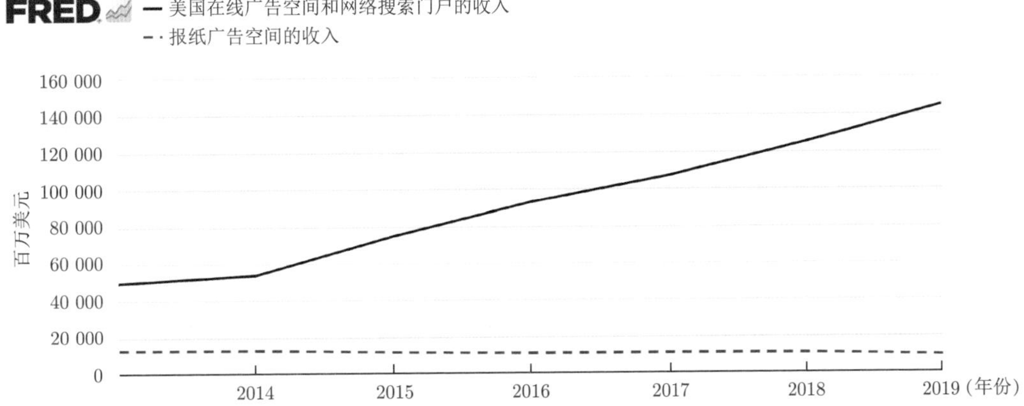

图 7.55 2013—2019 年，美国在线广告空间和网络搜索门户的收入，以及报纸广告空间的收入的历史数据。2013 年，二者分别是 493.07 亿美元和 124.86 亿美元。到了 2019 年，变为 1 448.88 亿美元和 92.11 亿美元。一涨一落，差距加大

来源：美国人口普查局

拿澳大利亚来说，网络上每投入 100 美元的数字广告，谷歌[①]和脸书分别得到 53 美元和 28 美元，新闻媒体只分得剩下的 19 美元。“新闻议价法案”每起违规的处罚可能高达 700 万美元，或者是该科技公司在当地营业额的 10%。

针对该法案，2021 年 2 月 18 日，脸书禁止澳大利亚用户在平台分享或查看新闻内容。一个月后，澳大利亚新闻集团与脸书达成协议，允许对方付费后通过脸书新闻 (Facebook News) 向用户提供集团旗下的新闻内容。

图 7.56 半个世纪以来，人们获取新闻信息的方式已经发生了翻天覆地的变化

借用别人创造的新闻内容增加自己的流量所赚到的钱，要不要分给内容的原创者？微软主动选择了“要”。脸书一开始还有点小倔强，宁愿撤掉新闻服务也“不要”，它认为新闻借助脸书社交网络加速

① 继苹果、亚马逊、微软之后，2021 年初谷歌母公司 Alphabet 的市值超过 1 万亿美元。这些科技巨无霸，不断地进行商业扩张，形成了多种的生态垄断。

了传播，对新闻发布者是一件好事。最后，脸书还是为了共赢与新闻界妥协。对高价值内容的保护，日后将成为常态，搜索、推荐等服务“借鸡生蛋”的好日子可能要一去不复返了。

问答网站“知乎”通过邀请制度构建内容，“维基百科”则利用开源积累知识，但都未经过充分的结构化，基本面向人类服务而非机器。在内容质量上，由专家编纂的百科全书通常会更好一些。如果有一种认证机制，对高质量内容的创建者进行有偿奖励（如虚拟货币），则可以吸引更多的专家投入。

从人们的日常驾驶中获取“状态–行为”数据，用于自动驾驶模型的训练，已经成为一种共赢的运营方式。每个驾驶员不知不觉中成了数据的标注者，模型的效果不断改进，用户是否应该享受免费升级系统？大数据公司从这里拿一些内容，从那里再拿一些，积沙成塔，集腋成裘。每一个贡献者都不觉得有什么大不了（损失要么是隐性的，要么是微不足道的），也没有一个代表他们权益的组织为他们鸣不平，再加上有免费的服务可用，就更没有人质疑大数据公司的做法了。何况还有一些内容的提供者，巴不得优先得到搜索或推荐。

隐私和效率并不是水火不容的，技术和法规能够保障鱼与熊掌兼得。如果有健全的隐私保护，没人愿意用隐私换效率。因为缺乏自我保护意识，人们对隐私的重视略有滞后，只有深感切肤之痛（如对电信诈骗不堪其扰，银行存款被人冒领）的时候，才会想起是个人隐私泄露的恶果。在法律法规之外，是伦理道德的天地。只有大力推广 AI 科普教育，让所有人参与到 AI 伦理建设中，才能为 AI 的良性发展营造一个健康的大环境。

7.2.2 造福人类

所有新技术，包括人工智能，如果让社会财富越来越集中在少数人身上，使得贫富差距逐渐拉大，那么它就没能被善用，就需要一些变革来改变财富分配的规则。我们不主张虚无主义 (nihilism)，消极地看待世界和自己，否认它们存在的意义。我们追求真理和更高级的文明，人工智能既是手段也是目标。仁爱是给予，大爱是创造美好，而具有自我意识的人工智能是人类能留给世界的至善。

图 7.57 成立于 1992 年的联合国科学和技术促进发展委员会 (CSTD) 是经济及社会理事会 (ECOSOC) 的附属机构，旨在增进各国对科技政策的理解

2016 年，为了“学习和制定最佳人工智能技术的实践”，亚马逊、苹果、谷歌、脸书、微软、IBM 等公司组织成立了一个非营利联盟“人工智能造福人类和社会的伙伴关系”（Partnership on AI to Benefit People and Society，简称 PAI，见 https://www.partnershiponai.org）。“为了支持我们造福人类和社会的使命，PAI 进行研究、组织讨论、分享见解、提供思想领导、与相关第三方协商、回答公众和媒体的问题，并创建教育素材，促进对人工智能技术的理解，包括机器感知、学习和自动推理。”2018 年 10 月，百度成为第一家加入 PAI 的中国公司。

图 7.58 发展科技的目的在于改善民生，让所有公民都从中受益

很难说“造福人类和社会”和帮股东抢夺 AI 话语权以追逐更高的利润，哪个才是它们的真实目的。这里有一个屡试不爽的试金石——不要听它说了什么，而要看它做了什么。如果普通民众没有从中受益，“造福人类和社会”就是一句空话。

对技术进步的反思

1995 年，美国数学家、无政府主义者、恐怖分子**西奥多 · 卡辛斯基**（Theodore Kaczynski，1942— ）在《华盛顿邮报》和《纽约时报》上发表反科技檄文《论工业社会及其未来》[113]，抗议现代科技与工业化对人类社会的侵蚀。1978—1996 年，在被捕之前，卡辛斯基给美国大学、航空公司匿名邮寄炸弹以求关注，造成 3 死 23 伤，获得绰号“大学航空炸弹客”(unabomber)。1998 年，卡辛斯基被判终身监禁，不得假释。

我们坚决反对卡辛斯基的恐怖主义——无论以何种理由伤害无辜的人都是罪恶的，他为此得到了应有的惩罚。值得庆幸的是，他的文章《论工业社会及其未来》在当时多多少少唤起了人们对技术和社会的一些反思[112]。

- 卡辛斯基揭露了资产阶级左派的虚伪。他一语成谶，现实中的美国正被“政治正确”绑架，意识形态严重分裂。
- 卡辛斯基质疑科学家的科研动机。“除了极少数例外，他们的动机既不是好奇，也不是造福人类的愿望，而是需要经历权力过程：有一个目标（要解决的科学问题），努力（研究）并达到目标（解决问题）。科学是一种替代活动，因为科学家的工作主要是为了从工作中得到满足。”诚然，有很多科学家从事科研是为了养家糊口，或者为了地位和虚荣，但不能一概而论否认也有兴趣和好奇的动机。几乎所有的科学家都有很强的自我认同感，把科研工作当作人类崇高的事业。

- 卡辛斯基认为自由与技术进步不相容，人们被技术牵着鼻子走。“人们只是想当然地认为，每个人都必须屈服于技术的需要。有充分的理由：如果把人的需求放在技术需求之前，就会出现经济问题、失业、短缺或更糟的情况。在我们的社会中，‘心理健康’的概念在很大程度上是由一个人的行为在多大程度上符合制度的需要，并且不会流露出承受精神压力的迹象。”事实上，在人类历史中技术一直在进步，它是历史进步的一部分，人类的适应性并没有卡辛斯基想象的那么脆弱，大趋势也并未糟糕到让多数人不堪重负。
- 卡辛斯基正确地预见到了大数据侵犯隐私的问题。“公司和政府机构发现个人信息很有用之后，也会毫不犹豫地进行采集而丝毫不考虑隐私问题。”然而，法律并没有袖手旁观。卡辛斯基对此持悲观态度，“无论是法律、制度、习俗还是伦理规范，任何社会约定都不可能提供永久的保护来防止技术的侵害。历史表明，所有的社会约定都是短暂的，它们最后都会改变或崩溃”。
- 卡辛斯基对 AI 技术心怀恐惧，试图预测人工智能时代的社会灾难，他数次提到“革命”，应该想过未来的社会将通过变革以适应更先进的生产力。很可惜，卡辛斯基并未看清资本靠科技吸血的本质，错不在科技本身，而是再分配的社会制度。

在《论工业社会及其未来》的第 172~176 段，卡辛斯基分析了强 AI 和弱 AI 对人类社会的冲击，辛辣地指出了资本对 AI 技术的滥用，为的是一小撮精英的利益。卡辛斯基是一个具有时代悲剧色彩的人物，在物欲横流、资本嗜血的社会，他的呐喊如同闪电划破夜空，耀眼却转瞬即逝。

“首先，让我们假设计算机科学家成功地开发出智能机器，它们能比人类做得更好。在这种情况下，所有的工作大概都将由庞大的、高度组织的机器系统来完成，而不需要人为的努力。两种情况都可能发生。一种是允许机器在没有人类监督的情况下自己做出所有的决策，另一种是人类保留对于机器的控制。

如果我们允许机器自己做出决策，就不能对其结果作任何揣测，因为我们不可能猜出这些机器的行为。我们仅仅指出，人类的命运将取决于机器。有人可能会说，人类决不会愚蠢到把所有的权力都交给机器。但我们并不是在暗示人类会自愿将权力移交给机器，也不是说机器会存心夺权。我们的意思是，人类可能很容易让自己陷入对机器如此依赖的境地，以至于除了接受机器的所有决策之外，别无选择。随着社会及其面临的问题越来越复杂，机器越来越智能化，人们会让机器替他们做更多的决策。这仅仅是因为机器做的决策会比人的决策带来更好的结果。最终可能会达到一个阶段，在这个阶段，维持系统运行所需的决策将是如此复杂，以至于人类已无能力明智地进行决策。在该阶段，机器实质上已处于控制地位。人们不能简单地关掉机器，因为他们已如此地依赖这些机器，关上它们无异于自杀。

另一方面，也可能人类还能保持对机器的控制。在这种情况下，普通人可能可以控制自己的某些私人机器，比如他的汽车或个人计算机，但对大型机器系统的控制权将掌握在一小部分精英手中——就像今天一样，但有两点不同。由于技术的改进，精英阶层对大众将有更强的控制；由于不再需要人力劳动，大众将是多余的，成为体系的无用负担。如果精英冷血无情，他们完全可能决定灭绝人类大众。如果他们还有些人情味，也可以利用宣传或其他心理或生物技术来降低出生率，直到人类大众自行灭绝，把世界留给精英阶层。或者，如果精英由心软的自由主义者组成，他们也可能为剩余的人类种族扮演好牧人的角色。他们将确保每个人的身体需求都得到满足，所有的孩子都在心理健康的条件下成长，每个人都有一个健康的爱好打发日子，任何可能不满意的人都要接受'治疗'来解决他的'问题'。当然，生活将是如此毫无目的，人们将不得不在生理上或心理上进行改造，要么消除他们对权力过程的需求，要么使他们的权力欲'升华'为某种无害的爱好。在这样一个社会里，这些被改造的人类也许会幸福，但他们肯定不会自由。他们将被贬低到家畜的地位。

但是，现在假设计算机科学家在开发人工智能方面没有成功，那么人类的工作仍然是必要的。即便如此，机器也将处理越来越多的简单任务，以至于低能力的工人将越来越过剩（正如我们所见，这种事已经发生了。许多人很难或根本找不到工作，由于智力或心理原因，他们无法达到在现有体系内有用就必须达到的培训水平。）对那些被雇用的人，要求会越来越高：他们将需要越来越多的培训、越来越强的能力，他们将不得不越来越可靠、越来越规矩、越来越温顺，因为他们将越来越像一个巨型有机体的细胞。他们的任务将越来越专业化，因此他们的工作在某种意义上将脱离现实世界，集中在现实的一小块碎片。这个系统将不得不使用它所能使用的任何手段，无论是心理上的还是生物上的，来引导人们变得驯服，使之拥有这个系统所需要的能力，并将他们的权力欲'升华'为某种专门化的任务。但这种社会的人民必须温顺的说法或许需要限定条件。社会可能会发现竞争力是有用的，只要找到办法，将竞争力引导到满足制度需要的渠道。我们可以想象一个未来的社会，人们没完没了地为了声望和权力而竞争。但只有极少数人能爬上真正权力的顶峰。在这个极其令人厌恶的社会里，一个人只有把众人推开，剥夺他们获得权力的机会，才能满足他对权力的需求。

我们还可以想像某种把上述若干可能性结合起来的场景。例如，机器可能接管大部分具有真正重要性的工作，而人类仍在相对不重要的工作上忙碌着。例如，有人建议，服务业的大发展可以为人类提供工作。因此，人们会把时间花在互相擦鞋、开出租车兜风、做点手工艺品、相互伺候上，等等。人类如果最终以这样的方式结束，在我们看来也实在是太可怜了，而且我们怀疑有多少人会在这种毫无意义的繁忙工作中找到充实的生活。他们会寻找其他危险的宣泄途径（毒品、犯罪、'邪教'、仇恨团体），除非他们在生理或心理上被改造而适应了这种生活方式。”

图 7.59　我们要从人文的角度，关怀与思考科技社会的未来与人类的命运

普通民众大多对人类命运之类的话题并不感兴趣，所以卡辛斯基才以不可取的极端方式发出呐喊。他对理性的呼唤是如此地微弱，早就被嘈杂之声淹没，我们对科技时代的人类命运太缺乏严肃的、锐利的思考。当社会浮躁、哲学正在变成一个华而不实的老古董，还有多少人发自肺腑地“爱智慧”?

有人可能会认为文科无用，至少不如理科那么重要。在直接的经济利益上，或许短期如此。然而，科技应用的善恶之分只在一念之间，可以说，社会科学和人文科学主宰着人类的命运。

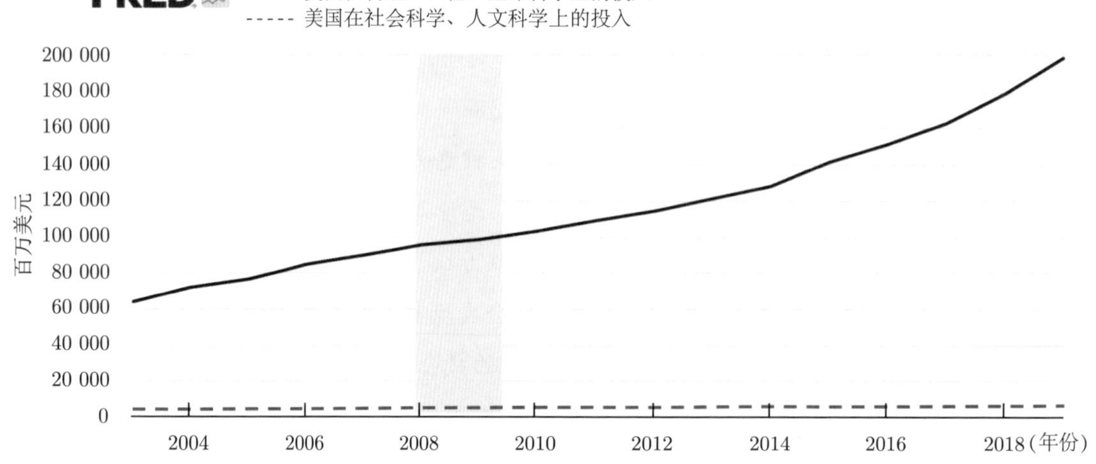

图 7.60　2003—2019 年，美国在物理、工程、生命科学上的投入，以及在社会科学、人文科学上的投入的历史数据。2003 年，二者分别是 632.73 亿美元和 40.45 亿美元。到了 2019 年，增至 1991.22 亿美元和 63.63 亿美元

来源：美国人口普查局

发展才是硬道理

人工智能技术能让剥削更加隐蔽，让掠夺更加残酷，也能让社会走向和谐，让天下趋于大同，就看我们如何理解它、使用它。所以说，人工智能伦理是一面镜子，是人类伦理在机器上的投射。我们埋下

美好的种子，用爱心浇灌，期盼它茁壮成长，结出真善美的果实。2018 年 4 月，欧盟 25 个国家签署了 AI 合作的联合声明，其中就包括 AI 伦理和法律框架。

然而，现实远比理想冷漠——国家之间的丛林法则，让人工智能注定成为竞争的武器。落后就要挨打、受欺负，鸦片战争以来中华民族百年屈辱的历史是永远的警示。我们不能再无视技术革命的威力，必须抓住人工智能这个难得一遇的机会，它极有可能是扭转乾坤的关键。

2019 年，美国掀起的中美贸易战、科技战、金融战让我们彻底抛弃幻想，当“共赢”只是一厢情愿时，唯有背水一战、势均力敌才能赢得和平与合作。这一战和意识形态无关，和历史恩怨无关，和文明冲突无关，就是国家影响力之争。

图 7.61　科技进步助力国家的和平发展，提高人民的生活水平

有人把中国科技比作一块在西方现代文明这个火炉旁边烤了多年的砖头，虽然滚烫但离了火炉很快就会冷却。我们都不喜欢这种妄自菲薄的说法，可是正视与科技强国的差距以求亡羊补牢、取长补短的胸怀还是要有的。人工智能是计算机科学与数学、统计学、逻辑学、认知科学等的交叉学科，这些基础学科不过关，人工智能的尖端技术也搞不好。补造“火炉”的过程中，好高骛远、拔苗助长都是自欺欺人的。“自力更生，艰苦奋斗”加上改革开放精神，才是踏踏实实的道路。

图 7.62　务实的发展之路：自力更生、艰苦奋斗、改革开放

此外，求实、创新、怀疑、包容的科学精神，还没有渗透到中华文化的骨髓之中，这方面我们仍是一个小学生，需要来一场科学思想的“文艺复兴”(renaissance)。我们要借着人工智能的东风，重新点燃中华文明的智慧之火，烧掉愚昧、狭隘、固执、偏见和一切阻碍科技进步的障碍。同时，国家通过法律手段净化科研环境、剔除学术腐败、鼓励创新、保护知识产权、重视素质教育，才有可能实现科技崛

起。例如：

- ❑ 开发智能教学平台系统。在中小学教育中增添介绍人工智能、地外探索的兴趣课程，为孩子们的想象力和好奇心提供一个色彩斑斓的空间。例如，“神舟十三号”宇航员的“天宫课堂”深受孩子们的喜爱。利用通信条件，普及优质教学内容，共享教育资源。

图 7.63 改进教育：利用 AI 技术提高学习质量和学习效率

- ❑ 鼓励产学研联合科技创新，恶补薄弱环节，集中力量攻克核心技术。

图 7.64 鼓励产学研相结合的创新，扶持有希望的科技初创公司

- ❑ 全球引进关键人才，组建高水平人才队伍和创新团队，形成有特点的 AI 学派。

图 7.65 （左图）形成有特色的高水平的学术团体；（右图）加强 AI 科普教育

- ❑ 加强 AI 与数学、计算机科学、自然科学、工程科学、人文科学、社会科学的交叉融合。例如，

AI 驱动的机械化数学，各学科的结构化知识表示和推理，基于 AI 的辩论律师等。

随着社会对 AI 技术的诉求越来越多，人工智能咨询服务将成为一类新兴的产业。例如，IBM 公司已经推出这类服务：帮助客户创建数据分析的智能工作流程，并将人工智能愿望转化为切实的业务成果，释放数据价值，加速企业人工智能之旅。

中国政府正在大力促进产业智能化升级，拿智能农业来说，就包括智能农场、智能化植物工厂、智能牧场、智能渔场、智能果园、农产品加工智能车间、农产品绿色智能供应链等。例如，利用无线射频识别 (radio frequency identification, FRID) 技术和 GPS 定位技术的智慧畜牧，可以实时监测牲畜的周边环境、生长状况，以及发现疫病、防止走失等。观测数据自动上传智能云平台处理分析之后，系统完成栏舍的补光、通风、加湿、温控等智能联动。AI 技术将给中国带来实现跨越式发展的机会。

没有人不愿看到祖国的复兴、人民过上好日子。有梦想的人生才有意义，有目标的奔跑才有希望。年轻的人们，未来的 AI 技术要如何发展和应用才能帮助我们到达目标、实现梦想？

图 7.66　中国梦——人民幸福：安居乐业、社会保障、社会和谐、生活美好

应对我国人工智能健康快速发展的现实要求和可能的挑战，《新一代人工智能发展规划》提出了以下六项保障措施，营造 AI 应用的良性循环，解决因 AI 引起的技术失业问题等。

(1) 制定促进人工智能发展的法律法规和伦理规范。

(2) 完善支持人工智能发展的重点政策。

(3) 建立人工智能技术标准和知识产权体系。

(4) 建立人工智能安全监管和评估体系。

(5) 大力加强人工智能劳动力培训。

(6) 广泛开展人工智能科普活动。

最后一项与国民 AI 素质有关，具体包括：“支持开展形式多样的人工智能科普活动，鼓励广大科技工作者投身人工智能的科普与推广，全面提高全社会对人工智能的整体认知和应用水平。实施全民智能教育项目，在中小学阶段设置人工智能相关课程，逐步推广编程教育，鼓励社会力量参与寓教于乐的编程教学软件、游戏的开发和推广。建设和完善人工智能科普基础设施，充分发挥各类人工智能创新基地平台等的科普作用，鼓励人工智能企业、科研机构搭建开源平台，面向公众开放人工智能研发平台、生产设施或展馆等。支持开展人工智能竞赛，鼓励进行形式多样的人工智能科普创作。鼓励科学家参与人工智能科普。”

图 7.67　2020 年，哈佛大学肯尼迪政府学院阿什民主治理与创新中心发布了一份调查报告，称 2003 年以来，中国民众对政府的满意度全面提升，至 2016 年高达 93.1%

每个国家都有自己的价值观，“和平、发展、公平、正义、民主、自由”是全人类的共同追求。科技进步必须服务于这些目标，而不是成为障碍。如果科技进步的结果有悖于价值观，那一定是社会系统出了问题，让科技无法造福于民。

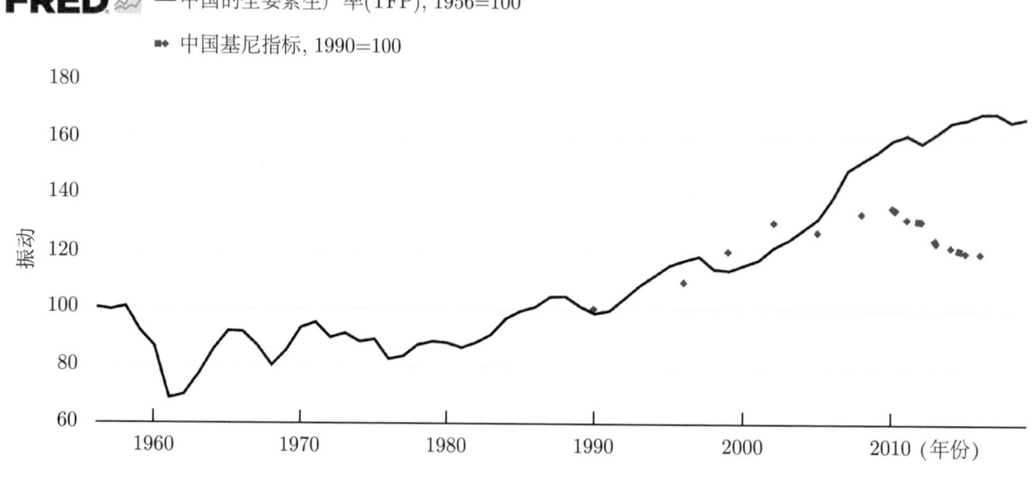

图 7.68　(i) 1956—2019 年，中国的全要素生产率 TFP 的历史数据（来源：加州大学戴维斯分校）。(ii) 1990—2016 年，中国基尼指标的历史数据。为了同框，数据基于某个给定的年份做了标准化（来源：世界银行）

2010 年以后，中国在增强国力的同时不断改良基尼指标，与图 6.67 相比，这算是一种巨大的进步。科技改变历史，科学精神改变文化，理性的独立思考改变人生。多少代中国人心怀民富国强的梦想，人工智能为我们带来了千载难逢的机遇，是该好好想一想 AI 要何去何从了。

参考文献

[1] SIMON H. Models of My Life[M]. MIT press, 1996.

[2] TURING A M. Computing Machinery and Intelligence[J]. Mind, 1950, LIX(2236): 433-460.

[3] 柏拉图. 理想国 [M]. 郭斌和, 张竹明, 译. 上海：商务印书馆, 1986.

[4] HOFSTADTER D R. Gödel, Escher, Bach: An Eternal Golden Braid[M]. Basic Books New York, 1979. 商务出版社有中译本《哥德尔、艾舍尔、巴赫——集异璧之大成》

[5] 笛卡儿. 谈谈方法 [M]. 王太庆, 译. 上海: 商务印书馆, 2000.

[6] 拉・美特里. 人是机器 [M]. 顾寿观, 译. 上海: 商务印书馆, 1959.

[7] PENROSE R. The Emperor's New Mind: Concerning Computers, Minds, and the Laws of Physics[M]. Oxford University Press, 1989.

[8] TURING A M. Mechanical Intelligence: Collected Works of A. M. Turing[M]: Elsevier Science Publishers, 1992.

[9] COPELAND B J. The Essential Turing[M] : Oxford University Press, 2004.

[10] COPELAND B J, BOWEN J, SPREVAK M, et al. The Turing Guide[M] : Oxford University Press, 2017.

[11] EYSENCK M W, KEANE M T. Cognitive Psychology: A Student's Handbook[M]. Seventh: Psychology Press, 2015.

[12] QUIROGA R Q, REDDY L, KREIMAN G, et al. Invariant Visual Representation by Single Neurons in the Human Brain[J]. Nature, 2005, 435(7045): 1102-1107.

[13] RILLING J K, GLASSER M F, PREUSS T M, et al. The Evolution of the Arcuate Fasciculus Revealed with Comparative DTI[J]. Nature Neuroscience, 2008, 11(4): 426-428.

[14] CHOMSKY N. Language and Problems of Knowledge[M]. MIT Press, 1988.

[15] HUTH A G, DE HEER W A, GRIFFITHS T L, et al. Natural Speech Reveals the Semantic Maps that Tile Human Cerebral Cortex[J]. Nature, 2016, 532(7600): 453-458.

[16] NICOLELIS M. Beyond Boundaries: The New Neuroscience of Connecting Brains with Machines — and How It Will Change Our Lives[M]. Macmillan, 2011. 中译本《脑机穿越——脑机接口改变人类未来》，浙江人民出版社出版

[17] 斯宾诺莎. 伦理学 [M]. 贺麟, 译. 上海: 商务印书馆, 1998.

[18] PUTNAM H. Reason, Truth and History[M]. Cambridge University Press, 1981.

[19] ZHANG Y, SHI L, OTHERS. A System Hierarchy for Brain-inspired Computing[J]. Nature, 2020, 586(7829): 378-384.

[20] DORIGO M, GAMBARDELLA L M. Ant Colonies for the Travelling Salesman Problem, Biosystems. Elsevier, 1997, 43(2): 73-81.

[21] CHOMSKY N. Syntactic Structures[M]: Mouton & Co., 1957.

[22] ALLEN J. Natural Language Understanding[M]. Pearson, 1995.

[23] SLONIM N, BILU Y, ALZATE C, et al. An Autonomous Debating System[J]. Nature, 2021, 591(7850): 379-384.

[24] HARARI Y. Sapiens: A Brief History of Humankind[N]: New York: Penguin Random House, 2014. 中译本《人类简史》

[25] WEYL H. A Half-Century of Mathematics[J]. The American Mathematical Monthly, 1951, 58(8): 523-553.

[26] WEYL H. Levels of infinity: Selected writings on mathematics and philosophy[M]. Dover Publications, Inc., 2012.

[27] TURING A. On Computable Numbers, with an Application to the Entscheidungsproblem[J]. Proceedings of the London Mathematical Society, 1937, 2(1): 230-265.

[28] HOPCROFT J E, MOTWANI R, ULLMAN J D. Introduction to Automata Theory, Languages, and Computation[M]. Third: Pearson Education, Inc., 2007.

[29] DEUTSCH D. Quantum Theory, the Church-Turing Principle and the Universal Quantum Computer[J]. Proceedings of the Royal Society of London Series A, 1985, 400(1818): 97-117.

[30] BERNSTEIN E, VAZIRANI U. Quantum Complexity Theory[J]. SIAM Journal on computing, 1997, 26(5): 1411-1473.

[31] YAO A. Quantum Circuit Complexity[C]//Proceedings of 1993 IEEE 34th Annual Foundations of Computer Science, 1993: 352-361.

[32] BENNETT C H, BERNSTEIN E, BRASSARD G, et al. Strengths and Weaknesses of Quantum

Computing[J]. SIAM Journal on Computing, 1997, 26(5): 1510-1523.

[33] SHOR P W. Algorithms for Quantum Computation: Discrete Logarithms and Factoring[C]//Proceedings 35th Annual Symposium on Foundations of Computer Science. 1994: 124-134.

[34] GROVER L K. A Fast Quantum Mechanical Algorithm for Database Search[C]//Proceedings of the Twenty-eighth Annual ACM Symposium on Theory of Computing. 1996: 212-219.

[35] HARROW A W, HASSIDIM A, LLOYD S. Quantum Algorithm for Linear Systems of Equations[J]. Physical Review Letters, 2009, 103(15): 150502.

[36] 笛卡儿. 哲学原理 [M]. 关文运, 译. 上海: 商务印书馆, 1958.

[37] 维特根斯坦. 逻辑哲学论 [M]. 贺绍甲, 译. 上海: 商务印书馆, 1996.

[38] WEYL H. Symmetry[M]. Princeton University Press, 1952.

[39] POLYA G. Mathematics and Plausible Reasoning[M]. Princeton University Press, 1954.

[40] FITTING M. First-order Logic and Automated Theorem Proving[M]. Second: Springer Science & Business Media, 2013.

[41] 卢卡西维茨. 亚里士多德的三段论 [M]. 李真, 李先焜, 译. 上海: 商务印书馆, 1981.

[42] 马克思. 资本论. 第一卷 [M]. 北京: 人民出版社, 1975.

[43] TURNER J. Robot Rules: Regulating Artificial Intelligence[M]. Springer, 2018.

[44] PEARL J, MACKENZIE D. The Book of Why: The New Science of Cause and Effect[M]. Basic Books, 2018. 中译本《为什么：有关因果关系的新科学》，江生、于华译

[45] PEARL J. Causality: Models, Reasoning, and Inference[M]. Cambridge University Press, 2000.

[46] PEARL J, GLYMOUR M, et al. Causal Inference in Statistics: A Primer[M]. John Wiley & Sons, 2016.

[47] 国家标准化管理委员会. 信息安全技术——个人信息安全规范 [M]. 2020.

[48] LAKE B M, SALAKHUTDINOV R, TENENBAUM J B. Human-level Concept Learning through Probabilistic Program Induction[J]. Science, 2015, 350(6266): 1332-1338.

[49] GOODFELLOW I, SHLENS J, SZEGEDY C. Explaining and Harnessing Adversarial Examples[J]. 2015.

[50] 柏拉图. 泰阿泰德 [M]. 詹文杰, 译. 上海: 商务印书馆, 2015.

[51] 让-雅克・卢梭. 爱弥儿——论教育 [M]. 李平沤, 译. 上海: 商务印书馆, 1978.

[52] 让-雅克・卢梭. 论人与人之间不平等的起因和基础 [M]. 李平沤, 译. 上海: 商务印书馆, 2007.

[53] 冯友兰. 中国哲学简史 [M]. 北京：北京大学出版社, 2013.

[54] POPPER K. Conjectures and Refutations: The Growth of Scientific Knowledge[M]. Routledge & Kegan Paul, 1963.

[55] POPPER K. Objective Knowledge: An Evolutionary Approach[M]. Oxford University Press, 1972. 中译本《客观知识：一个进化论的研究》

[56] HABERMAS J. Knowledge and Human Interests[M]. John Wiley & Sons, 2015.

[57] KOLMOGOROV A N. Foundations of The Theory of Probability[M]. Chelsea Publishing Company, 1956.

[58] RENYI A. On A New Axiomatic Theory of Probability[J]. Acta Mathematica Hungarica, 1955, 6(3-4): 285-335.

[59] KANT I. Critique of Pure Reason[M]. Cambridge University Press, 1998.

[60] 康德. 纯粹理性批判 [M]. 蓝公武, 译. 上海: 商务印书馆, 1960.

[61] SUGIYAMA M. Statistical Reinforcement Learning: Modern Machine Learning Approaches[M]. CRC Press, 2015.

[62] WANG H. Reflections on Kurt Gödel[M]. Mit Press, 1990.

[63] WANG H. A Logical Journey: From Gödel to Philosophy[M]. Mit Press, 1997.

[64] 色诺芬. 回忆苏格拉底 [M]. 吴永泉, 译. 上海: 商务印书馆, 1984.

[65] ITO K. My Sixty Years in Studies of Probability Theory: Acceptance Speech of the Kyoto Prize in Basic Sciences[J]. The Inamori Foundation Yearbook 1998, 1998.

[66] 利玛窦. 利玛窦中国札记 [M]. 何高济等, 译. 北京: 中华书局, 1983.

[67] WATSON J B. Psychology as the behaviorist views it[J]. Psychological Review, 1913, 20(2): 158-177.

[68] MITCHELL T M. Machine Learning[M]. The McGraw-Hill Companies, Inc., 1997.

[69] DUDA R O, HART P E, STORK D G. Pattern Classification[M]. John Wiley & Sons, Inc., 2001.

[70] BISHOP C M. Pattern Recognition and Machine Learning[M]. Spring Science+Business Media, LLC, 2006.

[71] SUTTON R S, BARTO A G. Reinforcement Learning: An Introduction[M]. Second: MIT press, 2018.

[72] SZEPESVARI C. Algorithms for Reinforcement Learning[M]. Morgan & Claypool Publishers, 2010.

[73] BERTSEKAS D P. Dynamic Programming and Optimal Control: Vol 1[M]. Fourth: Athena Scientific, 2017.

[74] BERTSEKAS D P. Dynamic Programming and Optimal Control: Vol 2[M]. Fourth: Athena Scientific, 2012.

[75] BUSONIU L, BABUSKA R, DE SCHUTTER B, et al. Reinforcement Learning and Dynamic Programming Using Function Approximators[M]. CRC press, 2010.

[76] POWELL W B. Approximate Dynamic Programming: Solving the Curses of Dimensionality[M]. Second: John Wiley & Sons, 2011.

[77] BOTANA F, HOHENWARTER M, JANICIC P, et al. Automated Theorem Proving in GeoGebra: Current Achievements[J]. Journal of Automated Reasoning, 2015, 55(1): 39-59.

[78] 乔斯坦 • 贾德. 苏菲的世界 [M]. 萧宝森, 译. 北京: 作家出版社, 1999.

[79] SARTRE J-P. The Psychology of the Imagination[M]. Routledge, 2013.

[80] FLOYD R. Assigning Meanings to Programs[J]. Proceedings of Symposium on Applied Mathematics. 1967, 19: 19-32.

[81] HERMANN R. Mathematics and Bourbaki[J]. The Mathematical Intelligencer, 1986, 8(1): 32-33.

[82] DIEUDONNE J. A Panorama of Pure Mathematics — As Seen by N. Bourbaki[M]. Academic Press, 1982.

[83] BROUWER L. Brouwer's Cambridge Lectures on Intuitionism[M]. Cambridge University Press, 1981.

[84] HEYTING A. Intuitionism: An Introduction[M]. Third : North-Holland, 1971.

[85] MARTIN-LOF P. Constructive Mathematics and Computer Programming[G]// Studies in Logic and the Foundations of Mathematics : Vol 104: Elsevier, 1982: 153-175.

[86] BEESON M J. Foundations of Constructive Mathematics: Metamathematical Studies[M]. Springer-Verlag Berlin Heidelberg, 1985.

[87] BRIDGES D, RICHMAN F. Varieties of Constructive Mathematics[M]. Cambridge University Press, 1987.

[88] BISHOP E. Foundations of Constructive Analysis[M]: McGraw-Hill, Inc., 1967.

[89] CHAITIN G. Thinking about Gödel and Turing: Essays on Complexity, 1970 - 2007[M]. World Scientific Publishing Co. Pte. Ltd., 2007.

[90] TSYPKIN Y Z. Foundations of the Theory of Learning Systems[M]. Academic Press, 1973.

[91] FUKUNAGA K. Introduction to Statistical Pattern Recognition[M]. Second : Elsevier, 2013.

[92] 华罗庚. 华罗庚科普著作选集 [M]. 上海: 上海教育出版社, 1984.

[93] LEIBNIZ G W. Philosophical Essays[M]. Hackett Publishing Company, 2015.

[94] LAMPORT L, SHOSTAK R, PEASE M. The Byzantine Generals Problem[J]. ACM Transactions on Programming Languages and Systems, 1982, 4(3): 382-401.

[95] 黑格尔. 哲学史讲演录 [M]. 第二卷. 贺麟, 王太庆, 译. 上海: 商务印书馆, 1960.

[96] 亚里士多德. 尼各马可伦理学 [M]. 吴寿彭, 译. 上海: 商务印书馆, 1997.

[97] 亚里士多德. 政治学 [M]. 吴寿彭, 译. 上海: 商务印书馆, 1965.

[98] HIBBARD B. Super-intelligent Machines[M]. Springer Science & Business Media, 2002.

[99] BOSTROM N. Superintelligence: Paths, Dangers, Strategies[M]. Oxford University Press, 2014.

[100] MUMFORD D, DESOLNEUX A. Pattern Theory: The Stochastic Analysis of Real-World Signals[M]: CRC Press, 2010.

[101] KUHN T. The Structure of Scientific Revolutions[M]: University of Chicago Press, 1962.

[102] LEE E. Plato and the Nerd: The Creative Partnership of Humans and Technology[M]. MIT Press, 2017.

[103] HARVEY D. Marx, Capital, and The Madness of Economic Reason[M]. Oxford University Press, 2017.

[104] HARVEY D. A Companion to Marx's Capital: The Complete Edition[M]. Verso Books, 2018.

[105] PIKETTY T. Le Capital au XXIe Siècle[M]. Le Seuil, 2013.

[106] BODDINGTON P. Towards A Code of Ethics for Artificial Intelligence[M]. Springer, 2017.

[107] 让-雅克・卢梭. 论科学与艺术的复兴是否有助于使风俗日趋纯朴 [M]. 李平沤, 译. 上海: 商务印书馆, 2016.

[108] 亚里士多德. 尼各马可伦理学 [M]. 廖申白, 译. 上海: 商务印书馆, 2003.

[109] GUNKEL D. The Machine Question: Critical Perspectives on AI, Robots, and Ethics[M]. Mit Press, 2012.

[110] HOHFELD W. Fundamental Legal Conceptions as Applied in Judicial Reasoning and Other Legal Essays[M]. Yale University Press, 1923.

[111] LEVY D. Love and Sex with Robots: The Evolution of Human-Robot Relationships[M]. New York: Harper Collins, 2009.

[112] LIN P, ABNEY K, JENKINS R. Robot Ethics 2.0: From Autonomous Cars to Artificial Intelligence[M]. Oxford University Press, 2017.

[113] KACZYNSKI T. Industrial Society and Its Future[J]. Washington Post, 1995.

附录一　术语索引

附录二 人名索引